소방안전관리자 1급
기출+적중예상문제
【필기】

소방안전연구회 편저

현대사회는 고도화된 건축 관련 기술의 발전과 토지의 효율적 이용을 위하여 초고층 건물이 꾸준히 증가하고 있습니다. 이러한 추세와 맞물려 화재 발생 시 그 피해 또한 증가하는 추세입니다.

이에 화재가 발생할 경우 대규모 피해가 우려되는 만큼 전문적인 소방안전관리가 필요한 일부 소방대상물의 경우 그 소방대상물의 소유자·관리자 또는 점유자로 하여금 소방안전관리 관련 전문 자격을 가진 사람을 소방안전관리자로 선임하거나 법령에서 정하는 사람으로 하여금 소방안전관리업무를 대행하도록 하였으며, 이것이 바로 소방안전관리제도의 취지입니다.

본 교재는 한국소방안전원이 주관하고 시행하는 소방안전관리자 1급 시험에 효과적으로 대비할 수 있도록 다음과 같은 내용으로 집필하였습니다.

Preface

첫머리에

1. 최근 개정된 소방관련법령과 한국소방안전원의 강습교재를 반영하여 핵심적인 이론 내용을 정리하였습니다.
2. 각각의 이론에는 최근의 소방안전관리자 출제 경향을 반영한 적중예상문제를 상세한 해설과 함께 수록하였습니다.
3. 총 7회의 실전모의고사를 상세한 해설과 함께 수록함으로써 소방안전관리자 1급 시험에 효과적으로 대비할 수 있도록 하였습니다.

교재의 집필에 나름대로 최선을 다하였으나, 도서의 발행 이후 있을 소방관련법령의 개정 사항이나 내용상 오류가 있다면 이후 개정작업을 통해 보완할 것을 약속드립니다.

끝으로, 본 교재를 통해 소방안전관리자를 준비하고 계시는 모든 분께 합격의 영광과 함께 화재로부터 안전한 세상을 만드는 데 더욱 힘써 주실 것을 부탁드립니다.

1급 소방안전관리자 자격시험안내

■ **시험명**
1급 소방안전관리자

■ **시험일정 및 장소**
한국소방안전원 홈페이지 참고(안전원 홈페이지 내 소방안전교육 > 시험접수 > 1급 소방안전관리자 시험일정)

■ **근거법령**
「화재의 예방 및 안전관리에 관한 법률」

■ **자격시험 응시자격**
1) 대학 또는 고등학교에서 소방안전관리학과를 전공하고 졸업한 사람(법령에 따라 이와 같은 수준의 학력이 있다고 인정되는 사람을 포함)으로서 해당 학과를 졸업한 후 2년 이상 2급 또는 3급 소방안전관리대상물의 소방안전관리자로 근무한 실무경력이 있는 사람
2) 다음의 어느 하나에 해당하는 요건을 갖춘 후 3년 이상 2급 소방안전관리대상물 또는 3급 소방안전관리대상물의 소방안전관리자로 근무한 실무경력이 있는 사람
　① 대학 또는 고등학교에서 소방안전 관련 교과목을 12학점 이상 이수하고 졸업한 사람
　② 위 ①항에 해당하는 사람과 같은 수준의 학력이 있다고 인정되는 사람으로서 해당 학력 취득 과정에서 소방안전 관련 교과목을 12학점 이상 이수한 사람
　③ 대학 또는 고등학교에서 소방안전 관련 학과를 전공하고 졸업한 사람(법령에 따라 이와 같은 수준의 학력이 있다고 인정되는 사람을 포함)
3) 소방행정학(소방학, 소방방재학 포함) 또는 소방안전공학(소방방재공학, 안전공학 포함) 분야에서 석사학위 이상을 취득한 사람
4) 5년 이상 2급 소방안전관리대상물의 소방안전관리자로 근무한 실무경력이 있는 사람
5) 특급 또는 1급 소방안전관리대상물의 소방안전관리에 대한 강습교육을 수료한 사람
6) 2급 소방안전관리대상물의 소방안전관리자로 선임될 수 있는 자격을 갖춘 후 특급 또는 1급 소방안전관리대상물의 소방안전관리보조자로 5년 이상 근무한 실무경력이 있는 사람
7) 2급 소방안전관리대상물의 소방안전관리자로 선임될 수 있는 자격을 갖춘 후 2급 소방안전관리대상물의 소방안전관리보조자로 7년 이상 근무한 실무경력(특급 또는 1급 소방안전관리대상물의 소방안전안전관리보조자로 근무한 5년 미만의 실무경력이 있는 경우에는 이를 포함하여 합산)이 있는 사람
8) 산업안전기사 또는 산업안전산업기사의 자격을 취득한 후 2년 이상 2급 또는 3급 소방안전관리대상물의 소방안전관리자로 근무한 실무경력이 있는 사람
9) 특급 소방안전관리대상물의 소방안전관리자 자격시험 응시자격이 인정되는 사람

■ **자격시험 과목 및 시험방법**

구분	시험 내용	문항수	시험방법	시험시간
제1과목	소방안전관리자 제도	25문항	객관식 (4지 1선택)	60분
	소방 관계 법령			
	건축 관계 법령			
	소방학개론			
	화기취급감독 및 화재위험작업 허가 · 관리			
	공사장 안전관리 계획 및 감독			
	위험물 · 전기 · 가스 안전관리			
	종합방재실 운영			
	피난시설, 방화구획 및 방화시설의 관리			
	소방시설의 종류 및 기준			
	소방시설(소화 · 경보 · 피난구조 · 소화용수 · 소화활동설비)의 구조			
제2과목	소방시설(소화 · 경보 · 피난구조 · 소화용수 · 소화활동설비)의 점검 · 실습 · 평가	25문항		
	소방계획 수립 이론 · 실습 · 평가(화재안전취약자의 피난계획 등 포함)			
	자위소방대 및 초기대응체계 구성 등 이론 · 실습 · 평가			
	작동기능점검표 작성 실습 · 평가			
	업무 수행기록의 작성 · 유지 및 실습 · 평가			
	구조 및 응급처치 이론 · 실습 · 평가			
	소방안전 교육 및 훈련 이론 · 실습 · 평가			
	화재 시 초기대응 및 피난 실습 · 평가			

■ **합격자 결정 및 발표**

1) 합격자 결정 : 매 과목 100점을 만점으로 하여 매 과목 40점 이상, 전 과목 평균 70점 이상 득점한 사람

2) 합격자 발표 : 홈페이지에서 본인의 점수를 확인할 수 있습니다.

■ **시험접수**

1. 접수방법

구분	시도지부 방문접수 (근무시간 : 9:00 ~ 18:00)	안전원 사이트 접수 (www.kfsi.or.kr)
접수시 관련 서류	• 응시 수수료(현금, 카드 등) • 사진 1매 • 응시자격별 증빙서류(해당자 한함)	• 응시 수수료 결재(신용카드, 무통장 입금) ※증빙자료 접수 불가
증빙이 불필요한 경우	가능	가능
증빙이 필요한 경우 (최초 학력, 경력의 경우)	가능	불가 (사전 서류심사 필요)

※학력, 경력으로 시험에 응시한 이력이 있는 사람은 동일한 시험에 대하여 별도의 서류 제출없이 인터넷 접수 가능

※접수시 주의사항

- 지정된 일시 및 장소 외에는 일체 접수하지 않습니다.
- 접수된 응시원서, 제출서류는 일체 반환하지 않습니다.
- 시험일정 변경 및 응시수수료 환불신청은 시험 전 근무일 근무시간까지 가능하며 시험당일 이후에는 일정변경 및 환불신청이 불가합니다.(결시자 포함)
- 서류가 미비된 경우에는 접수하지 아니하며, 응시원서 기재 내용이 사실과 다르거나 기재사항의 착오 또는 누락, 연락불능, 자격미달 등으로 인한 불이익은 응시자의 책임으로 합니다.

2. 인터넷 시험접수 및 결제방법 : 안전원 사이트 로그인 → "소방안전교육–시험신청" → "시험일정" 클릭 → 응시하고자하는 지부 시험날짜 클릭 → 시험신청자 정보입력 → 신용카드 결제 또는 LG데이콤 무통장 계좌할당 및 입금 → 시험신청 완료

※원서접수 기간 중에만 시험일정이 안전원 인터넷에 등재됩니다.

3. 응시 수수료 : 12,000원

※계산서는 현금(무통장입금 포함)으로 납부한 경우에 한하여 발급됩니다.(신용카드로 납부하거나 현금영수증을 발급 받은 경우에는 계산서가 발급되지 않습니다)

4. 일정변경 : 해당 시험 전일 근무시간까지 일정변경 가능

5. 환불 규정

환불기준	환불금액
응시 수수료를 과오납 한 경우	과오납 금액
시험시행 전일까지 접수를 취소하는 경우	전액
시험시행일 부터	환불불가

※수험원서 접수취소 및 응시수수료 환불신청은 인터넷으로 가능

6. 응시표 교부

- 시험응시표는 방문접수 시 접수 현장에서 출력, 인터넷접수의 경우 접수가 완료되면 응시자가 출력
- 시험응시표는 시험 당일까지 응시자가 인터넷으로 재출력 가능

이 책의
차례
CONTENTS

제1장 소방관계법령

제2장 건축관계법령

제3장 소방학 개론

제7장 응급처치 이론 및 실습

제8장 소방시설의 구조 · 점검 및 실습

제9장 소방계획 수립

제10장 소방안전교육 및 훈련

제11장 작동점검표 작성

제12장 실전모의고사

CHAPTER

01

소방관계법령

소방안전관리제도

1. 소방안전관리제도의 의의

일정 규모 이상 및 소방시설을 갖춘 특정소방대상물은 관계인에게 소방안전관리 업무에 관한 법적 의무를 강제하여 대상물의 위험성과 규모에 따라 전문지식과 자격을 겸비한 소방안전관리자로 하여금 소방관련 업무를 담당하게 하여, 민간자율 소방역량을 강화시키고 늘어나는 소방행정 수요에 효율적으로 대처하여 국민의 생명과 재산 보호하는데 소방안전관리제도의 의의가 있다.

2. 소방안전관리제도와 책임

화재 및 재난 등의 피해는 초기대응 능력에 좌우되며, 소방안전관리 업무의 중요성이 점차 증대되고 있다. 이에 다음과 같은 이유로 민간자율에 의한 소방안전관리의 필요성이 요구된다.

① 화재 및 재난 등으로부터 국민의 안전을 수호하는 것은 헌법상 요구되고 있는 국가의 의무라는 점

② 화재 및 재난 등으로 인한 피해는 개인의 문제를 넘어 사회 · 국가적인 피해가 유발될 수 있다는 점

③ 화재 및 재난 등은 개인의 예방활동만으로는 위험을 배제할 수 없고 대형 피해의 위험성이 계속 증가한다는 점

④ 민간의 화재 및 재난 등에 대한 투자가 소극적이거나 피동적일 수 있어 안전관리의 사각지대가 발생할 수 있다는 점

⑤ 화재 및 재난 등의 안전관리는 기본적인 소양 외에 고도의 전문적인 기술력이 요구되는 특성을 지닌다는 점

⑥ 소방안전관리자의 역량이 높아질수록 화재 및 재난 등의 위험에서 국민의 안전확보는 강화되며, 국가 소방력 업무의 한계를 극복한다는 점

1. 특급 소방안전관리대상물

구분	내용
선임대상물	특정소방대상물 중 다음의 어느 하나에 해당하는 것 ① 50층 이상(지하층 제외)이거나 지상으로부터 높이가 200m 이상인 아파트 ② 30층 이상(지하층을 포함)이거나 지상으로부터 높이가 120m 이상인 특정소방대상물(아파트는 제외) ③ 위 ②항에 해당되지 아니하는 특정소방대상물로서 연면적이 100,000m² 이상인 특정소방대상물(아파트는 제외) ※ 동·식물원, 철강 등 불연성 물품을 저장·취급하는 창고, 위험물 저장 및 처리시설 중 위험물 제조소등과 지하구는 특급 소방안전관리대상물에서 제외함
선임자격	다음의 어느 하나에 해당하는 사람으로서 특급 소방안전관리자 자격증을 발급받은 사람 ① 소방기술사 또는 소방시설관리사의 자격이 있는 사람 ② 소방설비기사의 자격을 가지고 5년 이상 1급 소방안전관리대상물의 소방안전관리자로 근무한 실무 경력(업무대행 제외)이 있는 사람 ③ 소방설비산업기사의 자격을 가지고 7년 이상 1급 소방안전관리대상물의 소방안전관리자로 근무한 실무경력이 있는 사람 ④ 소방공무원으로 20년 이상 근무한 경력이 있는 사람 ⑤ 소방청장이 실시하는 특급 소방안전관리대상물의 소방안전관리에 관한 시험에 합격한 사람
선임인원	1명 이상

2. 1급 소방안전관리대상물

구분	내용
선임대상물	특정소방대상물 중 특급 소방안전관리대상을 제외하고 다음의 어느 하나에 해당하는 것 ① 30층 이상(지하층 제외)이거나 지상으로부터 높이가 120m 이상인 아파트 ② 연면적 15,000m² 이상인 특정소방대상물(아파트 및 연립주택은 제외) ③ 위 ②항에 해당하지 아니하는 특정소방대상물로서 지상층의 층수가 11층 이상인 특정소방대상물(아파트는 제외) ④ 가연성 가스를 1천톤 이상 저장·취급하는 시설 ※ 동·식물원, 철강 등 불연성 물품을 저장·취급하는 창고, 위험물 저장 및 처리시설 중 위험물 제조소등과 지하구는 1급 소방안전관리대상물에서 제외함
선임자격	다음의 어느 하나에 해당하는 사람으로서 1급 소방안전관리자 자격증을 발급받은 사람 또는 특급 소방안전관리대상물의 소방안전관리자 자격증을 발급받은 사람 ① 소방설비기사 또는 소방설비산업기사의 자격이 있는 사람 ② 소방공무원으로 7년 이상 근무한 경력이 있는 사람 ③ 소방청장이 실시하는 1급 소방안전관리대상물의 소방안전관리에 관한 시험에 합격한 사람
선임인원	1명 이상

3. 2급 소방안전관리대상물

구분	내용
선임대상물	특급 및 1급 소방안전관리대상물을 제외한 다음의 어느 하나에 해당하는 것 ① 옥내소화전설비, 스프링클러설비, 물분무등소화설비(호스릴 방식의 물분무등소화설비만을 설치한 경우는 제외)를 설치하여야 하는 특정소방대상물 ② 가스 제조설비를 갖추고 도시가스사업의 허가를 받아야 하는 시설 또는 가연성 가스를 100톤 이상 1천톤 미만 저장·취급하는 시설 ③ 지하구 ④ 다음의 어느 하나에 해당하는 공동주택(옥내소화전설비 또는 스프링클러설비가 설치된 공동주택으로 한정) 　㉮ 300세대 이상의 공동주택 　㉯ 150세대 이상으로서 승강기가 설치된 공동주택 　㉰ 150세대 이상으로서 중앙집중식 난방방식(지역난방방식을 포함)의 공동주택 　㉱ 건축허가를 받아 주택 외의 시설과 주택을 동일건축물로 건축한 건축물로서 주택이 150세대 이상인 건축물 ⑤ 문화재보호법에 따라 보물 또는 국보로 지정된 목조건축물
선임자격	다음의 어느 하나에 해당하는 사람으로서 2급 소방안전관리자 자격증을 발급받은 사람, 특급 소방안전관리대상물 또는 1급 소방안전관리대상물의 소방안전관리자 자격증을 발급받은 사람 ① 위험물기능장·위험물산업기사 또는 위험물기능사 자격이 있는 사람 ② 소방공무원으로 3년 이상 근무한 경력이 있는 사람 ③ 소방청장이 실시하는 2급 소방안전관리대상물의 소방안전관리에 관한 시험에 합격한 사람 ④ 「기업활동 규제완화에 관한 특별조치법」에 따라 소방안전관리자로 선임된 사람(소방안전관리자로 선임된 기간으로 한정)
선임인원	1명 이상

4. 3급 소방안전관리대상물

구분	내용
선임대상물	특급, 1급 및 2급 특정소방대상물에 해당하지 아니하는 특정소방대상물로서 간이스프링클러설비 또는 자동화재탐지설비를 설치하여야 하는 특정소방대상물
선임자격	다음의 어느 하나에 해당하는 사람으로서 3급 소방안전관리자 자격증을 발급받은 사람 또는 특급·1급·2급 소방안전관리대상물의 소방안전관리자 자격증을 받은 사람 ① 소방공무원으로 1년 이상 근무한 경력이 있는 사람 ② 소방청장이 실시하는 3급 소방안전관리대상물의 소방안전관리에 관한 시험에 합격한 사람 ④ 「기업활동 규제완화에 관한 특별조치법」에 따라 소방안전관리자로 선임된 사람(소방안전관리자로 선임된 기간으로 한정)
선임인원	1명 이상

5. 소방안전관리보조자를 두어야 하는 특정소방대상물

구분	내용
선임대상물	① 300세대 이상인 아파트 ② 연면적이 15,000m² 이상인 특정소방대상물(아파트 및 연립주택은 제외) ③ 위 ①항 및 ②항에 따른 특정소방대상물을 제외한 특정소방대상물 중 다음의 어느 하나에 해당하는 특정소방대상물 ㉮ 공동주택 중 기숙사 ㉯ 의료시설 ㉰ 노유자시설 ㉱ 수련시설 ㉲ 숙박시설(숙박시설로 사용되는 바닥면적의 합계가 1,500m² 미만이고 관계인이 24시간 상시 근무하고 있는 숙박시설은 제외)
선임자격	① 특급, 1급, 2급, 3급 소방안전관리대상물의 소방안전관리자 자격이 있는 사람 ② 건축, 기계제작, 기계장비설비 · 설치, 화공, 위험물, 전기, 전자 및 안전관리에 해당하는 국가기술자격이 있는 사람 ③ 공공기관 소방안전관리자 강습교육을 수료한 사람 ④ 특급, 1급, 2급, 3급 소방안전관리대상물의 소방안전관리자에 대한 강습교육을 수료한 사람 ⑤ 소방안전관리대상물에서 소방안전 관련 업무에 2년 이상 근무한 경력이 있는 사람
선임인원	① 선임대상물 ①항의 경우 : 1명, 다만, 초과되는 300세대마다 1명 이상을 추가로 선임 ② 선임대상물 ②항의 경우 : 1명, 다만, 초과되는 연면적 15,000m²(종합방재실에 자위소방대가 24시간 근무하고 소방펌프차, 소방물탱크차, 소방화학차 또는 무인방수차를 운용하는 경우에는 30,000m²)마다 1명 이상을 추가로 선임 ③ 선임대상물 ③항의 경우 : 1명을 기본으로 선임(단, 해당 특정소방대상물이 소재하는 지역을 관한하는 소방서장이 야간이나 휴일에 해당 특정소방대상물이 이용되지 아니한다는 것을 확인한 경우에는 소방안전관리보조자를 선임하지 아니할 수 있음)

STEP 03 소방안전관리자 자격시험 응시자격

1. 특급 소방안전관리자 자격시험 응시자격

① 1급 소방안전관리대상물의 소방안전관리자로 5년(소방설비기사의 경우 자격 취득 후 2년, 소방설비산업기사의 경우 자격 취득 후 3년) 이상 근무한 실무경력이 있는 사람

② 1급 소방안전관리대상물의 소방안전관리자로 선임될 수 있는 자격을 갖춘 후 특급 또는 1급 소방안전관리대상물의 소방안전관리보조자로 7년 이상 근무한 실무경력이 있는 사람

③ 소방공무원으로 10년 이상 근무한 경력이 있는 사람

④ 대학 또는 고등학교에서 소방안전관리학과를 전공하고 졸업한 사람으로서 해당 학과를 졸업한 후 2년 이상 1급 소방안전관리대상물의 소방안전관리자로 근무한 실무경력이 있는 사람

⑤ 다음 어느 하나에 해당하는 요건을 갖춘 후 3년 이상 1급 소방안전관리대상물의 소방안전관리자로 근무한 실무경력이 있는 사람

㉮ 대학 또는 고등학교에서 소방안전 관련 교과목을 12학점 이상 이수하고 졸업한 사람

㉯ 위 ㉮항에 해당하는 사람과 같은 수준의 학력이 있다고 인정되는 사람으로서 해당 학력 취득 과정에서 소방안전 관련 교과목을 12학점 이상 이수한 사람

㉰ 대학 또는 고등학교에서 소방안전 관련 학과를 전공하고 졸업한 사람

⑥ 소방행정학(소방학, 소방방재학 포함) 또는 소방안전공학(소방방재공학, 안전공학 포함) 분야에서 석사 학위를 취득한 후 2년 이상 1급 소방안전관리대상물의 소방안전관리자로 근무한 실무경력이 있는 사람

⑦ 특급 소방안전관리대상물의 소방안전관리보조자로 10년 이상 근무한 실무경력이 있는 사람

⑧ 특급 소방안전관리대상물의 소방안전관리에 대한 강습교육을 수료한 사람

⑨ 총괄재난관리자로 지정되어 1년 이상 근무한 경력이 있는 사람

2. 1급 소방안전관리자 자격시험 응시자격

① 대학 또는 고등학교에서 소방안전관리학과를 전공하고 졸업한 사람으로서 해당 학과를 졸업한 후 2년 이상 2급 소방안전관리대상물 또는 3급 소방안전관리대상물의 소방안전관리자로 근무한 실무경력이 있는 사람

② 다음 어느 하나에 해당하는 요건을 갖춘 후 3년 이상 2급 소방안전관리대상물 또는 3급 소방안전관리대상물의 소방안전관리자로 근무한 실무경력이 있는 사람

  ㉮ 대학 또는 고등학교에서 소방안전 관련 교과목을 12학점 이상 이수하고 졸업한 사람

  ㉯ 위 ㉮항에 해당하는 사람과 같은 수준의 학력이 있다고 인정되는 사람으로서 해당 학력 취득 과정에서 소방안전 관련 교과목을 12학점 이상 이수한 사람

  ㉰ 대학 또는 고등학교에서 소방안전 관련 학과를 전공하고 졸업한 사람

③ 소방행정학(소방학, 소방방재학 포함) 또는 소방안전공학(소방방재공학, 안전공학 포함) 분야에서 석사 학위 이상을 취득한 사람

④ 5년 이상 2급 소방안전관리대상물의 소방안전관리자로 근무한 실무경력이 있는 사람

⑤ 특급 또는 1급 소방안전관리대상물의 소방안전관리에 대한 강습교육을 수료한 사람

⑥ 2급 소방안전관리대상물의 소방안전관리자로 선임될 수 있는 자격을 갖춘 후 특급 또는 1급 소방안전관리대상물의 소방안전관리보조자로 5년 이상 근무한 실무경력이 있는 사람

⑦ 2급 소방안전관리대상물의 소방안전관리자로 선임될 수 있는 자격을 갖춘 후 2급 소방안전관리대상물의 소방안전관리보조자로 7년 이상 근무한 실무경력(특급 또는 1급 소방안전관리대상물의 소방안전안전관리보조자로 근무한 5년 미만의 실무경력이 있는 경우에는 이를 포함하여 합산)이 있는 사람

⑧ 산업안전기사 또는 산업안전산업기사의 자격을 취득한 후 2년 이상 2급 또는 3급 소방안전관리대상물의 소방안전관리자로 근무한 실무경력이 있는 사람

⑨ 특급 소방안전관리대상물의 소방안전관리자 자격시험 응시자격이 인정되는 사람

3. 2급 소방안전관리자 자격시험 응시자격

① 대학 또는 고등학교에서 소방안전관리학과를 전공하고 졸업한 사람

② 다음의 어느 하나에 해당하는 사람

  ㉮ 대학 또는 고등학교에서 소방안전 관련 교과목을 6학점 이상 이수하고 졸업한 사람

  ㉯ 위 ㉮항에 해당하는 사람과 같은 수준의 학력이 있다고 인정되는 사람으로서 해당 학력 취득 과정에서 소방안전 관련 교과목을 6학점 이상 이수한 사람

  ㉰ 대학 또는 고등학교에서 소방안전 관련 학과를 전공하고 졸업한 사람

③ 소방본부 또는 소방서에서 1년 이상 화재진압 또는 그 보조 업무에 종사한 경력이 있는 사람

④ 「의용소방대 설치 및 운영에 관한 법률」에 따라 의용소방대원으로 임명되어 3년 이상 근무한 경력이 있는 사람

⑤ 군부대(주한 외군군부대 포함) 및 의무소방대의 소방대원으로 1년 이상 근무한 경력이 있는 사람

⑥ 「위험물안전관리법」에 따른 자체소방대의 소방대원으로 3년 이상 근무한 경력이 있는 사람

⑦ 「대통령 등의 경호에 관한 법률」에 따른 경호공무원 또는 별정직공무원으로 2년 이상 안전검측 업무에 종사한 경력이 있는 사람

⑧ 경찰공무원으로 3년 이상 근무한 경력이 있는 사람

⑨ 특급, 1급, 2급 소방안전관리대상물의 소방안전관리에 대한 강습교육을 수료한 사람

⑩ 공공기관 소방안전관리자 강습교육을 수료한 사람

⑪ 특급, 1급, 2급, 3급 소방안전관리대상물의 소방안전관리보조자로 3년 이상 근무한 실무경력이 있는 사람

⑫ 3급 소방안전관리대상물의 소방안전관리자로 2년 이상 근무한 실무경력이 있는 사람

⑬ 건축사 · 산업안전기사 · 산업안전산업기사 · 건축기사 · 건축산업기사 · 일반기계기사 · 전기기능장 · 전기기사 · 전기산업기사 · 전기공사기사 · 전기공사산업기사 · 건설안전기사 또는 건설안전산업기사 자격을 가진 사람

⑭ 특급 또는 1급 소방안전관리대상물의 소방안전관리자 시험응시 자격이 인정되는 사람

4. 3급 소방안전관리자 자격시험 응시자격

① 「의용소방대 설치 및 운영에 관한 법률」에 따라 의용소방대원으로 임명되어 2년 이상 근무한 경력이 있는 사람

② 「위험물안전관리법」에 따른 자체소방대의 소방대원으로 1년 이상 근무한 경력이 있는 사람

③ 「대통령 등의 경호에 관한 법률」에 따른 경호공무원 또는 별정직공무원으로 1년 이상 안전검측 업무에 종사한 경력이 있는 사람

④ 경찰공무원으로 2년 이상 근무한 경력이 있는 사람

⑤ 특급, 1급, 2급 또는 3급 소방안전관리대상물의 소방안전관리에 대한 강습교육을 수료한 사람

⑥ 공공기관 소방안전관리자 강습교육을 수료한 사람

⑦ 특급, 1급, 2급, 3급 소방안전관리대상물의 소방안전관리보조자로 2년 이상 근무한 실무경력이 있는 사람

⑧ 특급, 1급, 2급 소방안전관리대상물의 소방안전관리자 시험응시 자격이 인정되는 사람

참고 소방안전관리학과 및 소방안전 관련 학과
- 소방안전관리학과 : ① 소방안전관리과(소방안전과를 포함), ② 소방시스템학과, ③ 소방학과, ④ 소방환경관리학과(소방환경안전학과, 소방환경방재학과, 소방환경학과 포함), ⑤ 소방공학과, ⑥ 소방행정학과, ⑦ 소방방재학과, ⑧ 소방기계 · 전기 · 설비과
- 소방안전 관련 학과 : ① 전기공학과(전기과, 전기설비과, 전자과, 전자공학과, 전기전자과, 전기전자공학과, 전기제어공학과 포함), ② 산업안전공학과(산업안전, 산업공학과, 안전공학과, 안전시스템공학과 포함), ③ 기계공학과(기계과, 기계학과, 기계설계학과, 기계설계공학과, 정밀기계공학과 포함), ④ 건축공학과(건축과, 건축학과, 건축설비학과, 건축설계학과 포함), ⑤ 화학공학과(공업화학과, 화학공업과 포함)

SECTION 02 소방기본법

STEP 01 소방기본법의 목적 및 용어

1. 목적

① 화재예방 · 경계 및 진압
② 화재, 재난 · 재해 등 위급한 상황에서의 구조 · 구급활동
③ 국민의 생명, 신체 및 재산 보호
④ 공공의 안녕 및 질서 유지와 복리증진에 이바지

2. 용어의 정의

① 소방대상물 : 건축물, 차량, 선박(항구에 매어둔 선박만 해당), 선박 건조 구조물, 산림, 그 밖의 인공 구조물 또는 물건
② 관계지역 : 소방대상물이 있는 장소 및 그 이웃 지역으로서 화재의 예방 · 경계 · 진압, 구조 · 구급 등의 활동에 필요한 지역
③ 관계인 : 소방대상물의 소유자 · 관리자 또는 점유자
　㉮ 소유자 : 법률의 범위 내에서 물건을 사용 · 수익 · 처분할 수 있는 권리가 있는 사람
　㉯ 관리자 : 물건이나 재산의 성질을 변경하지 않는 범위 안에서 재산의 보존 · 이용 및 개량을 목적으로 한 행위를 할 수 있는 사람
　㉰ 점유자 : 물건 등을 사실상으로 지배하고 있는 사람
④ 소방대(消防隊) : 화재를 진압하고 화재, 재난 · 재해, 그 밖의 위급한 상황에서 구조 · 구급 활동 등을 하기 위하여 다음의 사람으로 구성된 조직체
　㉮ 소방공무원
　㉯ 의무소방원(義務消防員)
　㉰ 의용소방대원(義勇消防隊員)
⑤ 소방대장(消防隊長) : 소방본부장 또는 소방서장 등 화재, 재난 · 재해, 그 밖의 위급한 상황이 발생한 현장에서 소방대를 지휘하는 사람

 참고 **소방의 날 제정과 운영**
국민의 안전의식과 화재에 대한 경각심을 높이고 안전문화를 정착시키기 위하여 매년 11월 9일을 소방의 날로 제정

(02) 소방활동 등

1. 소방신호

① 화재예방, 소방활동 또는 소방훈련을 위하여 사용되는 소방신호의 종류와 방법은 행정안전부령으로 정한다.

② 소방신호의 종류와 방법

신호방법 종별	신호발령	신호방법	
		타종신호	싸이렌신호
경계신호	화재예방상 필요하다고 인정되거나 화재 위험경보 시	1타와 연2타를 반복	5초 간격을 두고 30초씩 3회
발화신호	화재가 발생한 때	난타	5초 간격을 두고 5초씩 3회
해제신호	소화활동이 필요 없다고 인정되는 때	상당한 간격을 두고 1타씩 반복	1분간 1회
훈련신호	훈련상 필요하다고 인정되는 때	연3타를 반복	10초 간격을 두고 1분씩 1회

2. 화재 등의 통지 등

① 화재현장 또는 구조·구급이 필요한 사고현장을 발견한 사람은 그 현장의 상황을 소방본부, 소방서 또는 관계행정기관에 지체없이 알려야 한다.

② 다음 지역 또는 장소에서 화재로 오인할 만한 우려가 있는 불을 피우거나 연막소독을 하려는 자는 관할 소방본부장이나 소방서장에게 신고하여야 한다.
  ㉮ 시장지역
  ㉯ 공장, 창고가 밀집한 지역
  ㉰ 목조건물이 밀집한 지역
  ㉱ 위험물의 저장 및 처리시설이 밀집한 지역
  ㉲ 석유화학제품을 생산하는 공장이 있는 지역
  ㉳ 그밖에 시·도의 조례로 정하는 지역 또는 장소

③ 관계인의 소방활동 : 화재 시 소방대가 현장에 도착할 때까지 경보를 울리거나 대피 유도, 인명구출 조치, 불을 진화하거나 번지지 아니하도록 필요한 조치를 하여야 한다.

3. 소방자동차

모든 차와 사람은 소방자동차가 화재진압 및 구조·구급 활동을 위하여 사이렌을 사용하여 출동하는 경우에는 다음의 행위를 하여서는 아니 된다.

① 소방자동차에 진로를 양보하지 아니하는 행위
② 소방자동차 앞에 끼어들거나 소방자동차를 가로막는 행위
③ 그 밖에 소방자동차의 출동에 지장을 주는 행위

4. 소방활동구역 등

① 소방활동구역의 설정 및 설정권자 : 소방대장

② 소방활동구역을 출입할 수 있는 사람(그 외는 출입이 제한됨)

㉮ 소방활동구역 안에 있는 소방대상물의 소유자, 관리자 또는 점유자

㉯ 전기, 가스, 수도, 통신, 교통의 업무에 종사하는 자로서 원활한 소방활동을 위하여 필요한 자

㉰ 의사, 간호사, 그 밖의 구조 · 구급업무에 종사하는 자

㉱ 취재인력 등 보도업무에 종사하는 자

㉲ 수사업무에 종사하는 자

㉳ 그 밖에 소방대장이 소방활동을 위하여 출입을 허가한 자

③ 강제처분과 피난명령의 명령권자 : 소방본부장, 소방서장 또는 소방대장

5. 강제처분 등

① 강제처분의 대상

㉮ 화재가 발생한 소방대상물 및 토지

㉯ 불이 번질 우려가 있는 소방대상물 또는 그 소방대상물이 있는 토지

㉰ 위에 열거된 것 외의 소방대상물 및 토지

㉱ 소방자동차의 통행 및 소방활동에 방해가 되는 주차 또는 정차된 차량 및 물건

② 강제처분의 내용

㉮ 강제처분의 대상이 되는 소방대상물(화재가 발생했거나 불이 번질 우려가 있는 소방대상물) 및 토지의 일시 사용

㉯ 강제처분의 대상이 되는 소방대상물 및 토지의 사용 제한

㉰ 그 밖의 소방활동상 필요한 처분

㉱ 소방자동차의 통행 및 소방활동에 방해가 되는 주차 또는 정차된 차량 및 물건 등의 제거 또는 이동조치 처분

6. 피난명령

① 소방본부장, 소방서장 또는 소방대장은 화재, 재난 · 재해, 그 밖의 위급한 상황이 발생하여 사람의 생명을 위험하게 할 것으로 인정할 때에는 일정한 구역을 지정하여 그 구역에 있는 사람에게 그 구역 밖으로 피난할 것을 명할 수 있다.

② 소방본부장, 소방서장 또는 소방대장은 위 ①항에 따른 명령을 할 때 필요하면 관할 경찰서장 또는 자치경찰단장에게 협조를 요청할 수 있다.

STEP (03) 한국소방안전원

1. 설립목적
① 소방기술과 안전관리기술의 향상 및 홍보
② 교육·훈련 등 행정기관이 위탁하는 업무의 수행
③ 소방 관계 종사자의 기술 향상

2. 안전원의 업무
① 소방기술과 안전관리에 관한 교육 및 조사·연구
② 소방기술과 안전관리에 관한 각종 간행물 발간
③ 화재예방과 안전관리의식 고취를 위한 대국민 홍보
④ 소방업무에 관하여 행정기관이 위탁하는 업무
⑤ 소방안전에 관한 국제협력
⑥ 그 밖에 회원에 대한 기술지원 등 정관으로 정하는 사항

STEP (04) 벌칙

1. 5년 이하의 징역 또는 5천만원 이하의 벌금(소방기본법 제50조)
① 다음의 어느 하나에 해당하는 행위를 한 사람
   ㉮ 위력(威力)을 사용하여 출동한 소방대의 화재진압·인명구조 또는 구급활동을 방해하는 행위
   ㉯ 소방대가 화재진압·인명구조 또는 구급활동을 위하여 현장에 출동하거나 현장에 출입하는 것을 고의로 방해하는 행위
   ㉰ 출동한 소방대원에게 폭행 또는 협박을 행사하여 화재진압·인명구조 또는 구급활동을 방해하는 행위
   ㉱ 출동한 소방대의 소방장비를 파손하거나 그 효용을 해하여 화재진압·인명구조 또는 구급활동을 방해하는 행위
② 소방자동차의 출동을 방해한 사람
③ 사람을 구출하는 일 또는 불을 끄거나 불이 번지지 아니하도록 하는 일을 방해한 사람
④ 정당한 사유 없이 소방용수시설 또는 비상소화장치를 사용하거나 소방용수시설 또는 비상소화장치의 효용을 해치거나 그 정당한 사용을 방해한 사람

2. 3년 이하의 징역 또는 3천만원 이하의 벌금(소방기본법 제51조)
화재가 발생하거나 불이 번질 우려가 있는 소방대상물 및 토지의 강제처분을 방해한 자 또는 정당한 사유없이 그 처분에 따르지 아니한 자

3. 300만원 이하의 벌금(소방기본법 제52조)

① 화재가 발생하거나 불이 번질 우려가 있는 소방대상물 및 토지 외의 소방대상물과 토지의 강제처분을 방해한 자 또는 정당한 사유 없이 그 처분에 따르지 아니한 자

② 소방활동을 위하여 긴급하게 출동하는 소방자동차의 통행과 소방활동에 방해가 되는 주차 또는 정차된 차량 및 물건 등을 제거하거나 이동시키는 것을 방해한 자 또는 정당한 사유 없이 그 처분에 따르지 아니한 자

4. 100만원 이하의 벌금(소방기본법 제54조)

① 정당한 사유 없이 소방대의 생활안전활동을 방해한 자

② 정당한 사유 없이 소방대가 현장에 도착할 때까지 사람을 구출하는 조치 또는 불을 끄거나 불이 번지지 아니하도록 하는 조치를 하지 아니한 소방대상물 관계인

③ 화재, 재난·재해, 그 밖의 긴급한 상황에 따른 피난 명령을 위반한 자

④ 정당한 사유 없이 물의 사용이나 수도의 개폐장치의 사용 또는 조작을 하지 못하게 하거나 방해한 자

⑤ 가스·전기 또는 유류 등의 시설에 대하여 위험물질의 공급을 차단하는 긴급조치를 정당한 사유 없이 방해한 자

> **참고** **양벌규정**
> 법인의 대표자나 법인 또는 개인의 대리인, 사용인, 그 밖의 종업원이 그 법인 또는 개인의 업무에 관하여 「소방기본법상」 벌금형의 어느 하나에 해당하는 위반행위를 하면 그 행위자를 벌하는 외에 그 법인 또는 개인에게도 해당 조문의 벌금형을 과(科)한다. 다만, 법인 또는 개인이 그 위반행위를 방지하기 위하여 해당업무에 관하여 상당한 주의와 감독을 게을리하지 아니한 경우에는 그러하지 아니하다.

SECTION 03

화재의 예방 및 안전관리에 관한 법률

STEP 01 총칙

1. 목적

화재의 예방과 안전관리에 필요한 사항을 규정함으로써 화재로부터 국민의 생명·신체 및 재산을 보호하고 공공의 안전과 복리 증진에 이바지함을 목적으로 한다.

2. 용어의 정의

① 예방 : 화재의 위험으로부터 사람의 생명·신체 및 재산을 보호하기 위하여 화재발생을 사전에 제거하거나 방지하기 위한 모든 활동

② 화재안전조사 : 소방청장, 소방본부장 또는 소방서장(이하 '소방관서장'이라 함)이 소방대상물, 관계지역 또는 관계인에 대하여 소방시설등이 소방관계법령에 적합하게 설치·관리되고 있는지, 소방대상물에 화재의 발생 위험이 있는지 등을 확인하기 위하여 실시하는 현장조사·문서열람·보고요구 등을 하는 활동

③ 화재예방강화지구 : 시·도지사가 화재발생 우려가 크거나 화재가 발생할 경우 피해가 클 것으로 예상되는 지역에 대하여 화재의 예방 및 안전관리를 강화하기 위해 지정·관리하는 지역

④ 화재예방안전진단 : 화재가 발생할 경우 사회·경제적으로 피해 규모가 클 것으로 예상되는 소방대상물에 대하여 화재위험요인을 조사하고 그 위험성을 평가하여 개선대책을 수립하는 것

STEP 02 화재안전조사

1. 화재안전조사를 실시할 수 있는 경우

① 자체점검이 불성실하거나 불완전하다고 인정되는 경우

② 화재예방강화지구 등 법령에서 화재안전조사를 하도록 규정되어 있는 경우

③ 화재예방안전진단이 불성실하거나 불완전하다고 인정되는 경우

④ 국가적 행사 등 주요 행사가 개최되는 장소 및 그 주변의 관계 지역에 대하여 소방안전관리 실태를 조사할 필요가 있는 경우

⑤ 화재가 자주 발생하였거나 발생할 우려가 뚜렷한 곳에 대한 조사가 필요한 경우

⑥ 재난예측정보, 기상예보 등을 분석한 결과 소방대상물에 화재의 발생 위험이 크다고 판단되는 경우

⑦ 위 ①항부터 ⑥항까지에서 규정한 경우 외에 화재, 그 밖의 긴급한 상황이 발생할 경우 인명 또는 재산 피해의 우려가 현저하다고 판단되는 경우

2. 화재안전조사 항목

① 화재의 예방조치 등에 관한 사항

② 소방안전관리 업무 수행에 관한 사항

③ 피난계획의 수립 및 시행에 관한 사항

④ 소화 · 통보 · 피난 등의 훈련 및 소방안전관리에 필요한 교육에 관한 사항

⑤ 소방자동차 전용구역 등의 설치에 관한 사항

⑥ 시공, 감리 및 감리원의 배치에 관한 사항

⑦ 소방시설의 설치 및 관리 등에 관한 사항

⑧ 건설현장 임시소방시설의 설치 및 관리에 관한 사항

⑨ 피난시설, 방화구획 및 방화시설의 관리에 관한 사항

⑩ 방염에 관한 사항

⑪ 소방시설등의 자체점검에 관한 사항

⑫ 「다중이용업소의 안전관리에 관한 특별법」, 「위험물안전관리법」 및 「초고층 및 지하 연계 복합건축물 재난관리에 관한 특별법」의 안전관리에 관한 사항

⑬ 그 밖에 소방대상물에 화재의 발생 위험이 있는지 등을 확인하기 위해 소방관서장이 화재안전조사가 필요하다고 인정하는 사항

3. 화재안전조사의 방법 및 절차

① 방법

㉮ 종합조사 : 화재안전조사 항목 전부를 확인하는 조사

㉯ 부분조사 : 화재안전조사 항목 중 일부를 확인하는 조사

② 절차

㉮ 소방관서장은 조사대상, 조사기간 및 조사사유 등 조사계획을 소방관서의 인터넷 홈페이지나 전산시스템을 통해 7일 이상 공개해야 한다.

㉯ 소방관서장은 사전 통지 없이 화재안전조사를 실시하는 경우에는 화재안전조사를 실시하기 전에 관계인에게 조사사유 및 조사범위 등을 현장에서 설명해야 한다.

㉰ 소방관서장은 화재안전조사를 위하여 소속 공무원으로 하여금 관계인에게 보고 또는 자료의 제출을 요구하거나 소방대상물의 위치 · 구조 · 설비 또는 관리 상황에 대한 조사 · 질문을 하게 할 수 있다.

4. 화재안전조사의 연기

관계인은 천재지변이나 대통령령으로 정하는 다음의 사유로 화재안전조사를 받기 곤란한 경우 화재안전조사를 연기하여 줄 것을 신청할 수 있다.

① 재난이 발생한 경우

② 관계인의 질병, 사고, 장기출장의 경우

③ 권한 있는 기관에 자체점검기록부, 교육ㆍ훈련일지 등 화재안전조사에 필요한 장부ㆍ서류 등이 압수되거나 영치되어 있는 경우

④ 소방대상물의 증축ㆍ용도변경 또는 대수선 등의 공사로 화재안전조사를 실시하기 어려운 경우

5. 화재안전조사 결과에 따른 조치명령

① 조치권자 : 소방관서장(소방청장, 소방본부장 또는 소방서장)

② 조치명령 사항

㉑ 화재안전조사 결과에 따른 소방대상물의 위치ㆍ구조ㆍ설비 또는 관리의 상황이 화재예방을 위하여 보완될 필요가 있거나 화재가 발생하면 인명 또는 재산의 피해가 클 것으로 예상되는 때 : 관계인에게 그 소방대상물의 개수(改修)ㆍ이전ㆍ제거, 사용의 금지 또는 제한, 사용폐쇄, 공사의 정지 또는 중지, 그 밖에 필요한 조치를 명할 수 있다.

㉔ 화재안전조사 결과 소방대상물이 법령을 위반하여 건축 또는 설비되었거나 소방시설등, 피난시설ㆍ방화구획, 방화시설 등이 법령에 적합하게 설치 또는 관리되고 있지 아니한 경우 : 관계인에게 위 ㉑항에 따른 조치를 명하거나 관계 행정기관의 장에게 필요한 조치를 하여 줄 것을 요청할 수 있다.

STEP 03 화재예방조치

1. 화재예방강화지구

① 시장지역

② 공장ㆍ창고가 밀집한 지역

③ 목조건물이 밀집한 지역

④ 노후ㆍ불량건축물이 밀집한 지역

⑤ 위험물의 저장 및 처리 시설이 밀집한 지역

⑥ 석유화학제품을 생산하는 공장이 있는 지역

⑦ 「산업입지 및 개발에 관한 법률」에 따른 산업단지

⑧ 소방시설ㆍ소방용수시설 또는 소방출동로가 없는 지역

⑨ 「물류시설의 개발 및 운영에 관한 법률」에 따른 물류단지

⑩ 그 밖에 위 ①항부터 ⑨항까지에 준하는 지역으로서 소방관서장이 화재예방강화지구로 지정할 필요가 있다고 인정하는 지역

2. 화재 예방조치 등

① 화재예방강화지구 및 이에 준하는 장소에서 금지되는 행위(단, 행정안전부령으로 정하는 바에 따라 안전조치를 한 경우에는 예외임)

㉠ 모닥불, 흡연 등 화기의 취급

㉡ 풍등 등 소형열기구 날리기

㉢ 용접ㆍ용단 등 불꽃을 발생시키는 행위

㉣ 그 밖에 대통령령으로 정하는 화재 발생 위험이 있는 행위

② 소방관서장은 화재 발생 위험이 크거나 소화 활동에 지장을 줄 수 있다고 인정되는 행위나 물건에 대하여 행위 당사자나 그 물건의 소유자, 관리자 또는 점유자에게 다음 각 호의 명령을 할 수 있다. 다만, 물건의 소유자, 관리자 또는 점유자를 알 수 없는 경우 소속 공무원으로 하여금 그 물건을 옮기거나 보관하는 등 필요한 조치를 하게 할 수 있다.

㉠ 위 ①항 각 항목의 어느 하나에 해당하는 행위의 금지 또는 제한

㉡ 목재, 플라스틱 등 가연성이 큰 물건의 제거, 이격, 적재 금지 등

㉢ 소방차량의 통행이나 소화 활동에 지장을 줄 수 있는 물건의 이동

③ 소방관서장이 옮긴 물건을 보관하는 경우 해야 할 조치

㉠ 옮긴 날부터 14일 동안 해당 소방관서의 인터넷 홈페이지에 그 사실을 공고

㉡ 보관기간은 공고기간의 종료일 다음날부터 7일

STEP 04 소방안전관리자 및 소방안전관리보조자 선임신고 등

1. 특정소방대상물의 소방안전관리

① 소방안전관리대상물의 관계인은 소방안전관리자 자격증을 발급받은 사람을 소방안전관리자로 선임하여야 한다.

② 다른 안전관리자(다른 법령에 따라 전기ㆍ가스ㆍ위험물 등의 안전관리 업무에 종사하는 자)는 소방안전관리 업무 전담 대상물(특급 및 1급)의 소방안전관리자를 겸할 수 없다.(단, 타 법령에 특별한 규정이 있는 경우에는 예외)

③ 관계인은 소방안전관리업무를 대행하는 관리업자를 감독할 수 있는 사람을 지정하여 소방안전관리자로 선임할 수 있으며, 이 경우 소방안전관리자로 선임된 자는 선임된 날부터 3개월 이내에 강습교육을 받아야 한다.

2. 소방안전관리자 또는 소방안전관리보조자의 선임

특정소방대상물의 관계인은 다음 어느 하나에 해당하는 날부터 30일 이내에 소방안전관리(보조)자를 선임하여야 한다.(소방안전보조관리자의 경우 ①, ③, ⑤ 항목만 적용)

① 신축ㆍ증축ㆍ개축ㆍ재축ㆍ대수선 또는 용도변경으로 해당 특정소방대상물의 소방안전관리(보조)자를 신규로 선임하여야 하는 경우 : 해당 특정소방대상물의 사용승인일(「건축법」에 따라 건축물을 사용할 수 있게 된 날)

② 증축 또는 용도변경으로 인하여 특정소방대상물이 특급 또는 1급·2급 소방안전관리대상물로 된 경우 또는 등급이 변경된 경우 : 증축공사의 사용승인일 또는 용도변경 사실을 건축물관리대장에 기재한 날

③ 특정소방대상물을 양수하거나 경매, 환가, 압류재산의 매각 그 밖에 이에 준하는 절차에 의하여 관계인의 권리를 취득한 경우 : 해당 권리를 취득한 날 또는 관할 소방서장으로부터 소방안전관리(보조)자 선임 안내를 받은 날. 다만, 새로 권리를 취득한 관계인이 종전의 특정소방대상물의 관계인이 선임신고한 소방안전관리(보조)자를 해임하지 아니하는 경우를 제외

④ 관리의 권원이 분리된 특정소방대상물의 경우 : 관리의 권원이 분리되거나 소방본부장 또는 소방서장이 관리의 권원을 조정한 날

⑤ 소방안전관리(보조)자가 해임, 퇴직 등으로 소방안전관리(보조)자의 업무가 종료된 경우 : 소방안전관리(보조)자를 해임한 날, 퇴직한 날 등 근무를 종료한 날

⑥ 소방안전관리업무를 대행하는 자를 감독할 수 있는 사람을 소방안전관리자로 선임한 경우로서 그 업무대행 계약이 해지 또는 종료된 경우 : 소방안전관리업무 대행이 끝난 날

⑦ 소방안전관리자 자격이 정지 또는 취소된 경우 : 소방안전관리자 자격이 정지 또는 취소된 날

3. 선임신고 및 현황게시

① 소방안전관리대상물의 관계인이 소방안전관리(보조)자를 선임한 경우에는 선임한 날부터 14일 이내에 소방본부장 또는 소방서장에게 신고하여야 한다.

② 소방안전관리대상물의 출입자가 쉽게 알 수 있도록 다음의 사항이 포함된 소방안전관리자 현황표를 게시하여야 한다.

㉮ 소방안전관리대상물의 명칭

㉯ 소방안전관리자의 성명 및 선임일자

㉰ 소방안전관리대상물의 등급

㉱ 소방안전관리자의 연락처

㉲ 소방안전관리자 근무 위치(화재 수신기 위치)

[소방안전관리자 현황표]

소방안전관리자 현황표(대상명:　　　　　)

이 건축물의 소방안전관리자는 다음과 같습니다.

□ 소방안전관리자:　　　　(선임일자:　년　월　일)

□ 소방안전관리대상물 등급:　　급

□ 소방안전관리자 근무 위치(화재 수신기 위치):

「화재의 예방 및 안전관리에 관한 법률」 제26조제1항에 따라 이 표지를 붙입니다.

소방안전관리자 연락처:

4. 선임연기

① 선임연기 대상 : 2급, 3급 및 소방안전관리(보조)자를 선임해야 하는 소방안전관리대상물의 관계인

② 선임연기 사유 : 소방안전관리자 또는 소방안전관리보조자 강습교육이나 시험이 선임기간 내에 있지 아니하여 선임할 수 없는 경우

③ 선임연기 절차 : 해당 관계인은 선임연기신청서를 소방본부장 또는 소방서장에게 제출하여야 하며, 이 경우 소방본부장 또는 소방서장은 강습교육 접수 또는 시험응시 여부를 확인하여야 함

④ 소방안전관리자 선임연기 기간 중 소방안전관리업무 수행자 : 소방안전관리대상물의 관계인

⑤ 연기일 통보 : 소방본부장 또는 소방서장은 선임연기신청서를 제출받은 경우 3일 이내에 소방안전관리(보조)자 선임기간을 정하여 관계인에게 통보하여야 함

STEP 05 특정소방대상물의 관계인 및 소방안전관리자의 업무 및 의무

1. 특정소방대상물(소방안전관리대상물 제외)의 관계인 업무

① 피난시설, 방화구획 및 방화시설의 관리

② 소방시설이나 그 밖의 소방 관련 시설의 관리

③ 화기(火氣) 취급의 감독

④ 화재발생 시 초기대응

⑤ 그 밖에 소방안전관리에 필요한 업무

2. 소방안전관리대상물의 소방안전관리자 업무

① 피난계획에 관한 사항과 대통령령으로 정하는 사항이 포함된 소방계획서의 작성 및 시행

② 자위소방대(自衛消防隊) 및 초기대응체계의 구성, 운영 및 교육

③ 피난시설, 방화구획 및 방화시설의 관리

④ 소방시설이나 그 밖의 소방관련 시설의 관리

⑤ 소방훈련 및 교육

⑥ 화기(火氣) 취급의 감독

⑦ 소방안전관리에 관한 업무수행에 관한 기록 · 유지(위 ③항, ④항 및 ⑥항의 업무를 말함)

⑧ 화재발생 시 초기대응

⑨ 그 밖에 소방안전관리에 필요한 업무

3. 소방안전관리 업무수행 기록 및 유지

소방안전관리자는 소방안전관리 업무수행에 관한 기록을 시행규칙 별지 제12호 서식에 따라 월 1회 이상 작성 · 관리해야 한다.

① 업무수행 중 보수 또는 정비가 필요한 사항을 발견한 경우에는 이를 지체없이 관계인에게 알

리고, 별지 제12호서식에 기록해야 한다.

② 소방안전관리자는 업무 수행에 관한 기록을 작성한 날부터 2년간 보관해야 한다.

4. 관계인 등의 의무

① 소방안전관리대상물의 관계인은 소방안전관리자가 소방안전관리업무를 성실하게 수행할 수 있도록 지도 · 감독하여야 한다.

② 소방안전관리자는 인명과 재산을 보호하기 위하여 소방시설 · 피난시설 · 방화시설 및 방화구획 등이 법령에 위반된 것을 발견한 때에는 지체 없이 소방안전관리대상물의 관계인에게 소방대상물의 개수 · 이전 · 제거 · 수리 등 필요한 조치를 할 것을 요구하여야 하며, 관계인이 시정하지 아니하는 경우 소방본부장 또는 소방서장에게 그 사실을 알려야 한다. 이 경우 소방안전관리자는 공정하고 객관적으로 그 업무를 수행하여야 한다.

③ 소방안전관리자로부터 위 ②항에 따른 조치요구 등을 받은 소방안전관리대상물의 관계인은 지체 없이 이에 따라야 하며, 이를 이유로 소방안전관리자를 해임하거나 보수(報酬)의 지급을 거부하는 등 불이익한 처우를 하여서는 아니 된다.

STEP (06) 소방안전관리업무의 대행

1. 업무의 대행

① 대통령령으로 정하는 소방안전관리대상물의 관계인은 소방안전관리업무 중 대통령으로 정하는 관리업자로 하여금 대행하게 할 수 있다.

② 이 경우 선임된 소방안전관리자는 관리업자의 대행 업무수행을 감독하고 대행업무 외의 소방안전관리업무는 직접 수행하여야 한다.

참고 소방안전관리등급 및 설치된 소방시설에 따른 대행인력의 배치 등급

소방안전관리 대상물의 등급	설치된 소방시설의 종류	대행인력의 기술등급
1급 또는 2급	스프링클러설비, 물분무등소화설비 또는 제연설비	중급점검자 이상 1명 이상
	옥내소화전설비 또는 옥외소화전설비	초급점검자 이상 1명 이상
3급	자동화재탐지설비 또는 간이스프링클러설비	초급점검자 이상 1명 이상

※ 대행인력의 기술등급은 「소방시설공사업법 시행규칙」 별표 4의2에 따른 소방기술자의 자격 등급에 따른다.

※ 연면적 5,000m² 미만으로서 스프링클러설비가 설치된 1급 또는 2급 소방안전관리대상물의 경우에는 초급점검자를 배치할 수 있다. 다만, 스프링클러설비 외에 제연설비 또는 물분무등소화설비가 설치된 경우에는 그렇지 않다.

※ 스프링클러설비에는 화재조기진압용 스프링클러설비를 포함하고, 물분무등소화설비에는 호스릴(hose reel)방식은 제외한다.

2. 업무대행 가능한 소방안전관리대상물

① 지상층의 층수가 11층 이상인 1급 소방안전관리대상물(단, 연면적 15,000m² 이상인 특정소방대상물과 아파트는 제외)

② 2급 및 3급 소방안전관리대상물

3. 관리업자가 대행할 수 있는 업무

① 피난시설, 방화구획 및 방화시설의 관리

② 소방시설이나 그 밖의 소방관련 시설의 관리

STEP 07) 관리의 권원이 분리된 특정소방대상물의 소방안전관리

1. 개요

① 특정소방대상물로서 그 관리의 권원(權原)이 분리되어 있는 특정소방대상물의 경우 그 관리의 권원별 관계인은 대통령령으로 정하는 바에 따라 소방안전관리자를 선임하여야 한다.

② 소방본부장 또는 소방서장은 관리의 권원이 많아 효율적인 소방안전관리가 이루어지지 아니한다고 판단되는 경우 관리의 권원을 조정하여 소방안전관리자를 선임하도록 할 수 있다.

2. 관리의 권원을 조정할 수 있는 특정소방대상물

① 복합건축물(지하층을 제외한 층수가 11층 이상 또는 연면적 30,000m² 이상인 건축물)

② 지하가(지하의 인공구조물 안에 설치된 상점 및 사무실, 그 밖에 이와 비슷한 시설이 연속하여 지하도에 접하여 설치된 것과 그 지하도를 합한 것)

③ 판매시설 중 도매시장, 소매시장 및 전통시장

3. 총괄소방안전관리자

① 총괄소방안전관리자 : 특정소방대상물의 전체에 걸쳐 소방안전관리상 필요한 업무를 총괄하는 소방안전관리자를 말한다.

② 선임자격 : 소방안전관리대상물의 등급별 선임자격을 갖춰야 한다. 이 경우 관리의 권원이 분리되어 있는 특정소방대상물에 대하여 소방안전관리대상물의 등급을 결정할 때에는 해당 특정소방대상물 전체를 기준으로 한다.

4. 공동소방안전관리협의회

소방안전관리자 및 총괄소방안전관리자는 해당 특정소방대상물의 소방안전관리를 효율적으로 수행하기 위하여 공동소방안전관리협의회를 구성하고, 해당 특정소방대상물에 대한 소방안전관리를 공동으로 수행하여야 한다.

① 공동소방안전관리협의회는 선임된 소방안전관리자 및 총괄소방안전관리자로 구성한다.

② 총괄소방안전관리자등은 다음의 공동소방안전관리 업무를 협의회의 협의를 거쳐 공동으로 수행한다.
　㉮ 특정소방대상물 전체의 소방계획 수립 및 시행에 관한 사항
　㉯ 특정소방대상물 전체의 소방훈련·교육의 실시에 관한 사항
　㉰ 공용 부분의 소방시설 및 피난·방화시설의 유지·관리에 관한 사항
　㉱ 그 밖에 공동으로 소방안전관리를 할 필요가 있는 사항

(08) 건설현장 소방안전관리

1. 건설현장 소방안전관리자 선임 및 신고

① 선임 사유 : 공사시공자가 화재발생 및 화재피해의 우려가 큰 건설현장 소방안전관리대상물을 신축·증축·개축·재축·이전·용도변경 또는 대수선 하는 경우
② 선임될 수 있는 자격 : 소방안전관리자 자격증을 발급받은 소방안전관리자로서 건설현장 소방안전관리자 강습교육을 받은 사람
③ 선임 기간 : 소방시설공사 착공 신고일부터 건축물 사용승인일까지 선임
④ 선임 신고 : 공사시공자가 선임한 날로부터 14일 이내에 다음의 서류를 첨부하여 소방본부장 또는 소방서장에게 신고
　㉮ 건설현장 소방안전관리자 선임신고서
　㉯ 소방안전관리자 자격증
　㉰ 건설현장 소방안전관리자 강습교육 수료증
　㉱ 건설현장 공사 계약서 사본

2. 건설현장 소방안전관리대상물

① 신축·증축·개축·재축·이전·용도변경 또는 대수선을 하려는 부분의 연면적의 합계가 15,000m² 이상인 것
② 신축·증축·개축·재축·이전·용도변경 또는 대수선을 하려는 부분의 연면적이 5,000m² 이상인 것으로서 다음의 어느 하나에 해당하는 것
　㉮ 지하층의 층수가 2개 층 이상인 것
　㉯ 지상층의 층수가 11층 이상인 것
　㉰ 냉동창고, 냉장창고 또는 냉동·냉장창고

3. 건설현장 소방안전관리자의 업무

① 건설현장의 소방계획서의 작성
② 건설현장의 임시소방시설 설치 및 관리에 대한 감독
③ 공사진행 단계별 피난안전구역, 피난로 등의 확보와 관리
④ 건설현장의 작업자에 대한 소방안전 교육 및 훈련

⑤ 초기대응체계의 구성 · 운영 및 교육

⑥ 화기취급의 감독, 화재위험작업의 허가 및 관리

⑦ 그 밖에 건설현장의 소방안전관리와 관련하여 소방청장이 고시하는 업무

(09) STEP 피난계획의 수립

1. 피난계획의 수립 및 시행

① 소방안전관리대상물의 관계인은 그 장소에 근무하거나 거주 또는 출입하는 사람들이 화재가 발생한 경우에 안전하게 피난할 수 있도록 피난계획을 수립 · 시행하여야 한다.

② 소방안전관리대상물의 관계인은 피난시설의 위치, 피난경로 또는 대피요령이 포함된 피난유도 안내정보를 근무자 또는 거주자에게 정기적으로 제공하여야 한다.

2. 피난계획에 포함되어야 할 사항

① 화재경보의 수단 및 방식

② 층별, 구역별 피난대상 인원의 연령별 · 성별 현황

③ 피난약자(장애인, 노인, 임산부, 영유아 및 어린이 등 이동이 어려운 사람)의 현황

④ 각 거실에서 옥외(옥상 또는 피난안전구역을 포함한다)로 이르는 피난경로

⑤ 피난약자 및 피난약자를 동반한 사람의 피난동선과 피난방법

⑥ 피난시설, 방화구획, 그 밖에 피난에 영향을 줄 수 있는 제반 사항

3. 피난유도 안내정보의 제공 방법

① 연 2회 피난안내 교육을 실시하는 방법

② 분기별 1회 이상 피난안내방송을 실시하는 방법

③ 피난안내도를 층마다 보기 쉬운 위치에 게시하는 방법

④ 엘리베이터, 출입구 등 시청이 용이한 장소에 피난안내영상을 제공하는 방법

(10) STEP 소방훈련 및 소방안전관리자 등에 대한 교육

1. 소방안전관리대상물 근무자 및 거주자 등에 대한 소방훈련 등

① 소방훈련 및 교육 개요

㉮ 소방안전관리대상물의 관계인은 근무자등에게 소방훈련과 소방안전관리에 필요한 교육을 하여야 하고, 피난훈련은 그 소방대상물에 출입하는 사람을 안전한 장소로 대피시키고 유도하는 훈련을 포함하여야 한다.

㉯ 소방안전관리업무의 전담이 필요한 소방안전관리대상물(특급 및 1급)의 관계인은 소방훈련

및 교육을 한 날부터 30일 이내에 소방훈련 및 교육 실시 결과를 소방본부장 또는 소방서장에게 제출하여야 한다.

② 소방훈련 및 교육 실시 횟수

㉮ 연 1회 이상 실시

㉯ 다만, 소방관서장이 화재예방을 위하여 필요하다고 인정하여 2회의 범위에서 추가로 실시할 것을 요청하는 경우에는 소방훈련과 교육을 실시하여야 함

③ 불시 소방훈련 실시

㉮ 불시 소방훈련 : 소방본부장 또는 소방서장은 불특정 다수인이 이용하는 특정소방대상물의 근무자등에게 불시에 소방훈련과 교육을 실시할 수 있음

㉯ 불시 소방훈련 대상 특정소방대상물 : 의료시설, 교육연구시설, 노유자시설 및 그 밖에 화재 발생 시 불특정 다수의 인명피해가 예상되어 소방본부장 또는 소방서장이 소방훈련 · 교육이 필요하다고 인정하는 특정소방대상물

㉰ 사전통지기간 : 소방본부장 또는 소방서장은 불시 소방훈련 · 교육 실시 10일 전까지 관계인에게 통지

㉱ 결과통보 : 소방본부장 또는 소방서장은 관계인에게 불시 소방훈련 · 교육 종료일부터 10일 이내에 불시 소방훈련 평가결과서 통지

④ 기타 사항

㉮ 관계인은 소방훈련과 교육을 실시하는 경우 소방훈련 및 교육에 필요한 장비 및 교재 등을 갖추어야 한다.

㉯ 관계인은 소방훈련과 교육을 실시하였을 때에는 그 실시 결과를 소방훈련 · 교육 실시 결과 기록부에 기록하고, 이를 소방훈련과 교육을 실시한 날로부터 2년간 보관하여야 한다.

2. 소방안전관리자 등에 대한 교육

① 강습교육

㉮ 소방청장은 강습교육을 실시하고자 하는 때에는 강습교육 실시 20일 전까지 일시 · 장소 그 밖의 강습교육 실시에 필요한 사항을 홈페이지에 공고하여야 한다.

㉯ 강습교육을 수료하고자 하는 사람은 교육시간 합계의 90% 이상을 출석하고, 실습내용 평가에 합격하여야 하며 결강시간은 1일 최대 3시간을 초과할 수 없다.

② 실무교육

㉮ 교육대상자

㉠ 소방안전관리자(업무대행 소방안전관리자 포함)

㉡ 소방안전관리보조자

㉯ 교육주기 등

㉠ 선임된 날부터 6개월 이내(소방안전관련업무 경력으로 선임된 보조자의 경우는 3개월 이내), 그 후에는 2년마다(최초 실무교육을 받은 날을 기준일로 하여 매 2년이 되는 해의 기준일과 같은 날 전까지를 말함) 1회 이상 실무교육을 받아야 한다.

㉡ 소방안전관리 강습교육 또는 실무교육을 받은 후 1년 이내에 소방안전관리자로 선임된 사람은 해당 강습교육을 수료하거나 실무교육을 이수한 날에 실무교육을 이수한 것으로 본다.

ⓒ 소방안전관리보조자의 경우 소방안전관리자 강습교육 또는 실무교육이나 소방안전
관리보조자 실무교육을 받은 후 1년 이내에 소방안전관리보조자로 선임된 사람은 해
당 강습교육을 수료하거나 실무교육을 이수한 날에 실무교육을 이수한 것으로 본다.

STEP 11 소방안전관리자 자격의 정지 및 취소

1. 소방안전관리자 자격의 정지 및 취소에 해당하는 경우

① 거짓이나 그 밖의 부정한 방법으로 소방안전관리자 자격증을 발급받은 경우
② 법령에 따른 소방안전관리업무를 게을리한 경우
③ 법령을 위반하여 소방안전관리자 자격증을 다른 사람에게 빌려준 경우
④ 법령에 따른 실무교육을 받지 아니한 경우
⑤ 화재의 예방 및 안전관리에 관한 법률 또는 명령을 위반한 경우

2. 자격의 정지 및 취소 기준

위반사항	행정처분기준		
	1차위반	2차위반	3차 이상 위반
거짓이나 그 밖의 부정한 방법으로 소방안전관리자 자격증을 발급받은 경우	자격취소		
소방안전관리업무를 게을리한 경우	경고(시정명령)	자격정지(3개월)	자격정지(6개월)
소방안전관리자 자격증을 다른 사람에게 빌려준 경우	자격취소		
실무교육을 받지 않은 경우	경고(시정명령)	자격정지(3개월)	자격정지(6개월)

STEP 12 특별관리시설물의 소방안전관리

1. 소방안전 특별관리시설물

소방청장은 화재 등 재난이 발생할 경우 사회·경제적으로 피해가 큰 다음의 시설(소방안전 특별
관리시설물)에 대하여 소방안전 특별관리를 하여야 한다.
① 공항시설, 철도시설, 도시철도시설, 항만시설
② 지정문화재인 시설(시설이 아닌 지정문화재를 보호하거나 소장하고 있는 시설을 포함)
③ 산업기술단지 및 산업단지
④ 초고층 건축물 및 지하연계 복합건축물
⑤ 수용인원 1천명 이상인 영화상영관
⑥ 전력용 및 통신용 지하구

⑦ 석유비축시설, 천연가스 인수기지 및 공급망
⑧ 점포가 500개 이상인 전통시장
⑨ 발전사업자가 가동 중인 발전소
⑩ 연면적 100,000m² 이상인 물류창고
⑪ 가스공급시설

2. 화재예방안전진단

① 화재예방안전진단 대상 : 다음의 소방안전 특별관리시설물의 관계인은 화재의 예방 및 안전 관리를 체계적·효율적으로 수행하기 위하여 한국소방안전원 또는 소방청장이 지정하는 화재예방안전진단기관으로부터 정기적으로 화재예방안전진단을 받아야 한다.

㉮ 여객터미널의 연면적이 1,000m² 이상인 공항시설

㉯ 역 시설의 연면적이 5,000m² 이상인 철도시설

㉰ 역사 및 역 시설의 연면적이 5,000m² 이상인 도시철도시설

㉱ 여객이용시설 및 지원시설의 연면적이 5,000m² 이상인 항만시설

㉲ 전력용 및 통신용 지하구 중 공동구

㉳ 천연가스 인수기지 및 공급망 중 가스시설

㉴ 연면적이 5,000m² 이상인 발전소

㉵ 가연성 가스 탱크의 저장용량의 합계가 100톤 이상이거나 저장용량이 30톤 이상인 탱크가 있는 가스공급시설

② 화재예방안전진단의 실시 방법 : 「건축법」에 따른 사용승인 또는 「소방시설공사업법」에 따른 완공검사를 받은 날부터 5년이 경과한 날이 속하는 해에 최초의 화재예방안전진단을 받아야 하며, 다음 어느 하나에 해당하는 안전등급에 따라 화재예방안전진단을 받아야 한다.

㉮ 안전등급이 우수인 경우 : 안전등급을 통보받은 날부터 6년이 경과한 날이 속하는 해

㉯ 안전등급이 양호·보통인 경우 : 안전등급을 통보받은 날부터 5년이 경과한 날이 속하는 해

㉰ 안전등급이 미흡·불량인 경우 : 안전등급을 통보받은 날부터 4년이 경과한 날이 속하는 해

③ 화재예방안전진단의 범위

㉮ 화재위험요인의 조사에 관한 사항

㉯ 소방계획 및 피난계획 수립에 관한 사항

㉰ 소방시설등의 유지·관리에 관한 사항

㉱ 비상대응조직 및 교육훈련에 관한 사항

㉲ 화재 위험성 평가에 관한 사항

㉳ 화재 등의 재난 발생 후 재발방지 대책의 수립 및 그 이행에 관한 사항

㉴ 지진 등 외부 환경 위험요인 등에 대한 예방·대비·대응에 관한 사항

㉵ 화재예방안전진단 결과 보수·보강 등 개선요구 사항 등에 대한 이행 여부

④ 화재예방안전진단 후속조치

㉮ 화재예방안전진단을 받은 연도에는 소방훈련과 교육 및 자체점검을 받은 것으로 본다.

㉯ 안전원 또는 진단기관은 진단 실시 후 60일 이내에 소방본부장 또는 소방서장, 관계인에게 화재예방안전진단 결과 보고서를 제출해야 한다.

㉱ 소방본부장 또는 소방서장은 진단 결과에 따라 보수·보강 등의 조치가 필요하다고 인정하는 경우에는 해당 소방안전 특별관리시설물의 관계인에게 보수·보강 등의 조치를 취할 것을 명할 수 있다.

> **참고** **화재예방안전진단의 안전등급 기준**
>
> | 안전등급 | 화재예방안전진단 대상물의 상태 |
> |---|---|
> | 우수(A) | 화재예방안전진단 실시 결과 문제점이 발견되지 않은 상태 |
> | 양호(B) | 화재예방안전진단 실시 결과 문제점이 일부 발견되었으나 대상물의 화재안전에는 이상이 없으며 대상물 일부에 대해 보수·보강 등의 조치명령이 필요한 상태 |
> | 보통(C) | 화재예방안전진단 실시 결과 문제점이 다수 발견되었으나 대상물의 전반적인 화재안전에는 이상이 없으며 대상물에 대한 다수의 조치명령이 필요한 상태 |
> | 미흡(D) | 화재예방안전진단 실시 결과 광범위한 문제점이 발견되어 대상물의 화재안전을 위해 조치명령의 즉각적인 이행이 필요하고 대상물의 사용 제한을 권고할 필요가 있는 상태 |
> | 불량(E) | 화재예방안전진단 실시 결과 중대한 문제점이 발견되어 대상물의 화재안전을 위해 조치명령의 즉각적인 이행이 필요하고 대상물의 사용 중단을 권고할 필요가 있는 상태 |

STEP (13) 벌칙

1. 3년 이하의 징역 또는 3천만원 이하의 벌금

① 화재안전조사 결과에 따른 조치명령을 정당한 사유 없이 위반한 자
② 화재예방안전진단 결과에 따른 보수·보강 등의 조치명령을 정당한 사유 없이 위반한 자

2. 1년 이하의 징역 또는 1천만원 이하의 벌금

① 소방안전관리자 자격증을 다른 사람에게 빌려 주거나 빌리거나 이를 알선한 자
② 화재예방안전진단을 받지 아니한 자

3. 300만원 이하의 벌금

① 화재안전조사를 정당한 사유 없이 거부·방해 또는 기피한 자
② 화재예방조치 명령을 정당한 사유 없이 따르지 아니하거나 방해한 자
③ 소방안전관리자, 총괄소방안전관리자 또는 소방안전관리보조자를 선임하지 아니한 자
④ 소방시설·피난시설·방화시설 및 방화구획 등이 법령에 위반된 것을 발견하였음에도 필요한 조치를 할 것을 요구하지 아니한 소방안전관리자
⑤ 소방안전관리자에게 불이익한 처우를 한 관계인

> **양벌규정**
> 법인의 대표자나 법인 또는 개인의 대리인, 사용인, 그 밖의 종업원이 그 법인 또는 개인의 업무에 관하여 징역 또는 벌금형의 어느 하나에 해당하는 위반행위를 하면 그 행위자를 벌하는 외에 그 법인 또는 개인에게도 해당 조문의 벌금형을 과(科)한다. 다만, 법인 또는 개인이 그 위반행위를 방지하기 위하여 해당 업무에 관하여 상당한 주의와 감독을 게을리하지 아니한 경우에는 그러하지 아니하다.

4. 300만원 이하의 과태료

① 정당한 사유 없이 화재예방조치를 위반하여 화기취급 등을 한 자(23쪽 「2. 화재 예방조치 등」 참조)
② 전기 · 가스 · 위험물 등의 안전관리 업무에 종사하는 자가 소방안전관리자를 겸할 수 없음에도 이를 위반하여 소방안전관리자를 겸한 자
③ 건설현장 소방안전관리대상물의 소방안전관리자의 업무를 하지 아니한 소방안전관리자
④ 소방안전관리업무를 하지 아니한 특정소방대상물의 관계인 또는 소방안전관리대상물의 소방안전관리자
⑤ 피난유도 안내정보를 제공하지 아니한 자
⑥ 소방훈련 및 교육을 하지 아니한 자
⑦ 화재예방안전진단 결과를 제출하지 아니한 경우

5. 200만원 이하의 과태료

① 기간 내에 소방안전관리(보조)자 선임신고를 하지 아니하거나 소방안전관리자의 성명 등을 게시하지 아니한 자
② 건설현장 소방안전관리자 선임해야 하는 공사시공자가 이를 위반하여 기간 내에 건설현장 소방안전관리자 선임신고를 하지 아니한 자
③ 기간 내에 소방훈련 및 교육 결과를 제출하지 아니한 자

6. 100만원 이하의 과태료

실무교육을 받지 아니한 소방안전관리자 및 소방안전관리보조자

참고 **과태료 부과 개별기준(화재의 예방 및 안전관리에 관한 법률 시행령)**

위반행위	과태료 금액		
	1차	2차	3차 이상
건설현장 소방안전관리대상물의 소방안전관리업무를 하지 않은 경우	100만원	200만원	300만원
소방안전관리자 및 소방안전관리보조자가 실무교육을 받지 않는 경우	50만원		
화재예방진단 결과를 제출하지 않는 경우			
– 지연 제출기간이 1개월 미만인 경우	100만원		
– 지연 제출기간이 1개월 이상 3개월 미만인 경우	200만원		
– 지연 제출기간이 3개월 이상이거나 신고하지 않은 경우	300만원		
기간 내에 소방안전관리(보조)자, 건설현장 소방안전관리자 선임신고를 하지 아니한 경우			
– 지연 신고기간이 1개월 미만인 경우	50만원		
– 지연 신고기간이 1개월 이상 3개월 미만인 경우	100만원		
– 지연 신고기간이 3개월 이상이거나 신고하지 않은 경우	200만원		

소방시설 설치 및 관리에 관한 법률

STEP (01) 총칙

1. 목적

특정소방대상물 등에 설치하여야 하는 소방시설등의 설치 · 관리와 소방용품 성능관리에 필요한 사항을 규정함으로써 국민의 생명 · 신체 및 재산을 보호하고 공공의 안전과 복리 증진에 이바지함을 목적으로 한다.

2. 용어의 정의

① 소방시설 : 소화설비, 경보설비, 피난구조설비, 소화용수설비, 그 밖에 소화활동설비로서 대통령령으로 정하는 것
② 특정소방대상물 : 건축물 등의 규모 · 용도 및 수용인원 등을 고려하여 소방시설을 설치하여야 하는 소방대상물로서 대통령령으로 정하는 것
③ 화재안전기준 : 소방시설 설치 및 관리를 위한 다음의 기준
   ㉮ 성능기준 : 화재안전 확보를 위하여 재료, 공간 및 설비 등에 요구되는 안전성능으로서 소방청장이 고시로 정하는 기준
   ㉯ 기술기준 : 성능기준을 충족하는 상세한 규격, 특정한 수치 및 시험방법 등에 관한 기준으로서 행정안전부령으로 정하는 절차에 따라 소방청장의 승인을 받은 기준
④ 무창층(無窓層) : 지상층 중 다음의 요건을 모두 갖춘 개구부(건축물에서 채광·환기·통풍 또는 출입 등을 위하여 만든 창·출입구, 그 밖에 이와 비슷한 것)의 면적의 합계가 해당 층의 바닥면적의 30분의 1 이하가 되는 층
   ㉮ 크기는 지름 50cm 이상의 원이 통과할 수 있을 것
   ㉯ 해당 층의 바닥면으로부터 개구부 밑부분까지의 높이가 1.2m 이내일 것
   ㉰ 도로 또는 차량이 진입할 수 있는 빈터를 향할 것
   ㉱ 화재 시 건축물로부터 쉽게 피난할 수 있도록 창살이나 그 밖의 장애물이 설치되지 않을 것
   ㉲ 내부 또는 외부에서 쉽게 부수거나 열 수 있을 것
⑤ 피난층 : 곧바로 지상으로 갈 수 있는 출입구가 있는 층

STEP 02 건축허가 등의 동의

1. 건축허가등의 동의

① 동의대상 : 신축·증축·개축·재축·이전·용도변경 또는 대수선의 허가·협의 및 사용승인의 허가신청 건축물

② 동의권자 : 해당 건축물 등의 시공지(施工地) 또는 소재지를 관할하는 소방본부장 또는 소방서장

③ 동의요구자 : 건축허가등의 권한이 있는 행정기관

    ㉮ 건축물, 위험물제조소등 : 건축허가청

    ㉯ 가스시설 : 가스관련 허가권을 가진 행정기관

    ㉰ 지하구 : 도시계획시설사업에 관한 실시계획의 인가를 가진 행정기관

④ 동의절차

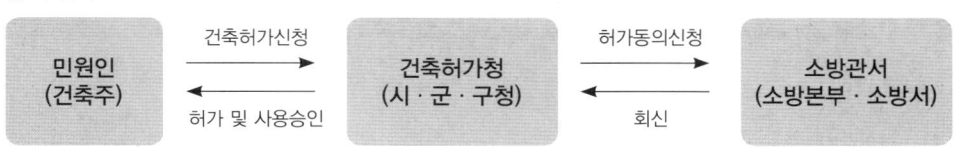

    ㉮ 건축허가 및 사용승인 동의기간 : 5일 이내(특급 소방안전관리대상물인 경우 10일) 동의 여부 회신

    ㉯ 동의요구서 및 첨부서류 보완이 필요한 경우 4일 이내의 기간을 정하여 보완요구 가능

    ㉰ 허가기관에서 건축허가 등의 취소 시 7일 이내 소방본부장 또는 소방서장에게 통보

2. 건축허가등의 동의 대상물의 범위

① 연면적 400m² 이상인 건축물이나 시설(단, 학교시설 100m², 노유자(老幼者) 시설 및 수련시설 200m², 정신의료기관(입원실이 없는 정신건강의학과 의원 제외) 및 장애인 의료재활시설 300m²)

② 지하층 또는 무창층이 있는 건축물로서 바닥면적이 150m²(공연장 100m²) 이상인 층이 있는 것

③ 차고·주차장 또는 주차용도로 사용되는 시설

    ㉮ 차고·주차장으로 사용되는 바닥면적이 200m² 이상인 층이 있는 건축물이나 주차시설

    ㉯ 승강기 등 기계장치에 의한 주차시설로서 자동차 20대 이상을 주차할 수 있는 시설

④ 층수가 6층 이상인 건축물

⑤ 항공기격납고, 관망탑, 항공관제탑, 방송용 송수신탑

⑥ 의원(입원실이 있는 것으로 한정)·조산원·산후조리원, 위험물저장 및 처리시설, 발전시설 중 풍력발전소·전기저장시설, 지하구

⑦ 위 ①항에 해당하지 않는 노유자시설 중 다음의 어느 하나에 해당하는 시설(단, 단독주택 또는 공동주택에 설치하는 시설 제외)

    ㉮ 노인주거복지시설·노인의료복지시설 및 재가노인복지시설, 학대피해노인 전용쉼터, 아동복지시설(아동상담소, 아동전용시설 및 지역아동센터 제외)

    ㉯ 장애인 거주시설, 정신질환자 관련 시설, 노숙인자활시설, 노숙인재활시설 및 노숙인요양시설, 결핵환자나 한센인이 24시간 생활하는 노유자시설

⑧ 요양병원(단, 의료재활시설 제외)

⑨ 공장 또는 창고시설로서 750배 이상의 특수가연물을 저장·취급하는 것
⑩ 가스시설로서 지상에 노출된 탱크의 저장용량의 합계가 100톤 이상인 것

3. 건축허가등의 동의 대상 제외

① 소화기구, 자동소화장치, 누전경보기, 단독경보형감지기, 가스누설경보기, 피난구조설비(비상조명등 제외)가 화재안전기준에 적합한 경우 해당 특정소방대상물
② 건축물의 증축 또는 용도변경으로 인하여 해당 특정소방대상물에 추가로 소방시설이 설치되지 않는 경우 해당 특정소방대상물
③ 소방시설공사의 착공신고 대상에 해당하지 않는 경우 해당 특정소방대상물

(03) STEP 특정소방대상물에 설치하는 소방시설의 관리 등

1. 소방시설의 관리

① 특정소방대상물의 관계인은 대통령령으로 정하는 소방시설을 화재안전기준에 따라 설치·관리하여야 한다. 이 경우 장애인등이 사용하는 경보설비 및 피난구조설비는 대통령령으로 정하는 바에 따라 장애인등에 적합하게 설치·관리하여야 한다.
② 특정소방대상물의 관계인은 소방시설을 설치·관리하는 경우 화재 시 소방시설의 기능과 성능에 지장을 줄 수 있는 폐쇄(잠금 포함, 이하 동일함)·차단 등의 행위를 하여서는 아니 된다. 다만, 소방시설의 점검·정비를 위하여 필요한 경우 폐쇄·차단은 할 수 있다.
③ 소방청장, 소방본부장 또는 소방서장은 소방시설의 작동정보 등을 실시간으로 수집·분석할 수 있는 소방시설정보관리시스템을 구축·운영할 수 있다.

> **소방시설정보관리시스템을 구축·운영할 수 있는 특정소방대상물**
> ① 문화 및 집회시설 ② 종교시설 ③ 판매시설 ④ 의료시설 ⑤ 노유자시설 ⑥ 숙박이 가능한 수련시설 ⑦ 업무시설 ⑧ 숙박시설 ⑨ 공장 ⑩ 창고시설 ⑪ 위험물 저장 및 처리시설 ⑫ 지하가(地下街) ⑬ 지하구 ⑭ 그 밖에 소방청장, 소방본부장 또는 소방서장이 소방안전관리의 취약성과 화재위험성을 고려하여 필요하다고 인정하는 특정소방대상물

2. 주택에 설치하는 소방시설

단독주택 및 공동주택(아파트 및 기숙사 제외)의 소유자는 소화기 및 단독경보형 감지기를 설치하여야 한다.

3. 자동차에 설치 또는 비치하는 소화기

다음의 어느 하나에 해당하는 자동차를 제작·조립·수입·판매하려는 자 또는 해당 자동차의 소유자는 차량용 소화기를 설치하거나 비치하여야 한다.
① 5인승 이상의 승용자동차
② 승합자동차, 화물자동차, 특수자동차

4. 피난시설, 방화구획 및 방화시설의 관리

① 관계인은 「건축법」에 따른 피난시설, 방화구획 및 방화시설에 대하여 정당한 사유가 없는 한 다음의 행위를 하여서는 아니 된다.
   ㉠ 피난시설, 방화구획 및 방화시설을 폐쇄하거나 훼손하는 등의 행위
   ㉡ 피난시설, 방화구획 및 방화시설의 주위에 물건을 쌓아두거나 장애물을 설치하는 행위
   ㉢ 피난시설, 방화구획 및 방화시설의 용도에 장애를 주거나 소방활동에 지장을 주는 행위
   ㉣ 그 밖에 피난시설, 방화구획 및 방화시설을 변경하는 행위
② 소방본부장 및 소방서장은 관계인이 위의 위반행위를 한 경우에는 피난시설, 방화구획 및 방화시설의 관리를 위하여 필요한 조치를 명할 수 있다.

STEP 04 방염(防炎)

1. 방염가공

방염가공이란 연소가 확대되기 쉬운 물질에 가연성 가스의 발생을 억제하여 연쇄반응을 중단시키고 결정성 또는 탄소분해물을 생성시키도록 처리하는 것으로, 커튼이나 카펫 등과 같이 불에 잘 타는 실내장식물에 자기소화성 또는 난연성을 부여한 것으로 화재 초기에 연소 확대의 방지를 위한 것이다.

2. 방염성능기준 이상의 실내장식물 등을 설치해야 하는 특정소방대상물

① 근린생활시설 중 의원, 조산원, 산후조리원, 체력단련장, 공연장 및 종교집회장
② 건축물의 옥내에 있는 문화 및 집회시설, 종교시설, 운동시설(수영장 제외)
③ 의료시설, 방송통신시설 중 방송국 및 촬영소
④ 숙박시설, 노유자시설 및 숙박이 가능한 수련시설
⑤ 교육연구시설 중 합숙소
⑥ 다중이용업소
⑦ 위 ①항부터 ⑥항의 시설에 해당하지 않는 것으로 건축물의 층수가 11층 이상인 것(아파트 제외)

3. 방염대상물품

① 제조 또는 가공공정에서 방염처리를 한 물품(합판·목재류의 경우 설치현장에 방염처리한 것 포함)
   ㉠ 창문에 설치하는 커튼류(블라인드를 포함)
   ㉡ 카펫
   ㉢ 벽지류(두께가 2mm 미만인 종이벽지는 제외)
   ㉣ 전시용 합판·목재 또는 섬유판, 무대용 합판·목재 또는 섬유판(합판·목재류의 경우 불가피하게 설치 현장에서 방염처리한 것을 포함)
   ㉤ 암막·무대막(영화영상관에서 설치하는 스크린과 가상체험 체육시설업에 설치하는 스크린 포함)
   ㉥ 섬유류 또는 합성수지류 등을 원료로 하여 제작된 소파·의자(단란주점, 유흥주점 및 노래연

습장에 한함)

② 건축물 내부의 천장이나 벽에 부착하거나 설치하는 종이류(두께 2mm 이상), 합성수지류, 섬유류, 합판이나 목재, 공간을 구획하기 위하여 설치하는 간이칸막이, 흡음재(흡음용 커튼 포함), 방음재(방음용 커튼 포함)

> **참고 방염처리된 제품의 사용을 권장할 수 있는 경우**
> • 다중이용업소, 의료시설, 노유자시설, 숙박시설 또는 장례시설에서 사용하는 침구류, 소파 및 의자
> • 건축물 내부의 천장 또는 벽에 부착하거나 설치하는 가구류

4. 방염성능기준

① 버너의 불꽃을 제거한 때부터 불꽃을 올리며 연소하는 상태가 그칠 때까지 시간은 20초 이내일 것

② 버너의 불꽃을 제거한 때부터 불꽃을 올리지 않고 연소하는 상태가 그칠 때까지 시간은 30초 이내일 것

③ 탄화한 면적은 50cm² 이내, 탄화한 길이는 20cm 이내일 것

④ 불꽃에 의하여 완전히 녹을 때까지 불꽃의 접촉 횟수는 3회 이상일 것

⑤ 소방청장이 정하여 고시한 방법으로 발연량을 측정하는 경우 최대 연기밀도는 400 이하일 것

5. 방염처리 물품의 성능검사

① 선처리물품 : 제조 또는 가공과정에서 방염처리(커튼류, 카펫, 합판·목재류 등)

  ㉮ 실시기관 : 한국소방산업기술원

  ㉯ 검사방법 : 검사신청수량 중 일정한 수량을 표본추출하여 실시

  ㉰ 합격표시 : 방염성능검사 합격표시 부착

② 현장처리물품 : 설치현장에서 방염처리(합판·목재류)

  ㉮ 실시기관 : 시·도지사(관할소방서장)

  ㉯ 검사방법 : 일정한 크기·수량의 표본을 제출받아 실시

  ㉰ 합격표시 : 방염성능검사 확인표시 부착

> **참고 방염성능검사 합격표시**

방염물품의 종별	표시 양식(단위: mm)	비고
• 합판, 섬유판, 소파·의자 등 합격표시를 바로 붙일 수 있는 것	KC ⏐8	• 합격표시는 해당 방염대상물품에 해당하는 표시 양식에 따른 크기 이상이어야 한다. • 붙이는 경우 합격표시의 부착방법 및 위치 등에 관하여는 소방청장이 정하는 바에 따른다.
• 커텐 등 합격표시를 가열하여 붙일 수 있는 것 • 방염대상물품에 직접 표시하는 경우	KC ⏐5	

【05】 소방시설등의 자체점검

1. 소방시설등에 대한 자체점검 구분

① 작동점검 : 소방시설등을 인위적으로 조작하여 소방시설이 정상적으로 작동하는지 소방시설등 작동점검표에 따라 점검

② 종합점검 : 소방시설등의 작동점검을 포함하여 소방시설등의 설비별 주요 구성부품의 구조기준이 화재안전기준과 「건축법」 등 관련 법령에서 정하는 기준에 적합한지 여부를 소방시설등 종합점검표에 따라 점검하는 것으로 다음과 같이 구분

㉮ 최초점검 : 해당 특정소방대상물의 소방시설등이 새로 설치되는 경우 건축물을 사용할 수 있게 된 날부터 60일 이내에 하는 점검

㉯ 그 밖의 종합점검 : 최초점검을 제외한 종합점검

2. 자체점검의 구분과 점검대상

점검구분	점검대상	점검자의 자격(주된 인력)
작동점검	① 간이스프링클러설비 또는 자동화재탐 지설비에 해당하는 특정소방대상물(3급 소방안전관리대상물을 말함)	• 관계인 • 관리업에 등록된 기술인력 중 소방시설관리사 • 특급점검자 • 소방안전관리자로 선임된 소방시설관리사 및 소방기술사
	② 위 ①항에 해당하지 않는 특정소방대상물	• 관리업에 등록된 소방시설관리사 • 소방안전관리자로 선임된 소방시설관리사 및 소방기술사
	③ 작동점검 대상 제외 　㉮ 소방안전관리자를 선임하지 않는 대상 　㉯ 위험물제조소등 　㉰ 특급소방안전관리대상물	
종합점검	① 소방시설등이 신설된 특정소방대상물 ② 스프링클러설비가 설치된 특정소방대상물 ③ 물분무등소화설비(호스릴 방식의 물분무등소화설비만을 설치한 경우는 제외)가 설치된 연면적 5,000m² 이상인 특정소방대상물(위험물제조소 등 제외) ④ 단란주점영업, 유흥주점영업, 영화상영관, 비디오물감상실업, 복합영상물제공업, 노래연습장업, 산후조리업, 고시원업, 안마시술소의 다중이용업의 영업장이 설치된 특정소방대상물로서 연면적이 2,000m² 이상인 것 ⑤ 제연설비가 설치된 터널 ⑥ 공공기관 중 연면적(터널·지하구의 경우 그 길이와 평균폭을 곱하여 계산된 값을 말함)이 1,000m² 이상인 것으로서 옥내소화전 설비 또는 자동화재탐지설비가 설치된 것.(단, 소방대가 근무하는 공공기관은 제외)	• 관리업에 등록된 소방시설관리사 • 소방안전관리자로 선임된 소방시설관리사 및 소방기술사

3. 자체점검 횟수 및 시기

점검구분	점검 횟수 및 점검 시기 등
작동점검	연 1회 이상 실시하며, 점검시기 등은 다음과 같다. ① 종합점검 대상 : 종합점검을 받은 달부터 6개월이 되는 달에 실시 ② 위 ①항에 해당하지 않는 특정소방대상물 : 특정소방대상물의 사용승인일이 속하는 달의 말일까지 실시
종합점검	연 1회 이상(특급 소방안전관리대상물은 반기에 1회 이상) 실시하며, 점검시기는 다음과 같다.(단, 소방본부장 또는 소방서장은 소방청장이 소방안전관리자가 우수하다고 인정한 특정소방대상물에 대해서는 3년의 범위에서 소방청장이 고시하거나 정한 기간 동안 종합점검을 면제할 수 있다. 다만, 면제기간 중 화재가 발생한 경우는 제외) ① 소방시설등이 신설된 특정소방대상물은 건축물을 사용할 수 있게 된 날부터 60일 이내 실시 ② 위 ①항을 제외한 특정소방대상물은 건축물의 사용승인일이 속하는 달에 실시(단, 학교의 경우에는 해당 건축물의 사용승인일이 1월에서 6월 사이에 있는 경우에는 6월 30일까지 실시할 수 있다.) ③ 건축물 사용승인일 이후 다중이용업소에 따라 종합점검 대상에 해당하게 된 때에는 그 다음 해부터 실시한다. ④ 하나의 대지경계선 안에 2개 이상의 자체점검 대상 건축물 등이 있는 경우에는 그 건축물 중 사용승인일이 가장 빠른 연도의 건축물의 사용승인일을 기준으로 점검할 수 있다.

※ 신축 · 증축 · 개축 · 이전 · 용도변경 또는 대수선 등으로 소방시설이 새로 설치된 경우에는 해당 특정소방대상물의 소방시설 전체에 대하여 실시한다.
※ 작동점검 및 종합점검(최초점검 제외)은 건축물 사용승인 후 그 다음 해부터 실시한다.
※ 특정소방대상물이 증축 · 용도변경 또는 대수선 등으로 사용승인일이 달라지는 경우 사용승인일이 빠른 날을 기준으로 자체점검을 실시한다.
※ 공공기관의 장은 소방시설등의 유지 · 관리 상태를 맨눈 또는 신체감각을 이용하여 점검하는 외관점검을 월 1회 이상 실시 후 점검결과를 2년간 자체 보관(단, 작동점검 또는 종합점검을 실시한 달에는 실시하지 않을 수 있다)하며, 외관점검의 점검자는 관계인, 소방안전관리자 또는 관리업자로 해야 한다.

4. 자체점검 시 점검 장비

소방시설	점검 장비	규격
모든 소방시설	방수압력측정계, 절연저항계(절연저항측정기), 전류전압측정계	
소화기구	저울	
옥내소화전설비, 옥외소화전설비	소화전밸브압력계	
스프링클러설비, 포소화설비	헤드결합렌치(볼트, 너트, 나사 등을 죄거나 푸는 공구)	
이산화탄소소화설비, 분말소화설비, 할론소화설비, 할로겐화합물 및 불활성기체 소화설비	검량계, 기동관누설시험기, 그 밖에 소화약제의 저장량을 측정할 수 있는 점검기구	
자동화재탐지설비, 시각경보기	열감지기시험기, 연(煙)감지기시험기, 공기주입기시험기, 감지기시험기연결막대, 음량계	
누전경보기	누전계	누전전류 측정용
무선통신보조설비	무선기	통화시험용

소방시설	점검 장비	규격
제연설비	풍속풍압계, 폐쇄력측정기, 차압계(압력차 측정기)	
통로유도등, 비상조명등	조도계(밝기 측정기)	최소눈금이 0.1럭스 이하인 것

5. 자체점검 결과의 조치 등

① 관계인은 자체점검 결과 중대위반사항이 발견된 경우에는 지체 없이 수리 등 필요한 조치를 하여야 한다.

 중대위반사항
- 소화펌프(가압송수장치 포함), 동력·감시 제어반 또는 소방시설용 전원(비상전원 포함)의 고장으로 소방시설이 작동되지 않는 경우
- 화재 수신기의 고장으로 화재경보음이 자동으로 울리지 않거나 화재 수신기와 연동된 소방시설의 작동이 불가능한 경우
- 소화배관 등이 폐쇄·차단되어 소화수 또는 소화약제가 자동 방출되지 않는 경우
- 방화문 또는 자동방화셔터가 훼손되거나 철거되어 본래의 기능을 못하는 경우

② 관리업자등은 지체점검 결과 중대위반사항을 발견한 경우 즉시 관계인에 알려야 하며, 관계인은 지체 없이 수리 등 필요한 조치를 해야 한다.

③ 관리업자등은 자체점검을 실시한 경우에는 점검이 끝난 날부터 10일 이내에 소방시설등 자체점검 실시결과 보고서(전자문서로 된 보고서 포함)에 소방시설등 점검표를 첨부하여 관계인에게 제출하여야 한다.

③ 관계인은 점검이 끝난 날부터 15일 이내에 소방시설등 자체점검 실시결과 보고서에 다음의 서류를 첨부하여 서면 또는 전산망을 통하여 소방본부장 또는 소방서장에게 보고하여야 한다.
  ㉮ 점검인력 배치확인서(관리업자가 점검한 경우)
  ㉯ 소방시설등의 자체점검 결과 이행계획서

④ 소방본부장 또는 소방서장에게 자체점검 실시결과 보고를 마친 관계인은 소방시설등 자체점검 실시결과 보고서(소방시설등 점검표 포함)를 점검이 끝난 날부터 2년간 자체 보관해야 한다.

⑤ 소방시설등의 자체점검 결과 이행계획서를 보고받은 소방본부장 또는 소방서장은 다음에 따라 이행계획의 완료 기간을 정하여 관계인에게 통보해야 한다.(다만, 소방시설등에 대한 수리·교체·정비의 규모 또는 절차가 복잡하여 기간 내에 이행을 완료하기가 어려운 경우에 그 기간을 달리 정할 수 있다.)
  ㉮ 소방시설등을 구성하고 있는 기계·기구를 수리하거나 정비하는 경우 : 보고일부터 10일 이내
  ㉯ 소방시설등의 전부 또는 일부를 철거하고 새로 교체하는 경우 : 보고일부터 20일 이내

⑥ 이행계획을 완료한 관계인은 이행을 완료한 날로부터 10일 이내에 소방시설등의 자체점검 결과 이행완료 보고서에 다음의 서류를 첨부하여 소방본부장 또는 소방서장에게 보고하여야 한다.
  ㉮ 이행계획 건별 전·후 사진 증명자료
  ㉯ 소방시설공사 계약서

⑦ 자체점검 결과 보고를 마친 관계인은 보고한 날로부터 10일 이내에 소방시설등 자체점검 기록표를 작성하여 특정소방대상물의 출입자가 쉽게 볼 수 있는 장소에 30일 이상 게시해야 한다.

[소방시설 자체점검기록표]

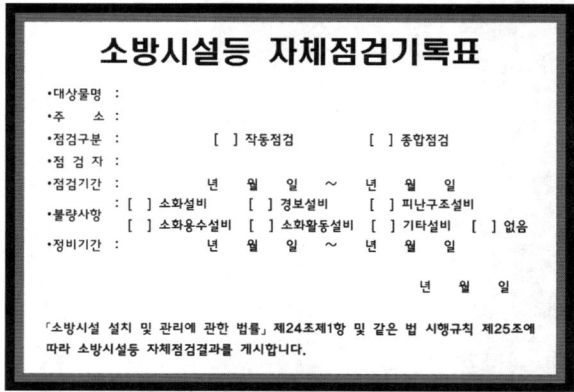

(06) 벌칙

1. 5년 이하의 징역 또는 5천만원 이하의 벌금

소방시설에 폐쇄·차단 등의 행위를 한 자

 가중처벌 규정
- 소방시설에 폐쇄·차단 등의 행위를 하여 사람을 상해에 이르게 한 때 : 7년 이하의 징역 또는 7천만원 이하의 벌금
- 소방시설에 폐쇄·차단 등의 행위를 하여 사람을 사망에 이르게 한 때 : 10년 이하의 징역 또는 1억원 이하의 벌금

2. 3년 이하의 징역 또는 3천만원 이하의 벌금

① 소방시설이 화재안전기준에 따라 설치·관리되고 있지 아니할 때 소방본부장 또는 소방서장이 관계인에게 명령한 필요한 조치를 정당한 사유 없이 위반한 자
② 피난시설, 방화구획 및 방화시설의 관리를 위하여 필요한 조치 명령을 정당한 사유 없이 위반한 자
③ 소방시설 자체점검 결과에 따른 이행계획을 완료하지 않아 필요한 조치의 이행을 명하였으나, 이에 따른 명령을 정당한 사유 없이 위반한 자

3. 1년 이하의 징역 또는 1천만원 이하의 벌금

소방시설등에 대하여 스스로 점검을 하지 아니하거나 관리업자등으로 하여금 정기적으로 점검하게 하지 아니한 자

4. 300만원 이하의 벌금

자체점검 결과 소화펌프 고장 등 중대위반사항이 발견된 경우 필요한 조치를 하지 않은 관계인 또는 관계인에게 중대위반사항을 알리지 아니한 관리업자등

 양벌규정
법인의 대표자나 법인 또는 개인의 대리인, 사용인, 그 밖의 종업원이 그 법인 또는 개인의 업무에 관하여 징역 또는 벌금형의 어느 하나에 해당하는 위반행위를 하면 그 행위자를 벌하는 외에 그 법인 또는 개인에게도 해당 조문의 벌금형을 과(科)한다. 다만, 법인 또는 개인이 그 위반행위를 방지하기 위하여 해당 업무에 관하여 상당한 주의와 감독을 게을리하지 아니한 경우에는 그러하지 아니하다.

5. 300만원 이하의 과태료

① 소방시설을 화재안전기준에 따라 설치·관리하지 아니한 자
② 공사 현장에 임시소방시설을 설치·관리하지 아니한 자
③ 피난시설, 방화구획 또는 방화시설의 폐쇄·훼손·변경 등의 행위를 한 자
④ 방염대상물품을 방염성능기준 이상으로 설치하지 아니한 자
⑤ 관계인에게 점검 결과를 제출하지 아니한 관리업자등
⑥ 점검결과를 보고하지 아니하거나 거짓으로 보고한 자
⑦ 자체점검 이행계획을 기간 내에 완료하지 아니한 자 또는 이행계획 완료 결과를 보고하지 않거나 거짓으로 보고한 자
⑧ 자체점검기록표를 기록하지 아니하거나 특정소방대상물의 출입자가 쉽게 볼 수 있는 장소에 게시하지 아니한 관계인

참고 **과태료 부과 개별기준(소방시설 설치 및 관리에 관한 법률 시행령)**

위반행위	과태료 금액		
	1차	2차	3차 이상
피난시설, 방화구획 또는 방화시설의 폐쇄·훼손·변경 등의 행위를 한 자	100만원	200만원	300만원
자체점검기록표를 기록하지 아니하거나 특정소방대상물의 출입자가 쉽게 볼 수 있는 장소에 게시하지 아니한 관계인	100만원	200만원	300만원
점검결과를 보고하지 아니하거나 거짓으로 보고한 관계인			
– 지연보고 기간이 10일 미만인 경우	50만원		
– 지연보고 기간이 10일 이상 1개월 미만인 경우	100만원		
– 지연보고 기간이 1개월 이상이거나 보고하지 않은 경우	200만원		
– 점검결과를 축소·삭제하는 등 거짓으로 보고한 경우	300만원		
자체점검 이행계획을 기간 내에 완료하지 아니한 자 또는 이행계획 완료 결과를 보고하지 않거나 거짓으로 보고한 관계인			
– 지연완료 기간 또는 지연보고 기간이 10일 미만인 경우	50만원		
– 지연완료 기간 또는 지연보고 기간이 10일 이상 1개월 미만인 경우	100만원		
– 지연완료 기간 또는 지연보고 기간이 1개월 이상이거나 완료 또는 보고하지 않은 경우	200만원		
– 이행계획 완료 결과를 거짓으로 보고한 경우	300만원		

SECTION 05
다중이용업소의 안전 관리에 관한 특별법

STEP 01 총칙 및 소방안전교육

1. 목적

화재 등 재난이나 그 밖의 위급한 상황으로부터 국민의 생명·신체 및 재산을 보호하기 위하여 다중이용업소의 안전시설등의 설치·유지 및 안전관리와 화재위험평가, 다중이용업주의 화재배상책임보험에 필요한 사항을 정함으로써 공공의 안전과 복리증진에 이바지함을 목적으로 한다.

2. 용어의 정의

① 다중이용업 : 불특정 다수인이 이용하는 영업 중 화재 등 재난발생 시 생명·신체·재산상의 피해가 발생할 우려가 높은 것으로써 대통령령으로 정하는 영업을 말한다.(다만, 영업을 옥외시설 또는 옥외장소에서 하는 경우 그 영업은 제외)

② 안전시설등 : 소방시설, 비상구, 영업장 내부 피난통로, 그 밖의 안전시설로서 다음의 시설을 말한다.

  ㉮ 소방시설

    ㉠ 소화설비 : 소화기 또는 자동확산소화기, 간이스프링클러설비(캐비닛형 간이스프링클러설비를 포함)

    ㉡ 경보설비 : 비상벨설비 또는 자동화재탐지설비, 가스누설경보기

    ㉢ 피난구조설비 : 피난기구(미끄럼대·피난사다리·구조대·완강기·다수인피난장비·승강식 피난기), 피난유도선, 유도등, 유도표지 또는 비상조명등, 휴대용비상조명등

  ㉯ 비상구

  ㉰ 영업장 내부 피난통로

  ㉱ 그 밖의 안전시설 : 영상음향차단장치, 누전차단기, 창문

③ 실내장식물 : 건축물 내부의 천장 또는 벽에 붙이는(설치하는) 것

  ㉮ 종이류(두께 2mm 이상인 것)·합성수지류 또는 섬유류를 주원료로 한 물품

  ㉯ 합판이나 목재

  ㉰ 공간을 구획하기 위하여 설치하는 간이 칸막이

  ㉱ 흡음(吸音)이나 방음(防音)을 위하여 설치하는 흡음재(흡음용 커튼을 포함) 또는 방음재(방음용 커튼을 포함)

제0장 소방관계법령

④ 밀폐구조의 영업장 : 지상층에 있는 다중이용업의 중 채광·환기·통풍 및 피난 등이 용이하지 못한 구조로 되어 있으면서(소방시설 설치 및 관리에 관한 법률 시행령에 따른 요건을 모두 갖춘) 개구부 면적의 합계가 영업장으로 사용하는 바닥면적의 30분의 1 이하에 해당하는 영업장을 말한다.

3. 소방안전교육

① 소방안전교육 실시권자 : 소방청장, 소방본부장 또는 소방서장
② 소방안전교육 대상자
  ㉮ 다중이용업주
  ㉯ 종업원 : 다중이용업주 외에 해당 영업장을 관리하는 종업원 1명 이상 또는 국민연금가입의무 대상자인 종업원 1명 이상
  ㉰ 다중이용업을 하려는 자
③ 교육통보 : 소방청장, 소방본부장 또는 소방서장은 소방안전교육 30일 전까지 소방청·소방본부 또는 소방서의 홈페이지에 교육일시 및 장소 등을 게재하여야 한다.
  ㉮ 신규교육 대상자 중 안전시설등의 설치신고 또는 영업장 내부구조 변경신고를 하는 자 : 신고 접수 시
  ㉯ 수시교육 및 보수교육 대상자 : 교육일 10일 전
④ 소방안전교육의 횟수 및 시기
  ㉮ 신규교육
    ㉠ 다중이용업을 하려는 자 : 다중이용업을 시작하기 전(단, 다음의 경우에는 해당하는 시기에 소방안전교육을 받아야 한다.)
      • 다른 법률에 따라 다중이용업주의 변경신고 또는 다중이용업주의 지위승계 신고 시 : 허가관청이 해당 신고를 수리하기 전까지
      • 안전시설등의 설치신고 또는 영업장 내부구조를 한 경우 : 완공신고를 하기 전까지
    ㉡ 교육대상 종업원 : 다중이용업에 종사하기 전(단, 신규교육을 받은 자가 교육 이수 2년 이내에 다중이용업을 하려거나 종사하려는 경우에는 신규교육을 받은 것으로 봄)
  ㉯ 수시교육 : 관련법을 위반한 다중이용업주와 교육대상 종업원은 위반행위가 적발된 날부터 3개월 이내
  ㉰ 보수교육 : 신규교육 또는 직전의 보수교육을 받은 날이 속하는 달의 마지막 날부터 2년 이내에 1회 이상
⑤ 교육시간 : 4시간 이내
⑥ 교육과정
  ㉮ 화재안전과 관련된 법령 및 제도
  ㉯ 다중이용업소에서 화재가 발생한 경우 초기대응 및 대피요령
  ㉰ 소방시설 및 방화시설(放火施設)의 유지·관리 및 사용방법
  ㉱ 심폐소생술 등 응급처치 요령

STEP 02 피난안내 및 안전시설등에 대한 정기점검

1. 피난안내도

① 비치대상 : 모든 다중이용업소

> **참고** **피난안내도 설치 제외 장소**
> • 영업장으로 사용하는 바닥면적의 합계가 33m² 이하인 경우
> • 영업장내 구획된 실(室)이 없고 영업장 어느 부분에서도 출입구 및 비상구 확인이 가능한 경우

② 피난안내도 비치 위치
  ㉠ 영업장 주 출입구 부분의 손님이 쉽게 볼 수 있는 위치
  ㉡ 구획된 실(室)의 벽, 탁자 등 손님이 쉽게 볼 수 있는 위치
  ㉢ 인터넷컴퓨터게임시설제공업 영업장의 각 책상(컴퓨터 작동 시 피난안내도가 나오는 경우 대체 가능)
③ 피난안내도에 포함되어야 할 내용
  ㉠ 화재 시 대피할 수 있는 비상구 위치
  ㉡ 구획된 실(室) 등에서 비상구 및 출입구까지의 피난 동선
  ㉢ 소화기, 옥내소화전 등 소방시설의 위치 및 사용방법
  ㉣ 피난 및 대처방법
④ 피난안내도의 크기 및 재질
  ㉠ 크기
    ㉠ B4(257mm×364mm) 이상
    ㉡ A3(297mm×420mm) 이상 : 영업장의 면적 또는 영업장이 위치한 층의 바닥면적이 각 각 400m² 이상인 경우
  ㉡ 재질 : 종이(코팅처리한 것), 아크릴, 강판 등 쉽게 훼손 또는 변형되지 않는 것
⑤ 피난안내도에 사용하는 언어 : 한글 및 1개 이상의 외국어를 사용하여 작성

2. 피난안내 영상물

① 상영대상
  ㉠ 영화상영관 및 비디오물소극장업의 영업장
  ㉡ 노래연습장, 단란주점 및 유흥주점영업의 영업장
  ㉢ 전화방업·화상대화방업, 수면방업, 콜라텍업, 방탈출카페업, 키즈카페업, 만화카페업에 해당하는 영업으로 피난안내 영상물을 상영할 수 있는 시설을 갖춘 영업장
② 상영시간 및 상영시기
  ㉠ 영화상영관 및 비디오물소극장업 : 매회 영화상영 또는 비디오물 상영 시작 전
  ㉡ 노래연습장업 등 : 매회 새로운 이용객이 입장하여 노래방 기기 등을 작동할 때
③ 피난안내 영상물에 포함되어야 할 내용
  ㉠ 화재 시 대피할 수 있는 비상구 위치
  ㉡ 구획된 실(室)등에서 비상구 및 출입구까지의 피난 동선

ⓓ 소화기, 옥내소화전 등 소방시설의 위치 및 사용방법

ⓔ 피난 및 대처방법

④ 피난안내 영상물에 사용하는 언어 : 한글 및 1개 이상의 외국어를 사용하여 작성

⑤ 장애인을 위한 피난안내 영상물 상영 : 300석 이상인 영화상영관의 경우 피난안내 영상물은 장애인을 위한 한국수어 · 폐쇄자막 · 화면해설 등을 이용하여 상영해야 한다.

3. 다중이용업주의 안전시설등에 대한 정기점검

① 다중이용업주는 다중이용업소의 안전관리를 위하여 정기적으로 안전시설등을 점검하고 그 점검결과서를 작성하여 1년간 보관하여야 한다.

② 다중이용업주는 정기점검을 소방시설관리업자에게 위탁할 수 있다.

③ 안전점검의 대상, 점검자의 자격, 점검주기, 점검방법 등

ⓐ 안전점검 대상 : 다중이용업소의 영업장에 설치된 안전시설등

ⓑ 안전점검자의 자격

ㄱ 해당 영업장의 다중용업주 또는 다중이용업소가 위치한 특정소방대상물의 소방안전관리자(선임된 경우에 한함)

ㄴ 해당 업소의 종업원 중 소방안전관리자 자격을 취득한 자, 소방기술사 · 소방설비기사 또는 소방산업기사 자격을 취득한 자

ⓒ 점검주기 : 매 분기별 1회 이상 점검. 다만 소방시설 설치 및 관리에 관한 법률에 따라 자체점검을 실시한 경우에는 자체점검을 실시한 그 분기에는 점검을 실시하지 않을 수 있음

ⓓ 점검방법 : 안전시설등의 작동 및 유지 · 관리 상태를 점검

STEP (03) 과태료

1. 과태료 부과권자

소방청장, 소방본부장 또는 소방서장

2. 300만원 이하의 과태료

① 소방안전교육을 받지 아니하거나 종업원에 대하여 소방안전교육을 받도록 하지 아니한 다중이용업주

② 안전시설등을 기준에 따라 설치 · 유지하지 아니한 자

③ 설치신고를 하지 아니하고 안전시설등을 설치하거나 영업장 내부구조를 변경한 자 또는 안전시설등의 공사를 마친 후 신고를 하지 아니한 자

④ 피난시설, 방화구획 또는 방화시설에 대하여 폐쇄 · 훼손 · 변경 등의 행위를 한 자

⑤ 피난안내도를 갖추어 두지 아니하거나 피난안내에 관한 영상물을 상영하지 아니한 자

⑥ 소방안전관리 업무를 하지 아니한 자

⑦ 다중이용업주의 안전시설등에 대한 정기점검 등을 위반하여 다음의 어느 하나에 해당하는 자

⑦ 안전시설등을 점검(위탁하여 실시하는 경우를 포함)하지 아니한 자

⑭ 정기점검결과서를 작성하지 아니하거나 거짓으로 작성한 자

⑮ 정기점검결과서를 보관하지 아니한 자

참고 과태료 부과 주요 세부기준

위반행위	과태료 금액(단위 : 만원)		
	1회	2회	3회 이상
1. 소방안전교육을 받지 않거나 종업원이 소방안전교육을 받도록 하지 않은 경우	100	200	300
2. 안전시설등을 기준에 따라 설치·유지하지 않은 경우			
1) 안전시설등의 작동·기능에 지장을 주지 아니하는 경미한 사항을 2회 이상 위반한 경우		100	
2) 안전시설등을 다음에 해당하는 고장상태 등으로 방치한 경우			
(1) 소화펌프를 고장상태로 방치한 경우		200	
(2) 수신반(受信盤)의 전원을 차단한 상내로 방치한 경우		200	
(3) 동력(감시)제어반을 고장상태로 방치하거나 전원을 차단한 경우		200	
(4) 소방시설용 비상전원을 차단한 경우		200	
(5) 소화배관의 밸브를 잠금상태로 두어 소방시설이 작동할 때 소화수가 나오지 아니하거나 소화약제가 방출되지 아니한 상태로 방치한 경우		200	
3) 안전시설등을 설치하지 않은 경우		300	
4) 비상구를 폐쇄·훼손·변경하는 등의 행위를 한 경우	100	200	300
5) 영업장 내부 피난통로에 피난에 지장을 주는 물건 등을 쌓아 놓은 경우	100	200	300
3. 안전시설등 설치 전 소방본부장이나 소방서장에게 안전시설등의 설계도서를 첨부하여 신고해야 하는 사항을 위반한 경우			
1) 안전시설등 설치신고를 하지 않고 안전시설등을 설치한 경우		100	
2) 안전시설등 설치신고를 하지 않고 영업장 내부구조를 변경한 경우		100	
3) 안전시설등의 공사를 마친 후 신고를 하지 않는 경우	100	200	300
4. 피난시설, 방화구획 또는 방화시설을 폐쇄·훼손·변경하는 등의 행위를 한 경우	100	200	300
5. 피난안내도를 갖추어 두지 않거나 피난안내에 관한 영상물을 상영하지 않는 경우	100	200	300
6. 정기점검결과서를 보관하지 않은 경우	100	200	300
7. 소방안전관리 업무를 하지 않은 경우	100	200	300

SECTION 06

초고층 및 지하연계 복합건축물 재난관리에 관한 특별법

STEP 01 총칙 및 피난안전구역 설치

1. 목적

초고층 및 지하연계 복합건축물과 그 주변지역의 재난관리를 위하여 재난의 예방·대비·대응 및 지원 등에 필요한 사항을 정하여 재난관리체제를 확립함으로써 국민의 생명, 신체, 재산을 보호하고 공공의 안전에 이바지함을 목적으로 한다.

2. 용어의 정의

① 초고층 건축물 : 층수가 50층 이상 또는 200m 이상인 건축물
② 지하연계 복합건축물 : 다음의 요건을 모두 갖춘 것을 말한다.
    ㉮ 층수가 11층 이상이거나 1일 수용인원이 5천명 이상인 건축물로서 지하부분이 지하역사 또는 지하도상가와 연결된 건축물
    ㉯ 건축물 안에 문화 및 집회시설, 판매시설, 숙박시설, 위락시설 중 유원시설업의 시설 또는 대통령령으로 정하는 용도의 시설(종합병원과 요양병원)이 하나 이상 있는 건축물
③ 관계지역 : 건축물 및 시설물(이하 "초고층 건축물등"이라 한다)과 그 주변지역을 포함하여 재난의 예방·대비·대응 및 수습 등의 활동에 필요한 지역으로 대통령령으로 정하는 지역
④ 일반건축물 : 관계지역 안에서 초고층 건축물등을 제외한 건축물 또는 시설물
⑤ 관리주체 : 초고층 건축물등 또는 일반건축물등의 소유자 또는 관리자(그 건축물등의 소유자와 관리계약 등에 따라 관리책임을 진 자를 포함)
⑥ 관계인 : 초고층 건축물등 또는 일반건축물등의 소유자·관리자 또는 점유자
⑦ 총괄재난관리자 : 초고층 건축물등의 재난 및 안전관리 업무를 총괄하는 자

3. 법의 적용대상이 되는 건축물 및 시설물

① 초고층 건축물
② 지하연계 복합건축물

③ 위 ①항 및 ②항에 준하여 재난관리가 필요한 것으로 대통령령으로 정하는 건축물 및 시설물

4. 피난안전구역 설치

① 초고층 건축물 : 피난층 또는 지상으로 통하는 직통계단과 직접 연결되는 피난안전구역을 지상층으로부터 최대 30개 층마다 1개소 이상 설치할 것

② 30층 이상 49층 이하인 지하연계복합건축물 : 피난층 또는 지상으로 통하는 직통계단과 직접 연결되는 피난안전구역을 해당 건축물 전체 층수의 2분의 1에 해당하는 층으로부터 상하 5개 층 이내에 1개소 이상 설치할 것

③ 16층 이상 29층 이하인 지하연계 복합건축물 : 지상층별 거주밀도 ㎡당 1.5명을 초과하는 층은 해당 층의 사용형태별 면적의 합의 10분의 1에 해당하는 면적을 피난안전구역으로 설치할 것

④ 초고층 건축물등의 지하층이 문화 및 집회시설, 판매시설, 운수시설, 업무시설, 숙박시설, 위락시설 중 유원시설업의 시설 등의 용도로 사용되는 경우 : 해당 지하층에 피난안전구역 면적 산정기준에 따라 피난안전구역이나 선큰을 설치할 것

 선큰(sunken)
지표 아래에 있고 외기에 개방된 공간으로서 건축물 사용자 등의 보행·휴식 및 피난 등에 제공되는 공간을 말한다.

STEP 02 총괄재난관리자 등

1. 총괄재난관리자의 업무

총괄재난관리자는 다른 법령에 따른 안전관리자를 겸직할 수 없으며, 다음 업무를 총괄·관리한다.

① 재난 및 안전관리 계획의 수립에 관한 사항

② 재난예방 및 피해경감계획의 수립·시행에 관한 사항

③ 통합안전점검 실시에 관한 사항

④ 교육 및 훈련에 관한 사항

⑤ 홍보계획의 수립·시행에 관한 사항

⑥ 종합방재실의 설치·운영에 관한 사항

⑦ 종합재난관리체계의 구축·운영에 관한 사항

⑧ 피난안전구역 설치·운영에 관한 사항

⑨ 유해·위험물질의 관리 등에 관한 사항

⑩ 초기대응대의 구성·운영에 관한 사항

⑪ 대피 및 피난유도에 관한 사항

⑫ 그 밖에 행정안전부령으로 정한 다음의 사항

㉮ 초고층 건축물등의 유지·관리 및 점검, 보수 등에 관한 사항

④ 통합안전점검 실시에 관한 사항
　　④ 홍보계획의 수립 · 시행에 관한 사항
　　④ 방범, 보안, 테러 대비 · 대응 계획의 수립 및 시행에 관한 사항

2. 총괄재난관리자의 자격

　① 건축사의 자격을 취득한 사람
　② 건축 · 기계 · 전기 · 토목 또는 안전관리 분야 기술사의 자격을 취득한 사람
　③ 특급 소방안전관리대상물의 소방안전관리자로 선임될 수 있는 자격을 갖춘 사람
　④ 건축 · 기계 · 전기 · 토목 또는 안전관리 분야 기사 또는 기능장의 자격을 취득한 후 재난 및
　　안전관리에 관한 실무경력이 5년 이상인 사람
　⑤ 건축 · 기계 · 전기 · 토목 또는 안전관리 분야 산업기사의 자격을 취득한 후 재난 및 안전관
　　리에 관한 실무경력이 7년 이상인 사람
　⑥ 주택관리사의 자격을 취득한 후 재난 및 안전관리에 관한 실무경력이 5년 이상인 사람

3. 총괄재난관리자의 선임

초고층 건축물등의 관리주체는 다음의 구분에 따른 날부터 30일 이내에 총괄재난안전관리자
를 선임해야 한다.
　① 초고층 건축물등을 건축한 경우 : 건축물의 사용승인 또는 사용검사 등을 받은 날
　② 용도변경 또는 용도변경에 따른 수용인원 증가로 초고층 건축물등이 된 경우 : 용도변경 사
　　실을 건축물대장에 기록한 날
　③ 초고층 건축물등을 양수하거나 경매, 환가, 압류재산의 매각 등의 절차에 따라 인수한 경
　　우 : 양수 또는 인수한 날(다만, 초고층 건축물등을 양수 또는 인수한 관리주체가 종전의 총괄재난관리자
　　를 재지정한 경우는 제외)
　④ 총괄재난관리자를 해임하였거나 퇴직한 경우 : 해임한 날 또는 퇴직한 날

4. 총괄재난관리자에 대한 교육

　① 교육 시기 : 선임된 날부터 6개월 이내에 소방청장이 실시하거나 소방청장이 지정하는 기관
　　이 실시하는 교육을 받아야 하며, 그 후 2년마다 1회 이상 보수교육을 받아야 한다.
　② 교육 내용
　　⑦ 재난관리 일반
　　④ 법 및 하위법령의 주요 내용
　　④ 재난예방 및 피해경감계획 수립에 관한 사항
　　④ 관계인, 상시근무자 및 거주자에 대하여 실시하는 재난 및 테러 등에 대한 교육 · 훈련
　　　에 관한 사항
　　④ 종합방재실의 설치 · 운영에 관한 사항
　　④ 종합재난관리체제의 구축에 관한 사항
　　④ 피난안전구역의 설치 · 운영에 관한 사항

㉮ 유해 · 위험물질의 관리 등에 관한 사항

㉯ 그 밖에 소방청장이 필요하다고 인정하는 사항

5. 기타 관리주체의 방재계획

① 재난 및 안전관리협의회의 구성 · 운영 : 관계지역 안에 관리주체가 둘 이상인 경우

② 교육 및 훈련 : 관리주체는 매년 1회 이상 실시

　㉮ 관계인 및 상시근무자에 대한 교육과 훈련

　㉯ 거주자 등에 대한 교육 및 훈련

③ 관리주체는 다음 연도 교육 및 훈련계획을 수립 매년 12월 15일까지 시 · 군 · 구본부장에게 제출하여야 한다.

④ 관리주체는 교육 및 훈련 결과를 작성하여 10일 이내에 시 · 군 · 구본부장에게 제출하고, 1년간 보관하여야 한다.

⑤ 시 · 군 · 구본부장은 관리주체로부터 받은 교육 및 훈련결과를 10일 이내 관할 소방서장에게 통보하여야 한다.

⑥ 통합안전점검의 실시 : 30일 전까지 신청서를 시 · 도본부장 또는 시 · 군 · 구본부장에게 제출하야야 한다.

SECTION
07 재난 및 안전관리 기본법

(01) 총칙

1. 목적

각종 재난으로부터 국토를 보존하고 국민의 생명·신체 및 재산을 보호하기 위하여 국가와 지방자치단체의 재난 및 안전관리체제를 확립하고, 재난의 예방·대비·대응·복구와 안전문화활동, 그 밖에 재난 및 안전관리에 필요한 사항을 규정함을 목적으로 한다.

2. 용의의 정의

① 재난 : 국민의 생명·신체·재산과 국가에 피해를 주거나 줄 수 있는 것으로서 다음의 것을 말함
  ㉠ 자연재난 : 태풍, 홍수, 호우(豪雨), 강풍, 풍랑, 해일(海溢), 대설, 한파, 낙뢰, 가뭄, 폭염, 지진, 황사(黃砂), 조류(藻類) 대발생, 조수(潮水), 화산활동, 소행성·유성체 등 자연우주물체의 추락·충돌, 그 밖에 이에 준하는 자연현상으로 인하여 발생하는 재해
  ㉡ 사회재난 : 화재·붕괴·폭발·교통사고(항공사고 및 해상사고를 포함)·화생방사고·환경오염사고 등으로 인하여 발생하는 대통령령으로 정하는 규모 이상의 피해와 국가핵심기반의 마비, 감염병 또는 가축전염병의 확산, 미세먼지 등으로 인한 피해
② 재난관리 : 재난의 예방·대비·대응 및 복구를 위하여 하는 모든 활동
③ 안전관리 : 재난이나 그 밖의 각종 사고로부터 사람의 생명·신체 및 재산의 안전을 확보하기 위하여 하는 모든 활동
④ 안전기준 : 각종 시설 및 물질 등의 제작, 유지관리 과정에서 안전을 확보할 수 있도록 적용하여야 할 기술적 기준을 체계화한 것을 말하며, 안전기준의 분야, 범위 등에 관하여는 대통령령으로 정함
⑤ 재난관리책임기관
  ㉠ 중앙행정기관 및 지방자치단체
  ㉡ 지방행정기관·공공기관·공공단체 및 재난관리의 대상이 되는 중요시설의 관리기관 등
⑥ 재난관리주관기관 : 재난이나 그 밖의 각종 사고에 대하여 그 유형별로 예방·대비·대응 및 복구 등의 업무를 주관하여 수행하도록 대통령령으로 정하는 관계 중앙행정기관
⑦ 긴급구조 : 재난이 발생할 우려가 현저하거나 재난이 발생하였을 때에 국민의 생명·신체 및 재산을 보호하기 위하여 긴급구조기관과 긴급구조지원기관이 하는 인명구조, 응급처치, 그 밖에 필요한 모든 긴급한 조치

⑧ 긴급구조기관 : 소방청·소방본부 및 소방서. 다만, 해양에서 발생한 재난의 경우에는 해양경찰청·지방해양경찰청 및 해양경찰서

STEP 02 안전관리계획 및 재난관리

1. 국가안전관리기본계획의 수립 등

① 국각안전관리기본계획에 포함되어야 할 사항
  ㉮ 재난에 관한 대책
  ㉯ 생활안전, 교통안전, 산업안전, 시설안전, 범죄안전, 식품안전, 안전취약계층 안전 및 그 밖에 이에 준하는 안전관리에 관한 대책
② 안전관리계획의 구분 및 작성책임

안전관리계획의 구분 및 분류	작성 및 책임자
국가안전관리 기본계획(국가단위)	국무총리
국가안전관리 기본계획(부처단위)	중앙행정기관의 장
시·도 안전관리계획	시·도지사
시·군·구 안전관리계획	시장·군수·구청장

2. 재난의 예방·대비

① 재난관리책임기관장의 재난예방조치 등
② 국가재난관리기준의 제정·운용 등
③ 재난분야 위기관리 매뉴얼 작성·운용
  ㉮ 위기관리 표준매뉴얼
  ㉯ 위기대응 실무매뉴얼
  ㉰ 현장조치 행동매뉴얼

3. 재난의 대응

① 재난사태 선포
  ㉮ 행정안전부장관이 중앙위원회의 심의를 거쳐 선포
  ㉯ 재난선포지역에 관한 조치
    ㉠ 재난경보의 발령, 재난관리자원의 동원, 위험구역 설정, 대피명령, 응급지원 등의 응급조치
    ㉡ 해당 지역에 소재하는 행정기관 소속 공무원의 비상소집
    ㉢ 해당 지역에 대한 여행 등 이동 자제 권고
    ㉣ 휴업명령 및 유원·휴교처분의 요청
    ㉤ 그 밖에 재난예방에 필요한 조치

② 위기경보의 발령
  ㉮ 위기경보는 재난 피해의 속도, 확대 가능성 등 재난상황의 심각성을 종합적으로 고려하여 관심, 주의, 경계, 심각으로 구분
  ㉯ 재난유형별 대응체계

단계	내용	비고
관심(Blue)	징후가 있으나, 그 활동이 낮으며 가까운 기간 내에 국가위기로 발전할 가능성이 비교적 낮은 상태	징후활동 감시
주의(Yellow)	징후활동이 비교적 활발하고 국가위기로 발전할 수 있는 일정 수준의 경향성이 나타나는 상태	대비계획 점검
경계(Orange)	징후활동이 매우 활발하고 전개속도, 경향성 등이 현저한 수준으로서 국가위기로의 발전가능성이 농후한 상태	즉각 대응태세 돌입
심각(Red)	징후활동이 매우 활발하고 전개속도, 경향성 등이 심각한 수준으로서 확실시되는 상태	대규모 인원 피난

4. 재난의 복구

① 특별재난지역의 선포 : 중앙대책본부장의 건의를 받아 대통령이 선포
② 특별재난지역에 대한 지원 : 응급대책 및 재난구호와 복구에 필요한 행정상·재정상·금융상·의료상의 특별지원
③ 특별재난의 범위 및 선포 등
  ㉮ 특별재난의 범위
    ㉠ 자연재난으로서 국고 지원 대상 피해 기준금액의 2.5배를 초과하는 피해가 발생한 재난
    ㉡ 자연재난으로서 국고 지원 대상에 해당하는 시·군·구의 관할 읍·면·동에 국고 지원 대상 피해 기준금액의 4분의 1을 초과하는 피해가 발생한 재난
    ㉢ 사회재난의 재난 중 재난이 발생한 해당 지방자치단체의 행정능력이나 재정능력으로는 재난의 수습이 곤란하여 국가적 차원의 지원이 필요하다고 인정되는 재난
    ㉣ 그 밖에 재난 발생으로 인한 생활기반 상실 등 극심한 피해의 효과적인 수습 및 복구를 위하여 국가적 차원의 특별한 조치가 필요하다고 인정되는 재난
  ㉯ 대통령이 특별재난지역을 선포하는 경우 중앙대책본부장은 특별재난지역의 구체적인 범위를 정하여 공고

> 참고 **대통령령으로 재난의 규모를 정할 때 고려할 사항**
> • 인명 또는 재산의 피해 정도
> • 재난지역 관한 지방자치단체의 재정 능력
> • 재난으로 피해를 입은 구역의 범위

08 위험물안전관리법

STEP (01) 위험물 개요

1. 위험물의 정의

① 일반적인 정의 : 위험물이란 위해, 신체 또는 재산상의 손실을 가져올 우려가 있는 물질로 다음과 같이 위험성을 분류할 수 있다.

㉮ 물질의 폭발성, 반응성, 강산성 등의 화학적 위험성

㉯ 물질의 온도, 압력, 전압 등 물리적 상태에 이르는 위험성

㉰ 물질과 인체의 관계에서 오는 생리적 위험성

② 위험물안전관리법상 위험물의 정의 : 인화성 또는 발화성 등의 성질을 가진 것으로 대통령 령이 정하는 물품

2. 지정수량

① 지정수량의 의미 및 표시 : 위험물의 종류별로 위험성을 고려하여 대통령령이 정하는 수량 으로서 제조소등의 설치허가 등에서 기준이 되는 수량을 말한다. 또한 지정수량은 사전 규 제인 허가대상의 범위를 규정하는 것으로 고체는 질량(kg)으로, 액체는 용량(L)로 나타낸다.

[지정수량의 예]

위험물	휘발유	등유, 경유	중유	알코올류	황	질산
지정수량	200L	1,000L	2,000L	400L	100kg	300kg

② 2품명 이상의 위험물의 환산 : 둘 이상의 위험물을 같은 장소에서 저장 또는 취급할 경우 저 장 또는 취급하는 수량을 품명별 지정수량으로 나누어 얻은 수의 합계가 1 이상이 될 때는 이를 지정수량 이상의 위험물로 본다.

> **참고** **지정수량 환산 예시**
> 같은 장소에서 취급하는 위험물의 양이 휘발유 190L, 경유 700L일 때
> ① 휘발유(제1석유류, 지정수량 200L)
> $$\frac{190L}{지정수량} = \frac{190L}{200L} = 지정수량의 \ 0.95배$$
> ② 경유(제2석유류, 지정수량 1,000L)
> $$\frac{700L}{지정수량} = \frac{700L}{1,000L} = 지정수량의 \ 0.7배$$
> ∴ 합계 ① + ② = 1.65이므로, 1 이상이 되어 지정수량 이상의 위험물을 취급하는 경우에 해당된다.

3. 위험물 제조소등의 구분

① 제조소 : 1일에 지정수량 이상의 위험물을 제조하기 위한 일련의 시설(제조시설, 취급시설 및 저장시설을 포함)을 갖춘 곳

② 저장소 : 옥내저장소, 옥외저장소, 옥내탱크저장소, 옥외탱크저장소, 지하탱크저장소, 이동탱크저장소, 간이탱크저장소, 암반탱크저장소

③ 취급소 : 주유취급소, 판매취급소, 이송취급소, 일반취급소

4. 위험물의 저장·취급

① 지정수량 이상의 위험물 : 제조소등에서 이를 저장·취급

② 지정수량 미만인 위험물의 저장·취급 기준 : 시·도의 조례

③ 위험물의 임시저장·취급

㉮ 관할소방서장의 승인을 받아 지정수량 이상의 위험물을 90일 이내의 기간 동안 임시로 저장 또는 취급하는 경우

㉯ 군부대가 지정수량 이상의 위험물을 군사목적으로 임시로 저장 또는 취급하는 경우

④ 위험물의 저장 또는 취급 : 중요기준 및 세부기준을 따라야 함

STEP (02) 위험물안전관리자

1. 위험물안전관리자 선임 및 해임

① 제조소등의 관계인은 제조소등마다 대통령령으로 정하는 위험물의 취급에 관한 자격이 있는 자를 안전관리자로 선임하여야 한다.

② 위험안전관리자가 해임하거나 퇴직한 때에는 그 날로부터 30일 이내에 다시 선임하여야 한다.

③ 선임한 날로부터 14일 이내에 소방본부장 또는 소방서장에게 신고하여야 한다.

2. 위험물취급자격자의 자격

위험물취급자격자의 구분	취급할 수 있는 위험물
위험물기능장, 위험물산업기사, 위험물기능사의 자격을 취득한 사람	모든 위험물
위험물안전관리자 교육이수자	위험물 중 제4류 위험물
소방공무원 근무경력 3년 이상인 자	위험물 중 제4류 위험물

3. 위험물안전관리자의 대리자

① 대리자를 지정하여 직무를 대행할 수 있는 경우

㉮ 안전관리자가 여행·질병 그 밖의 사유로 인하여 일시적으로 직무를 수행할 수 없는 경우

㉯ 안전관리자의 해임 또는 퇴직과 동시에 다른 안전관리자를 선임하지 못하는 경우

② 대리자의 자격요건
  ㉮ 위험물의 취급에 관한 자격취득자
  ㉯ 소방청장이 실시하는 위험물의 안전관리에 관한 안전교육을 받은 자
  ㉰ 제조소등의 위험물안전관리 업무에서 안전관리자를 지휘·감독하는 직위에 있는 자
③ 대리자의 직무 대행 기간 : 30일 이하

4. 위험물안전관리자의 책무

① 위험물의 취급작업에 참여하여 당해 작업이 저장 또는 취급에 관한 기술기준과 예방규정에 적합하도록 해당 작업자에 대하여 지시 및 감독하는 업무
② 화재 등의 재난이 발생한 경우 응급조치 및 소방관서 등에 대한 연락 업무
③ 위험물시설의 안전을 담당하는 자를 따로 두는 제조소등은 그 담당자에게 다음 규정에 의한 업무 지시, 그 밖의 제조소등은 다음 규정에 의한 업무
  ㉮ 제조소등의 위치·구조 및 설비를 기술기준에 적합하도록 유지하기 위한 점검과 점검상황의 기록·보존
  ㉯ 제조소등의 구조 또는 설비의 이상을 발견한 경우 관계자에 대한 연락 및 응급조치
  ㉰ 화재가 발생하거나 화재 발생의 위험이 현저한 경우 소방관서 등에 대한 연락 및 긴급조치
  ㉱ 제조소등의 계측장치·제어장치 및 안전장치 등의 적정한 유지·관리
  ㉲ 제조소등의 위치·구조 및 설비에 관한 설계도서 등의 정비·보존 및 제조소등의 구조 및 설비의 안전에 관한 사무의 관리
④ 화재 등의 재해의 방지와 응급조치에 관하여 인접하는 제조소등과 그 밖의 관련 시설의 관계자와 협조체제 유지
⑤ 위험물 취급에 관한 일지의 작성·기록
⑥ 그 밖에 위험물을 수납한 용기를 차량에 적재하는 작업, 위험물 설비를 보수하는 작업등 위험물의 취급과 관련된 작업의 안전에 관하여 필요한 감독의 수행

(03) 위험물 제조소등의 점검제도

1. 제조소등의 정기점검

① 정기점검대상
  ㉮ 지정수량의 10배 이상의 위험물을 취급하는 제조소
  ㉯ 지정수량의 100배 이상의 위험물을 저장하는 옥외저장소
  ㉰ 지정수량의 150배 이상의 위험물을 저장하는 옥내저장소
  ㉱ 지정수량의 200배 이상의 위험물을 저장하는 옥외탱크저장소
  ㉲ 암반탱크저장소
  ㉳ 이송취급소
  ㉴ 지정수량의 10배 이상의 위험물을 취급하는 일반취급소

      ㉕ 지하탱크저장소

      ㉖ 이동탱크저장소

      ㉗ 위험물을 취급하는 탱크로서 지하에 매설된 탱크가 있는 제조소·주유취급소 또는 일반
         취급소

  ② 정기점검의 실시자

      ㉮ 제조소등의 안전관리자(옥외탱크저장소 중 저장 또는 취급하는 액체위험물의 최대수량이 50만리터 이상인
         특정·준특정옥외탱크저장소는 소방청장이 고시하는 점검방법에 관한 지식 및 기능이 있는 자에 한함)

      ㉯ 위험물운송자(이동탱크저장소에 한함)

      ㉰ 안전관리대행기관(특정·준특정옥외탱크저장소의 정기점검은 제외) 또는 탱크시험자

2. 제조소등의 정기점검 대상범위

정기점검구분	점검대상	점검자의 자격	점검 기록 보존연한	횟수
일반점검	정기점검대상	안전관리자	3년	연 1회 이상
구조안전점검	50만 리터 이상의 옥외탱크저장시설	소방청장이 고시하는 점검방법에 관한 지식 및 기능이 있는 자	25년 [(비고) 3호에 규정한 기간의 적용을 받는 경우는 30년]	(비고) 참조

[비고]
1. 제조소등의 설치허가에 따른 완공검사합격확인증을 교부받은 날부터 12년
2. 최근의 정기검사를 받은 날부터 11년
3. 특정·준특정옥외저장탱크에 안전조치를 한 공사에 구조안전점검시기 연장신청을 하여 당해 안전조치
  가 적정한 것으로 인정받은 경우에는 최근의 정기검사를 받은 날부터 13년

3. 정기점검 기록유지 사항

  ① 점검을 실시한 제조소등의 명칭

  ② 점검의 방법 및 결과

  ③ 점검 연월일

  ④ 점검을 한 안전관리자 또는 점검을 한 탱크시험자와 점검에 참관한 안전관리자의 성명

> **참고** **정기점검 결과 제출** : 점검을 한 날부터 30일 이내에 시·도지사(소방서장)에게 제출

(04) STEP 벌금

1. 1년 이상 10년 이하의 징역

제조소등 또는 제조소등의 설치 및 변경 등의 허가를 받지 않고 지정수량 이상의 위험물을 저
장 또는 취급하는 장소에서 위험물을 유출·방출 또는 확산시켜 사람의 생명·신체 또는 재산
에 대하여 위험을 발생시킨 자

▶ 위의 죄를 범하여 사람을 상해에 이르게 한 때에는 무기 또는 3년 이상의 징역

▶ 위의 죄를 범하여 사망에 이르게 한 때에는 무기 또는 5년 이상의 징역

2. 7년 이하의 금고 또는 7천만원 이하의 벌금

업무상 과실로 제조소등 또는 제조소등의 설치 및 변경 등의 허가를 받지 않고 지정수량 이상
의 위험물을 저장 또는 취급하는 장소에서 위험물을 방출·유출 또는 확산시켜 사람의 생명·
신체 또는 재산에 위험을 발생시킨 자

▶ 위의 죄를 범하여 사람을 사상사상(死傷)에 이르게 한 때에는 10년 이하의 징역 또는 금고나
1억원 이하의 벌금

3. 5년 이하의 징역 또는 1억원 이하의 벌금

제조소등의 설치허가를 받지 아니하고 제조소등을 설치한 자

4. 3년 이하의 징역 또는 3천만원 이하의 벌금

저장소 또는 제조소등이 아닌 장소에서 지정수량 이상의 위험물을 저장 또는 취급한 자

5. 1년 이하의 징역 또는 1천만원 이하의 벌금

① 탱크시험자로 등록하지 않고 탱크시험자의 업무를 한 자
② 정기점검을 하지 않거나 점검기록을 허위로 작성한 관계인으로서 규정에 따른 허가를 받
은 자
③ 정기검사를 받지 않은 관계인으로서 규정에 따른 허가를 받은 자
④ 자체소방대를 두지 않은 관계인으로서 규정에 따른 허가를 받은 자
⑤ 운반용기에 대한 검사를 받지 않고 운반용기를 사용하거나 유통시킨 자
⑥ 보고 또는 자료제출을 하지 않거나 허위로 보고 또는 자료제출을 한 자 또는 관계공무원의
출입·검사 또는 수거를 거부·방해 또는 기피한 자
⑦ 제조소등에 대한 긴급 사용정지·제한명령을 위반한 자

6. 1천 500만원 이하의 벌금

① 위험물의 저장 또는 취급에 관한 중요기준을 따르지 않은 자
② 변경허가를 받지 않고 제조소등을 변경한 자
③ 제조소등의 완공검사를 받지 않고 위험물을 저장·취급한 자
④ 제조소등의 사용정지명령을 위반한 자
⑤ 수리·개조 또는 이전의 명령을 따르지 않은 자
⑥ 안전관리자를 선임하지 않은 관계인으로서 규정에 따른 허가를 받은 자
⑦ 대리자를 지정하지 않은 관계인으로서 규정에 따른 허가를 받은 자
⑧ 업무정지명령을 위반한 자
⑨ 탱크안전성능시험 또는 점검에 관한 업무를 허위로 하거나 그 결과를 증명하는 서류를 허
위로 교부한 자
⑩ 예방규정을 제출하지 않거나 변경명령을 위반한 관계인으로서 규정에 따른 허가를 받은 자

⑪ 정지지시를 거부하거나 국가기술자격증 또는 교육수료증ㆍ신원확인을 위한 증명서의 제시 요구 또는 신원확인을 위한 질문에 응하지 않은 자

⑫ 명령을 위반하여 보고 또는 자료제출을 하지 않거나 허위로 보고 또는 자료제출을 한 자 및 관계공무원의 출입 또는 조사ㆍ검사를 거부ㆍ방해 또는 기피한 자

⑬ 탱크시험자에 대한 감독상 명령을 따르지 않은 자

⑭ 무허가장소의 위험물에 대한 조치명령을 따르지 않은 자

⑮ 저장ㆍ취급기준 준수명령 또는 응급조치명령을 위반한 자

7. 1천만원 이하의 벌금

① 위험물의 취급에 관한 안전관리와 감독을 하지 않은 자

② 안전관리자 또는 그 대리자가 참여하지 않은 상태에서 위험물을 취급한 자

③ 변경한 예방규정을 제출하지 않은 관계인으로서 제조소등의 설치 및 변경 등의 허가를 받은 자

④ 위험물의 운반에 관한 중요기준에 따르지 않은 자

⑤ 위험물의 운송 규정을 위반한 위험물운송자

⑥ 관계인의 정당한 업무를 방해하거나 출입ㆍ검사 등을 수행하면서 알게 된 비밀을 누설한 자

8. 500만원 이하의 과태료

① 임시저장에 관한 승인을 받지 않은 자

② 위험물의 저장 또는 취급에 관한 세부기준을 위반한 자

③ 품명 등의 변경신고를 기간 이내에 하지 않거나 허위로 한 자

④ 지위승계신고를 기간 이내에 하지 않거나 허위로 한 자

⑤ 제조소등의 폐지신고 또는 안전관리자의 선임신고를 기간 이내에 하지 않거나 허위로 한 자

⑥ 사용 중지신고 또는 재개신고를 기간 이내에 하지 않거나 거짓으로 한 자

⑦ 등록사항의 변경신고를 기간 이내에 하지 않거나 허위로 한 자

⑧ 예방규정을 준수하지 아니한 자
  ㉮ 1차 위반 시 250만원
  ㉯ 2차 위반 시 400만원
  ㉰ 3차 이상 위반 시 500만원

⑨ 점검결과를 기록ㆍ보존하지 않은 자
  ㉮ 1차 위반 시 250만원
  ㉯ 2차 위반 시 400만원
  ㉰ 3차 이상 위반 시 500만원

⑩ 정기점검 결과를 점검한 날부터 30일 이내에 점검결과를 제출하지 아니한 자

⑪ 제조소등에 지정된 장소가 아닌 곳에 흡연을 한 자

⑫ 제조소등의 관계인이 금연구역임을 알리는 표지를 설치하지 아니하거나 보완이 필요하여 일정한 기간을 정하여 시정명령을 내렸으나 해당 시정명령에 따르지 아니한 자

⑬ 위험물의 운반에 관한 세부기준을 위반한 자

⑭ 위험물의 운송 규정을 위반하여 위험물의 운송에 관한 기준을 따르지 않은 자

- **1. 소방안전관리제도**

01 특정소방대상물의 소방안전관리자로 선임된 관리자의 업무가 아닌 것은?(단, 그 밖의 소방안전관리에 필요한 업무는 제외한다.)

① 소방계획서 작성 및 시행
② 소방시설의 자체 점검 및 유지·보수
③ 소방훈련 및 교육과 소방시설의 관리
④ 자위소방대 및 초기대응체계의 구성, 운영 및 교육

소방안전관리자 업무와 역할
- 소방계획서의 작성 및 시행
- 자위소방대 및 초기대응체계의 구성, 운영 및 교육
- 피난시설, 방화구획 및 방화시설의 관리
- 소방시설이나 그 밖의 소방 관련 시설의 관리
- 소방훈련 및 교육
- 화기 취급의 감독
- 소방안전관리에 관한 업무수행에 관한 기록 유지
- 화재발생 시 초기대응
- 그 밖의 소방안전관리에 필요한 업무

02 다음 중 소방관련법상 '특급 소방안전관리대상물'에 해당하지 않는 것은?

① 50층 이상(지하층 제외) 건축물
② 지상으로부터 높이 200m 이상인 아파트
③ 지상으로부터 120m 이상인 특정소방대상물(아파트 제외)
④ 동·식물원, 철강 등 불연성 물품을 저장·취급하는 창고

특급 소방안전관리대상물(소방시설 설치 및 관리에 관한 법률 시행령)
- 50층 이상(지하층 제외)이거나 지상으로부터 높이가 200m 이상인 아파트
- 30층 이상(지하층을 포함)이거나 지상으로부터 높이가 120m 이상인 특정소방대상물(아파트는 제외)
- 위의 2가지에 해당되지 아니하는 특정소방대상물로서 연면적이 100,000㎡ 이상인 특정소방대상물(아파트는 제외)
※동·식물원, 철강 등 불연성 물품을 저장·취급하는 창고, 위험물 저장 및 처리시설 중 위험물 제조소등과 지하구는 특급 소방안전관리대상물에서 제외함

03 소방관련법상 '1급 소방안전관리대상물'에 해당하는 것은?

① 지상으로부터 높이가 120m 이상인 아파트
② 연면적 15,000㎡ 이상인 아파트와 연립주택
③ 지상층 11층 이상의 특정소방대상물(아파트 포함)
④ 지하구

1급 소방안전관리대상물 : 특급을 제외하고 다음의 어느 하나에 해당하는 것
- 30층 이상(지하층 제외)이거나 지상으로부터 높이가 120m 이상인 아파트
- 연면적 15,000㎡ 이상인 특정소방대상물(아파트 및 연립주택은 제외)
- 위의 2가지에 해당하지 아니하는 특정소방대상물로서 지상층의 층수가 11층 이상인 특정 소방대상물(아파트는 제외)
- 가연성 가스를 1천톤 이상 저장·취급하는 시설
※동·식물원, 철강 등 불연성 물품을 저장·취급하는 창고, 위험물 저장 및 처리시설 중 위험물 제조소등과 지하구는 1급 소방안전관리대상물에서 제외함

04 소방관련법상 '2급 소방안전관리대상물'에 해당하지 않은 것은?

① 국보로 지정된 목조건축물
② 지하구
③ 30층 이상인 아파트
④ 가연성가스를 100톤 이상 1천톤 미만 저장·취급하는 시설

정답 **01** ② **02** ④ **03** ① **04** ③

🔍 2급 소방안전관리대상물 : 특급 및 1급을 제외하고 다음의 어느 하나에 해당하는 것
- 옥내소화전설비, 스프링클러설비, 물분무등소화설비(호스릴방식의 물분무등소화설비만을 설치한 경우는 제외)를 설치하여야 하는 특정소방대상물
- 가스 제조설비를 갖추고 도시가스사업의 허가를 받아야 하는 시설 또는 가연성 가스를 100톤 이상 1천톤 미만 저장 · 취급하는 시설
- 지하구
- 공동주택(옥내소화전설비 또는 스프링클러설비가 설치된 공동주택으로 한정)
- 보물 또는 국보로 지정된 목조건축물

🔍 소방안전관리보조자를 두어야 하는 특정소방대상물
- 300세대 이상인 아파트
- 연면적이 15,000m² 이상인 특정소방대상물(아파트 및 연립주택은 제외)
- 위의 2가지에 해당하는 특정소방대상물을 제외한 특정소방대상물 중 다음의 어느 하나에 해당하는 특정소방대상물
  – 공동주택 중 기숙사
  – 의료시설
  – 노유자시설
  – 수련시설
  – 숙박시설(숙박시설로 사용되는 바닥면적의 합계가 1,500m² 미만이고 관계인이 24시간 상시 근무하고 있는 숙박시설은 제외)

05 다음 중 '1급 소방안전관리대상물'의 소방안전관리자 선임자격으로 옳은 것은?(단, 1급 소방안전관리자 자격증을 발급받은 사람인 경우이다.)

① 위험물기능장 자격이 있는 사람
② 소방설비기사 자격이 있는 사람
③ 소방공무원으로 5년 이상 근무한 경력이 있는 사람
④ 경찰공무원으로 7년 이상 근무한 경력이 있는 사람

🔍 1급 소방안전관리대상물의 소방안전관리자 선임자격 : 다음의 어느 하나에 해당하는 사람으로 1급 소방안전관리자 자격증을 발급받은 사람 또는 특급 소방안전관리대상물의 소방안전관리자 자격증을 발급받은 사람
- 소방설비기사 또는 소방설비산업기사의 자격이 있는 사람
- 소방공무원으로 7년 이상 근무한 경력이 있는 사람
- 소방청장이 실시하는 1급 소방안전관리대상물의 소방안전관리에 관한 시험에 합격한 사람

07 다음 중 1,000세대 이상인 아파트인 경우 '소방안전관리보조자'를 최소 몇 명 두어야 하는가?

① 1인
② 2인
③ 3인
④ 5인

🔍 300세대 이상인 아파트인 경우 소방안전관리보조자의 최소선임 인원은 1명이지만, 초과되는 300세대마다 1명 이상을 추가로 선임하여야 한다. 따라서, 1,000세대 이상인 아파트인 경우 최소 3명의 소방안전관리보조자를 선임하여야 한다.

06 소방관련법상 '소방안전관리보조자를 선임하여야 하는 특정소방대상물'에 해당하지 않는 것은?

① 공동주택 중 기숙사
② 의료시설
③ 노유자시설
④ 200세대 이하인 아파트

08 다음 특정소방대상물 중 '소방안전관리보조자'를 선임하지 않아도 되는 것은?

① 300세대인 아파트
② 연면적 15,000m²인 학교
③ 관계인이 24시간 상시 근무하는 바닥면적의 합계가 1,200m²인 숙박시설
④ 바닥면적의 합계가 1,500m²인 의료시설

🔍 숙박시설로 사용되는 바닥면적의 합계가 1,500m² 미만이고 관계인이 24시간 상시 근무하고 있는 숙박시설은 소방안전관리보조자 선임대상에서 제외된다.

09 다음 중 '1급 소방안전관리자 자격시험 응시자격'을 갖추지 못한 사람은?

① 경찰공무원으로 3년 근무한 경력이 있는 사람
② 대학에서 소방안전관리학과를 전공·졸업하고 2년간 2급 소방안전관리대상물의 소방안전관리자로 근무한 실무경력이 있는 사람
③ 5년간 2급 소방안전관리대상물의 소방안전관리자로 근무한 실무경력이 있는 사람
④ 소방행정학 또는 소방안전공학 분야에서 석사학위를 취득한 사람

🔍 경찰공무원으로 3년 이상 근무한 경력이 있는 사람은 2급 소방안전관리자 자격시험 응시자격이 있다.

10 다음 중 소방안전관리(보조)자를 두어야 하는 선임대상물, 선임자격 및 선임인원에 대한 설명으로 옳지 않은 것은?

① 50층 이상(지하층 포함)이거나 지상으로부터 높이가 200m 이상인 아파트는 1급 소방안전관리대상물이다.
② 연면적 15,000m² 이상인 특정소방대상물(아파트 및 연립주택은 제외)은 1급 소방안전관리대상물이다.
③ 지하구 및 보물 또는 국보로 지정된 목조건축물은 2급 소방안전관리대상물이다.
④ 연면적이 15,000m² 이상인 특정소방대상물(아파트 및 연립주택은 제외)은 소방안전관리보조자를 선임하여야 한다.

🔍 50층 이상(지하층 제외)이거나 지상으로부터 높이가 200m 이상인 아파트는 특급 소방안전관리대상물이다.

• **2. 소방기본법**

11 다음 중 '소방기본법의 목적'으로 볼 수 없는 것은?

① 화재예방·경계 및 진압
② 화재, 재난·재해 등 위급한 상황에서의 구조·구급
③ 국민의 생명·신체 및 재산보호
④ 사회와 기업의 복리증진과 재산보호

🔍 소방기본법은 화재를 예방·경계하거나 진압하고 화재, 재난·재해, 그 밖의 위급한 상황에서의 구조·구급 활동 등을 통하여 국민의 생명·신체 및 재산을 보호함으로써 공공의 안녕 및 질서 유지와 복리증진에 이바지함을 목적으로 한다.

12 소방기본법상 '용어의 정의'에 대하여 옳게 설명된 것은?

① 소방대상물이란 모든 건축물, 모든 차량, 모든 선박, 선박 건조 구조물, 산림, 그 밖의 인공 구조물 또는 물건을 말한다.
② 관계인이란 소방대상물의 소유자·관리자 또는 점유자를 말한다.
③ 소방대장은 소방청장, 소방본부장 또는 소방서장 등 화재발생현장에서 소방대를 지휘하는 사람을 말한다.
④ 소방대란 화재를 진압하기 위하여 소방공무원, 의무소방원, 의용소방대원, 지원나온 군인으로 구성된 조직체이다.

🔍 용어의 정의
• 소방대상물 : 건축물, 차량, 선박(항구에 매어둔 선박만 해당), 선박건조 구조물, 산림 그 밖의 인공 구조물 또는 물건
• 관계지역 : 소방대상물이 있는 장소 및 그 이웃 지역으로서 화재의 예방·경계·진압, 구조·구급 등의 활동에 필요한 지역
• 관계인 : 소방대상물의 소유자, 관리자 또는 점유자
• 소방대 : 화재를 진압하고 화재, 재난·재해, 그 밖의 위급한 상황에서의 구조·구급활동 등을 하기 위하여 소방공무원, 의무소방원, 의용소방대원으로 구성된 조직체
• 소방대장 : 소방본부장 또는 소방서장 등 화재, 재난·재해, 그 밖의 위급한 상황이 발생한 현장에서 소방대를 지휘하는 사람

13 다음 중 소방기본법상 '소방대상물'에 해당하지 않는 것은?

① 건축물과 차량

② 선박(항구에 매어둔 선박)

③ 운항 중인 비행기나 항해 중인 선박

④ 산림 그 밖의 공작물 또는 물건

🔍 소방대상물 : 소방행정의 목적물(대상)이 되는 것으로서 건축물, 차량, 선박(항구에 매어둔 선박만 해당), 선박건조 구조물, 산림 그 밖의 인공 구조물 또는 물건

14 화재예방, 소방활동 또는 소방훈련을 위하여 사용되는 '소방신호의 종류'로 볼 수 없는 것은?

① 예비신호　　　② 경계신호

③ 발화신호　　　④ 훈련신호

🔍 소방신호의 종류와 방법

신호방법 종별	신호발령	신호방법	
		타종신호	싸이렌신호
경계신호	화재예방상 필요하다고 인정되거나 화재위험경보 시	1타와 연2타를 반복	5초 간격을 두고 30초씩 3회
발화신호	화재가 발생한 때	난타	5초 간격을 두고 5초씩 3회
해제신호	소화활동이 필요 없다고 인정되는 때	상당한 간격을 두고 1타씩 반복	1분간 1회
훈련신호	훈련상 필요하다고 인정되는 때	연3타 반복	10초 간격을 두고 1분씩 1회

15 특정 지역 또는 장소에서 화재로 오인할 만한 우려가 있는 불을 피우거나 연막소독을 하려는 자는 관할 소방본부장 또는 소방서장에게 신고하여야 한다. 이에 해당하는 지역 또는 장소가 아닌 곳은?

① 시장지역

② 공장·창고가 밀집한 지역

③ 시티하우스 지역

④ 위험물의 저장 및 처리시설이 밀집한 지역

🔍 다음 어느 하나에서 해당하는 지역 또는 장소에서 화재로 오인할 만한 우려가 있는 불을 피우거나 연막소독하려는 자는 관할 소방본부장 또는 소방서장에게 신고하여야 한다.
• 시장지역
• 공장·창고가 밀집한 지역
• 목조건물이 밀집한 지역
• 위험물의 저장 및 처리시설이 밀집한 지역
• 석유화학제품을 생산하는 공장이 있는 지역
• 그 밖에 시·도의 조례로 정하는 지역 또는 장소

16 소방대상물에 화재가 발생하여 소방대가 화재현장에 도착할 때까지 경보·대피유도·인명구조·소화작업 등을 하여야 하는 자는?

① 화재목격자

② 화재신고자

③ 건물안전요원

④ 관계인

🔍 관계인은 소방대상물에 화재, 재난·재해, 그 밖의 위급한 상황이 발생한 경우에는 소방대가 현장에 도착할 때까지 경보를 울리거나 대피를 유도하는 등의 방법으로 사람을 구출하는 조치 또는 불을 끄거나 불이 번지지 아니하도록 필요한 조치를 하여야 한다.

17 소방기본법상 소방자동차가 화재진압 및 구조·구급활동을 위하여 사이렌을 사용하여 출동하는 경우 차와 사람에게 금지되는 행위가 아닌 것은?

① 소방자동차에 진로를 양보하지 아니하는 행위

② 소방자동차의 뒤를 따라가는 행위

③ 소방자동차 앞에 끼어드는 행위

④ 소방자동차를 가로막는 행위

🔍 모든 차와 사람은 소방자동차가 화재진압 및 구조·구급활동을 위하여 사이렌을 사용하여 출동하는 경우에는 다음 각 호의 행위를 하여서는 아니 된다.
• 소방자동차에 진로를 양보하지 아니하는 행위
• 소방자동차 앞에 끼어들거나 소방자동차를 가로막는 행위
• 그 밖에 소방자동차의 출동에 지장을 주는 행위

정답 13 ③　14 ①　15 ③　16 ④　17 ②

18 다음 중 화재, 재난 · 재해, 그 밖의 위급한 상황이 발생한 현장에 소방활동구역을 정하여 소방활동에 필요한 사람 외에는 그 구역에 출입을 제한할 수 있는 자는?

① 소방대장
② 경찰서장
③ 소방청장
④ 행정안전부장관

🔍 **소방활동구역의 설정**
소방대장은 화재, 재난 · 재해, 그 밖의 위급한 상황이 발생한 현장에 소방활동구역을 정하여 소방활동에 필요한 사람으로서 대통령령으로 정하는 사람 외에는 그 구역에 출입하는 것을 제한할 수 있다.

19 다음 중 '소방활동구역'에 출입할 수 없는 사람은?

① 소방대상물의 관계인
② 변호사
③ 의사 · 간호사
④ 기자

🔍 **소방활동구역의 설정**
• 소방활동구역의 출입자 제한할 수 있는 자 : 소방대장
• 소방활동구역을 출입할 수 있는 자
  – 소방활동구역 안에 있는 소방대상물의 소유자 · 관리자 또는 점유자
  – 전기, 가스, 수도, 통신, 교통의 업무에 종사하는 자로서 원활한 소방활동을 위하여 필요한 사람
  – 의사, 간호사, 그 밖의 구조 · 구급업무에 종사하는 사람
  – 취재인력 등 보도업무에 종사하는 사람
  – 수사업무에 종사하는 사람
  – 그 밖에 소방대장이 소방활동을 위하여 출입을 허가한 사람

20 인명을 구출하거나 불이 번지는 것을 막기 위하여 필요할 때에는 화재가 발생하거나 불이 번질 우려가 있는 소방대상물 및 토지를 일시적으로 사용하거나 그 사용의 제한 또는 소방활동에 필요한 처분을 할 수 있다. 이러한 강제처분권자가 아닌 자는?

① 소방청장   ② 소방본부장
③ 소방서장   ④ 소방대장

🔍 **강제처분 등**
• 소방본부장, 소방서장 또는 소방대장은 사람을 구출하거나 불이 번지는 것을 막기 위하여 필요할 때에는 화재가 발생하거나 불이 번질 우려가 있는 소방대상물 및 토지를 일시적으로 사용하거나 그 사용의 제한 또는 소방활동에 필요한 처분을 할 수 있다.
• 소방본부장, 소방서장 또는 소방대장은 사람을 구출하거나 불이 번지는 것을 막기 위하여 긴급하다고 인정할 때에는 위 항목에 따른 소방대상물 또는 토지 외의 소방대상물과 토지에 대하여 처분을 할 수 있다.
• 소방본부장, 소방서장 또는 소방대장은 소방활동을 위하여 긴급하게 출동할 때에는 소방자동차의 통행과 소방활동에 방해가 되는 주차 또는 정차된 차량 및 물건 등을 제거하거나 이동시킬 수 있다.

21 화재, 재난, 재해, 그 밖의 위급한 상황이 발생하여 사람의 생명이 위험할 것이라 인정될 때 일정한 구역을 정하여 피난명령을 내릴 수 있는 자는?

① 시 · 도지사
② 행정안전부장관
③ 소방청장
④ 소방서장

🔍 화재, 재난, 재해 지역 피난명령권자 : 소방본부장, 소방서장, 소방대장

22 다음 중 '한국소방안전원의 업무'로 볼 수 없는 것은?

① 소방기술과 안전관리에 관한 교육 및 조사 · 연구
② 화재 예방과 안전관리의식 고취를 위한 대국민 홍보
③ 소방기술의 향상을 위한 지원과 소방용 기계 연구 · 조사
④ 소방업무에 관하여 행정기관이 위탁하는 업무

🔍 **한국소방안전원의 업무**
• 소방기술과 안전관리에 관한 교육 및 조사 · 연구
• 소방기술과 안전관리에 관한 각종 간행물 발간
• 화재 예방과 안전관리의식 고취를 위한 대국민 홍보
• 소방업무에 관하여 행정기관이 위탁하는 업무
• 소방안전에 관한 국제협력
• 회원에 대한 기술지원 등 정관으로 정하는 사항

23 소방기본법상 5년 이하의 징역 또는 5천만원 이하의 벌금형에 해당하지 않는 경우는?

① 위력(威力)을 사용하여 출동한 소방대의 화재진압 · 인명구조 또는 구급활동을 방해하는 행위를 한 사람
② 소방대가 화재진압 · 인명구조 또는 구급활동을 위하여 현장에 출동하거나 현장에 출입하는 것을 고의로 방해하는 행위를 한 사람
③ 정당한 사유 없이 화재의 예방조치 명령에 따르지 아니하거나 이를 방해한 사람
④ 소방자동차의 출동을 방해한 사람

🔍 5년 이하의 징역 또는 5천만원 이하의 벌금
• 위력(威力)을 사용하여 출동한 소방대의 화재진압 · 인명구조 또는 구급활동을 방해하는 행위를 한 사람
• 소방대가 화재진압 · 인명구조 또는 구급활동을 위하여 현장에 출동하거나 현장에 출입하는 것을 고의로 방해하는 행위를 한 사람
• 출동한 소방대원에게 폭행 또는 협박을 행사하여 화재진압 · 인명구조 또는 구급활동을 방해하는 행위를 한 사람
• 출동한 소방대의 소방장비를 파손하거나 그 효용을 해하여 화재진압 · 인명구조 또는 구급활동을 방해하는 행위를 한 사람
• 소방자동차의 출동을 방해한 사람
• 사람을 구출하는 일 또는 불을 끄거나 불이 번지지 아니하도록 하는 일을 방해한 사람
• 정당한 사유 없이 소방용수시설 또는 비상소화장치를 사용하거나 소방용수시설 또는 비상소화장치의 효용을 해치거나 그 정당한 사용을 방해한 사람

24 화재가 발생하거나 불이 번질 우려가 있는 소방대상물 또는 토지의 강제처분을 방해한 자 또는 정당한 사유 없이 그 처분에 따르지 아니한 자에게 부과되는 벌칙은?

① 5년 이하의 징역 또는 5천만원 이하의 벌금
② 3년 이하의 징역 또는 3천만원 이하의 벌금
③ 1년 이하의 징역 또는 1천만원 이하의 벌금
④ 100만원 이하의 벌금

🔍 3년 이하의 징역 또는 3천만원 이하의 벌금(소방기본법 제 51조)
화재가 발생하거나 불이 번질 우려가 있는 소방대상물 또는 토지의 강제처분을 방해한 자 또는 정당한 사유 없이 그 처분에 따르지 아니한 자

25 소방기본법상 소방활동을 위하여 긴급하게 출동할 때에는 소방자동차의 통행과 소방활동에 방해가 되는 주차 또는 정차된 차량 및 물건 등을 제거하거나 이동시킬 수 있다. 이를 정당한 사유 없이 방해한 자에게 부과하는 벌칙은?

① 3년 이하의 징역 또는 3천만원 이하의 벌금
② 1년 이하의 징역 또는 1천만원 이하의 벌금
③ 300만원 이하의 벌금
④ 100만원이하의 벌금

🔍 300만원 이하의 벌금(소방기본법 제52조)
• 사람을 구출하거나 불이 번지는 것을 막기 위하여 긴급하다고 인정되어 화재가 발생하거나 불이 번질 우려가 있는 소방대상물 및 토지 외의 소방대상물과 토지에 대한 처분을 방해한 자 또는 정당한 사유 없이 그 처분에 따르지 아니한 자
• 소방활동을 위하여 긴급하게 출동할 때 소방자동차의 통행과 소방활동에 방해가 되는 주차 또는 정차된 차량 및 물건 등을 제거하거나 이동시키는 것을 방해한 자 또는 정당한 사유 없이 그 처분에 따르지 아니한 자

26 소방기본법상 100만원 이하의 벌금형에 해당하지 않는 경우는?

① 정당한 사유 없이 화재의 예방조치 명령에 따르지 아니하거나 이를 방해한 사람
② 정당한 사유 없이 소방대가 현장에 도착할 때까지 사람을 구출하는 조치 또는 불을 끄거나 불이 번지지 아니하도록 하는 조치를 하지 아니한 소방대상물 관계인
③ 화재, 재난 · 재해, 그 밖의 긴급한 상황에 따른 피난 명령을 위반한 사람
④ 정당한 사유 없이 물의 사용이나 수도의 개폐장치의 사용 또는 조작을 하지 못하게 하거나 방해한 사람

🔍 100만원 이하의 벌금
• 정당한 사유 없이 소방대의 생활안전활동을 방해한 자
• 정당한 사유 없이 소방대가 현장에 도착할 때까지 사람을 구출하는 조치 또는 불을 끄거나 불이 번지지 아니하도록 하는 조치를 하지 아니한 소방대상물 관계인
• 화재, 재난 · 재해, 그 밖의 긴급한 상황에 따른 피난 명령을 위반한 자
• 정당한 사유 없이 물의 사용이나 수도의 개폐장치의 사용 또는 조작을 하지 못하게 하거나 방해한 자
• 가스 · 전기 또는 유류 등의 시설에 대하여 위험물질의 공급을 차단하는 긴급조치를 정당한 사유 없이 방해한 자

27 소방기본법의 목적을 달성하기 위하여 소방기본법상 부과하고 있는 의무에 위반하는 경우 벌칙으로 볼 수 없는 것은?

① 행정형벌로 징역과 벌금형이 있다.
② 소방대상물의 소유자나 관리자를 처벌하는 양벌규정이 있다.
③ 소방대상물의 관리를 담당하는 행위자만 처벌한다.
④ 행정질서 벌로서 과태료 규정을 두고 있다.

🔍 법인의 대표자나 법인 또는 개인의 대리인, 사용인, 그 밖의 종업원이 그 법인 또는 개인의 업무에 관하여 「소방기본법상」 벌금형의 어느 하나에 해당하는 위반행위를 하면 그 행위자를 벌하는 외에 그 법인 또는 개인에게도 해당 조문의 벌금형을 과(科)한다. 다만, 법인 또는 개인이 그 위반행위를 방지하기 위하여 해당 업무에 관하여 상당한 주의와 감독을 게을리하지 아니한 경우에는 그러하지 아니하다.

● **3. 화재의 예방 및 안전관리에 관한 법률**

28 화재의 예방 및 안전관리에 관한 법률상 '화재안전조사'를 실시할 수 없는 사람은?

① 소방청장
② 소방본부장
③ 소방서장
④ 시·도지사

🔍 화재안전조사란 소방청장, 소방본부장 또는 소방서장(이하 '소방관서장'이라 한다.)이 소방대상물, 관계지역 또는 관계인에 대하여 소방시설등이 소방관계법령에 적합하게 설치·관리되고 있는지, 소방대상물에 화재발생 위험이 있는지 등을 확인하기 위하여 실시하는 현장조사·보고요구 등을 하는 활동을 말한다.

29 화재의 예방 및 안전관리에 관한 법률상 화재예방강화지구를 지정·관리할 수 있는 사람은?

① 행정안전부장관   ② 시·도지사
③ 소방청장   ④ 소방본부장

🔍 화재예방강화지구란 특별시장·광역시장·특별자치시장·도지사 또는 특별자치도지사(이하 "시·도지사"라 함)가 화재발생 우려가 크거나 화재가 발생할 경우 피해가 클 것으로 예상되는 지역에 대하여 화재의 예방 및 안전관리를 강화하기 위해 지정·관리하는 지역을 말한다.

30 화재의 예방 및 안전관리에 관한 법률상 소방관서장이 화재안전조사를 실시할 수 있는 경우에 해당하지 않는 것은?

① 자체점검이 불성실하거나 불완전하다고 인정되는 경우
② 소방대상물의 관계인이 요청하는 경우
③ 화재예방안전진단이 불성실하거나 불완전하다고 인정되는 경우
④ 화재가 자주 발생하였거나 발생할 우려가 뚜렷한 곳에 대한 조사가 필요한 경우

🔍 화재안전조사를 실시할 수 있는 경우
• 자체점검이 불성실하거나 불완전하다고 인정되는 경우
• 화재예방강화지구 등 법령에서 화재안전조사를 하도록 규정되어 있는 경우
• 화재예방안전진단이 불성실하거나 불완전하다고 인정되는 경우
• 국가적 행사 등 주요 행사가 개최되는 장소 및 그 주변의 관계 지역에 대하여 소방안전관리 실태를 조사할 필요가 있는 경우
• 화재가 자주 발생하였거나 발생할 우려가 뚜렷한 곳에 대한 조사가 필요한 경우
• 재난예측정보, 기상예보 등을 분석한 결과 소방대상물에 화재의 발생 위험이 크다고 판단되는 경우
• 위에 열거한 경우 외에 화재, 그 밖의 긴급한 상황이 발생할 경우 인명 또는 재산 피해의 우려가 현저하다고 판단되는 경우

31 화재안전조사 결과에 따라 관계인에게 그 소방대상물의 개수(改修)·이전·제거, 사용의 금지 또는 제한, 사용폐쇄, 공사의 정지 또는 중지, 그밖에 필요한 조치를 명할 수 있는 사람은?

① 시·도지사
② 행정안전부장관
③ 경찰청장
④ 소방서장

🔍 화재안전조사 결과에 따른 조치명령권자는 소방관서장(소방청장, 소방본부장 또는 소방서장)이다.

32 화재의 예방 및 안전관리에 관한 법률상 '화재예방강화지구'에 해당되지 않는 곳은?

① 시장지역
② 공장·창고가 밀집한 지역
③ 철골조건물이 밀집한 지역
④ 노후·불량건축물이 밀집한 지역

🔍 화재예방강화지구
• 시장지역
• 공장·창고가 밀집한 지역
• 목조건물이 밀집한 지역
• 노후·불량건축물이 밀집한 지역
• 위험물의 저장 및 처리 시설이 밀집한 지역
• 석유화학제품을 생산하는 공장이 있는 지역
• 산업단지
• 소방시설·소방용수시설 또는 소방출동로가 없는 지역
• 그 밖에 위에 열거된 지역에 준하는 지역으로서 소방관서장이 화재예방강화지구로 지정할 필요가 있다고 인정하는 지역

33 소방관서장은 화재 예방조치를 위해 물건의 소유자, 관리자 또는 점유자를 알 수 없는 경우 소속 공무원으로 하여금 그 물건을 보관하는 조치를 한 경우 옮긴 날부터 며칠 동안 해당 소방관서의 인터넷 홈페이지에 그 사실을 공고하여야 하는가?

① 3일
② 7일
③ 14일
④ 30일

🔍 소방관서장이 옮긴 물건을 보관하는 경우 해야 할 조치
• 옮긴 날부터 14일 동안 해당 소방관서의 인터넷 홈페이지에 그 사실을 공고
• 보관기간은 공고기간의 종료일 다음날부터 7일

34 소방관계법령상 특정소방대상물의 관계인은 소방안전관리자를 해임한 날부터 며칠 이내에 '소방안전관리자를 선임'하여야 하는가?

① 7일
② 10일
③ 15일
④ 30일

🔍 소방안전관리대상물의 관계인은 소방안전관리(보조)자를 다음에 정하는 날부터 30일 이내에 선임하여야 한다.
• 신축·증축·개축·재축·대수선 또는 용도변경으로 해당 특정소방대상물의 소방안전관리(보조)자를 신규로 선임하는 경우 : 해당 특정소방대상물의 사용승인일(건축물의 경우 건축물을 사용할 수 있게 된 날)
• 증축 또는 용도변경으로 인해 특정소방대상물이 소방안전관리대상물로 된 경우 또는 특정소방대상물의 소방안전관리 등급이 변경된 경우 : 증축공사의 사용승인일 또는 용도변경 사실을 건축물관리대장에 기재한 날
• 특정소방대상물을 양수·경매·환가·압류재산의 매각 등으로 관계인의 권리를 취득한 경우 : 해당 권리를 취득한 날 또는 관할소방서장으로부터 소방안전관리(보조)자 선임 안내를 받은 날
• 관리의 권원이 분리된 특정소방대상물의 경우 : 관리의 권원이 분리되거나 소방본부장 또는 소방서장이 관리의 권원을 조정한 날
• 소방안전관리(보조)자가 해임, 퇴직 등으로 소방안전관리(보조)자의 업무가 종료된 경우 : 소방안전관리(보조)자를 해임한 날, 퇴직한 날 등 근무를 종료한 날
• 소방안전관리업무를 대행하는 자를 감독할 수 있는 사람을 소방안전관리자로 선임한 경우로서 그 업무대행 계약이 해지 또는 종료된 경우 : 소방안전관리업무 대행이 끝난 날
• 소방안전관리자 자격이 정지 또는 취소된 경우 : 소방안전관리자 자격이 정지 또는 취소된 날

35 소방관계법령상 소방안전관리자 또는 소방안전관리보조자를 선임한 경우 며칠 이내에 신고하여야 하는가?

① 7일
② 10일
③ 14일
④ 30일

🔍 소방안전관리대상물의 관계인이 소방안전관리자 또는 소방안전관리보조자를 선임한 경우에는 선임한 날부터 14일 이내에 소방본부장 또는 소방서장에게 신고하여야 한다.

36 소방관계법령상 '특정소방대상물(소방안전관리대상물 제외) 관계인 업무'에 해당되지 않는 것은?

① 피난시설, 방화구획 및 방화시설의 관리
② 소방시설이나 그 밖의 소방 관련 시설의 관리
③ 소방훈련 및 교육
④ 화재발생 시 초기대응

🔍 특정소방대상물(소방안전관리대상물 제외)의 관계인 업무
• 피난시설, 방화구획 및 방화시설의 관리
• 소방시설이나 그 밖의 소방관련 시설의 관리
• 화기(火氣) 취급의 감독
• 화재발생 시 초기대응
• 그 밖에 소방안전관리에 필요한 업무

정답 32 ③ 33 ③ 34 ④ 35 ③ 36 ③

37 소방관계법령상 '소방안전관리대상물의 소방안전관리자 업무'로 볼 수 없는 것은?

① 피난계획에 관한 사항과 소방계획서의 작성 및 시행
② 소방시설이나 그 밖의 소방관련 시설의 보수 및 설치
③ 자위소방대 및 초기대응체계의 구성, 운영 및 교육
④ 화기(火氣) 취급의 감독

> 🔍 **소방안전관리대상물의 소방안전관리자 업무**
> • 피난계획에 관한 사항과 대통령령으로 정하는 사항이 포함된 소방계획서의 작성 및 시행
> • 자위소방대(自衛消防隊) 및 초기대응체계의 구성, 운영 및 교육
> • 피난시설, 방화구획 및 방화시설의 관리
> • 소방시설이나 그 밖의 소방관련 시설의 관리
> • 소방훈련 및 교육
> • 화기(火氣) 취급의 감독
> • 소방안전관리에 관한 업무수행에 관한 기록·유지
> • 화재발생 시 초기대응
> • 그 밖에 소방안전관리에 필요한 업무

38 소방안전관리자는 소방안전관리 업무에 관한 기록을 작성한 날부터 얼마 동안 보관하여야 하는가?

① 1년간
② 2년간
③ 3년간
④ 5년간

> 🔍 **소방안전관리업무 수행에 관한 기록·유지**
> • 소방안전관리업무 수행에 관한 기록을 별지 서식에 따라 월 1회 이상 작성·관리
> • 업무수행 중 보수 또는 정비가 필요한 사항을 발견한 경우에는 지체없이 관계인에게 알리고 별지 서식에 기록
> • 업무수행에 관한 기록을 작성한 날부터 2년간 보관

39 관리업자로 하여금 소방안전관리업무 중 일부를 대행하게 할 수 있는 소방안전관리대상물에 해당되지 않는 것은?

① 아파트
② 지하구
③ 국보로 지정된 목조건축물
④ 150세대 공공주택

> 🔍 **업무대행 가능한 소방안전관리대상물**
> • 지상층의 층수가 11층 이상인 1급 소방안전관리대상물(단, 연면적 15,000m² 이상인 특정소방대상물과 아파트 제외)
> • 2급 및 3급 소방안전관리대상물

40 관리업자로 하여금 소방안전관리업무를 대행시키고자 할 때 대행 가능한 업무는?

① 소방훈련 및 교육
② 자위소방대 및 초기대응체계의 구성, 운영 및 교육
③ 피난시설, 방화구획 및 방화시설의 관리
④ 소방안전관리에 관한 업무수행에 관한 기록·유지

> 🔍 관계인은 소방안전관리업무 중 다음의 업무를 관리업자로 하여금 대행하게 할 수 있으며, 선임된 소방안전관리자는 관리업자의 대행 업무수행을 감독하고 대행업무 외의 소방안전관리업무는 직접 수행하여야 한다.
> • 피난시설, 방화구획 및 방화시설의 관리
> • 소방시설이나 그 밖의 소방관련 시설의 관리

41 관리의 권원별 관계인은 상호 협의하여 총괄소방안전관리자를 선임할 수 있다. 이에 대한 설명으로 틀린 것은?

① 반드시 관리의 권원별 관계인이 선임한 소방안전관리자가 아닌 사람을 선임하여야 한다.
② 관리의 권원이 분리되어 있는 특정소방대상물에 대하여 소방안전관리대상물의 등급을 결정할 때에는 해당 특정소방대상물 전체를 기준으로 한다.
③ 총괄소방안전관리자는 특정소방대상물의 전체에 걸쳐 소방안전관리상 필요한 업무를 총괄하는 소방안전관리자를 말한다.
④ 소방안전관리자 및 총괄소방안전관리자는 해당 특정소방대상물의 소방안전관리를 효율적으로 수행하기 위하여 공동소방안전관리협의회를 구성하여야 한다.

정답 37 ② 38 ② 39 ① 40 ③ 41 ①

🔍 관리의 권원별 관계인은 상호 협의하여 특정소방대상물의 전체에 걸쳐 소방안전관리상 필요한 업무를 총괄하는 소방안전관리자(총괄소방안전관리자)를 선임된 소방안전관리자 중에서 선임하거나 별도로 선임하여야 한다.

42 건설현장 소방안전관리자의 선임은 누가 하여야 하는가?

① 건물소유자
② 소방서장
③ 현장소장
④ 공사시공자

🔍 공사시공자가 화재발생 및 화재피해의 우려가 큰 대통령령으로 정하는 특정소방대상물을 신축·증축·개축·재축·이전·용도변경 또는 대수선하는 경우에 소방안전관리자 자격증을 받은 소방안전관리자로서 건설현장 소방안전관리자 강습교육을 받은 사람을 건설현장 소방안전관리자로 선임하고 소방본부장 또는 소방서장에게 신고하여야 한다.

43 화재의 예방 및 안전관리에 관한 법률상 소방안전관리대상물의 관계인이 피난계획을 수립할 때 포함되어야 할 사항으로 거리가 먼 것은?

① 화재진압의 수단 및 방식
② 층별, 구역별 피난대상 인원의 연령별·성별 현황
③ 피난약자의 현황
④ 각 거실에서 옥외로 이르는 피난경로

🔍 피난계획에 포함될 사항
• 화재경보의 수단 및 방식
• 층별, 구역별 피난대상 인원의 연령별·성별 현황
• 피난약자(장애인, 노인, 임산부, 영유아 및 어린이 등 이동이 어려운 사람)의 현황
• 각 거실에서 옥외(옥상 또는 피난안전구역을 포함)로 이르는 피난경로
• 피난약자 및 피난약자를 동반한 사람의 피난동선과 피난방법
• 피난시설, 방화구획, 그 밖에 피난에 영향을 줄 수 있는 제반 사항

44 소방안전관리대상물의 관계인은 근무자 및 거주자 등에게 소방훈련과 교육을 1년에 몇 회 이상 실시해야 하는가?

① 1회
② 2회
③ 3회
④ 4회

🔍 소방안전대상물 근무자 및 거주자등에 대한 소방훈련 등
• 소방훈련과 교육 : 1년에 1회 이상
• 소방훈련과 교육실시 기록부 : 실시한 날부터 2년간 보관
• 소방안전관리업무의 전담이 필요한 특급 및 1급 소방안전관리대상물 관계인은 소방 및 교육을 한 날부터 30일 이내에 소방훈련 및 교육결과를 소방본부장 또는 소방서장에게 제출

45 소방본부장 또는 소방서장은 특정소방대상물의 근무자에게 불시에 소방훈련과 교육을 실시할 수 있다. 이에 해당되는 특정소방대상물이 아닌 것은?

① 의료시설
② 판매시설
③ 교육연구시설
④ 노유자시설

🔍 불시 소방훈련 대상 특정소방대상물
• 의료시설, 교육연구시설, 노유자시설
• 화재 발생 시 불특정 다수의 인명피해가 예상되어 소방본부장 또는 소방서장이 소방 훈련·교육이 필요하다고 인정하는 특정소방대상물

46 소방안전관리자는 선임된 날부터 언제까지 실무교육을 받아야 하는가?

① 1개월 이내
② 3개월 이내
③ 6개월 이내
④ 1년 이내

🔍 소방안전관리자는 선임된 날부터 6개월 이내(소방안전관련업무 경력으로 선임된 보조자의 경우는 3개월 이내), 그 후에는 2년마다(최초 실무교육을 받은 날을 기준일로 하여 매 2년이 되는 해의 기준일과 같은 날 전까지를 말함) 1회 이상 실무교육을 받아야 한다.

47 소방안전관리자 및 소방안전관리보조자에 대해 실무교육의 주기 등에 대한 설명으로 옳은 것은?

① 실무교육의 실시기관은 한국소방산업기술원이다.
② 소방안전관리자로 선임된 날부터 3개월 이내에 교육을 받아야 한다.
③ 소방안전관련업무 경력으로 선임된 소방안전관리보조자는 선임된 날부터 3개월 이내에 실무교육을 받아야 한다.
④ 실무교육은 1년마다 1회 받아야 한다.

🔍
- 실무교육의 실시기관은 한국소방안전원이다.
- 선임된 날부터 6개월 이내(소방안전관련업무 경력으로 선임된 소방안전관리보조자는 3개월 이내), 그 후에는 2년마다(최초 실무교육을 받은 날을 기준일로 하여 매 2년이 되는 해의 기준일과 같은 날 전까지를 말함) 1회 이상 실무교육을 받아야 한다.
- 소방안전관리자 강습 또는 실무교육을 받은 후 1년 이내에 소방안전관리자로 선임된 경우 해당 강습·실무교육을 받은 날에 실무교육을 받은 것으로 본다.
- 소방안전관리보조자의 경우, 소방안전관리자 강습 또는 실무교육이나 소방안전관리보조자 실무교육을 받은 후 1년 이내에 선임된 경우 해당 강습·실무교육을 받은 날에 실무교육을 받은 것으로 본다.

48 소방청장이 소방안전 특별관리를 수행해야 할 소방안전 특별관리시설물에 해당하는 전통시장 기준은?

① 점포가 300개 이상
② 점포가 500개 이상
③ 점포가 700개 이상
④ 점포가 1,000개 이상

🔍 소방안전 특별관리시설물
- 공항시설, 철도시설, 도시철도시설, 항만시설
- 지정문화재인 시설(시설이 아닌 지정문화재를 보호하거나 소장하고 있는 시설을 포함)
- 산업기술단지 및 산업단지
- 초고층 건축물 및 지하연계 복합건축물
- 수용인원 1천명 이상인 영화상영관
- 전력용 및 통신용 지하구
- 석유비축시설, 천연가스 인수기지 및 공급망
- 점포가 500개 이상인 전통시장
- 발전사업자가 가동 중인 발전소
- 연면적 100,000㎡ 이상인 물류창고
- 가스공급시설

49 화재예방안전진단을 실시한 한국소방안전원 또는 진단기관은 진단이 완료된 날부터 며칠 이내에 소방본부장 또는 소방서장에게 진단결과를 서면으로 제출하여야 하는가?

① 15일 이내
② 30일 이내
③ 45일 이내
④ 60일 이내

🔍 화재예방안전진단을 실시한 한국소방안전원 또는 진단기관은 화재예방안전진단이 완료된 날부터 60일 이내에 소방본부장 또는 소방서장, 관계인에게 화재예방안전진단 결과 보고서(전자문서를 포함)를 제출하여야 한다.

50 화재의 예방 및 안전관리에 관한 법률상 '화재안전조사 결과에 따른 조치명령을 정당한 사유없이 위반한 자'에 대한 벌칙은?

① 300만원 이하의 벌금
② 1년 이하의 징역 또는 1천만원 이하의 벌금
③ 3년 이하의 징역 또는 3천만원 이하의 벌금
④ 5년 이하의 징역 또는 5천만원 이하의 벌금

🔍 3년 이하의 징역 또는 3천만원 이하의 벌금
- 화재안전조사 결과에 따른 조치명령을 정당한 사유 없이 위반한 자
- 화재예방안전진단 결과에 따른 보수·보강 등의 조치명령을 정당한 사유 없이 위반한 자

51 화재의 예방 및 안전관리에 관한 법률상 '소방안전관리자 자격증을 다른 사람에게 빌려 주거나 빌리거나 이를 알선한 자'에 대한 벌칙은?

① 3년 이하의 징역 또는 3천만원 이하의 벌금
② 1년 이하의 징역 또는 1천만원 이하의 벌금
③ 300만원 이하의 벌금
④ 300만원 이하의 과태료

🔍 1년 이하의 징역 또는 1천만원 이하의 벌금
- 소방안전관리자 자격증을 다른 사람에게 빌려 주거나 빌리거나 이를 알선한 자
- 화재예방안전진단을 받지 아니한 자

정답 47 ③ 48 ② 49 ④ 50 ③ 51 ②

52 화재의 예방 및 안전관리에 관한 법률상 그 위반행위가 300만원 이하의 벌금에 해당하는 것은?

① 소방안전관리자에게 불이익한 처우를 한 관계인
② 건설현장 소방안전관리대상물의 소방안전관리자의 업무를 하지 아니한 소방안전관리자
③ 피난유도 안내정보를 제공하지 아니한 자
④ 실무교육을 받지 아니한 소방안전관리자 및 소방안전관리보조자

🔍 300만원 이하의 벌금
• 화재안전조사를 정당한 사유 없이 거부·방해 또는 기피한 자
• 화재예방조치 명령을 정당한 사유 없이 따르지 아니하거나 방해한 자
• 소방안전관리자, 총괄소방안전관리자 또는 소방안전관리보조자를 선임하지 아니한 자
• 소방시설·피난시설·방화시설 및 방화구획 등이 법령에 위반된 것을 발견하였음에도 필요한 조치를 할 것을 요구하지 아니한 소방안전관리자
• 소방안전관리자에게 불이익한 처우를 한 관계인

53 화재의 예방 및 안전관리에 관한 법률상 '소방훈련 및 교육을 하지 아니한 자'에 대한 벌칙은?

① 1년 이하의 징역 또는 1천만원 이하의 벌금
② 300만원 이하의 벌금
③ 300만원 이하의 과태료
④ 200만원 이하의 과태료

🔍 300만원 이하의 과태료
• 정당한 사유 없이 화재예방조치를 위반하여 화기취급 등을 한 자
• 전기·가스·위험물 등의 안전관리 업무에 종사하는 자가 소방안전관리자를 겸할 수 없음에도 이를 위반하여 소방안전관리자를 겸한 자
• 건설현장 소방안전관리대상물의 소방안전관리자의 업무를 하지 아니한 소방안전관리자
• 소방안전관리업무를 하지 아니한 특정소방대상물의 관계인 또는 소방안전관리대상물의 소방안전관리자
• 피난유도 안내정보를 제공하지 아니한 자
• 소방훈련 및 교육을 하지 아니한 자

54 재의 예방 및 안전관리에 관한 법률상 '기간 내에 소방안전관리(보조)자 선임신고를 하지 않은 자'에 대한 벌칙은?

① 300만원 이하의 벌금
② 300만원 이하의 과태료
③ 200만원 이하의 과태료
④ 100만원 이하의 과태료

🔍 200만원 이하의 과태료
• 기간 내에 소방안전관리(보조)자 선임신고를 하지 아니하거나 소방안전관리자의 성명 등을 게시하지 아니한 자
• 건설현장 소방안전관리자 선임해야 하는 공사시공자가 이를 위반하여 기간 내에 건설현장 소방안전관리자 선임신고를 하지 아니한 자
• 기간 내에 소방훈련 및 교육 결과를 제출하지 아니한 자

55 화재의 예방 및 안전관리에 관한 법률 시행령에 따른 '실무교육을 받지 않은 소방안전관리자 및 소방안전관리보조자'에 과태료 부과 개별기준은?

① 과태료 50만원이 부과된다.
② 과태료 100만원이 부과된다.
③ 과태료 200만원이 부과된다.
④ 과태료 300만원이 부과된다.

🔍 화재의 예방 및 안전관리에 관한 법률에 따르면 실무교육을 받지 아니한 소방안전관리자 및 소방안전관리보조자에 대한 벌칙은 100만원 이하의 과태료이며, 이는 같은 법의 시행령의 과태료 부과 개별기준에 따라 50만원의 과태료가 부과된다.

● **4. 소방시설 설치 및 관리에 관한 법률**

56 소방시설 설치 및 관리에 관한 법률상 소화설비, 경보설비, 피난구조설비, 소화용수설비, 그 밖에 소화활동설비로서 대통령령으로 정하는 것을 무엇이라 하는가?

① 특정소방대상물   ② 피난층
③ 소방시설   ④ 무창층

🔍 용어의 정의
• 소방시설 : 소화설비, 경보설비, 피난구조설비, 소화용수설비, 그 밖에 소화활동설비로서 대통령령으로 정하는 것
• 특정소방대상물 : 건축물 등의 규모·용도 및 수용인원 등을 고려하여 소방시설을 설치하여야 하는 소방대상물로서 대통령령으로 정하는 것
• 무창층(無窓層) : 지상층 중 법령이 정한 요건을 모두 갖춘 개구부(건축물에서 채광·환기·통풍 또는 출입 등을 위하여 만든 창·출입구, 그 밖에 이와 비슷한 것)의 면적의 합계가 해당 층의 바닥면적의 30분의 1 이하가 되는 층
• 피난층 : 곧바로 지상으로 갈 수 있는 출입구가 있는 층

57 소방시설 설치 및 관리에 관한 법률상 무창층의 요건으로 옳지 않은 것은?

① 크기는 지름 50cm 이상의 원이 통과할 수 있을 것
② 해당 층의 바닥면으로부터 개구부 밑부분까지의 높이가 1.2m 이내일 것
③ 도로 또는 차량이 진입할 수 있는 빈터를 향할 것
④ 내부 또는 외부에서 쉽게 부술 수 없을 것

🔍 무창층(無窓層)의 요건
• 크기는 지름 50cm 이상의 원이 통과할 수 있을 것
• 해당 층의 바닥면으로부터 개구부 밑부분까지의 높이가 1.2m 이내일 것
• 도로 또는 차량이 진입할 수 있는 빈터를 향할 것
• 화재 시 건축물로부터 쉽게 피난할 수 있도록 창살이나 그 밖의 장애물이 설치되지 않을 것
• 내부 또는 외부에서 쉽게 부수거나 열 수 있을 것

58 소방시설법상 무창층은 개구부의 면적의 합계가 해당층의 바닥면적의 얼마 이하가 되는 층을 말하는가?

① 10분의 1
② 20분의 1
③ 30분의 1
④ 40분의 1

🔍 무창층(無窓層)이란 지상층 중 법령이 정한 요건을 모두 갖춘 개구부(건축물에서 채광·환기·통풍 또는 출입 등을 위하여 만든 창·출입구, 그 밖에 이와 비슷한 것)의 면적의 합계가 해당 층의 바닥면적의 30분의 1 이하가 되는 층을 말한다.

59 소방시설관련법상 '곧바로 지상으로 갈 수 있는 출입구가 있는 층'을 무엇이라 하는가?

① 지상층
② 피난층
③ 무창층
④ 지하층

🔍 곧바로 지상으로 갈 수 있는 출입구가 있는 층을 피난층이라 한다.

60 건축허가청에서 신청 건축물의 건축허가를 하기 전에 소방시설 설치, 화재예방 관련 사항을 사전에 조사하여 건축허가 등의 동의를 누구에게 요청하는가?

① 관할 경찰서장
② 관할 소방서장
③ 관할 세무서장
④ 시·도지사

🔍 건축허가청에서는 건축허가를 하기 전에 해당 건축물 등의 시공지(施工地) 또는 소재지를 관할하는 소방본부장 또는 소방서장에게 소방시설 설치, 화재예방 관련사항을 사전에 조사하여 적합 여부를 검토하여 확인받는 절차를 밟아야 한다.

61 소방시설관련법에 따른 '건축허가 및 사용승인 동의 기간'은?(단, 특급 소방안전관리대상물이 아닌 경우이다.)

① 3일 이내
② 5일 이내
③ 7일 이내
④ 14일 이내

🔍 건축허가 동의 절차
• 5일 이내 동의 여부 회신(특급 소방안전관리대상물인 경우 10일 이내)
• 보완이 필요한 경우에는 4일 이내 기간을 정하여 보완요구 가능
• 허가기관에서 건축허가등의 취소 시 7일 이내 소방본부장 또는 소방서장에게 통보

62 다른 조건이 없는 경우 건축허가등의 동의가 필요한 건축물은 연면적이 얼마 이상인 건축물인가?

① 400m² 이상
② 600m² 이상
③ 15,000m² 이상
④ 30,000m² 이상

🔍 건축허가등의 동의가 필요한 건축물은 연면적이 400m² 이상인 건축물로서 다만, 다음의 어느 하나에 해당하는 건축물이나 시설은 해당 항목에서 정한 기준 이상인 건축물이나 시설로 한다.
• 학교시설 : 100m²
• 노유자 시설 및 수련시설 : 200m²
• 정신의료기관(입원실이 없는 정신건강의학과 의원은 제외) : 300m²
• 장애인 의료재활시설 : 300m²

63 소방시설법상 법에서 정한 소방시설을 화재안전기준에 따라 설치·관리하여야 하는 사람은 누구인가?

① 관계인
② 시공자
③ 소방서장
④ 경찰서장

특정소방대상물의 관계인은 대통령령으로 정하는 소방시설을 화재안전기준에 따라 설치·관리하여야 한다. 이 경우 장애인 등이 사용하는 경보설비 및 피난구조설비는 대통령령으로 정하는 바에 따라 장애인등에 적합하게 설치·관리하여야 한다.

64 소방시설법상 단독주택 및 공동주택의 소유자가 설치하여야 하는 소방시설로 옳은 것은?(단, 아파트 및 기숙사는 제외한 경우이다.)

① 소화기
② 단독경보형 감지기
③ 소화기 및 단독경보형 감지기
④ 소화기 또는 단독경보형 감지기

단독주택 및 공동주택(아파트 및 기숙사 제외)의 소유자는 소화기 및 단독경보형 감지기를 설치하여야 한다.

65 다음 중 차량용 소화기 설치 또는 비치 대상이 아닌 차량은?

① 특수자동차
② 승합자동차
③ 5인승 이상의 승용자동차
④ 이륜자동차

차량용 소화기를 설치 또는 비치해야 하는 자동차
• 5인승 이상의 승용자동차
• 승합자동차
• 화물자동차
• 특수화물차

66 소방시설관련법상 관계인의 '피난시설, 방화구획 및 방화시설의 관리' 관련 금지행위로 볼 수 없는 것은?

① 피난시설, 방화구획 및 방화시설의 잠금장치를 풀어놓는 행위
② 피난시설, 방화구획 및 방화시설의 주위에 물건을 쌓아두거나 장애물을 설치하는 행위
③ 피난시설, 방화구획 및 방화시설의 용도에 장애를 주거나 소방활동에 지장을 주는 행위
④ 그 밖에 피난시설, 방화구획 및 방화시설을 변경하는 행위

피난시설, 방화구획 및 방화시설 관련 금지행위
• 피난시설, 방화구획 및 방화시설을 폐쇄하거나 훼손하는 등의 행위
• 피난시설, 방화구획 및 방화시설의 주위에 물건을 쌓아두거나 장애물을 설치하는 행위
• 피난시설, 방화구획 및 방화시설의 용도에 장애를 주거나 소방활동에 지장을 주는 행위
• 그 밖에 피난시설, 방화구획 및 방화시설을 변경하는 행위

67 다음 중 '방염(防炎) 및 방염가공'의 필요성에 대한 설명으로 가장 거리가 먼 것은?

① 화재 시 연소 확대 방지
② 화재 시 연소 지연을 통한 피난시간 확보
③ 화재의 근본적인 예방 및 억제
④ 화재 시 가연성 가스의 발생 억제

방염의 필요성은 화재 시 연소 확대 방지와 지연을 통해 피난자에게 피난시간을 확보하고 인명 및 재산피해를 줄이는 데 있다. 또한, 이를 위한 방염가공이란 연소가 확대되기 쉬운 물질에 가연성 가스의 발생을 억제하여 연쇄반응을 중단시키고 결정성 또는 탄소분해물을 생성시키도록 처리하는 것으로, 커튼이나 카펫 등과 같이 불에 잘 타는 실내장식물에 자기소화성 또는 난연성을 부여한 것으로 화재 초기에 연소 확대의 방지를 위한 것이다.

68 '방염성능 기준 이상의 실내장식물' 등을 설치하여야 하는 특정대상물에 속하지 않은 것은?

① 방송국 및 촬영소
② 종교시설
③ 옥내에 있는 수영장
④ 옥내에 있는 시설로서 문화 및 집회시설

🔍 방염성능기준 이상의 실내장식물 등을 설치해야 하는 특정소방대상물
• 근린생활시설 중 의원, 조산원, 산후조리원, 체력단련장, 공연장 및 종교집회장
• 건축물의 옥내에 있는 문화 및 집회시설, 종교시설, 운동시설(수영장은 제외)
• 의료시설
• 교육연구시설 중 합숙소
• 노유자 시설
• 숙박이 가능한 수련시설
• 숙박시설
• 방송통신시설 중 방송국 및 촬영소
• 다중이용업소
• 위에 열거된 시설에 해당하지 않는 것으로서 층수가 11층 이상인 것(아파트등은 제외)

69 다음 중 '방염대상 물품'이 아닌 것은?

① 창문에 설치하는 커튼류(블라인드를 포함)
② 두께가 2mm 미만인 종이벽지
③ 전시용 합판·목재 또는 섬유판, 무대용 합판·목재
④ 암막·무대막

🔍 방염대상 물품
• 제조 또는 가공공정에서 방염처리를 한 물품(합판·목재류의 경우 설치현장에 방염처리한 것 포함)
  – 창문에 설치하는 커튼류(블라인드를 포함)
  – 카펫
  – 벽지류(두께가 2mm 미만인 종이벽지는 제외)
  – 전시용 합판·목재 또는 섬유판, 무대용 합판·목재 또는 섬유판(합판·목재류의 경우 불가피하게 설치 현장에서 방염처리한 것 포함)
  – 암막·무대막(영화영상관에서 설치하는 스크린과 가상체험 체육시설업에 설치하는 스크린 포함)
  – 섬유류 또는 합성수지류 등을 원료로 하여 제작된 소파·의자(단란주점, 유흥주점 및 노래연습장에 한함)
• 건축물 내부의 천장이나 벽에 부착하거나 설치하는 종이류(두께 2mm 이상), 합성수지류, 섬유류, 합판이나 목재, 공간을 구획하기 위하여 설치하는 간이칸막이, 흡음재 또는 방음재

70 소방시설관련법상 '방염성능기준'으로 잘못된 것은?

① 버너의 불꽃을 제거한 때부터 불꽃을 올리며 연소하는 상태가 그칠 때까지 시간은 60초 이내일 것
② 탄화한 면적은 $50cm^2$ 이내, 탄화한 길이는 20cm 이내일 것
③ 불꽃에 의하여 완전히 녹을 때까지 불꽃의 접촉 횟수는 3회 이상일 것
④ 발연량(發煙量)을 측정하는 경우 최대 연기밀도는 400 이하일 것

🔍 방염성능기준
• 버너의 불꽃을 제거한 때부터 불꽃을 올리며 연소하는 상태가 그칠 때까지 시간은 20초 이내일 것
• 버너의 불꽃을 제거한 때부터 불꽃을 올리지 않고 연소하는 상태가 그칠 때까지 시간은 30초 이내일 것
• 탄화한 면적은 $50cm^2$ 이내, 탄화한 길이는 20cm 이내일 것
• 불꽃에 의하여 완전히 녹을 때까지 불꽃의 접촉 횟수는 3회 이상일 것
• 소방청장이 정하여 고시한 방법으로 발연량(發煙量)을 측정하는 경우 최대 연기밀도는 400 이하일 것

71 소방시설법에 따른 자체점검 중 종합점검을 수행해야 하는 대상이 아닌 것은?

① 스프링클러설비가 설치된 특정소방대상물
② 제연설비가 설치된 터널
③ 자동화재탐지설비가 설치된 특정소방대상물
④ 물분무등소화설비(호스릴 방식의 물분무등소화설비만을 설치한 경우 제외)가 설치된 연면적 $5,000m^2$ 이상인 특정소방대상물(위험물제조소등은 제외)

🔍 종합점검 대상
• 스프링클러설비가 설치된 특정소방대상물
• 물분무등소화설비(호스릴방식의 물분무등소화설비만을 설치한 경우는 제외)가 설치된 연면적 $5,000m^2$ 이상인 특정소방대상물(위험물제조소등 제외)
• 단란주점영업, 유흥주점영업, 영화상영관, 비디오물감상실업, 복합영상물제공업, 노래연습장업, 산후조리업, 고시원업, 안마시술소의 다중이용업의 영업장이 설치된 특정소방대상물로서 연면적 $2,000m^2$ 이상인 것
• 제연설비가 설치된 터널
• 공공기관 중 연면적(터널·지하구의 경우 그 길이와 평균폭을 곱하여 계산된 값을 말함)이 $1,000m^2$ 이상인 것으로 옥내소화전설비 또는 자동화재탐지설비가 설치된 것(단, 소방대가 근무하는 공공기관은 제외)

72 소방시설 자체점검 중 '작동점검대상물'에 해당되는 소방안전관리대상물은?

① 소방안전관리자를 선임하지 않는 대상물
② 위험물제조소등
③ 특급소방안전관리대상물
④ 간이스프링클러설비가 설치된 특정소방대상물

🔍 소방시설등 자체점검의 구분 및 대상 등
• 작동점검 대상 : 간이스프링클러설비(주택전용 간이스프링클러설비 제외) 또는 자동화재탐지설비가 설치된 특정소방대상물
• 작동점검대상 제외
  – 소방안전관리자를 선임하지 않는 대상
  – 위험물제조소등
  – 특급소방안전관리대상물

73 소방시설법에 따른 종합점검의 횟수 및 점검시기에 대한 설명이다. 틀린 것은?

① 특급 소방안전관리대상물은 연 1회 이상 실시한다.
② 학교의 경우는 해당 건축물의 사용승인일이 1월에서 6월 사이에 있는 경우 6월 30일까지 실시할 수 있다.
③ 건축물 사용승인일 이후 다중이용업소에 따라 종합점검 대상에 해당하게 된 때에는 그 다음 해부터 실시한다.
⑤ 하나의 대지경계선 안에 2개 이상의 점검대상 건축물 등이 있는 경우 그 건축물 중 사용승인일이 가장 빠른 연도의 건축물의 사용승인일을 기준으로 점검할 수 있다.

🔍 자체점검 횟수 및 시기

구분	내용
작동점검	• 횟수 : 연 1회 이상 실시 • 점검시기 : 종합점검대상은 종합점검을 받은 달부터 6개월이 되는 달에 실시
종합점검	• 횟수 : 연 1회 이상(특급 소방안전관리대상물은 반기에 1회 이상) 실시 • 점검시기 : 소방시설이 신설된 특정소방대상물은 건축물을 사용할 수 있게 된 날부터 60일 이내 실시

74 특정소방대상물의 관계인은 자체점검 결과 지체없이 수리 등 필요한 조치를 하여야 하는 '중대위반사항'으로 볼 수 없는 것은?

① 소방시설용 전원의 고장으로 소방시설이 작동되지 않는 경우
② 스프링클러설비이 설치되어 있지 않은 경우
③ 소화배관 등이 폐쇄되어 소화수가 자동방출되지 않는 경우
④ 방화문 또는 자동방화셔터가 훼손되어 본래 기능을 못하는 경우

🔍 자체점검 결과 중대위반사항
• 소화펌프(가압송수장치 포함), 동력·감시 제어반 또는 소방시설용 전원(비상전원 포함)의 고장으로 소방시설이 작동되지 않는 경우
• 화재 수신기의 고장으로 화재경보음이 자동으로 울리지 않거나 화재 수신기와 연동된 소방시설의 작동이 불가능한 경우
• 소화배관 등이 폐쇄·차단되어 소화수 또는 소화약제가 자동 방출되지 않는 경우
• 방화문 또는 자동방화셔터가 훼손되거나 철거되어 본래의 기능을 못하는 경우

75 특정소방대상물 관리업자등이 자체점검을 실시한 경우, 점검이 끝난 날부터 며칠 이내에 그 결과를 관계인에게 제출하여야 하는가?

① 7일 이내
② 10일 이내
③ 14일 이내
④ 30일 이내

🔍 자체점검 결과의 조치
• 관리업자등은 자체점검 실시 후 10일 이내 점검결과 보고서를 관계인에게 제출하여야 한다.
• 관계인은 자체점검 실시 후 15일 이내에 점검결과 보고서를 소방본부장 또는 소방서장에게 보고하여야 한다.
• 관계인은 자체점검 실시결과 보고서를 2년간 자체 보관하여야 한다.

76 소방시설법상 소방시설에 폐쇄 · 차단 등의 행위를 한 사람에 대한 벌칙은?(단, 가중처벌 사유에 해당하지 않은 경우이다.)

① 5년 이하의 징역 또는 5천만원 이하의 벌금
② 3년 이하의 징역 또는 3천만원 이하의 벌금
③ 1년 이하의 징역 또는 1천만원 이하의 벌금
④ 300만원 이하의 벌금

🔍 소방시설에 폐쇄 · 차단 등의 행위를 한 자 : 5년 이하의 징역 또는 5천만원 이하의 벌금
• 가중처벌 규정
 – 소방시설에 폐쇄 · 차단 등의 행위를 하여 사람을 상해에 이르게 한 때 : 7년 이하의 징역 또는 7천만원 이하의 벌금
 – 소방시설에 폐쇄 · 차단 등의 행위를 하여 사람을 사망에 이르게 한 때 : 10년 이하의 징역 또는 1억원 이하의 벌금

77 소방시설 설치 및 관리에 관한 법률상 '소방시설에 폐쇄 · 차단 등의 행위를 하여 사람을 사망에 이르게 한 때'의 처벌 규정으로 옳은 것은?

① 3년 이하의 징역 또는 3천만원 이하의 벌금
② 5년 이하의 징역 또는 5천만원 이하의 벌금
③ 7년 이하의 징역 또는 7천만원 이하의 벌금
④ 10년 이하의 징역 또는 1억원 이하의 벌금

🔍 가중처벌 규정
• 소방시설에 폐쇄 · 차단 등의 행위를 하여 사람을 상해에 이르게 한 때 : 7년 이하의 징역 또는 7천만원 이하의 벌금
• 소방시설에 폐쇄 · 차단 등의 행위를 하여 사람을 사망에 이르게 한 때 : 10년 이하의 징역 또는 1억원 이하의 벌금

78 소방시설 설치 및 관리에 관한 법률상 '3년 이하의 징역 또는 3천만원 이하의 벌금'형을 받는 경우가 아닌 것은?

① 소방시설이 화재안전기준에 따라 설치 · 관리되고 있지 아니할 때 소방본부장 또는 소방서장이 관계인에게 명령한 필요한 조치를 정당한 사유 없이 위반한 자
② 피난시설, 방화구획 및 방화시설의 유지 · 관리를 위하여 필요한 조치명령을 정당한 사유 없이 위반한 자
③ 소방시설 자체점검 결과에 따른 이행계획을 완료하지 않아 필요한 조치의 이행 명령을 하

였으나 이 명령을 정당한 사유 없이 위반한 자
④ 소방시설등에 대하여 스스로 점검을 하지 아니하거나 관리업자등으로 하여금 정기적으로 점검하게 하지 아니한 자

🔍 소방시설등에 대하여 스스로 점검을 하지 아니하거나 관리업자등으로 하여금 정기적으로 점검하게 하지 아니한 자 : 1년 이하의 징역 또는 1천만원 이하의 벌금

79 소방시설법상 '자체점검 결과 중대위반사항이 발견된 경우 필요한 조치를 하지 않은 관계인'에 대한 벌칙은?

① 300만원 이하의 벌금
② 300만원 이하의 과태료
③ 200만원 이하의 과태료
④ 100만원 이하의 과태료

🔍 300만원 이하의 벌금(법 제59조)
자체점검 결과 중대위반사항이 발견된 경우 필요한 조치를 하지 않은 관계인 또는 관계인에게 중대위반사항을 알리지 아니한 관리업자등

80 소방시설 설치 및 관리에 관한 법률상 '300만원 이하의 과태료'가 부과되는 사항은?

① 소방시설에 폐쇄 · 차단 등의 행위를 한 자
② 자체점검 결과 관계인에게 중대위반사항을 알리지 아니한 관리업자등
③ 자체점검 이행계획을 기간 내에 완료하지 아니한 자
④ 소방시설등에 대하여 스스로 점검을 하지 아니한 자

🔍 300만원 이하의 과태료(법 제61조)
• 소방시설을 화재안전기준에 따라 설치 · 관리하지 아니한 자
• 공사 현장에 임시소방시설을 설치 · 관리하지 아니한 자
• 피난시설, 방화구획 또는 방화시설의 폐쇄 · 훼손 · 변경 등의 행위를 한 자
• 관계인에게 점검 결과를 제출하지 아니한 관리업자등
• 자체점검 결과를 보고하지 아니하거나 거짓으로 보고한 자
• 자체점검 이행계획을 기간 내에 완료하지 아니한 자 또는 이행계획 완료 결과를 보고하지 아니하거나 거짓으로 보고한 자
• 자체점검기록표를 기록하지 아니하거나 특정소방대상물의 출입자가 쉽게 볼 수 있는 장소에 게시하지 아니한 관계인

정답 **76** ① **77** ④ **78** ④ **79** ① **80** ③

81 소방시설 설치 및 관리에 관한 법률 시행령에 따라 '피난시설, 방화구획 또는 방화시설의 폐쇄·훼손·변경 등의 행위를 한 자'에 대한 과태료 부과 개별기준은?(단, 1차 위반인 경우이다.)

① 50만원

② 100만원

③ 200만원

④ 300만원

🔍 피난시설, 방화구획 또는 방화시설의 폐쇄·훼손·변경 등의 행위를 한 자
 • 1차 : 100만원
 • 2차 : 200만원
 • 3차 이상 : 300만원

82 소방시설 설치 및 관리에 관한 법률 시행령에 따라 자체점검결과를 축소·삭제하는 등 거짓으로 보고한 경우 과태료 부과 개별기준은?

① 50만원   ② 100만원

③ 200만원   ④ 300만원

🔍 점검결과를 보고하지 아니하거나 거짓으로 보고한 관계인에 대한 과태료 부과 개별기준
 • 지연보고 기간이 10일 미만인 경우 : 50만원
 • 지연보고 기간이 10일 이상 1개월 미만인 경우 : 100만원
 • 지연보고 기간이 1개월 이상 또는 보고하지 않은 경우 : 200만원
 • 점검 결과를 축소·삭제하는 등 거짓으로 보고한 경우 : 300만원

---

5. 다중이용업소의 안전관리에 관한 특별법

83 불특정 다수인이 이용하는 영업 중 화재 등 재난발생 시 생명·신체·재산상의 피해가 발생할 우려가 높은 것으로서 대통령령으로 정하는 영업을 무엇이라 하는가?

① 다중이용업   ② 공중이용업

③ 다수인영업   ④ 재래시장업

🔍 다중이용업 : 불특정 다수인이 이용하는 영업 중 화재 등 재난 발생 시 생명·신체·재산상의 피해가 발생할 우려가 높은 것으로써 대통령령으로 정하는 영업을 말한다.(다만, 영업을 옥외시설 또는 옥외장소에서 하는 경우 그 영업은 제외)

84 다음 중 '다중이용업소의 안전시설'이 아닌 것은?

① 소방시설

② 지하구

③ 비상구

④ 영업장 내부 피난통로

🔍 다중이용업소의 안전시설등
 • 소방시설
  – 소화설비 : 소화기 또는 자동확산소화기, 간이스프링클러설비(캐비닛형 간이스프링클러설비를 포함)
  – 경보설비 : 비상벨설비 또는 자동화재탐지설비, 가스누설경보기
  – 피난구조설비 : 피난기구, 피난유도선, 유도등, 유도표지 또는 비상조명등, 휴대용비상조명등
 • 비상구
 • 영업장 내부 피난통로
 • 그 밖의 안전시설 : 영상음향차단장치, 누전차단기, 창문

85 다중이용업소의 '실내장식물'에 해당되지 않는 것은?

① 합판이나 목재

② 흡음(吸音)이나 방음(防音)을 위하여 설치하는 흡음재

③ 공간을 구획하기 위하여 설치하는 간이 칸막이

④ 두께 2mm 미만인 종이류

🔍 실내장식물 : 건축물 내부의 천장 또는 벽에 붙이는(설치하는) 것
 • 종이류(두께 2mm 이상인 것)·합성수지류 또는 섬유류를 주원료로 한 물품
 • 합판이나 목재
 • 공간을 구획하기 위하여 설치하는 간이 칸막이
 • 흡음(吸音)이나 방음(防音)을 위하여 설치하는 흡음재(흡음용 커튼 포함) 또는 방음재(방음용 커튼 포함)

86 다중이용업소의 '영업주와 종업원에 대한 소방안전을 위한 교육실시권자'는?

① 행정안전부장관
② 시 · 도지사
③ 소방청장
④ 관할 경찰서장

🔍 다중이용업소 관련자 소방안전교육
- 교육실시권자 : 소방청장 · 소방본부장 또는 소방서장
- 교육대상자 : 다중이용업주, 종업원(다중이용업주 외에 해당 영업장을 관리하는 종업원 1명 이상 또는 국민연금가입의무 대상자인 종업원 1명 이상), 다중이용업을 하려는 자
- 교육시간 : 4시간

87 다중이용업소 관련 '소방안전교육과정'으로 볼 수 없는 것은?

① 화재안전과 관련된 법령 및 제도
② 다중이용업소에서 화재가 발생한 경우 초기대응 및 대피요령
③ 심폐소생술 등 응급처치요령
④ 소방시설 및 방화시설 설치방법

🔍 소방안전 교육과정
- 화재안전과 관련된 법령 및 제도
- 다중이용업소에서 화재가 발생한 경우 초기대응 및 대피요령
- 소방시설 및 방화시설의 유지 · 관리 및 사용방법
- 심폐소생술 등 응급처치 요령

88 다중이용업소의 '피난안내도 비치 위치'가 틀린 것은?

① 영업장 주 출입구 부분의 손님이 쉽게 볼 수 있는 위치
② 비상구
③ 구획된 실(室)의 벽, 탁자 등 손님이 쉽게 볼 수 있는 위치
④ 인터넷컴퓨터게임시설제공업 영업장의 각 책상

🔍 피난안내도 비치 위치
- 영업장 주 출입구 부분의 손님이 쉽게 볼 수 있는 위치
- 구획된 실(室)의 벽, 탁자 등 손님이 쉽게 볼 수 있는 위치
- 인터넷컴퓨터게임시설제공업 영업장의 각 책상(컴퓨터 작동 시 피난안내도가 나오는 경우 대체 가능)

89 다중이용업소의 '피난안내도에 사용하는 언어'로 맞는 것은?

① 한글
② 영어
③ 한글 및 1개 이상 외국어
④ 한글과 영어 2개만 사용

🔍 피난안내도
- 비치대상 : 모든 다중이용업소
- 재질 : 코팅처리된 종이, 아크릴, 강판 등 쉽게 훼손 또는 변형되지 않는 것
- 언어 : 한글 및 1개 이상 외국어 사용

90 다중이용업소의 '피난안내도 및 피난안내 영상물'에 포함되어야 할 내용으로 틀린 것은?

① 소방시설의 점검 방법
② 피난 및 대처방법
③ 소화기, 옥내소화전 등 소방시설의 위치 및 사용방법
④ 화재 시 대피할 수 있는 비상구 위치

🔍 다중이용업소의 피난안내도 및 피난안내영상물에 포함되어야 할 내용
- 화재 시 대피할 수 있는 비상구 위치
- 구획된 실(室)등에서 비상구 및 출입구까지의 피난 동선
- 소화기, 옥내소화전 등 소방시설의 위치 및 사용방법
- 피난 및 대처방법

91 다중이용업소의 이용자를 위한 '피난안내 영상물 상영대상'이 아닌 영업장은?

① 독서실
② 노래연습장
③ 영화상영관
④ 콜라텍업

🔍 피난안내 영상물 상영대상 영업장
- 영화상영관 및 비디오물소극장업의 영업장
- 노래연습장, 단란주점 및 유흥주점영업의 영업장
- 전화방업 · 화상대화방업, 수면방업, 콜라텍업, 방탈출카페업, 키즈카페업, 만화카페업에 해당하는 영업으로 피난안내 영상물을 상영할 수 있는 시설을 갖춘 영업장

정답 86 ③ 87 ④ 88 ② 89 ③ 90 ① 91 ①

92 영화상영관 중 전체 객석 수의 합계 몇 석 이상이면 장애인을 위한 피난안내 영상물을 상영해야 하는가?

① 200석 이상
② 300석 이상
③ 400석 이상
④ 500석 이상

🔍 장애인을 위한 피난안내 영상물 상영 : 전체 객석 수의 합계 300석 이상인 영화상영관의 경우 피난안내 영상물은 장애인을 위한 한국수어 · 폐쇄자막 · 화면해설 등 이용하여 상영해야 한다.

93 다중이용업주의 안전시설등에 대한 정기점검에 대한 설명으로 옳지 않은 것은?

① 정기점검은 1년에 2회 이상 실시
② 정기점검을 소방시설관리업자에 위탁가능
③ 안전점검 대상은 행정안전부령으로 정함
④ 정기점검결과서는 1년간 보관

🔍 다중이용업주의 안전시설등에 대한 정기점검
• 다중이용업주는 다중이용업소의 안전관리를 위하여 정기적으로 안전시설등을 점검하고 그 점검결과서를 작성하여 1년간 보관하여야 한다.
• 다중이용업주는 정기점검을 소방시설관리업자에게 위탁할 수 있다.
• 안전점검의 대상 등 필요한 사항은 행정안전부령으로 정한다.

94 다중이용업소의 안전관리에 관한 특별법에 따른 '300만원 이하의 과태료' 부과대상이 아닌 것은?

① 안전시설등을 기준에 따라 설치 · 유지하지 아니한 자
② 피난안내도를 갖추어 두지 아니한 자
③ 소방안전관리 업무를 하지 아니한 자
④ 피난안전구역을 설치 · 운영하지 아니한 자

🔍 300만원 이하의 과태료 부과대상
• 소방안전교육을 받지 아니하거나 종업원에 대하여 소방안전교육을 받도록 하지 아니한 다중이용업주
• 안전시설등을 기준에 따라 설치 · 유지하지 아니한 자
• 설치신고를 하지 아니하고 안전시설등을 설치하거나 영업장 내부구조를 변경한 자 또는 안전시설등의 공사를 마친 후 신고를 하지 아니한 자
• 피난시설, 방화구획 또는 방화시설에 대하여 폐쇄 · 변경 등의 행위를 한 자
• 피난안내도를 갖추어 두지 아니하거나 피난안내에 관한 영상물을 상영하지 아니한 자
• 소방안전관리 업무를 하지 아니한 자
• 다중이용업주의 안전시설등에 대한 정기점검 등을 위반하여 다음의 어느 하나에 해당하는 자
  – 안전시설등을 점검(위탁하여 실시하는 경우를 포함)하지 아니한 자
  – 정기점검결과서를 작성하지 아니하거나 거짓으로 작성한 자
  – 정기점검결과서를 보관하지 아니한 자

● **6. 초고층 지하연계 복합건축물 재난관리에 관한 특별법**

95 초고층 및 지하연계 복합건축물 재난관리에 관한 특별법상 '초고층 건축물'의 기준으로 맞는 것은?

① 10층 이상 또는 100m 이상인 건축물
② 30층 이상 또는 150m 이상인 건축물
③ 50층 이상 또는 200m 이상인 건축물
④ 100층 이상 또는 300m 이상인 건축물

🔍 초고층 건축물 : 층수가 50층 이상 또는 높이가 200m 이상인 건축물

96 '층수가 11층 이상이거나 1일 수용인원이 5천명 이상인 건축물로서 지하부분이 지하역사 또는 지하도상가와 연결된 건축물'을 무엇이라 하는가?

① 초고층 건축물
② 지하연계 복합건축물
③ 일반건축물
④ 복합상가 건축물

🔍 지하연계 복합건축물
• 층수가 11층 이상이거나 1일 수용인원이 5천명 이상인 건축물로서 지하부분이 지하역사 또는 지하도상가와 연결된 건축물
• 건축물 안에 문화 및 집회시설, 판매시설, 숙박시설, 위락시설 중 유원시설업의 시설 또는 대통령령으로 정하는 용도의 시설(종합병원과 요양법원)이 하나 이상 있는 건축물

97 다음 중 '초고층 건축물등의 재난 및 안전관리 업무를 총괄하는 자'는?

① 초고층 건축물 관계인
② 초고층 건축물 관리주체
③ 특급 소방안전관리자
④ 총괄재난관리자

🔍 용어의 정의
- 총괄재난관리자 : 초고층 건축물등의 재난 및 안전관리 업무를 총괄하는 자
- 관리주체 : 초고층 건축물등 또는 일반건축물등의 소유자 또는 관리자(그 건축물등의 소유자와 관리계약 등에 따라 관리책임을 진 자를 포함)
- 관계인 : 초고층 건축물등 또는 일반건축물등의 소유자 · 관리자 또는 점유자

98 초고층 건축물은 피난층 또는 지상으로 통하는 직통계단과 직접 연결되는 피난안전구역을 지상층으로부터 최대 몇 층마다 1개소 이상 설치해야 하는가?

① 10층 ② 20층
③ 30층 ④ 40층

🔍 피난안전구역 설치
- 초고층 건축물 : 피난층 또는 지상으로 통하는 직통계단과 직접 연결되는 피난안전구역을 지상층으로부터 최대 30개 층마다 1개소 이상 설치할 것
- 30층 이상 49층 이하인 지하연계 복합건축물 : 피난층 또는 지상으로 통하는 직통계단과 직접 연결되는 피난안전구역을 해당 건축물 전체 층수의 2분의 1에 해당하는 층으로부터 상하 5개 층 이내에 1개소 이상 설치할 것
- 16층 이상 29층 이하인 지하연계 복합건축물 : 지상층별 거주밀도 m²당 1.5명을 초과하는 층은 해당 층의 사용형태별 면적의 합 10분의 1에 해당하는 면적을 피난안전구역으로 설치할 것
- 초고층 건축물등의 지하층이 문화 및 집회시설, 판매시설, 운수시설, 업무시설, 숙박시설, 위락시설 중 유원시설업의 시설 등의 용도로 사용되는 경우 : 해당 지하층에 피난안전구역 면적 산정기준에 따라 피난안전구역이나 선큰을 설치할 것

99 초고층 건축물 '총괄재난관리자가 총괄 · 관리하는 업무'로 틀린 것은?

① 재난 및 안전관리 계획의 수립에 관한 사항
② 재난예방 및 피해경감계획의 수립 · 시행에 관한 사항

③ 통합안전점검 실시에 관한 사항
④ 재난사태의 선포에 관한 사항

🔍 초고층 건축물 총괄재난관리자의 업무
- 재난 및 안전관리 계획의 수립에 관한 사항
- 재난예방 및 피해경감계획의 수립 · 시행에 관한 사항
- 통합안전점검 실시에 관한 사항
- 교육 및 훈련에 관한 사항
- 홍보계획의 수립 · 시행에 관한 사항
- 종합방재실의 설치 · 운영에 관한 사항
- 종합재난관리체계의 구축 · 운영에 관한 사항
- 피난안전구역 설치 · 운영에 관한 사항
- 유해 · 위험물질의 관리 등에 관한 사항
- 초기대응대의 구성 · 운영에 관한 사항
- 대피 및 피난유도에 관한 사항
- 그 밖에 행정안전부령으로 정한 다음의 사항
  - 초고층 건축물등의 유지 · 관리 및 점검, 보수 등에 관한 사항
  - 방범, 보안, 테러 대비 · 대응 계획의 수립 및 시행에 관한 사항

100 다음 중 '초고층 건축물 총괄재난관리자의 자격'을 갖추지 못한 사람은?

① 소방설비기사
② 건축사
③ 특급 소방안전관리자
④ 안전관리분야 기술사

🔍 총괄재난관리자의 자격
- 건축사와 건축 · 기계 · 전기 · 토목 또는 안전관리 분야 기술사
- 특급소방안전관리대상물의 소방안전관리자로 선임될 수 있는 자격을 갖춘 사람
- 건축 · 기계 · 전기 · 토목 또는 안전관리 분야 기사로서 재난 및 안전관리에 관한 실무경력이 5년 이상인 사람
- 건축 · 기계 · 전기 · 토목 또는 안전관리 분야 산업기사로서 재난 및 안전관리에 관한 실무경력이 7년 이상인 사람
- 주택관리사로서 재난 및 안전관리에 관한 실무경력 5년 이상인 사람

101 신축한 초고층 건축물의 관리주체는 해당 건축물의 사용승인을 받은 날부터 며칠 이내에 총괄재난관리자를 선임하여야 하는가?

① 7일 ② 10일
③ 14일 ④ 30일

정답 **97** ④ **98** ③ **99** ④ **100** ① **101** ④

🔍 초고층 건축물등의 관리주체는 다음의 구분에 따른 날부터 30일 이내에 총괄재난안전관리자를 선임해야 한다.
- 초고층 건축물등을 건축한 경우 : 건축물의 사용승인 또는 사용검사 등을 받은 날
- 용도변경 또는 용도변경에 따른 수용인원 증가로 초고층 건축물등이 된 경우 : 용도변경 사실을 건축물대장에 기록한 날
- 초고층 건축물등을 양수 · 경매 · 환가 · 압류재산의 매각 등의 절차에 따라 인수한 경우 : 양수 또는 인수한 날(다만, 초고층 건축물등을 양수 또는 인수한 관리주체가 종전의 총괄재난관리자를 재지정한 경우는 제외)
- 총괄재난관리자를 해임하였거나 퇴직한 경우 : 해임한 날 또는 퇴직한 날

102 초고층 건축물 관리주체가 구성한 '초기대응대'에 대하여 틀린 것은?

① 초고층 건축물 상주자 3명이상 관계인으로 구성
② 거주자 및 입점자 등의 대피 및 피난유도
③ 재난 초기 대응
④ 구조 및 응급조치

🔍 초고층 건축물의 초기대응대 구성 · 운영
- 초고층 건축물등의 관리주체 : 신속한 초기 대응을 위해 초기대응대를 구성 · 운영
- 초기대응대 구성 : 해당 초고층 건축물 거주자 5명 이상의 관계인(공동주택은 3명 이상 관계인으로 구성)
- 초기대응대 역할
  - 재난 발생장소 등 현황파악, 신고 및 관계지역에 대한 전파
  - 거주자 및 입점자 등의 대피 및 피난유도
  - 재난 초기 대응
  - 구조 및 응급조치
  - 긴급구조기관에 대한 재난정보 제공
  - 그 밖에 재난예방 및 피해경감을 위해 필요한 사항

103 초고층 건축물등의 관리주체는 법령이 정한 사유가 해당하는 경우 총괄재난관리자를 대리자로 지정할 수 있다. 이 경우 총괄재난관리자의 업무를 대행하는 기간은 최장 얼마까지 가능한가?

① 10일
② 20일
③ 30일
④ 60일

🔍 총괄재난관리자의 업무를 대행하는 기간은 30일을 초과할 수 없다.

104 다음은 총괄재안관리자에 대한 교육 시기에 대한 설명이다. 보기의 ( ) 안에 들어갈 내용으로 옳은 것은?

> 총괄재난안전관리자로 선임된 날부터 (㉮) 이내에 소방청장 또는 소방청장이 지정하는 기관이 실시한 교육을 받아야 하며, 그 후 (㉯)마다 1회 이상 보수교육을 받아야 한다.

① ㉮ 3개월, ㉯ 1년　　② ㉮ 6개월, ㉯ 2년
③ ㉮ 6개월, ㉯ 1년　　④ ㉮ 3개월, ㉯ 2년

🔍 총괄재난관리자에 대한 교육
- 교육 시기 : 선임된 날부터 6개월 이내에 소방청장이 실시하거나 소방청장이 지정하는 기관이 실시하는 교육을 받아야 하며, 그 후 2년마다 1회 이상 보수교육을 받아야 한다.
- 교육 내용
  - 재난관리 일반
  - 법 및 하위법령의 주요 내용
  - 재난예방 및 피해경감계획 수립에 관한 사항
  - 관계인, 상시근무자 및 거주자에 대하여 실시하는 재난 및 테러 등에 대한 교육 · 훈련 에 관한 사항
  - 종합방재실의 설치 · 운영에 관한 사항
  - 종합재난관리체제의 구축에 관한 사항
  - 피난안전구역의 설치 · 운영에 관한 사항
  - 유해 · 위험물질의 관리 등에 관한 사항
  - 그 밖에 소방청장이 필요하다고 인정하는 사항

● **7. 재난 및 안전관리 기본법**

105 다음 중 '재난 및 안전관리 기본법'의 목적으로 틀린 것은?

① 각종 재난으로부터 국토를 보존
② 국민의 생명 · 신체 및 재산을 보호
③ 국가와 지방자치단체간의 책임소재 확립
④ 재난 및 안전관리에 필요한 사항을 규정

🔍 재난 및 안전관리 기본법의 목적
각종 재난으로부터 국토를 보존하고 국민의 생명 · 신체 및 재산을 보호하기 위하여 국가와 지방자치단체의 재난 및 안전관리체계를 확립하고, 재난의 예방 · 대비 · 대응 · 복구와 안전 문화활동, 그 밖에 재난 및 안전관리에 필요한 사항을 규정함을 목적으로 한다.

106 재난 및 안전관리 기본법상 '국가안전관리 기본계획(국가단위) 작성 및 책임자'는?

① 대통령　　　　　② 국무총리
③ 중앙행정기관의 장　④ 시 · 도지사

🔍 안전관리계획의 구분 및 작성책임

안전관리계획의 구분 및 분류	작성 및 책임자
국가안전관리 기본계획(국가단위)	국무총리
국가안전관리 기본계획(부처단위)	중앙행정기관의 장
시 · 도 안전관리계획	시 · 도지사
시 · 군 · 구 안전관리계획	시장 · 군수 · 구청장

107 재난의 예방 · 대비에 관한 '재난관리책임기관의 재난방지 조치'로 틀린 것은?

① 재난에 대응할 조직의 구성 및 정비
② 국가핵심기반의 관리
③ 재난 발생에 대비한 교육 · 훈련에 관한 홍보
④ 재난방지시설의 제작 · 설치

🔍 재난관리책임기관의 재난방지 조치
• 재난에 대응할 조직의 구성 및 정비
• 재난의 예측 및 예측정보 등의 제공 · 이용에 관한 체계의 구축
• 재난 발생에 대비한 교육 · 훈련과 재난관리예방에 관한 홍보
• 재난이 발생할 위험이 높은 분야에 대한 안전관리체계의 구축 및 안전관리규정의 제정
• 국가핵심기반의 관리
• 특정관리대상지역에 관한 조치
• 재난방지시설의 점검 · 관리
• 재난관리자원의 관리
• 그 밖에 재난을 예방하기 위하여 필요하다고 인정되는 사항

108 재난의 대응으로 '재난선포지역'에 관한 조치로 틀린 것은?

① 재난경보의 발령, 재난관리자원의 동원, 위험구역 설정, 대피명령
② 해당지역에 소재하는 행정기관 소속 공무원의 비상소집
③ 해당지역에 대한 특산물 판매 제한
④ 휴업명령 및 휴원 · 휴교 처분의 요청

🔍 재난선포지역에 관한 조치
• 재난경보의 발령, 재난관리자원의 동원, 위험구역 설정, 대피명령, 응급지원 등 이 법에 따른 응급조치
• 해당지역에 소재하는 행정기관 소속 공무원의 비상소집
• 해당지역에 여행 등 이동자제 권고
• 휴업명령 및 휴원 · 휴교 처분의 요청
• 그 밖에 재난예방에 필요한 조치

109 재난발생 시 '재난유형별 대응체계의 단계'가 아닌 것은?

① 예단(White)
② 관심(Blue)
③ 주의(Yellow)
④ 심각(Red)

🔍 재난유형별 대응체계

단계	내용	비고
관심 (Blue)	징후가 있으나, 그 활동이 낮으며 가까운 기간 내에 국가위기로 발전할 가능성이 비교적 낮은 상태	징후활동 감시
주의 (Yellow)	징후활동이 비교적 활발하고 국가위기로 발전할 수 있는 일정 수준의 경향성이 나타나는 상태	대비계획 점검
경계 (Orange)	징후활동이 매우 활발하고 전개속도, 경향성 등이 현저한 수준으로서 국가위기로의 발전가능성이 농후한 상태	즉각 대응 태세 돌입
심각(Red)	징후활동이 매우 활발하고 전개속도, 경향성 등이 심각한 수준으로서 확실시되는 상태	대규모 인원 피난

110 재난 및 안전관리 기본법상 '특별재난지역의 선포' 할 수 있는 사람은?

① 대통령
② 국무총리
③ 중앙대책본부장
④ 지역대책본부장

🔍 특별재난지역의 선포(법 제60조)
중앙대책본부장은 재난지역을 지역대책본부장의 요청으로 타당하다고 인정될 때 대통령에 건의할 수 있고, 특별재난지역의 선포를 건의받은 대통령은 해당 지역을 특별재난지역으로 선포할 수 있다.

정답　**106** ②　**107** ④　**108** ③　**109** ①　**110** ①

111 재난 및 안전관리 기본법상 '특별재난의 범위'에 해당하지 않는 것은?

① 자연재난으로서 국고 지원 대상 피해 기준금액의 1.5배를 초과하는 피해가 발생한 재난
② 자연재난으로서 국고 지원 대상에 해당하는 시·군·구의 관할 읍·면·동에 국고 지원 대상 피해 기준금액의 4분의 1을 초과하는 피해가 발생한 재난
③ 사회재난의 재난 중 재난이 발생한 해당 지방자치단체의 행정능력이나 재정능력으로는 재난의 수습이 곤란하여 국가적 차원의 지원이 필요하다고 인정되는 재난
④ 그 밖에 재난 발생으로 인한 생활기반 상실 등 극심한 피해의 효과적인 수습 및 복구를 위하여 국가적 차원의 특별한 조치가 필요하다고 인정되는 재난

🔍 자연재난으로서 국고 지원 대상 피해 기준금액의 2.5배를 초과하는 피해가 발생한 재난이 특별재난에 해당된다.

---

8. 위험물안전관리법

112 다음 중 위험물안전관리법의 목적과 가장 거리가 먼 것은?

① 위험물로 인한 위해를 방지
② 국민의 생명, 신체 및 재산을 보호
③ 위험물의 저장·취급 및 운반에 관한 사항을 규정
④ 위험물의 안전관리에 관한 사항을 규정

🔍 위험물안전관리법은 위험물의 저장·취급 및 운반과 이에 따른 안전관리에 관한 사항을 규정함으로써 위험물로 인한 위해를 방지하여 공공의 안전을 확보함을 목적으로 한다.

---

113 다음 '위험물에 대한 용어'의 설명 중 틀린 것은?

① 위험물이란 인화성 또는 발화성 등의 성질을 가지는 것으로 대통령령으로 정하는 물품을 말한다.
② 지정수량이란 위험물의 종류별로 위험성을 고려하여 국무총리령이 정하는 수량을 말한다.
③ 제조소는 위험물을 제조할 목적으로 지정수량 이상의 위험물을 취급하기 위하여 허가를 받은 장소를 말한다.
④ 저장소는 지정수량 이상의 위험물을 저장하기 위해 허가를 받은 장소이다.

🔍 지정수량 : 위험물의 종류별로 위험성을 고려하여, 대통령령이 정하는 수량으로서 제조소 등의 설치허가 등에 있어서 최저의 기준이 되는 수량

---

114 위험물과 지정수량의 연결이 잘못된 것은?

① 휘발유 – 500L
② 등유, 경유 – 1,000L
③ 중유 – 2,000L
④ 알코올류 – 400L

🔍 주요 위험물의 지정수량

휘발유	등유·경유	중유	알코올류	황	질산
200L	1,000L	2,000L	400L	100kg	300kg

---

115 같은 장소에서 취급하는 위험물의 양이 휘발유 160L, 경유 500L일 때 지정수량 이상의 위험물임을 판단하기 위한 계산상 수치는 얼마인가?

① 1.1   ② 1.2
③ 1.3   ④ 1.4

🔍 지정수량 환산
같은 장소에서 취급하는 위험물 휘발유 160L이고, 경유 500L일 때
ⓐ 휘발유(제1석유류, 지정수량 200L)
   160L/지정수량 = 160L/200L = 지정수량의 0.8배
ⓑ 경유(제2석유류, 지정수량 1,000L)
   500L/지정수량 = 500L/1,000L = 0.5배 이므로
∴ ⓐ + ⓑ = 0.8 + 0.5 = 1.3이므로 1 이상이 되어 지정수량 이상의 위험물을 취급하는 경우이다.

116 위험물 저장·취급 기준에서 위반하는 경우 '직접적으로 화재를 일으킬 가능성이 큰 기준'을 무엇이라 하는가?

① 표준기준
② 일반기준
③ 중요기준
④ 세부기준

🔍 위험물의 저장 또는 취급 기준과 벌칙사항
· 중요기준 : 화재 등 위해의 예방과 응급조치에 있어서 큰 영향을 미치거나 그 기준을 위반하는 경우 직접적으로 화재를 일으킬 가능성이 큰 기준.(위반 시 1,500만원 이하 벌금)
· 세부기준 : 중요기준보다 적은 영향을 미치거나 그 기준을 위반하는 경우 간접적으로 화재를 일으킬 수 있는 기준 및 위험물안전관리에 필요한 표시와 서류·기구 등의 비치에 관한 기준.(위반 시 500만원 이하 과태료)

117 제조소등의 관계인은 위험물안전관리자를 해임 또는 퇴직한 때에는 그 날로부터 며칠 이내에 다시 선임하여야 하는가?

① 7일 이내
② 10일 이내
③ 14일 이내
④ 30일 이내

🔍 위험물안전관리자 선임 및 해임
· 제조소등의 관계인은 위험물안전관리자를 해임 또는 퇴직한 때에는 그 날로부터 30일 이내에 다시 선임하여야 한다.
· 위험물안전관리자를 재선임 시 14일 이내에 소방본부장 또는 소방서장에게 신고하여야 한다.

118 관계인이 제조소등의 사용 중지하려는 경우 취해야 하는 '행정안전부령으로 정하는 안전조치'가 아닌 것은?(단, 위험물안전관리자 부재 시)

① 탱크 배관 등 위험물을 저장 또는 취급하는 설비폐쇄
② 관계인이 아닌 사람에 대한 해당 제조소등에의 출입금지 조치
③ 해당 제조소등의 사용중지 사실의 게시
④ 그 밖에 위험물의 사고예방에 필요한 조치

🔍 제조소등의 사용 중지 시 행정안전부령으로 정하는 안전조치
· 탱크 배관 등 위험물을 저장 또는 취급하는 설비에서 위험물 및 가연성 증기 등의 제거
· 관계인이 아닌 사람에 대한 해당 제조소등에의 출입금지 조치
· 해당 제조소등의 사용중지 사실의 게시
· 그 밖에 위험물의 사고예방에 필요한 조치

119 다음 중 '제조소등의 정기점검을 실시해야 하는 대상'의 기준으로 틀린 것은?

① 지정수량의 10배 이상의 위험물을 취급하는 제조소
② 지정수량의 100배 이상의 위험물을 저장하는 옥외저장소
③ 지정수량의 120배 이상의 위험물을 저장하는 옥내저장소
④ 지정수량의 200배 이상의 위험물을 저장하는 옥외탱크저장소

🔍 위험물 제조소등의 정기점검 대상
· 지정수량의 10배 이상의 위험물을 취급하는 제조소
· 지정수량의 100배 이상의 위험물을 저장하는 옥외저장소
· 지정수량의 150배 이상의 위험물을 저장하는 옥내저장소
· 지정수량의 200배 이상의 위험물을 저장하는 옥외탱크저장소

120 위험물 제조소등 '정기점검의 실시자'로 볼 수 없는 것은?

① 제조소등의 안전관리자
② 관계인
③ 이동탱크저장소 위험물운송자
④ 안전관리대행 기관

🔍 위험물 제조소등 정기점검의 실시자
· 제조소등의 안전관리자
· 위험물운송자(이동탱크저장소에 한함)
· 안전관리대행 기관(특정·준특정옥외탱크저장소의 정기점검은 제외) 또는 탱크시험자(점검의뢰)

정답 116 ③ 117 ④ 118 ① 119 ③ 120 ②

121 위험물 제조소등 '정기점검 결과'는 점검한 날부터 며칠 이내에 시 · 도지사에게 제출하여야 하는가?

① 7일 이내
② 10일 이내
③ 14일 이내
④ 30일 이내

🔍 위험물 제조소등 정기점검 결과는 점검한 날부터 30일 이내에 시 · 도지사(소방서장)에게 제출하여야 한다.

122 '제조소등의 설치허가를 받지 아니하고 제조소등을 설치한 자'에게 부과되는 벌금은?

① 1년 이상 10년 이하의 징역
② 7년 이하의 금고 또는 7천만원 이하의 벌금
③ 5년 이하의 징역 또는 1억원 이하의 벌금
④ 3년 이하의 징역 또는 3천만원 이하의 벌금

🔍 위험물안전관리법 위반 벌금
· 7년 이하의 금고 또는 7천만원 이하의 벌금 : 업무상 과실로 제조소등 또는 제6조제1항에 따른 허가를 받지 않고 지정수량 이상의 위험물을 저장 또는 취급하는 장소에서 위험물을 방출 · 유출 또는 확산시켜 사람의 생명 · 신체 또는 재산에 위험을 발생시킨 자
  ▶ 위의 죄를 범하여 사람을 사상에 이르게 한 때에는 10년 이하의 징역 또는 금고나 1억원 이하의 벌금
· 5년 이하의 징역 또는 1억원 이하의 벌금 : 제조소등의 설치허가를 받지 아니하고 제조소등을 설치한 자
· 3년 이하의 징역 또는 3천만원 이하의 벌금 : 저장소 또는 제조소등이 아닌 장소에서 지정수량 이상의 위험물을 저장 또는 취급한 자

123 위험물관리법상 '1년 이하 또는 1천만원 이하의 벌금'형을 받는 경우가 아닌 것은?

① 위험물의 취급에 관한 안전관리와 감독을 하지 않은 자
② 탱크시험자로 등록하지 않고 탱크시험자의 업무를 한 자
③ 정기검사를 받지 않은 관계인으로서 규정에 따른 허가를 받은 자
④ 운반용기에 대한 검사를 받지 않고 운반용기를 사용하거나 유통시킨 자

🔍 1년 이하 또는 1천만원 이하의 벌금
· 탱크시험자로 등록하지 않고 탱크시험자의 업무를 한 자
· 정기점검을 하지 않거나 점검기록을 허위로 작성한 관계인으로서 규정에 따른 허가를 받은 자
· 정기검사를 받지 않은 관계인으로서 규정에 따른 허가를 받은 자
· 자체소방대를 두지 않은 관계인으로서 규정에 따른 허가를 받은 자
· 운반용기에 대한 검사를 받지 않고 운반용기를 사용하거나 유통시킨 자
· 보고 또는 자료제출을 하지 않거나 허위로 보고 또는 자료제출을 한 자 또는 관계공무원의 출입 · 검사 또는 수거를 거부 · 방해 또는 기피한 자
· 제조소등에 대한 긴급 사용정지 · 제한명령을 위반한 자

124 위험물관리법상 '1천만원 이하의 벌금'형을 받는 경우가 아닌 것은?

① 위험물의 취급에 관한 안전관리와 감독을 하지 않은 자
② 임시저장에 관한 승인을 받지 않은 자
③ 안전관리자 또는 그 대리자가 참여하지 않은 상태에서 위험물을 취급한 자
④ 위험물의 운반에 관한 중요기준에 따르지 않은 자

🔍 1천만원 이하의 벌금
· 위험물의 취급에 관한 안전관리와 감독을 하지 않은 자
· 안전관리자 또는 그 대리자가 참여하지 않은 상태에서 위험물을 취급한 자
· 변경한 예방규정을 제출하지 않은 관계인으로서 제조소등의 설치 및 변경 등의 허가를 받은 자
· 위험물의 운반에 관한 중요기준에 따르지 않은 자
· 위험물의 운송 규정을 위반한 위험물운송자
· 관계인의 정당한 업무를 방해하거나 출입 · 검사 등을 수행하면서 알게 된 비밀을 누설한 자

125 위험물관리법상 '점검결과를 기록 · 보존하지 않은 자'에 대한 과태료 부과 세부기준은?(단, 1회 위반한 경우이다.)

① 50만원   ② 100만원
③ 250만원   ④ 300만원

🔍 점검결과를 기록 · 보존하지 않은 자
· 1차 위반 시 : 과태료 250만원
· 2차 위반 시 : 과태료 400만원
· 3차 이상 위반 시 : 과태료 500만원

정답 **121** ④ **122** ③ **123** ① **124** ② **125** ③

CHAPTER

02

건축관계법령

STEP 01 총칙

1. 건축법의 목적

건축물의 대지 · 구조 · 설비기준 및 용도 등을 정하여 건축물의 안전 · 기능 및 미관을 향상시킴으로써 공공복리 증진에 이바지하는데 있다.

2. 건축물의 방화안전 개념

① 방화구획 : 건축물 내부를 내화구조 등의 벽, 바닥 등으로 구획하여 화재의 확산을 일정구역으로 제한하고 연기의 확산은 제연을 시행하도록 소방관계법에 위임하며 소화작업 및 피난시간을 일정시간 확보하게 해준다.

② 실내마감재 : 방화구획 · 피난계단, 지상으로 연결된 복도는 일정시간 화재확산 방지를 위해 불연재, 준불연재료, 난연재를 실내마감재로 사용한다.

③ 내화구조 : 화재발생 시 일정시간 건축물의 강도를 유지하기 위해 주요구조부를 내화구조로 해야 한다.

④ 피난 : 대피공간, 발코니, 복도, 직통계단, 피난계단, 특별피난계단의 구조와 치수 등을 규정한다.

⑤ 방염 : 착화물(가연물)에 발화가 지연될 수 있는 재료

3. 용어의 정의

① 대지 : 건축물을 지을 수 있는 땅으로 각 필지로 나눈 토지를 말하며, 다만 대통령령이 정하는 토지는 둘 이상의 필지를 하나의 대지로 하거나 하나 이상의 필지를 하나의 대지로 할 수 있다.

② 건축물 : 토지에 정착(定着)하는 공작물 중 지붕과 기둥 또는 벽(지붕 + 기둥, 지붕 + 기둥 + 벽)이 있는 것과 이에 부수하는 시설물(대문, 담장 등), 지하 또는 고가(高架)의 공작물에 설치하는 사무소 · 공연장 · 점포 · 차고 · 창고 그 밖에 대통령령이 정하는 것

③ 건축설비 : 건축물에 설치하는 전기 · 전화설비, 초고속 정보통신 설비, 가스 · 급수 · 배수(配水) · 배수(排水) 등 그 밖에 국토교통부령으로 정하는 설비

④ 지하층 : 건축물의 바닥이 지표면(G.L) 아래에 있는 층으로서 바닥에서 지표면까지 평균높이가 해당 층 높이의 1/2 이상인 것

$h \geq \frac{1}{2}H$ (h : 바닥으로부터 지표면까지의 높이, H : 해당 층 높이)

⑤ 거실 : 건축물안에서 거주, 집무, 작업, 집회, 오락 등을 위해 사용되는 공간(방)

⑥ 주요구조부 : 건축물의 안전에 결정적인 역할을 담당하는 구조상 주요 부분

㉮ 주요구조부 : 내력벽(耐力壁) · 기둥 · 바닥 · 보 · 지붕틀 및 주계단(主階段) 등

㉯ 주요구조부가 아닌 것 : 사잇기둥 · 최하층바닥 · 작은 보 · 차양 · 옥외계단 그 밖에 유사한 부분 등

⑦ 건축(건축법 시행령 제2조)

㉮ 신축(新築) : 건축물이 없는 대지에 새로이 건축물을 축조하는 것을 말한다.

㉯ 증축(增築) : 기존 건축물이 있는 대지 안에서 건축물의 건축면적 · 연면적 · 층수 또는 높이를 증가시키는 것을 말한다.

㉰ 개축(改築) : 기존 건축물의 전부 또는 일부를 철거하고, 그 대지 안에 종전과 동일한 규모의 범위 안에서 건축물을 다시 축조하는 것을 말한다.

㉱ 재축(再築) : 건축물이 천재지변이나 기타 재해에 의하여 멸실된 경우에 그 대지 안에 다음의 요건을 갖추어 다시 축조하는 것을 말한다.

㉠ 연면적 합계는 종전 규모 이하로 할 것

㉡ 동수, 층수 및 높이는 다음 어느 하나에 해당할 것
- 동수, 층수 및 높이가 모두 종전 규모 이하일 것
- 동수, 층수 또는 높이의 어느 하나가 종전 규모를 초과하는 경우에는 해당 동수, 층수 및 높이가 건축법령에 적합할 것

㉲ 이전 : 건축물의 주요구조부를 해체하지 않고 동일한 대지 안의 다른 위치를 옮기는 것을 말한다.

㉳ 리모델링 : 건축물의 노후화를 억제하거나 기능 향상 등을 위해 대수선하거나 건축물의 일부를 증축 또는 개축하는 행위를 말한다.

참고 **건축행위**

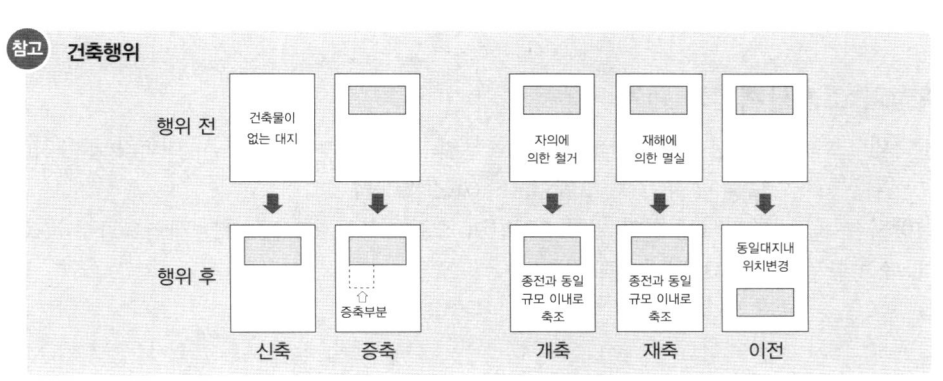

⑧ 대수선(건축법 시행령 제3조의2)

㉮ 건축물의 형태상의 변화 또는 구조의 안전상 위험할 정도의 수선으로 증축·개축 또는 재축에 해당하지 아니하는 것으로 허가나 신고를 받아야 한다.

㉯ 대수선의 범위

㉠ 내력벽을 증설 또는 해체하거나 그 벽면적을 30m² 이상 수선 또는 변경하는 것

㉡ 기둥을 증설 또는 해체하거나 3개 이상 수선 또는 변경하는 것

㉢ 보를 증설 또는 해체하거나 3개 이상 수선 또는 변경하는 것

㉣ 지붕틀(한옥의 경우에는 지붕틀의 범위에서 서까래는 제외)을 증설 또는 해체하거나 3개 이상 수선 또는 변경하는 것

㉤ 방화벽 또는 방화구획을 위한 바닥 또는 벽을 증설 또는 해체하거나 수선 또는 변경하는 것

㉥ 주계단·피난계단 또는 특별피난계단을 증설 또는 해체하거나 수선 또는 변경하는 것

㉦ 다가구주택의 가구 간 경계벽 또는 다세대주택의 세대 간 경계벽을 증설 또는 해체하거나 수선 또는 변경하는 것

㉧ 건축물의 외벽에 사용하는 마감재료(두 가지 이상의 재료로 제작된 자재의 경우 각 재료를 포함)를 증설 또는 해체하거나 벽면적을 30m² 이상 수선 또는 변경하는 것

⑨ 도로

㉮ 보행과 자동차 통행이 가능한 너비 4m 이상의 도로나 예정도로

㉯ 대지와 도로의 관계 : 건축물의 대지는 2m 이상이 도로(자동차만의 통행이 사용되는 도로는 제외)에 접하여야 함

⑩ 내화구조(耐火構造)

㉮ 화재에 견딜 수 있는 성능을 가진 철근콘크리트조·연와조 기타 이와 유사한 구조로서 화재 시에 일정시간 동안 형태나 강도 등이 크게 변하지 않는 구조로 대체로 화재 후에도 재사용이 가능한 정도의 구조

㉯ 내화구조 적용대상 : 문화 및 집회시설, 의료시설, 공동주택 등 일정용도와 면적 등에 해당되는 건축물의 주요구조부와 지붕은 내화구조로 해야 함

⑪ 방화구조(放火構造) : 화염의 확산을 막을 수 있는 성능을 가진 구조

㉮ 방화구조 적용대상 : 연면적 1,000m² 이상인 목조건축물은 그 외벽 및 처마밑의 연소할 우려가 있는 부분을 방화구조로 하고, 지붕은 불연재료를 사용

㉯ 방화구조의 기준 : 석고판 위에 시멘트모르타르 또는 회반죽을 바르거나 시멘트모르타르 위에 타일을 붙인 것

4. 건축법과 소방관계법의 관계

① 건축법 : 화재의 발생 방지(마감재), 화재 확산의 한계(방화구획), 화재 시 내화강도 유지(내화구조), 피난통로 확보를 규정 ⇨ 하드웨어(hardware)적 개념

② 소방시설 설치 및 관리에 관한 법률 : 피난과 소화거점의 확보를 위한 제연으로부터 소화설비, 소화활동설비, 경보설비 등으로 구성 ⇨ 소프트웨어(software)적 개념

1. 면적의 산정

① 대지면적 : 대지의 수평투영면적으로 하되 다음에 해당하는 면적은 제외

　㉮ 대지 안에 건축선이 정하여진 경우 그 건축선과 도로 사이의 대지면적

　㉯ 대지에 도시·군계획시설인 도로·공원 등이 있는 경우 그 도시·군계획시설에 포함되는 대지면적

② 건축면적 : 건축물의 외벽(외벽이 없는 경우에는 외곽 부분의 기둥)의 중심선으로 둘러싸인 부분의 수평투영면적

　㉮ 벽의 중심선 : 일반건물의 벽인 경우에는 벽체의 중심선으로 하지만, 태양열을 이용하는 주택의 벽은 내측 내력벽의 중심선으로 함

　㉯ 건축면적 산정에서 제외되는 부분(주요 사항)

　　㉠ 지표면으로부터 1m 이하에 있는 부분(창고 중 물품의 입출고를 위하여 차량을 접안시키는 부분의 경우에는 지표면으로부터 1.5m 이하에 있는 부분)

　　㉡ 2004년 5월 29일 이전에 건축된 다중이용업소의 비상구에 설치한 폭 2m 이하의 옥외피난계단

　　㉢ 건축물 지상층에 일반인이나 차량이 통행할 수 있도록 설치한 보행통로나 차량 통로

　　㉣ 지하주차장의 경사로

　　㉤ 건축물 지하층의 출입구 상부(출입구 너비에 상당하는 규모의 부분을 말함)

　　㉥ 생활폐기물 보관시설(음식물쓰레기, 의류 등의 수거시설을 말함)

　　㉦ 장애인용 승강기, 장애인용 에스컬레이터, 휠체어리프트 또는 경사로

③ 바닥면적

　㉮ 건축물의 각 층 또는 그 일부로서 벽, 기둥 기타 이와 유사한 구획의 중심선으로 둘러싸인 부분의 수평투영면적

　㉯ 벽, 기둥의 구획이 없는 건축물에 있어서는 그 지붕 끝부분으로부터 수평거리 1m를 후퇴한 선으로 둘러싸인 수평투영면적

④ 연면적 : 하나의 건축물 각 층의 바닥면적의 합계. 다만, 용적률을 산정할 때는 다음에 해당하는 면적은 제외

　㉮ 지하층의 면적

　㉯ 지상층의 주차용(해당 건축물의 부속용도인 경우에 한함)으로 쓰는 면적

　㉰ 초고층 건축물과 준초고층 건축물에 설치하는 피난안전구역의 면적

　㉱ 건축물의 경사지붕 아래 설치되는 대피공간의 면적

⑤ 건폐율 : 대지면적에 대한 건축면적(대지에 2 이상의 건축물이 있는 경우에는 이들 건축면적의 합계로 한다)의 비율

$$건폐율 = \frac{건축면적}{대지면적} \times 100(\%)$$

⑥ 용적률 : 대지면적에 대한 연면적(대지에 2 이상의 건축물이 있는 경우에는 이들 연면적의 합계로 한다) 의 비율

$$용적률 = \frac{연면적}{대지면적} \times 100(\%)$$

2. 높이의 산정 및 제한

① 원칙 : 건축물의 높이는 지표면으로부터 해당 건축물 상단까지의 높이로 한다.

② 건축물의 높이 산정에서 제외되는 부분

   ㉮ 옥상부분(승강기탑, 계단탑, 망루, 장식탑, 옥탑 등)으로서

      ㉠ 그 수평투영면적의 합계가 해당 건축물 건축면적의 1/8 이하인 경우 : 그 부분의 12m 를 넘는 부분만 높이에 산입

      ㉡ 옥상부분 면적이 1/8을 넘으면 그 높이의 전부를 건축물의 높이에 산입함

   ㉯ 옥상돌출물(지붕마루장식, 굴뚝, 방화벽, 기타 이와 유사한 옥상돌출부)과 난간벽(그 벽면적의 1/2 이상이 공간으로 된 것에 한함)은 해당 건축물 높이에 산입하지 않음

③ 층고

   ㉮ 방의 바닥구조체 윗면으로부터 윗층 바닥구조체의 윗면까지의 높이로 한다.

   ㉯ 다만, 한 방에서 층의 높이가 다른 부분이 있는 경우에는 그 각 부분 높이에 따른 면적에 따라 가중 평균한 높이로 한다.

3. 층수의 산정 및 제한

① 층수 산정의 원칙

   ㉮ 건축물의 지상층 만을 층수로 산입하며 건축물의 부분에 따라 층수를 달리하는 경우에는 그 중에서 가장 많은 층수를 그 건축물의 층수로 봄

   ㉯ 층의 구분이 명확하지 아니한 건축물은 높이 4m 마다 하나의 층으로 산정

② 층수 산정에서 제외되는 부분

   ㉮ 지하층

   ㉯ 건축물의 옥상부분(승강기탑, 계단탑, 망루, 장식탑, 옥탑 기타 이와 유사한 것)으로서 수평투영면적 의 합계가 해당 건축물의 건축면적 1/8 이하(사업계획승인 대상 공동주택으로 전용면적 85m² 이하 인 경우 1/6 이하)인 것

02 피난시설, 방화구획 및 방화시설의 관리

(01) STEP 총칙

1. 건축물의 방화개념

① 화재발생방지 : 발화 및 연소방지를 위해 건축물 "내부와 외벽의 마감 재료"를 규제

② 화재확대방지 : 건축물 내 한 부분에서 발생한 화재가 인접 공간으로 확대되는 것을 "방화구획"을 통해 제한

③ 화재 시 건축물의 붕괴방지 : 화재열에 의한 건축 구조부재의 강도 저하 및 붕괴의 위험을 건축물 주요구조부를 "내화구조"로 하여 구조적 안정성을 확보

④ 화재 시 안전한 피난 : 화재 시 안전한 피난을 위해 "피난경로 및 대피공간"의 구조적 기준을 정함

2. 피난시설, 방화구획 및 방화시설의 범위

① 피난시설 : 복도, 출입구(비상구), 계단(직통계단, 피난계단 등), 피난용승강기, 옥상광장, 피난안전구역 등

② 방화구획 : 내화구조의 벽·바닥, 60분+ 방화문 또는 60분 방화문, 자동방화셔터 등

③ 방화시설 : 내화구조, 방화구조, 방화벽, 마감재료(불연재료, 준불연재료, 난연재료), 배연설비, 소방관진입창 등

(02) STEP 피난시설

1. 직통계단

① 직통계단 : 건축물의 피난층(직접 지상으로 통하는 출입구가 있는 층 및 피난안전구역을 말함) 외의 층에서 피난층 또는 지상으로 통하는 계단

② 직통계단 설치기준 : 피난층 외의 층에서 거실의 각 부분으로부터 가장 가까운 거리에 있는 1개소의 계단에 이르는 보행거리가 다음의 표에 의한 값 이하가 되도록 설치

[직통계단 보행거리 기준]

구분	보행거리
일반기준	• 30m 이하
건축물의 주요구조부 : 내화구조 또는 불연재료	• 50m 이하 • 층수가 16층 이상인 공동주택의 경우 16층 이상의 층 : 40m 이하
반도체 및 디스플레이 패널 제조공장으로 자동화 생산시설에 자동식 소화설비를 설치한 경우	• 75m 이하 • 무인화 공장 : 100m 이하

2. 피난계단 및 특별피난계단

① 피난계단
  ㉮ 구조 : 건축물의 내부 다른 부분과 방화구획된 구조로 계단실로 화염 및 연기유입을 차단한 직통계단
  ㉯ 피난동선 : 옥내 ⇨ 계단실 ⇨ 피난층
② 특별피난계단
  ㉮ 구조 : 건축물의 내부 다른 부분과 방화구획 및 계단실과 옥내 사이에 노대(露臺) 또는 부속실을 설치한 직통계단으로 피난계단보다 높은 피난 안정성을 확보
  ㉯ 피난동선 : 옥내 ⇨ 노대 또는 부속실 ⇨ 계단실 ⇨ 피난층
③ 피난계단 및 특별피난계단의 설치대상
  ㉮ 5층 이상 또는 지하 2층 이하인 층에 설치하는 직통계단은 피난계단 또는 특별피난계단으로 설치. 다만, 건축물의 주요구조부가 내화구조 또는 불연재료로 되어 있는 경우로서 다음의 어느 하나에 해당하는 경우는 예외
    ㉠ 5층 이상인 층의 바닥면적의 합계가 $200m^2$ 이하인 경우
    ㉡ 5층 이상인 층의 바닥면적 $200m^2$ 이내마다 방화구획이 되어 있는 경우
  ㉯ 건축물의 11층(공동주택은 16층) 이상인 층 또는 지하 3층 이하인 층으로부터 피난층 또는 지상으로 통하는 직통계단은 특별피난계단으로 설치(바닥면적 $400m^2$ 미만인 층은 제외)
  ㉰ 위 ㉮항에서 판매시설의 용도로 쓰는 층으로부터 직통계단은 그 중 1개소 이상을 특별피난계단으로 설치하여야 함
  ㉱ 5층 이상 건축물로 전시장 또는 동ㆍ식물원, 판매시설, 운수시설, 운동시설, 위락시설, 관광휴게시설 등에는 직통계단 설치 외에 바닥면적 $2,000m^2$를 넘는 경우 넘을 때마다 1개소씩 피난계단 또는 특별피난계단 설치하여야 함
④ 피난계단 및 특별피난계단의 구조
  ㉮ 건축물 내부에 설치하는 피난계단 구조
    ㉠ 구획 : 계단실은 창문등(창문ㆍ출입구 기타 개구부를 말함)을 제외한 해당 건축물의 다른 부분과 내화구조의 벽으로 구획할 것
    ㉡ 마감 : 계단실의 실내에 접하는 부분의 마감은 불연재료로 할 것
    ㉢ 조명 : 계단실에는 예비전원에 의한 조명설비를 할 것
    ㉣ 외부 창문 : 계단실의 바깥쪽과 접하는 창문등(망입유리 붙박이창으로 그 면적이 각각 $1m^2$ 이

하인 것은 제외)은 다른 부분에 설치하는 창문등으로부터 2m 이상의 거리를 두고 설치

ⓜ 내부 창문 : 건축물의 내부와 접하는 계단실의 창문등(출입구는 제외)은 망입유리의 붙박이창으로 면적을 각각 1m² 이하로 할 것

ⓗ 건축물 내부에서 계단실로 통하는 출입구
- 60분+ 방화문 또는 60분 방화문을 설치
- 유효너비는 0.9m 이상
- 피난의 방향으로 열 수 있을 것
- 항상 닫힌 상태를 유지하거나 화재로 인한 연기 또는 불꽃을 감지하여 자동적으로 닫히는 구조로 할 것

ⓢ 계단의 구조 : 내화구조로 하고 피난층 또는 지상까지 직접 연결되도록 할 것

㉯ 건축물 바깥쪽에 설치하는 피난계단의 구조

㉠ 계단 : 그 계단으로 통하는 출입구외의 창문등(망입유리 붙박이창으로 그 면적이 각각 1m² 이하인 것은 제외)으로부터 2m 이상의 거리를 두고 설치

㉡ 건축물 내부에서 계단으로 통하는 출입구 : 60분+ 방화문 또는 60분 방화문을 설치

㉢ 계단의 유효너비 : 0.9m 이상

㉣ 계단의 구조 : 내화구조로 하고 지상까지 직접 연결되도록 할 것

㉰ 특별피난계단의 구조

㉠ 건축물 내부와 계단실 연결 : 노대를 통하여 연결하거나 외부를 향하여 열 수 있는 면적 1m² 이상인 창문(바닥으로부터 1m 이상의 높이에 설치한 것에 한함) 또는 배연설비가 있는 면적 3m² 이상인 부속실을 통하여 연결할 것

㉡ 그 외 구획, 마감, 조명, 외부 창문, 내부 창문, 출입구, 계단의 구조는 피난계단에 준한다.

3. 옥상광장 등의 설치

① 개요 : 옥상광장 또는 2층 이상인 층에 노대(露臺) 등의 주위에는 높이 1.2m 이상의 난간을 설치하여야 한다.

② 옥상광장 설치대상 : 5층 이상의 층이 다음 용도로 쓰이는 경우

㉮ 근린생활시설 중 공연장·종교집회장·인터넷컴퓨터게임시설제공업소(해당 용도로 쓰는 바닥면적의 합계가 각각 300m² 이상인 경우만 해당)

㉯ 문화 및 집회시설(전시장 및 동·식물원은 제외)

㉰ 종교시설, 판매시설·위락시설 중 주점영업 또는 장례시설

③ 옥상광장 설치기준

㉮ 비상문자동개폐장치 설치 : 다음의 어느 하나에 해당하는 건축물은 옥상으로 통하는 출입문에 설치

㉠ 옥상광장 설치대상 건축물

㉡ 피난 용도로 쓸 수 있는 광장을 옥상에 설치해야 하는 다음의 건축물
- 다중이용 건축물
- 연면적 1,000m² 이상인 공동주택

ⓓ 계단과 연결
　　㉠ 옥상광장을 설치해야 하는 건축물의 피난계단 또는 특별피난계단은 해당 건축물의 옥상으로 통하도록 설치
　　㉡ 옥상으로 통하는 출입문은 피난방향으로 열리는 구조로 피난 시 이용에 장애가 없어야 함
ⓔ 옥상공간 확보 : 층수가 11층 이상인 건축물로서 11층 이상인 층의 바닥면적의 합계가 10,000m² 이상인 건축물의 옥상에는 다음의 구분에 따른 공간을 확보
　　㉠ 건축물 지붕을 평지붕으로 하는 경우 : 헬리포트를 설치하거나 헬리콥터를 통하여 인명 등을 구조할 수 있는 공간
　　㉡ 건축물 지붕을 경사지붕으로 하는 경우 : 경사지붕 아래에 설치하는 대피공간

4. 대지 안의 피난 및 소화에 필요한 통로 설치

① 개요 : 건축물의 대지 안에는 그 건축물 외부로 통하는 주된 출구와 지상으로 통하는 피난계단 및 특별피난계단으로부터 도로 또는 공지로 통하는 통로 설치
② 통로의 너비는 아래 항의 구분에 따른 기준에 따라 확보할 것
　㉮ 단독주택 : 유효 너비 0.9m 이상
　㉯ 바닥면적 합계 500m² 이상인 문화 및 집회시설, 종교시설, 의료시설, 위락시설, 장례시설 : 유효 너비 3m 이상
　㉰ 그 밖의 용도로 쓰이는 건축물 : 유효 너비 1.5m 이상
③ 필로티 내 통로의 길이 2m 이상인 경우 : 피난 및 소화활동에 장애가 발생하지 아니하도록 자동차 진입억제용 말뚝 등 통로 보호시설을 설치하거나 통로에 단차(段差)를 둘 것
④ 다중이용 건축물, 준다중이용 건축물 또는 11층 이상인 건축물이 건축되는 대지에는 소방자동차의 접근이 가능한 통로를 설치

5. 피난용승강기

① 피난용승강기의 개념 : 화재 등 재난발생 시 거주자의 피난활동에 적합하게 제조·설치된 엘리베이터로 평상시에는 승객용으로 사용하는 엘리베이터
② 설치대상 : 고층건축물(30층 이상이거나 높이가 120m 이상인 건축물)에는 승용승강기 중 1대 이상을 피난용승강기로 설치
③ 설치기준
　㉮ 승강장의 바닥면적은 승강기 1대당 6m² 이상으로 할 것
　㉯ 각 층으로부터 피난층까지 이르는 승강로를 단일구조로 연결하여 설치할 것
　㉰ 예비전원으로 작동하는 조명설비를 설치할 것
　㉱ 승강장의 출입구 부근 잘 보이는 곳에 해당 승강기가 피난용승강기임을 알리는 표지를 설치할 것
　㉲ 그 밖에 화재예방 및 피해경감을 위해 법령에 정하는 구조 및 설비 등의 기준에 맞을 것

- 정전시 피난용승강기, 기계실, 승강장 및 폐쇄회로 텔레비전 등의 설비를 작동할 수 있는 별도의 예비전원 설비를 설치할 것
- 예비전원은 초고층 건축물(50층 이상이거나 높이 200m 이상)의 경우에는 2시간 이상, 준초고층 건축물(30층 이상 50층 미만 또는 120m 이상 200m 미만 건축물)의 경우에는 1시간 이상 작동이 가능한 용량일 것
- 상용전원과 예비전원의 공급을 자동 또는 수동으로 전환이 가능한 설비를 갖출 것
- 전선관 및 배선은 고온에 견길 수 있는 내열성 자재를 사용하고 방수조치를 할 것

STEP (03) 방화구획

1. 방화구획 개요

① 방화구획

   ㉮ 건축물 내 어느 부분에서 발생한 화재가 인접 공간으로 확대되는 것을 방지하기 위해 설치

   ㉯ 내화구조의 벽이나 바닥으로 구획하여 화재에 저항하며 방화구획의 개구부나 틈새 등은 규정된 내화성능 및 방연성능 등을 확보한 것으로 설치

② 방화구획의 개구부, 틈새 등

   ㉮ 출입문 : 60분+ 방화문 또는 60분 방화문

   ㉯ 내화구조의 벽을 설치하지 못하는 경우 : 자동방화셔터

   ㉰ 방화구획의 틈새(외벽과 바닥 사이, 설비 관통부) : 내화채움구조

   ㉱ 공조설비 풍도 내부 : 방화댐퍼

 방화구획 설치대상
주요구조부가 내화구조 또는 불연재료로 된 건축물로서 연면적 1,000m²를 넘는 것은 다음의 구조물로 구획
- 내화구조로 된 바닥 및 벽
- 60분+ 방화문·60분 방화문 또는 자동방화셔터

2. 방화구획 설치기준

① 면적별·층별 구획 등

구분	구획 단위
면적별 구획	• 10층 이하의 층은 바닥면적 1,000m² 이내마다 구획 • 11층 이상의 층은 바닥면적 200m²(벽 및 반자의 실내마감을 불연재료로 한 경우에는 500m²)이내마다 구획 ※스프링클러설비 등 자동식 소화설비를 설치한 경우에는 상기 면적의 3배 이내마다 구획
층별 구획	매층마다 구획(다만, 지하 1층에서 지상으로 직접 연결하는 경사로 부위는 제외)
필로티 등	필로티 등(벽면적의 2분의 1 이상이 그 층의 바닥면에서 위층 바닥 아래면까지 공간으로 된 것)의 부분을 주차장으로 사용하는 경우 그 부분은 건축물의 다른 부분과 구획할 것

② 방화구획의 구조

㉮ 방화구획으로 사용하는 60분+ 방화문 또는 60분 방화문은 언제나 닫힌 상태를 유지하거나 화재로 인한 연기, 온도, 불꽃 등을 가장 신속하게 감지하여 자동적으로 닫히는 구조로 할 것. 다만, 연기 또는 불꽃을 감지하여 자동적으로 닫히는 구조로 할 수 없는 경우에는 온도 를 감지하여 자동적으로 닫히는 구조로 할 수 있다.

㉯ 외벽과 바닥 사이에 틈이 생긴 때나 급수관 · 배전관 그 밖의 관이 방화구획으로 되어 있는 부분을 관통하는 경우 그로 인하여 방화구획에 틈이 생긴 때에는 그 틈을 규정에 따른 내화시간 이상 견딜 수 있는 내화채움성능이 인정된 구조로 메울 것

㉰ 환기 · 난방, 냉방시설의 풍도가 방화구획을 관통하는 경우에는 그 관통 부분 또는 그 근접하는 부분에 적합한 댐퍼를 설치할 것. 다만 반도체공장 건축물로서 방화구획을 관통하는 풍도의 주위에 스프링클러헤드를 설치하는 경우에는 그렇지 않다.

3. 방화문

① 방화문의 정의 : 화재의 확대, 연소를 방지하기 위해 방화구획의 개구부에 설치하는 문을 말한다.

② 방화문의 구분

㉮ 60분+ 방화문 : 연기 및 불꽃을 차단할 수 있는 시간이 60분 이상이고, 열을 차단할 수 있는 시간이 30분 이상인 방화문

㉯ 60분 방화문 : 연기 및 불꽃을 차단할 수 있는 시간이 60분 이상인 방화문

㉰ 30분 방화문 : 연기 및 불꽃을 차단할 수 있는 시간이 30분 이상 60분 미만인 방화문

③ 방화문의 구조 : 항상 닫혀있는 구조 또는 화재발생시 불꽃, 연기 및 열에 의하여 자동으로 닫힐 수 있는 구조이어야 한다.

4. 자동방화셔터

① 자동방화셔터의 정의 : 내화구조로 된 벽을 설치하지 못하는 경우 화재 시 연기 및 열을 감지하여 자동 폐쇄되는 셔터를 말한다.

② 자동방화셔터의 설치

㉮ 피난이 가능한 60분+ 방화문 또는 60분 방화문으로부터 3m 이내에 별도로 설치할 것

㉯ 전동방식이나 수동방식으로 개폐할 수 있을 것

㉰ 불꽃감지기 또는 연기감지기 중 하나와 열감지기를 설치할 것

㉱ 불꽃이나 연기를 감지한 경우 일부 폐쇄되는 구조일 것

㉲ 열을 감지한 경우 완전 폐쇄되는 구조일 것

③ 자동방화셔터의 구조

㉮ 자동방화셔터는 위 ②항에 따른 구조를 가진 것이어야 하나, 수직방향으로 폐쇄되는 구조가 아닌 경우는 불꽃, 연기 및 열감지에 의해 완전 폐쇄가 될 수 있는 구조여야 한다.

㉯ 자동방화셔터의 상부는 상층 바닥에 직접 닿도록 하여야 하며, 그렇지 않은 경우 방화구획 처리를 하여 연기와 화염의 이동통로가 되지 않도록 하여야 한다.

STEP (04) 방화시설

1. 배연설비(배연창, 배연구)

① 배연설비 설치대상 : 다음에 해당하는 건축물의 거실(피난층의 거실은 제외)

   ㉮ 6층 이상인 건축물로 다음에 해당하는 용도로 쓰는 건축물

      ㉠ 제2종 근린생활시설 중 공연장, 종교집회장, 인터넷컴퓨터게임시설제공업소 및 다중생활시설(공연장, 종교집회장, 인터넷컴퓨터게임시설제공업소는 해당 용도로 쓰는 바닥면적의 합계가 각각 300m² 이상인 경우만 해당)

      ㉡ 문화 및 집회시설, 종교시설, 판매시설, 운수시설

      ㉢ 의료시설(요양병원 및 정신병원은 제외)

      ㉣ 교육연구시설 중 연구소

      ㉤ 노유자시설 중 아동 관련 시설, 노인복지시설(노인요양시설은 제외)

      ㉥ 수련시설 중 유스호스텔

      ㉦ 운동시설, 업무시설, 숙박시설, 위락시설, 관광휴게시설, 장례시설

   ㉯ 다음에 해당하는 용도로 쓰는 건축물

      ㉠ 의료시설 중 요양병원 및 정신병원

      ㉡ 노유자시설 중 노인요양시설 · 장애인 거주시설 및 장애인 의료재활시설

      ㉢ 제1종 근린생활시설 중 산후조리원

② 배연설비 설치기준

   ㉮ 방화구획마다 1개소 이상의 배연창을 설치하되, 배연창의 상변과 천장 또는 반자로부터 수직거리 0.9m 이내일 것(반자높이가 바닥으로부터 3m 이상인 경우에는 배연창의 하변이 바닥으로부터 2.1m 이상의 위치에 놓이도록 설치)

   ㉯ 배연창의 유효면적은 산정기준에 의해 산정된 면적이 1m² 이상으로서 그 면적 합계가 당해 건축물의 바닥면적의 100분의 1 이상일 것

   ㉰ 배연구는 연기감지기 또는 열감지기에 의하여 자동으로 열 수 있는 구조로 하되, 손으로도 열고 닫을 수 있도록 할 것

   ㉱ 배연구는 예비전원에 의해 열 수 있도록 할 것

2. 소방관 진입창

① 건축물의 11층 이하의 층에는 소방관이 진입할 수 있는 창을 설치하고, 외부에서 주야간에 식별할 수 있는 표시를 해야 함(단, 대피공간 등을 설치한 아파트 또는 비상용승강기를 설치한 아파트는 제외)

② 소방관 진입창 설치기준

   ㉮ 2층 이상 11층 이하인 층에 각각 1개소 이상 설치할 것(소방관이 진입할 수 있는 창의 가운데에서 벽면 끝까지의 수평거리가 40m 이상인 경우에는 40m 이내마다 소방관이 진입할 수 있는 창을 추가로 설치)

   ㉯ 소방차 진입로 또는 소방차 진입이 가능한 공터에 면할 것

   ㉰ 창문의 가운데 지름 20cm 이상의 역삼각형을 야간에도 알아볼 수 있도록 빛 반사 등으로 붉은색으로 표시할 것

④ 창문의 한쪽 모서리에 타격지점을 지름 3cm 이상의 원형으로 표시할 것
⑤ 창문의 크기는 폭 90cm 이상, 높이 1.2m 이상으로 하고, 실내 바닥면부터 창의 아랫부분까지 높이는 80cm 이내로 할 것
⑥ 다음의 어느 하나에 해당하는 유리를 사용할 것
   ⊙ 플로트판유리로서 그 두께가 6mm 이하인 것
   ⓒ 강화유리 또는 배강도유리로서 그 두께가 5mm 이하인 것
   ⓒ 위의 ⊙항 또는 ⓒ항에 해당하는 유리로 구성된 이중유리로서 그 두께가 24mm 이하인 것

3. 건축물의 마감재료 등

① 방화에 지장이 없는 재료의 구분
   ㉮ 불연재료 : 불에 타지 아니하는 성질을 가진 재료. 석재 · 벽돌 · 기와 · 철강 등
   ㉯ 준불연재료 : 불연재료에 준하는 성질을 가진 재료
   ㉰ 난연재료 : 불에 잘 타지 아니하는 성능을 가진 재료
② 건축물 내부의 마감재료
   ㉮ 규제대상 : 공동주택, 발전시설, 공장, 문화 및 집회시설 등 관련법령에 정하는 건축물
   ㉯ 규제대상 건축물 내부의 마감재료 적용
      ⊙ 거실의 벽 및 반자의 실내에 접하는 부분(반자돌림대·창대 등은 제외) : 불연재료 · 준불연재료 또는 난연재료 사용
      ⓒ 거실에서 지상으로 통하는 주된 복도 · 계단, 그 밖의 벽 및 반자의 실내에 접하는 부분 : 불연재료 또는 준불연재료 사용
③ 건축물 외벽의 마감재료 등
   ㉮ 규제대상 : 의료시설, 교육연구시설, 3층 이상 또는 높이 9m 이상인 건축물 등 관련법령에 정하는 건축물
   ㉯ 규제대상 건축물 외벽의 마감재료 적용
      ⊙ 외벽 : 불연재료 또는 준불연재료 사용
      ⓒ 외벽에 설치하는 창호 : 방화유리창으로 설치

> **참고** **피난시설, 방화구획 및 방화시설의 관리**
> 특정소방대상물의 관계인은 피난시설, 방화구획 및 방화시설에 대하여 정당한 사유 없는 한 다음의 행위를 하여서는 아니 된다.
> - 피난시설, 방화구획 및 방화시설을 폐쇄하거나 훼손하는 등의 행위
> - 피난시설, 방화구획 및 방화시설의 주위에 물건을 쌓아두거나 장애물을 설치하는 행위
> - 피난시설, 방화구획 및 방화시설의 용도에 장애를 주거나 소방활동에 지장을 주는 행위
> - 그 밖에 피난시설, 방화구획 및 방화시설을 변경하는 행위

1. 건축관계법령

01 건축물의 방화안전 개념인 '방화구획'의 설명으로 틀린 것은?

① 건축물 내부를 내화구조 등의 벽, 바닥 등으로 구획

② 화재의 확산을 일정구역으로 제한

③ 연기의 확산은 제연을 시행하도록 건축법에 위임

④ 소화 작업 및 피난시간을 일정시간 확보

🔍 방화구획 : 건축물 내부를 내화구조 등의 벽, 바닥 등으로 구획하여
 • 화재의 확산을 일정구역으로 제한
 • 연기의 확산은 제연을 시행하도록 소방법에 위임
 • 소화 작업 및 피난시간을 일정시간 확보

02 다음 중 '건축법에서 정의한 용어'의 뜻으로 틀린 것은?

① 건축물이란 토지에 정착하는 공작물 중 지붕과 기둥 또는 벽이 있는 것과 이에 딸린 시설물을 말한다.

② 지하층이란 건축물의 바닥이 지표면 아래에 있는 층으로서 바닥에서 지표면까지 평균높이가 해당 층 높이의 4분의 1 이상인 것을 말한다.

③ 주요구조부란 내력벽(耐力壁), 기둥, 바닥, 보, 지붕틀 및 주계단(主階段)을 말한다.

④ 건축이란 건축물을 신축·증축·개축·재축(再築)하거나 건축물을 이전하는 것을 말한다.

🔍 건축법에 사용하는 용어의 뜻(건축법 제2조)
 • 대지(垈地) : 「공간정보의 구축 및 관리 등에 관한 법률」에 따라 각 필지(筆地)로 나눈 토지
 • 건축물 : 토지에 정착하는 공작물 중 지붕과 기둥 또는 벽이 있는 것과 이에 딸린 시설물
 • 건축물의 용도 : 건축물의 종류를 유사한 구조, 이용목적 및 형태별로 묶어 분류한 것
 • 지하층 : 건축물의 바닥이 지표면 아래에 있는 층으로서 바닥에서 지표면까지 평균높이가 해당 층 높이의 2분의 1 이상인 것
 • 주요구조부(主要構造部) : 내력벽(耐力壁), 기둥, 바닥, 보, 지붕틀 및 주계단(主階段)
 • 건축 : 건축물을 신축·증축·개축·재축(再築)하거나 건축물을 이전하는 것
 • 대수선 : 건축물의 기둥, 보, 내력벽, 주계단 등의 구조나 외부형태를 수선·변경하거나 증설하는 것
 • 리모델링 : 건축물의 노후화를 억제하거나 기능향상을 위하여 대수선하거나 건축물의 일부를 증축 또는 개축하는 행위

03 건축법상 건축물의 '주요구조부'에 해당되지 않은 것은?

① 내력벽(耐力壁)

② 주계단(主階段)

③ 바닥

④ 발코니

🔍 주요구조부 : 건축물의 안전에 결정적인 역할을 담당하는 구조상 주요 부분
 • 주요구조부 : 내력벽(耐力壁)·기둥·바닥·보·지붕틀 및 주계단(主階段) 등
 • 주요구조부가 아닌 것 : 사이 기둥, 최하층 바닥, 작은 보, 차양, 옥외계단, 그 밖에 이와 유사한 것으로 건축물의 구조상 중요하지 아니한 부분

04 다음 중 '기존 건축물의 전부 또는 일부를 철거하고 그 대지 안에 종전과 같은 규모의 범위에서 건축물을 다시 축조하는 것'을 무엇이라 하는가?

① 개축 ② 증축
③ 재축 ④ 리모델링

🔍 **용어의 정의**
- 신축 : 건축물이 없는 대지에 새로 건축물을 축조하는 것
- 증축 : 기존 건축물이 있는 대지에서 건축물의 건축면적, 연면적, 층수 또는 높이를 늘이는 것
- 개축 : 기존 건축물의 전부 또는 일부를 철거하고 그 대지에 종전과 같은 규모의 범위에서 건축물을 다시 축조하는 것
- 재축(再築) : 건축물이 천재지변이나 그 밖의 재해(災害)로 멸실된 경우 그 대지 안에 종전과 동일한 규모의 범위 안에서 다시 축조하는 것
- 이전 : 건축물의 주요구조부를 해체하지 아니하고 같은 대지의 다른 위치로 옮기는 것

05 다음은 건축 행위에 관한 내용이다. 개축과 재축에 해당되는 것을 올바르게 연결한 것은?

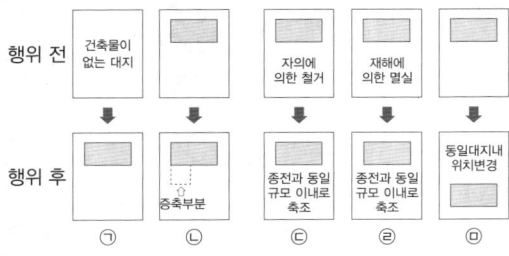

행위 전 / 행위 후

ⓖ 건축물이 없는 대지 → (ⓖ)
ⓛ → 증축부분 (ⓛ)
자의에 의한 철거 → 종전과 동일 규모 이내로 축조 (ⓒ)
재해에 의한 멸실 → 종전과 동일 규모 이내로 축조 (ⓔ)
→ 동일대지내 위치변경 (ⓜ)

① 개축 – ⓛ, 재축 – ⓔ
② 개축 – ⓛ, 재축 – ⓒ
③ 개축 – ⓒ, 재축 – ⓔ
④ 개축 – ⓔ, 재축 – ⓒ

🔍 **건축 행위**
- 신축(ⓖ) : 건축물이 없는 대지에 새로이 건축물을 축조하는 것을 말한다.
- 증축(ⓛ) : 기존 건축물이 있는 대지 안에서 건축물의 건축면적·연면적·층수 또는 높이를 증가시키는 것을 말한다.
- 개축(ⓒ) : 기존 건축물의 전부 또는 일부를 철거하고, 그 대지 안에 종전과 동일한 규모의 범위 안에서 건축물을 다시 축조하는 것을 말한다.
- 재축(ⓔ) : 건축물이 천재·지변 기타 재해에 의하여 멸실된 경우에 그 대지 안에 종전과 동일한 규모의 범위 안에서 다시 축조하는 것을 말한다.
- 이전(ⓜ) : 건축물의 주요구조부를 해체하지 않고 동일한 대지 안의 다른 위치를 옮기는 것을 말한다.

06 다음 중 건축관련법령에서 '대수선의 범위'에 속하지 않는 것은?

① 내력벽을 증설하거나 또는 해체하거나 그 벽면적을 30m² 이상 수선 또는 변경하는 것
② 기둥을 증설 또는 해체하거나 3개 이상 수선 또는 변경하는 것
③ 보를 증설 또는 해체하거나 1개 이상 수선 또는 변경하는 것
④ 다가구주택의 가구 간 경계벽을 증설 또는 해체하거나 수선 또는 변경하는 것

🔍 **대수선의 범위**
- 내력벽을 증설 또는 해체하거나 그 벽면적을 30m² 이상 수선 또는 변경하는 것
- 기둥을 증설 또는 해체하거나 3개 이상 수선 또는 변경하는 것
- 보를 증설 또는 해체하거나 3개 이상 수선 또는 변경하는 것
- 지붕틀(한옥의 경우에는 지붕틀의 범위에서 서까래는 제외)을 증설 또는 해체하거나 3개 이상 수선 또는 변경하는 것
- 방화벽 또는 방화구획을 위한 바닥 또는 벽을 증설 또는 해체하거나 수선 또는 변경하는 것
- 주계단·피난계단 또는 특별피난계단을 증설 또는 해체하거나 수선 또는 변경하는 것
- 다가구주택의 가구 간 경계벽 또는 다세대주택의 세대 간 경계벽을 증설 또는 해체하거나 수선 또는 변경하는 것
- 건축물의 외벽에 사용하는 마감재료를 증설 또는 해체하거나 벽면적 30m² 이상 수선 또는 변경하는 것

07 건축법상 '내화구조 적용 대상'이 아닌 것은?

① 문화 및 집회시설 주요구조부
② 연면적 50m² 이하인 단층건물 무대바닥
③ 의료시설 주요구조부
④ 공동주택 주요구조부

🔍 **내화구조 적용 대상**
- 내화구조 : 화재에 견딜 수 있는 성능을 가진 철근콘크리트조·연와조 등으로 화재 시 일정기간 동안 형태나 강도 등이 크게 변하지 않는 구조
- 적용 대상 : 문화 및 집회시설, 의료시설, 공동주택 등으로 일정용도와 면적 등에 해당되는 건축물의 주요구조부와 지붕을 내화구조로 하여야 한다. 다만, 막구조 등의 구조는 주요구조부에만 내화구조로 할 수 있고, 연면적 50m² 이하인 단층의 부속건축물 외벽 및 처마 밑변을 방화구조로 한 것과 무대의 바닥은 그렇지 않다.

08 다음 중 '방화구조의 기준'으로 맞는 것은?

① 철망모르타르 바르기 - 바름두께 2cm 이상
   인 것
② 석고판 위에 시멘트모르타르 바른 것 - 두께
   의 합계 1.0cm 이상인 것
③ 시멘트모르타르 위에 타일 붙인 것 - 두께와
   무관함
④ 심벽에 흙으로 맞벽치기한 것 - 두께 3.0cm
   이상인 것

🔍 방화구조 구분과 기준
  • 철망모르타르 바르기 - 바름두께 2cm 이상인 것
  • 석고판 위에 시멘트모르타르 바른 것 - 두께의 합계 2.5cm
    이상인 것
  • 시멘트모르타르 위에 타일 붙인 것 - 두께의 합계 2.5cm
    이상인 것
  • 심벽에 흙으로 맞벽치기한 것 - 두께와 무관함

09 건축관련법령상 건축물의 용적률 산정 시 제외되는
   면적으로 볼 수 없는 것은?

① 지하층의 면적
② 초고층 건축물과 준초고층 건축물에 설치하는
   피난안전구역의 면적
③ 건축물의 부속용도가 아닌 지상층의 주차용
   면적
④ 건축물의 경사지붕 아래에 설치하는 대피공간
   의 면적

🔍 건축물의 연면적
  하나의 건축물 각 층의 바닥면적의 합계로 하되, 용적률을 산
  정할 때에는 다음에 해당하는 면적은 제외한다.
  • 지하층의 면적
  • 지상층의 주차용(해당 건축물의 부속용도인 경우만 해당)으
    로 쓰는 면적
  • 초고층 건축물과 준초고층 건축물에 설치하는 피난안전구역
    의 면적
  • 건축물의 경사지붕 아래에 설치하는 대피공간의 면적

10 건축관련법령에서 정한 건축물 면적의 산정에 대한
   용어 설명으로 옳지 않은 것은?

① 연면적이란 하나의 건축물 각 층의 바닥면적
   의 합계로 한다.
② 바닥면적이란 건축물의 각 층 또는 그 일부로
   서 벽, 기둥 그 밖에 이와 비슷한 구획의 중
   심선으로 둘러싸인 부분의 수평투영면적으로
   한다.
③ 용적률이란 대지면적에 대한 바닥면적의 비율
   을 말한다.
④ 건폐율이란 대지면적에 대한 건축면적의 비율
   을 말한다.

🔍 건축관련법령상 용어의 정의
  • 건축면적 : 건축물의 외벽(외벽이 없는 경우에는 외곽부분의
    기둥)의 중심선으로 둘러 싸인 수평투영면적
  • 연면적 : 하나의 건축물 각 층의 바닥면적의 합계
  • 바닥면적 : 건축물의 각 층 또는 그 일부로서 벽, 기둥, 그 밖
    에 이와 비슷한 구획의 중심선으로 둘러싸인 부분의 수평투
    영면적
  • 건폐율 : 대지면적에 대한 건축면적(대지에 2개 이상의 건축물이
    있는 경우에는 이들 건축면적의 합계)의 비율($\frac{건축면적}{대지면적} \times 100\%$)
  • 용적률 : 대지면적에 대한 연면적(대지에 2개 이상의 건축물이
    있는 경우에는 이들 연면적의 합계)의 비율($\frac{연면적}{대지면적} \times 100\%$)

11 건축관계법령상 구역, 지역, 지구에 대한 설명으로
   틀린 것은?

① 구역 : 도시개발구역
② 지역 : 주거지역, 상업지역
③ 지구 : 방화지구, 방재지구, 경관지구
④ 넓이는 지구 〉지역 〉구역 순이다.

🔍 구역, 지역, 지구
  • 구역 : 도시개발구역
  • 지역 : 주거지역, 상업지역
  • 지구 : 방화지구, 방재지구, 경관지구 등
  • 넓이는 지역 〉구역 〉지구 순이다.

12 건축관련법상 '건축물의 높이'에 대한 산정방식으로 옳은 것은?

① 건축물의 높이는 지하층으로부터 그 건축물의 상단까지의 높이로 한다.

② 건축물의 높이는 전면도로의 제일 윗선으로부터 높이로 산정한다.

③ 건축물의 옥상에 설치되는 승강기탑 · 계단탑 · 옥탑 · 망루 · 장식탑 등으로서 그 수평투영면적의 합계가 해당 건축물 건축면적의 8분의 1 이하인 경우로서 그 부분의 높이가 12m를 넘는 경우에는 그 넘는 부분만 해당 건축물의 높이에 산정한다.

④ 건축물 대지의 지표면과 인접대지의 지표면간에 고저차가 있는 경우에는 그 지표면의 제일 아랫면을 지표면으로 한다.

🔍 건축물의 높이 : 지표면으로부터 그 건축물의 상단까지의 높이
• 건축물의 높이 : 전면도로의 중심선으로부터 높이를 산정한다.
• 건축물 대지의 지표면과 인접 대지의 지표면 간에 고저차가 있는 경우 그 지표면의 평균수평면을 지표면으로 한다.
• 건축물의 옥상에 설치되는 승강기탑 · 계단탑 · 옥탑 · 망루 · 장식탑 등으로서 그 수평투영면적의 합계가 해당 건축물 건축면적의 8분의 1 이하인 경우로서 그 부분의 높이가 12m를 넘는 경우에는 그 넘는 부분만 해당 건축물의 높이에 산정한다.

13 건축법상 '건축물의 층수의 산정 및 제한'에 대한 설명으로 틀린 것은?

① 건축물의 지상층만 층수에 산입한다.

② 건축물의 부분에 따라 층수를 달리하는 경우 그 중에서 가장 많은 층수를 그 건축물의 층수로 본다.

③ 층의 구분이 명확하지 아니한 건축물은 높이 4m 마다 하나의 층으로 산정한다.

④ 옥탑 등이 바닥면적이 건축물 건축면적 1/8 이상일 때 층수산정에서 제외한다.

🔍 층수 산정의 원칙
• 건축물의 지상층만을 층수로 산입하며 건축물의 부분에 따라 층수를 달리하는 경우에는 그 중에서 가장 많은 층수를 그 건축물의 층수로 본다.
• 층의 구분이 명확하지 아니한 건축물은 높이 4m마다 하나의 층으로 산정한다.
• 지하층 및 건축물의 옥상부분으로서 수평투영면적의 합계가 해당 건축물의 건축면적 1/8 이하(사업계획승인 대상 공동주택으로 전용면적 85m² 이하인 경우 1/6 이하)인 것은 층수 산정에서 제외한다.

• **2. 피난시설, 방화구획 및 방화시설의 관리**

14 건축법상 '피난시설, 방화구획 및 방화시설의 범위'애 대한 설명으로 틀린 것은?

① 피난시설에는 복도, 출입구(비상구), 계단 등이 있다.

② 방화구획은 내화구조로 된 바닥 및 벽에 구획해야 한다.

③ 방화시설로는 내화구조, 방화구조 배연설비 등이 있다.

④ 옥상광장은 피난시설로 볼 수 없다.

🔍 피난시설, 방화구획 및 방화시설의 범위
• 피난시설 : 복도, 출입구(비상구), 계단(직통계단, 피난계단 등), 피난용승강기, 옥상광장, 피난안전구역 등
• 방화구획 : 내화구조의 벽 · 바닥, 60분+ 방화문 또는 60분 방화문, 자동방화셔터 등
• 방화시설 : 내화구조, 방화구조, 방화벽, 마감재료(불연재료, 준불연재료, 난연재료), 배연설비, 소방관진입창 등

15 피난시설 중 피난계단에 대한 설명으로 틀린 것은?

① 피난계단은 건물의 각 층에서 피난안전구역으로 통하는 계단을 말한다.

② 건물 내부에서 피난계단으로 통하는 출입구에는 방화문을 설치하여야 한다.

③ 통로에는 쉽게 찾을 수 있도록 피난구유도등 또는 유도표지를 설치한다.

④ 옥내피난계단의 피난 시 이동경로는 옥내 → 계단실 → 피난층이다.

정답 **12** ③ **13** ④ **14** ④ **15** ①

🔍 피난계단은 건물의 각 층에서 피난층으로 통하는 직통계단을 말하며, 피난층은 곧바로 지상으로 갈 수 있는 출입구가 있는 층을 말한다.

16 다음 중 '피난계단'의 피난 시 피난동선으로 옳은?

① 옥내 → 계단실 → 피난층
② 옥내 → 노대 또는 부속실 → 지상층
③ 옥내 → 부속실 → 계단실 → 피난층
④ 옥내 → 계단실 → 부속실 → 피난층

🔍 피난계단의 종류 및 피난 시 이동경로

구분	피난 시 이동경로
피난계단	옥내 ⇨ 계단실 ⇨ 피난층
특별피난계단	옥내 ⇨ 노대 또는 부속실 ⇨ 계단실 ⇨ 피난층

17 피난계단 및 특별피난계단의 구조와 관련하여 '건축물 내부에서 계단실로 통하는 출입구'에 대한 설명으로 틀린 것은?

① 60분+ 방화문 또는 60분 방화문을 설치할 것
② 유효너비는 1.5m 이상일 것
③ 피난의 방향으로 열 수 있을 것
④ 항상 닫힌 상태를 유지하거나 화재로 인한 연기 또는 불꽃을 감지하여 자동적으로 닫히는 구조로 할 것

🔍 건축물 내부에서 계단실로 통하는 출입구
• 60분+ 방화문 또는 60분 방화문을 설치
• 유효너비는 0.9m 이상
• 피난의 방향으로 열 수 있을 것
• 항상 닫힌 상태를 유지하거나 화재로 인한 연기 또는 불꽃을 감지하여 자동적으로 닫히는 구조로 할 것

18 5층 이상의 층이 특정한 용도로 쓰이는 경우 옥상광정을 설치해야 한다. 조건을 만족할 때 '옥상광장 의 무설치 대상'이 아닌 건축물은?

① 동 · 식물원
② 종교시설

③ 바닥면적 합계 300m² 이상인 공연장
④ 장례시설

🔍 옥상광장 설치대상 : 5층 이상의 층이 다음 용도로 쓰이는 경우
• 근린생활시설 중 공연장 · 종교집회장 · 인터넷컴퓨터게임시설제공업소(해당 용도로 쓰는 바닥면적의 합계가 각각 300m² 이상인 경우)
• 문화 및 집회시설(전시장 및 동 · 식물원은 제외)
• 종교시설, 판매시설 · 위락시설 중 주점영업 또는 장례시설

19 옥상광장 또는 2층 이상인 층에 노대(露臺) 등의 주위에는 높이 몇 m 이상의 난간을 설치하여야 하는가?

① 0.7m
② 1m
③ 1.2m
④ 2m

🔍 옥상광장 또는 2층 이상인 층에 노대(露臺) 등의 주위에는 높이 1.2m 이상의 난간을 설치하여야 한다.

20 다음 보기의 (　) 안에 들어갈 내용으로 옳은 것은?

> 피난용도로 쓸 수 있는 광장을 옥상에 설치해야 하는 건축물에는 옥상으로 통하는 출입문에 (　　)을(를) 설치해야 한다.

① 비상방화문
② 비상문자동개폐장치
③ 방화문
④ 방화구획

🔍 옥상으로 통하는 출입문에 비상문자동개폐장치(화재 등 비상시에 소방시스템과 연동되어 잠김 상태가 자동으로 풀리는 장치)를 설치해야 하는 대상
• 피난용도로 쓸 수 있는 광장을 옥상에 설치해야 하는 건축물
• 피난용도로 쓸 수 있는 광장을 옥상에 설치하는 다음의 건축물
 – 다중이용 건축물
 – 연면적 1,000m² 이상인 공동주택
 – 옥상공간을 확보하여야 하는 대상(층수가 11층 이상인 건축물로써 11층 이상인 층의 바닥면적 합계가 10,000m² 이상인 건축물)의 출입문

21 피난시설 중 '피난용승강기의 설치기준'으로 틀린 것은?

① 예비전원으로 작동하는 조명설비를 설치할 것
② 각 층으로부터 피난층까지 이르는 승강로를 단일구조로 연결하여 설치할 것
③ 승강장의 바닥면적은 승강기 1대당 $10m^2$ 이상으로 할 것
④ 승강장의 출입구 부근 잘 보이는 곳에 해당 승강기가 피난용승강기임을 알리는 표지를 설치할 것

🔍 **피난용승강기의 설치기준**
- 승강장의 바닥면적은 승강기 1대당 $6m^2$ 이상으로 할 것
- 각 층으로부터 피난층까지 이르는 승강로를 단일구조로 연결하여 설치할 것
- 예비전원으로 작동하는 조명설비를 설치할 것
- 승강장의 출입구 부근 잘 보이는 곳에 해당 승강기가 피난용 승강기임을 알리는 표지를 설치할 것
- 그 밖에 화재예방 및 피해경감을 위해 법령에 정하는 구조 및 설비 등의 기준에 맞을 것

22 건축법상 '방화구획의 개구부, 틈새 등'에 대한 설치 규정으로 틀린 것은?

① 출입문 : 60분+ 방화문 또는 60분 방화문
② 내화구조의 벽을 설치하지 못하는 경우 : 자동방화셔터
③ 방화구획의 틈새(외벽과 바닥 사이, 설비 관통부) : 내화채움구조
④ 공조설비 풍도 내부 : 배연창

🔍 **방화구획의 개구부, 틈새 등**
- 출입문 : 60분+ 방화문 또는 60분 방화문
- 내화구조의 벽을 설치하지 못하는 경우 : 자동방화셔터
- 방화구획의 틈새(외벽과 바닥 사이, 설비 관통부) : 내화채움구조
- 공조설비 풍도 내부 : 방화댐퍼

23 주요 구조부가 내화구조 또는 불연재료로 된 건축물로서 연면적이 얼마 이상을 넘은 경우 방화구획을 하여야 하는가?

① $500m^2$　　　　② $1,000m^2$
③ $2,000m^2$　　　　④ $3,000m^2$

🔍 주요 구조부가 내화구조 또는 불연재료로 된 건축물로서 연면적이 $1,000m^2$를 넘는 것은 기준에 따라 방화구획을 하여야 한다.

24 건축법상 '건축물의 방화구획 설치기준'으로 맞는 것은?

① 10층 이하의 층은 바닥면적 $1,000m^2$ 이내마다 구획
② 11층 이상의 층은 바닥면적 $300m^2$ 이내마다 구획
③ 층별 구획 : 매층 바닥면적 $200m^2$ 이내마다 구획
④ 필로티 등 : 그 건축물의 바닥면적을 합하여 구획

🔍 **건축물의 방화구획 설치기준**

구획의 종류	구획단위
면적별 구획	• 10층 이하의 층은 바닥면적 $1,000m^2$ 이내마다 구획 • 11층 이상의 층은 바닥면적 $200m^2$(내장재가 불연재인 경우 $500m^2$) 이내마다 구획 ※스프링클러설비 기타 이와 유사한 자동식 소화설비를 설치한 경우에는 상기 면적의 3배 이내마다 구획
층별 구획	• 매층마다 구획(다만, 지하 1층에서 지상으로 직접 연결하는 경사로 부위 제외)
필로티 등	• 필로티 등(벽면적의 2분의 1 이상이 그 층의 바닥면에서 위층 바닥 아래면까지 공간으로 된 것)의 부분을 주차장으로 사용하는 경우 그 부분은 건축물의 다른 부분과 구획할 것

25 다음 중 15층 건축물로 연면적 $6,000m^2$인 경우, 최소 몇 m^2 이내마다 방화구획을 하여야 하는가?(단, 내장마감재는 불연재료를 사용하였고 스프링클러설비가 설치되어 있음)

① $500m^2$　　　　② $1,000m^2$
③ $1,500m^2$　　　　④ $3,000m^2$

🔍 11층 이상이고, 불연재료 마감재를 사용하였고 스프링클러설비가 설치되어 있는 건축물이므로 바닥면적 $500m^2$의 3배인 $1,500m^2$ 마다 방화 구획한다.

정답　**21** ③　**22** ④　**23** ②　**24** ①　**25** ③

26 건축관련법령상 '방화문의 구분'으로 틀린 것은?

① 60분+방화문
② 60분 방화문
③ 30분 방화문
④ 30분+방화문

🔍 방화문의 구분(건축법 시행령 제46조)
  • 60분+ 방화문 : 연기 및 불꽃을 차단할 수 있는 시간이 60분 이상이고, 열을 차단할 수 있는 시간이 30분 이상인 방화문
  • 60분 방화문 : 연기 및 불꽃을 차단할 수 있는 시간이 60분 이상인 방화문
  • 30분 방화문 : 연기 및 불꽃을 차단할 수 있는 시간이 30분 이상 60분 미만인 방화문

27 방화시설 중 '배연설비(배연창, 배연구)의 설치대상'이 아닌 건축물은?

① 제2종 근린생활시설 중 공연장, 종교집회장
② 학원
③ 교육연구시설 중 연구소
④ 산후조리원

🔍 배연설비(배연창, 배연구)의 설치대상
  • 6층 이상인 건축물로 다음에 해당하는 용도로 사용하는 거실에 배연설비를 해야 하는 건축물
    – 제2종 근린생활시설 중 공연장, 종교집회장, 인터넷컴퓨터 게임시설제공업소 및 다중생활시설
    – 문화 및 집회시설, 종교시설, 판매시설, 운수시설, 운동시설, 업무시설, 숙박시설, 위락시설, 관광휴게시설, 장례시설 등
    – 의료시설(요양병원 및 정신병원은 제외), 교육연구시설 중 연구소
    – 노유자시설 중 아동관련 시설, 노인복지시설(노인요양시설은 제외)
    – 수련시설 중 유스호스텔
  • 다음에 해당하는 용도로 쓰는 건축물
    – 의료시설 중 요양병원 및 정신병원
    – 노유자시설 중 노인요양시설 · 장애인 거주시설 및 장애인 의료재활시설
    – 제1종 근린생활시설 중 산후조리원

28 소방관 진입창의 설치 등에 대한 설명으로 틀린 것은?

① 건축물의 11층 이하의 층에는 소방관이 진입할 수 있는 창을 설치하여야 한다.
② 소방관 진입창은 2층 이상 11층 이하인 층에 각각 1개소 이상 설치하여야 한다.

③ 창문의 크기는 폭 70cm 이상, 높이 1m 이상으로 하고, 실내 바닥면부터 창의 아랫부분까지 높이는 80cm 이내로 하여야 한다.
④ 외부에서 주야간에 식별할 수 있는 표시를 하여야 한다.

🔍 창문의 크기는 폭 90cm 이상, 높이 1.2m 이상으로 하고, 실내 바닥면부터 창의 아랫부분 까지 높이는 80cm 이내로 하여야 한다.

29 건축물의 마감재료 '방화에 지장이 없는 재료의 구분'으로 틀린 것은?

① 불연재료
② 준불연재료
③ 난연재료
④ 준난연재료

🔍 방화에 지장이 없는 재료의 구분
  • 불연재료 : 불에 타지 아니하는 성질을 가진 재료로 석재 · 벽돌 · 기와 · 철강 등
  • 준불연재료 : 불연재료에 준하는 성질을 가진 재료
  • 난연재료 : 불에 잘 타지 아니하는 성능을 가진 재료

30 소방시설법상 '피난시설, 방화구획 및 방화시설의 관련 금지 행위'로 볼 수 없는 것은?

① 피난시설, 방화구획 및 방화시설의 잠금장치를 풀어놓는 행위
② 피난시설, 방화구획 및 방화시설의 주위에 물건을 쌓아두거나 장애물을 설치하는 행위
③ 피난시설, 방화구획 및 방화시설의 용도에 장애를 주거나 소방활동에 지장을 주는 행위
④ 그 밖의 피난시설, 방화구획 및 방화시설을 변경하는 행위

🔍 피난시설, 방화구획 및 방화시설 관련 금지 행위
  • 피난시설, 방화구획 및 방화시설을 폐쇄하거나 훼손하는 등의 행위
  • 피난시설, 방화구획 및 방화시설의 주위에 물건을 쌓아두거나 장애물을 설치하는 행위
  • 피난시설, 방화구획 및 방화시설의 용도에 장애를 주거나 소방활동에 지장을 주는 행위
  • 그 밖에 피난시설, 방화구획 및 방화시설을 변경하는 행위

CHAPTER

03

소방학 개론

SECTION
01 연소이론

STEP 01 연소의 정의

연소란 가연물이 공기 중의 산소 또는 산화제와 반응하여 열과 빛을 발생하면서 산화하는 현상을 말한다. 이러한 연소의 화학반응은 연소할 수 있는 가연물질이 공기 중의 산소뿐만 아니라 산소를 함유하고 있는 산화제에서도 일어나며, 반응을 일으키기 위해서는 활성화에너지(최소 점화에너지)가 필요하다.

STEP 02 연소의 요소

1. 연소의 3요소 및 4요소

① 연소의 3요소 : 가연물질이 연소하기 위해서는 산소를 공급하는 산소공급원 및 점화에너지 (점화원)이 있어야만 정상적인 연소의 화학반응을 유지할 수 있다. 이와 같이 연소반응을 유지하기 위해 필요한 가연물질, 산소공급원, 점화에너지를 연소의 3요소라 한다.

② 연소의 4요소 : 연소의 3요소에 화학적인 연쇄반응을 합하여 연소의 4요소라고도 한다.

2. 가연성물질

① 가연성물질에는 대부분의 유기화합물과 금속 등이 속하며, 산소와 화학반응 시 발열반응을 일으키는 물질이다.

참고 **가연성물질과 불연성물질**

구분		해당하는 물질
가연성물질	유기화합물	탄소, 수소, 질소, 산소 등의 원소로 이루어진 화학물질
	금속	칼륨, 나트륨, 마그네슘 등
불연성물질	불활성 기체	헬륨(He), 네온(Ne), 아르곤(Ar), 크립톤(Kr), 크세논(Xe), 라돈(Rn) 등
	완전산화물	물(H_2O), 이산화탄소(CO_2), 산화알루미늄(Al_2O_3), 삼산화황(SO_3)
	흡열반응물질	질소(N_2), 질소산화물(NOx)

② 가연성물질의 구비조건

㉮ 산소와 친화력이 크다.

㉯ 활성화에너지가 작다.

ⓓ 열의 축적이 용이하도록 열전도의 값이 작아야 한다.

　　ⓔ 연소열이 크다

　　ⓕ 산소와 접촉할 수 있는 비표면적이 큰 물질이어야 한다.(기체 > 액체 > 고체)

　　ⓖ 건조도가 높다.

 열전도율
열전도율은 기체 < 액체 < 고체 순서로 커지며, 연소순서는 반대이다.

③ 가연물이 될 수 없는 조건

　　㉮ 불활성기체 : 산소와 결합하지 못하는 기체(헬륨, 네온, 아르곤 등)

　　㉯ 산소와 화학반응을 일으킬 수 없는 물질 : 물(H_2O), 이산화탄소(CO_2) 등

　　㉰ 산소와 화합하여 흡열반응하는 물질 : 질소 또는 질소 산화물 등

　　㉱ 자체가 연소하지 아니하는 물질 : 돌, 흙 등

 일산화탄소(CO)
일산화탄소(CO)는 산소와 반응하기 때문에 가연물이 될 수 있다.

3. 산소공급원

① 공기

　　㉮ 일반적으로 공기 중 산소(O_2)의 농도는 약 21%이다.(체적비 약 21%, 중량비 약 23%)

　　㉯ 산소의 농도가 높을수록 연소는 잘 일어나며, 일반 가연물인 경우 산소농도 15% 이하에서는 연소가 어렵다.

② 산화성 물질

　　㉮ 환원성물질 또는 일반 가연물에 대하여 강한 산화성을 갖는 물질을 산화성 물질이라고 하며, 「위험물관리법」의 제1류(산화성고체) 및 제6류(산화성액체) 위험물이 여기에 해당한다.

　　㉯ 산화성 물질은 산소공급체로서의 역할을 하게 되며, 이들 물질에 의한 산화반응은 일반적으로 큰 발열을 동반하고 폭발적으로 진행하는 경우가 많다.

4. 점화원

① 화염 : 아주 작은 화염이라도 가연성 혼합기체는 확실하게 인화한다.

② 열면 : 가연물이 고온의 고체표면에 접촉하면 조건에 따라서 발화한다.

③ 단열압축 : 기체를 높은 압력으로 압축하면 온도가 상승하며, 이에 따라 열분해된 저온 발화물이 생성된다.

④ 전기불꽃(spark) : 에너지 밀도가 높은 점화원으로 대부분 가연성 기체나 증기가 발화의 대상이 된다.

⑤ 정전기 불꽃 : 물체가 접촉하거나 결합한 후 떨어질 때 양전하와 음전하로 전하의 분리가 일어나 발생한 과잉전하가 축적되는 현상을 말한다.

⑥ 자연발화 : 외부로부터 에너지를 공급받지 않는 가운데 자체적으로 온도가 상승하여 발화하는 현상을 말한다.

㉮ 자연발화의 원인
　　㉠ 분해열 : 셀룰로이드, 나이트로셀룰로오스(니트로셀룰로오스)
　　㉡ 산화열 : 석탄, 건성유
　　㉢ 발효열 : 퇴비
　　㉣ 흡착열 : 목탄, 활성탄
　　㉤ 중합열 : 시안화수소, 산화에틸렌
㉯ 자연발화 예방(열축적 억제 방법)
　　㉠ 통풍을 한다.
　　㉡ 주위 온도를 낮춘다.
　　㉢ 습도를 낮게 유지한다.
⑦ 기타 : 마찰, 충격, 열선, 광선 등도 발화의 에너지원이 될 수 있다.

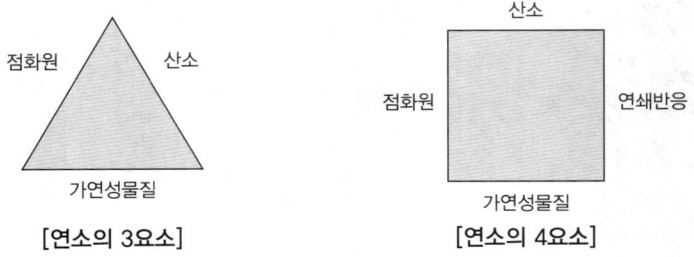

[연소의 3요소]　　　　　[연소의 4요소]

5. 연쇄반응

　　가연성물질과 산소 분자가 점화에너지(활성화 에너지)를 받으면 불안전한 과도기적 물질로 나누어
지면서 활성화 된다. 물질이 활성화된 상태를 라디칼(radical)이라 하는데, 극도로 불안정한 과도
기적 물질로서 주변 분자를 공격하려는 성향, 즉 반응성이 매우 강하여 라디칼의 수는 기하급
수적으로 증가하는 현상을 연쇄반응이하 한다.

STEP 03 연소의 범위

1. 한계산소지수(LOI, Limited Oxygen Index)

① 가연성물질이 연소할 수 있는 공기 중의 최저산소농도를 한계산소농도 혹은 한계산소지수
(LOI)라 한다.
② 일반적인 가연물의 경우 한계산소농도는 14~15vol% 정도이다.
③ 일반적인 건물에서 공기 중의 산소농도를 한계산소농도 이하로 유지하면 화재는 소멸된다.

2. 연소범위

① 연소(폭발)범위 : 기체가 연소하는 경우 기체가 확산되어 공기 중에 섞여 만드는 '가연성혼합기'의 농도가 적정한 농도범위에 있어야만 연소가 발생할 수 있다.

② 연소하한계와 연소상한계

    ㉮ 가연성 증기와 공기와의 혼합 상태에서의 증기의 부피를 말하며 연소 농도의 최저한도를 하한계, 최고 한도를 상한계라 한다.

    ㉯ 일반적으로 연소범위는 온도와 압력이 상승함에 따라 확대되어 위험성이 증가한다.

    ㉰ 가연성 증기의 연소범위

기체 또는 증기	연소범위(vol%)	기체 또는 증기	연소범위(vol%)
수소	4.1~75	메틸알코올	6~36
아세틸렌	2.5~81	암모니아	15~28
중유	1~5	아세톤	2.5~12.8
등유	0.7~5	휘발유	1.2~7.6

STEP (04) 연소의 형태

1. 기본형태

가연성물질의 상(相)에 따라 연소는 형태를 달리한다.

2. 고체의 연소

① 분해연소

    ㉮ 가연성고체가 열분해하면서 가연성증기가 발생하여 연소하는 현상으로 고체의 가장 일반적인 연소형태이다.

    ㉯ 예 목재, 종이 석탄 등

② 증발연소

    ㉮ 고체가 열에 의해 '융해'되면서 액체가 되고, 이 액체의 증발에 의해 가연성증기가 발생하는 경우로 액체의 증발연소 앞에 융해라는 물리적인 변화과정이 하나 더 있다고 생각하면 된다.

    ㉯ 예 고체파라핀(양초), 황, 열가소성수지(열에 의해 녹는 플라스틱) 등

③ 표면연소(작열연소, 무염연소)

    ㉮ 열분해에 의해 증기가 될 수 있는 성분이 없는 고체의 경우 고체가 계면에서 산소와 직접 반응하여 적열되면서 화염 없이 연소하는 형태이다.

    ㉯ 예 숯, 코크스, 금속(마그네슘 등), 목재의 말기연소 등

④ 자기연소

㉮ 분자 내에 산소를 함유하고 있어서 열분해에 의해 가연성증기와 산소를 동시에 발생시 키는 물질로 외부로부터 산소(공기) 공급을 필요로 하지 않으며 폭발적으로 연소하는 경 우가 많다.

㉯ **예** 자기반응성물질(제5류 위험물), 폭발성물질

3. 액체의 연소

① 증발연소

㉮ 가연성액체가 자체의 열이나 외부 에너지로 증발하여 가연성증기가 만들어지고 이것이 공기와 혼합되면서 연소범위 내의 농도 영역에서 화염을 발생시키는 일반적인 연소형태 이다.

㉯ 대부분의 액체가 증발연소를 한다.

② 분해연소

㉮ 액체 중 분자량이 커 비점과 점도가 높은 물질로부터 가연성증기가 만들어지는 과정은 '분해'라는 화학적 변화(반응)이다.

㉯ **예** 글리세린, 중유(벙커유) 등

4. 기체의 연소

① 확산연소 : 분출되어지는 기체가 공기 중으로 확산되면서 연소범위 농도의 영역에서 화염을 발생시키는 연소를 말한다.

② 예혼합연소 : 가연성기체와 공기를 미리 연소범위 내의 농도로 혼합된 상태에서 노즐을 통 해 공급하여 연소시키는 연소형태이다.

STEP 05 연소의 특성

1. 연소의 특성

① 인화 : 물질조건(가연성물질과 산소의 존재)을 구비한 계가 외부로부터 에너지를 받아 착화하는 현상

② 발화 : 외부로부터의 에너지 유입 없이 내부의 열만으로 착화하는 현상으로 자연발화라고 도 함

2. 인화점(Flash point)

① 인화점이란 인화가 가능한 가연성물질의 최저온도 즉, 외부로부터 에너지를 받아서 착화가 가능한 가연성물질의 최저온도를 말한다.

② 인화점이 낮을수록 위험하므로 물질의 위험성을 평가하는 척도로 사용된다.

③ 액체의 경우 액면에서 증발된 증기의 농도가 그 증기의 연소하한계에 달할 때의 액체온도이다.

④ 휘발유 -43℃, 아세톤 -18.5℃, 메틸알코올 11.11℃, 에틸알코올 13℃, 등유 39℃ 이상, 중유 70℃ 이상이다.

3. 연소점(Fire point)

① 인화점은 점화에너지에 의해 화염이 발생하기 시작하는 온도이고, 연소점은 발생한 화염이 꺼지지 않고 지속되는 온도이다.

② 연소점은 점화에너지를 제거하여도 5초 이상 연소상태가 유지되는 온도로 일반적으로 인화점보다 5~10℃ 높다.

4. 발화점(AIT, Auto-Lgnition Temperature)

① 외부로부터 직접적인 에너지 공급 없이 물질 자체의 열 축적에 의하여 착화가 되는 최저온도를 말한다.

② 착화점, 착화온도라고도 하며, 가연성물질을 공기 중에서 가열함으로서 발화되는 최저온도이다.

③ 황린은 발화점이 35℃로서 발화점이 낮은 대표적인 물질이다.

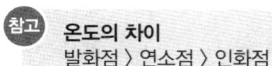

참고 온도의 차이
발화점 > 연소점 > 인화점

SECTION 02 화재이론

STEP 01 화재의 정의 및 분류

1. 화재의 정의

'화재'란 사람의 의도에 반하거나 고의에 의해 발생하는 연소현상으로서 소화시설 등을 사용하여 소화할 필요가 있는 것 또는 화학적인 폭발현상을 말한다.

① 인간의 의도에 반하거나 또는 방화에 의하여 발생하여야 한다.
② 사회공익을 해치거나 인명 및 경제적 손실을 수반하기 때문에 이를 방지하기 위하여 소화할 필요성이 있는 연소현상이어야 한다.
③ 소화시설 또는 이와 같은 효과가 있는 것을 이용할 필요가 있어야 한다.

2. 화재의 분류

분류	내용	소화방법
일반화재 (A급화재)	• 면화류, 고무, 석탄, 목재, 종이, 천 등 보통 가연물의 화재를 말한다. • 화재 발생건수 가장 많으며 연소 후 재를 남기며 보통 화재이라고도 함	다량의 물 또는 수용액 (냉각소화)
유류화재 (B급화재)	• 상온에서 액체상태로 존재하는 유류(油類)가 가연물이 되는 화재이다. • 연소 후 재를 남기지 않으며, 연소열이 크고 연소성이 좋아 일반화재보다 위험하다.	포 등을 이용(질식 · 냉각소화)
전기화재 (C급화재)	• 통전 중인 전기기기(변압기, 배전반, 전열기, 전기장판 등) 등의 화재(전기에너지가 발화원으로 작용한 화재가 아님)이다. • 소화 시 물 등의 전기전도성을 가진 약제를 사용하면 감전 위험이 있으며, 전체 화재 건수 중 많은 비율을 차지한다.	가스소화약제 이용(질식소화)
금속화재 (D급화재)	• 가연성 금속류가 가연물이 되는 화재로 칼륨(K), 나트륨(Na), 마그네슘(Mg), 알루미늄(Al) 등이 대표적이며, 분말상으로 존재할 때 가연성이 현저히 증가한다. • 물과 반응하여 폭발성이 강한 수소를 발생시키므로 수계소화약제(물, 포, 강화액 등)를 사용해서는 안 된다.	마른모래 및 특수분말 이용 (질식소화)
주방화재 (K급화재)	• 주방에서 동식물유를 취급하는 조리기구에서 일어나는 화재를 말한다. • 연소물의 표면을 차단하는 비누화작용 및 식용유 자체의 온도를 발화점 이하로 빠르게 하강시켜주는 냉각작용이 동시에 필요하다.	비누화작용 및 냉각작용

제03장 소방학 개론

(02) 실내화재

1. 실내화재의 양상

건물화재는 건물 내의 일부분으로부터 발화하여 출화를 거쳐 최성기에 이르며, 인접건물 등 외부로 연소가 확대된다.

① 초기
   ㉮ 외관 : 창 등의 개구부에서 하얀 연기가 나온다.
   ㉯ 연소상황 : 실내가구 등의 일부가 독립적으로 연소한다

② 성장기
   ㉮ 외관 : 개구부에서 세력이 강한 검은 연기가 분출한다.
   ㉯ 연소상황 : 가구 등에서 천장면까지 화재가 확대, 실내 전체에 화염이 확산되는 최성기의 전초단계이다.
   ㉰ 연소위험 : 근접한 동으로 연소가 확산될 수 있다.

③ 최성기
   ㉮ 외관 : 연기의 양은 적어지고 화염의 분출이 강해지며 유리가 파손된다.
   ㉯ 연소상황 : 실내 전체에 화염이 충만하며 연소가 최고조에 달한다.
   ㉰ 연소위험 : 강렬한 복사열로 인해 인접 건물로 연소가 확산될 수 있다.
   ㉱ 활동위험 : 구조물이 낙하할 수 있다.

④ 감쇠기(감퇴기)
   ㉮ 외관 : 지붕, 벽체가 타서 떨어지고, 대들보, 기둥도 무너져 떨어지며, 연기는 흑색에서 백색으로 변한다.
   ㉯ 연소상황 : 화세가 쇠퇴한다.
   ㉰ 연소위험 : 연소확산의 위험은 없다.
   ㉱ 활동위험 : 바닥이 무너지거나 벽체낙하 등의 위험이 있다.

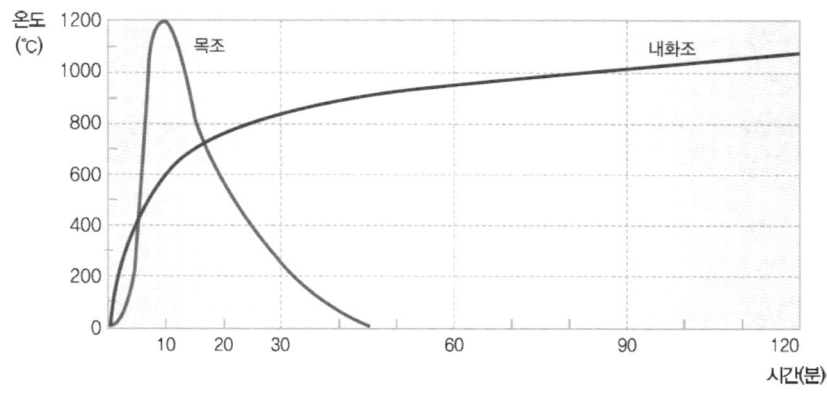

[실내화재의 진행과 온도 변화]

2. 실내화재의 현상

① 플래시오버(flash over)

㉮ 화염에서 발생한 복사열에 의해 내장재난 가구 등이 일시에 발화점에 이르러 가연성가스가 축적되면서 일순간에 폭발적으로 화염에 휩싸이는 현상으로 전실화재 또는 순발연소라고도 한다.

㉯ 성장기에서 최성기 직전에 발생하며, 내화건축물인 경우 출화 후 5~10분 후에 발생한다.

② 백드래프트(back draft)

㉮ 소화활동, 피난을 위한 화재실의 문을 개방할 때 신선한 공기가 유입하여 실내에 축적된 가연성 가스가 순식간에 폭발적으로 연소함으로써 화염이 폭풍을 동반하여 실외로 분출되는 현상이다.

㉯ 백드래프트는 농연의 분출, 파이어볼(fire ball)의 형성, 건물 벽체의 도괴 등의 현상을 수반한다.

③ 롤오버(roll over)

㉮ 화염이 연소되지 않은 가연성가스를 통해 전파되는 현상이다.

㉯ 화재가 완전히 성장하지 않은 단계에서 발생한 가연성 증기가 화재구획에서 빠져나갈 때 발생한다.

㉰ 화재가 발생한 가연성 증기층이 형성되면 천장면을 따라 파도같이 빠른 속도로 화염의 확산이 이루어지는 현상이다.

참고 건축물의 종류에 따른 화재양상

화재 구분	최고온도	화재시간
목조건축물	1,100~1,350℃	출화부터 최성기까지 약 10분, 최성기부터 감쇠기까지 약 20분 진행
내화구조물	800~1,050℃	2~3시간, 때에 따라 수 시간 이상 지속되는 경우도 있으며, 발연량도 목조에 비해 많은 것이 특징

(03) 화재의 현상

1. 열 전달

① 전도(Conduction)

㉮ 화재 시 화염과 격리된 인접 가연물에 불이 옮겨 붙는 것은 전도열로서 하나의 물체가 다른 물체와 직접 접촉하여 전달되는 열이 전도에 의한 전달이다.

㉯ 전도라는 열전달방식에 의해 화염이 확산되는 경우는 드물다.

㉰ 가늘고 긴 금속막대의 한 끝을 불꽃으로 가열하면 불꽃이 닿지 않는 다른 부분에도 열이 전달되어 점점 뜨거워지는 현상이 열전도현상의 예이다.

② 대류(Convection)
  ㉮ 기체 혹은 액체와 같은 유체의 흐름에 의하여 열이 전달되는 방식이다.
  ㉯ 난로에 의해 방안의 공기가 더워지는 것이나 냉장고, 라면 끓는 물 등이 대류의 대표적인 예로 대류현상의 원인은 밀도차에 의한다.
③ 복사(Radiation)
  ㉮ 화재 시 열의 이동에 가장 크게 작용하는 열 이동방식으로 모든 물체의 온도 때문에 열에너지를 파장의 형태로 계속적으로 방사하며, 이렇게 방사하는 에너지를 열복사라 한다.
  ㉯ 화재에서 화염의 접촉없이 인접 건물로 연소가 확산되는 현상이나 햇볕에 얼굴이 빨개지는 것 등이 복사에 해당된다.

2. 화염의 전달

① 접염(接炎)연소 : 화염이 물체에 접촉하여 연소가 확산되는 현상으로 화염의 온도가 높을수록 잘 이루어진다.
② 비화(飛火) : 불티가 바람에 날리거나 튀어서 멀리 떨어진 곳에 있는 가연물에 착화되는 현상이다.

3. 연기

① 연기의 정의
  ㉮ 공기 중에 부유하고 있는 고체 또는 액체의 미립자가 연기이다.
  ㉯ 크기 0.01~10μm로 안개입자(10~50μm)보다 작다.
② 연기의 확산과 유동
  ㉮ 연기의 확산 속도 : 건물 내의 연기의 확산 속도
    ㉠ 수평방향 : 약 0.5~1m/sec 정도로, 인간의 보행속도(1.0~1.2m/sec)보다 늦다.
    ㉡ 계단실 등 수직방향 : 화재 초기의 속도라도 2~3m/sec이며, 농연(아주 짙은 연기가 있는 상태)에서도 3~5m/sec로 빨라진다.
  ㉯ 연기의 유동
    ㉠ 건물 내에서의 연기유동 : 연기의 유동 및 확산은 연기를 포함한 공기의 온도 차이 때문에 발생한다.
    ㉡ 복도에서의 연기유동 : 연기의 수평유속은 플래시 오버 이전 평균 0.5m/sec, 플래시 오브 이후 평균 0.7m/sec 정도이다.
    ㉢ 내화건물에서의 연기유동 : 건물 내의 공기 흐름, 즉 압력이 움직임에 따라 결정된다.
    ㉣ 지하터널 등에서의 연기유동 : 지하가 등에서 연기의 이동속도 약 1.0m/sec 정도, 제트팬이 설치된 긴 터널에서는 3~5m/sec 정도이다.

SECTION

03 소화이론

STEP 01 연소의 조건에 따른 제어분류

1. 소화의 원리

연소가 일어나려면 가연물, 산소, 에너지원(점화에너지), 연쇄반응의 4요소가 구비되어야 하고, 이 요소 중 어느 하나 이상 또는 전부를 제거하면 연소현상이 제어된다.

① 연소의 3요소 분리
② 연쇄반응 인자의 전달 차단(부촉매)

2. 소화방법

① 제거소화 : 가연물을 제거하여 연소현상을 제어하는 소화법, 즉 가연물과 화원을 격리시킴으로써 연소를 중단시키는 방법

㉮ 가스화재서 가스밸브를 잠금으로 연소를 중지시키는 방법

㉯ 화재현장에서 가연물 직접 제거 및 파괴하여 연소를 방지

㉰ 촛불을 입으로 강하게 불어 가연성 증기를 순간적으로 날려 보내는 방법

㉱ 산불화재 시 화재 진행 방향의 나무 등의 가연물 제거

② 질식소화 : 산소공급원을 차단하여 소화하는 방법(공기 중 산소 농도를 15% 이하로 억제)

㉮ 불연성 기체로 연소물을 덮는 방법

㉯ 불연성 포(Foam)로 연소물을 덮는 방법

㉰ 불연성 고체로 연소물을 덮는 방법

③ 냉각소화 : 가연물로부터 연소을 지속하기 위한 열(에너지)을 **뺏어** 연소물을 착화온도 이하로 내리는 방법

㉮ 주수에 의한 냉각작용

㉯ 이산화탄소(CO_2) 소화약제에 의한 냉각작용

④ 억제소화 : 연속적인 산화반응, 즉 연쇄반응을 약화시켜 연소가 계속되는 것을 불가능하게 하여 소화하는 것(화학적 작용에 의한 소화방법)

㉮ 할론, 할로겐화합물 및 불활성기체소화약제에 의한 억제(부촉매) 작용

㉯ 분말소화약제에 의한 억제(부촉매) 작용

(02) STEP 소화의 작용에 따른 분류

1. 물리적 작용에 의한 분류

① 연소에너지 한계에 의한 소화 : 연소 시에 발생하는 열에너지를 흡수하는 매체를 화염 속에 투입하여 소화하는 것, 즉 냉각소화법이라고도 하고 화염을 냉각하기위해 쓰이는 매체(고체, 액체, 기체)는

   ㉮ 물질의 열용량을 이용하는 것

   ㉯ 상(相)변화에 수반되는 잠열을 이용하는 것으로 나눈다.

② 농도 한계에 의한 소화

   ㉮ 가연성물질의 농도를 연소범위 밖으로 하여 소화하는 방법 : 질식소화법, 냉각소화법, 제거소화법

   ㉯ 가연성혼합기에 불활성물질을 첨가하여 연소범위를 좁혀서 연소를 정지시키는 방법

③ 화염의 불안정화에 의한 소화 : 화염을 불면 꺼지는 현상을 이용하는 방법

2. 화학적 작용에 의한 소화

① 연소반응에서 핵심적인 역할을 하는 활성화 라디칼(radical)의 생성을 억제하는 연쇄반응의 중단에 의한 소화법으로 분사되어진 약제가 화학적으로 발생된 라디칼을 흡수함으로써 소화가 이루어짐

② 분말소화약제나 하론류에 의한 억제소화가 해당

3. 소화작용

실제 소화에 있어서의 작용은 이들 소화법이 상호보완적으로 작용하는 경우가 많음

참고 제거요소별 소화0법

제거요소	가연물	산소	열(에너지)	연쇄반응
소화법	제거소화	질식소화	냉각소화	억제소화

1. 연소이론

01 가연물이 공기 중의 산소 또는 산화제와 반응하여 열과 빛을 발생하면서 산화하는 현상을 무엇이라 하는가?

① 발열반응   ② 자연발화
③ 착화   ④ 연소

🔍 연소 : 가연물이 공기 중의 산소 또는 산화제와 반응하여 열과 빛을 발생하면서 산화하는 현상

02 다음 중 '연소의 3요소'가 아닌 것은?

① 가연물질
② 산소공급원
③ 화학적인 연쇄반응
④ 점화원(점화에너지)

🔍 • 연소의 3요소 : 가연물질, 산소공급원, 점화원(점화에너지)
• 연소의 4요소 : 가연물질, 산소공급원, 점화원(점화에너지), 화학적 연쇄반응

03 다음 '연소의 3요소'의 설명 중 틀린 것은?

① 가연성물질은 고체, 액체, 기체로 되어 있다.
② 연쇄반응이 없으면 연소는 더 이상 진행되지 않아 연쇄반응까지 포함해야 한다.
③ 산소공급원은 공기 중의 산소, 산화성 물질, 자기반응성물질로 되어 있다.
④ 고열물체, 전기불꽃, 정전기, 불꽃, 마찰과 충격, 전기스파크 등 점화원이 있어야 한다.

🔍 가연성물질은 연쇄반응이 없으면 더 이상 진행되지 않아 연쇄반응을 포함하여 연소의 4요소라고 한다.

04 '연소현상'에 대한 설명으로 가장 옳은 것은?

① 공기 중의 수소와 열이 산화하는 현상이다.
② 가연물이 산소와 반응하여 열과 빛을 내는 현상이다.
③ 연소생성물은 액체이다.
④ 가연성가스를 발생시키기 위한 화학반응이다.

🔍 연소 : 가연물이 공기 중의 산소 또는 산화제와 반응하여 열과 빛을 발생하면서 산화하는 현상

05 가연성물질이 산화제와 반응을 일으키기 위해서 필요한 활성화에너지가 아닌 것은?

① 충격과 마찰
② 자연발화와 정전기
③ 고온표면과 단열압축
④ 완전산화물

🔍 연소의 화학반응
• 가연성물질이 산소, 산화제와 반응을 일으키기 위해서 활성화에너지(최소 점화에너지)가 필요하다.
• 활성화에너지는 충격·마찰·자연발화·전기불꽃·정전기·고온표면·단열압축·자외선·충격파·낙뢰·나화·화학반응 등

06 연소의 3요소인 '산소를 공급하는 공급원'으로 볼 수 없는 것은?

① 공기·오존
② 질소산화물
③ 제1류(산화성고체) 위험물
④ 제6류(산화성액체) 위험물

🔍 가연성물질이 될 수 없는 조건
• 불활성기체 : 산소와 결합하지 못하는 기체(헬륨, 아르곤 등)
• 산소와 화학반응을 일으킬 수 없는 물질 : 물(H_2O), 이산화탄소(CO_2) 등
• 산소와 화합하여 흡열반응하는 물질 : 질소 또는 질소산화물 등
• 자체가 연소하지 아니하는 물질 : 돌, 흙 등

정답 01 ④ 02 ③ 03 ② 04 ② 05 ④ 06 ②

07 다음 중 연소의 3요소인 '가연성물질'이 아닌 것은?

① 헬륨, 네온, 아르곤
② 대부분의 유기화합물
③ Na, Mg 등의 금속, 비금속
④ LPG, LNG, CO 등의 가연성가스

🔍 산소와 결합하지 못하는 불활성기체(헬륨, 네온, 아르곤 등)는 가연성물질이 될 수 없다.

08 '가연성물질의 구비조건'으로 적합하지 않은 것은?

① 화학반응을 일으킬 때 필요한 활성화에너지의 값이 커야 한다.
② 일반적으로 산화되기 쉬운 물질로서 산소와 결합할 때 발열량이 커야 한다.
③ 열의 축적이 용이하도록 열전도의 값이 적어야 한다.
④ 지연성가스인 산소 · 염소와 친화력이 강해야 한다.

🔍 가연성물질의 구비조건
• 화학반응을 일으킬 때 필요한 활성화에너지의 값이 작아야 한다.
• 일반적으로 산화되기 쉬운 물질로서 산소와 결합할 때 발열량이 커야 한다.
• 열의 축적이 용이하도록 열전도의 값이 적어야 한다.
• 지연성(조연성)가스인 산소 · 염소와 친화력이 강해야 한다.
• 산소와 접촉할 수 있는 표면적이 큰 물질이어야 한다.(기체)액체)고체)
• 연쇄반응을 일으킬 수 있는 물질이어야 한다.

09 가연성물질인 고체, 액체, 기체의 열전도율의 순서로 맞는 것은?

① 고체 > 기체 > 액체 순서로 커진다.
② 기체 > 고체 > 액체 순서로 커진다.
③ 액체 > 고체 > 기체 순서로 커진다.
④ 고체 > 액체 > 기체 순서로 커진다.

🔍 가연성물질이 되기 위해서는 열의 축적이 용이하도록 열전도의 값이 적어야 하며, 열전도율은 고체 > 액체 > 기체 순서로 커지고, 연소순서는 반대이다.

10 다음 중 '가연성물질'이 될 수 있는 물질은?

① 산소와 화합하여 흡열반응하는 물질
② 산소와 결합하지 못하는 기체
③ 조연성가스인 산소 · 염소와 친화력이 강한 물질
④ 자체가 연소하지 아니하는 물질

🔍 가연성물질이 될 수 없는 조건
• 불활성기체 : 산소와 결합하지 못하는 기체(헬륨, 네온, 아르곤 등)
• 산소와 화학반응을 일으킬 수 없는 물질 : 물(H_2O), 이산화탄소(CO_2) 등
• 산소와 화합하여 흡열반응하는 물질 : 질소 또는 질소 산화물 등
• 자체가 연소하지 아니하는 물질 : 돌, 흙 등

11 연소의 3요소인 '가연성물질'이 될 수 있는 것은?

① 헬륨(He)
② 질소(N_2) 또는 질소화합물
③ 이산화탄소(CO_2)
④ 일산화탄소(CO)

🔍 일산화탄소(CO)는 산소와 반응하기 때문에 가연성물질이 될 수 있다.

12 산소공급원인 '공기와 산소'에 대한 설명으로 틀린 것은?

① 일반적으로 공기 중의 산소농도가 높을수록 연소는 잘 일어난다.
② 공기 중의 산소는 다른 물질과 액체상태로 혼합되어 가연성물질을 연소하는 역할을 한다.
③ 일반적으로 공기 중에 함유되어 있는 산소(O_2)는 공기 중에 체적비 21%, 중량비 23% 정도이다.
④ 가연성물질인 경우 산소농도 15% 이하에서는 연소가 어렵다.

🔍 공기 중의 산소는 다른 물질과 기체상태로 혼합되어 가연물질을 연소하는데 필요한 역할을 하게 되므로 공기는 바로 산소의 공급원이다.

적중예상문제

13 일반적으로 공기 중에는 약 몇 % 정도의 산소가 함유되어 있는가?

① 약 10%
② 약 15%
③ 약 21%
④ 약 23%

🔍 일반적으로 공기 중의 산소농도는 체적비 21%, 중량비 23% 정도이다.

14 물질 자체가 분자내에 산소를 보유하고 있어서 마찰·충격 등의 자극에 의해 산소를 방출하는 물질을 무엇이라 하는가?

① 산화성물질
② 질소화합물
③ 불활성기체
④ 가연성물질

🔍 산화성물질의 특성
• 물질 자체가 분자내에 산소를 보유하고 있어서 마찰·충격 등의 자극에 의해 산소를 방출하는 물질로
• 화재 시 산소공급원 역할을 하는 위험한 물질이기도 하므로
• 「위험물안전관리법」에서 위험물로 분류하여 관리하고 있다.

15 화재 시 산소공급원 역할을 하는 산화성 물질로 '위험물 제1류'에 포함되지 않은 물질은?

① 염소산염류
② 무기과산화물
③ 나이트로글리세린(NG)
④ 질산염류와 과망가니즈산염류

🔍 산화성 물질
• 제1류 위험물(산화성 고체) : 염소산염류, 과염소산염류, 무기과산화물, 질산염류, 과망가니즈산염류, 다이크로뮴산염류 등
• 제6류 위험물(산화성 액체) : 과염소산, 과산화수소, 질산 등

16 화재 시 산소공급원 역할을 하는 '자기반응성 물질'이 아닌 것은?

① 질산염류
② 나이트로글리세린(NG)
③ 셀룰로이드
④ 트라이나이트로톨루엔(TNT)

🔍 자기반응성 물질
• 분자내에 가연성물질과 산소를 충분히 함유하고 있는 제5류 위험물로 연소속도가 빠르고 폭발을 일으킬 수 있는 물질
• 예) 나이트로글리세린(NG), 셀룰로이드, 트라이나이트로톨루엔(TNT) 등

17 「위험물안전관리법」에서 위험물로 분류하여 관리하는 '제5류 위험물의 대표적인 성질'에 해당하는 것은?

① 자연발화성 물질
② 자기반응성 물질
③ 자기휘발성 물질
④ 산화성 물질

🔍 위험물관리법상 위험물의 분류
• 제1류 위험물 : 산화성 고체
• 제2류 위험물 : 가연성 고체
• 제3류 위험물 : 자연발화성 및 금수성물질
• 제4류 위험물 : 인화성 액체
• 제5류 위험물 : 자기반응성 물질
• 제6류 위험물 : 산화성 액체

18 연소반응이 일어나려면 가연성물질과 산소공급원이 적절한 조화를 이루어 연소범위를 만들었을 때 외부로부터 최소의 활성화에너지가 필요한데 이것을 무엇이라 하는가?

① 가연성물질
② 산화제
③ 자기반응성 물질
④ 점화원(점화에너지)

🔍 점화원(점화에너지) : 전기불꽃, 충격 및 마찰, 단열압축, 화염과 열면, 정전기불꽃, 자연발화, 복사열 등

정답 **13** ③ **14** ① **15** ③ **16** ① **17** ② **18** ④

19 다음 중 연소 3요소인 '점화원(점화에너지)'로 볼 수 없는 것은?

① 전기불꽃, 충격 및 마찰
② 화염 및 열면
③ 대기압
④ 정전기불꽃

🔍 점화원(점화에너지)의 종류
- 전기불꽃 : 에너지 밀도가 높은 점화원으로 대부분 가연성기체니 증기가 발화의 대상이 된다.
- 충격 및 마찰 : 두 개 이상의 물체가 충격 또는 마찰을 일으키면서 불꽃을 일으키며, 이에 의해 가연성가스에 착화가 일어날 수 있다.
- 화염 : 아무리 작은 화염이라도 가연성 혼합기체는 확실하게 인화한다.
- 단열압축 : 기체를 높은 압력으로 압축하면 온도가 상승하며, 이에 따라 열분해된 저온 발화물이 생성된다.
- 열면 : 가연물이 고온의 고체표면에 접촉하면 조건에 따라서 발화한다.
- 정전기불꽃 : 물체가 접촉하거나 결합한 후 떨어질 때 양전하와 음전하로 전하의 분리가 일어나 발생한 과잉전하가 축적되는 현상을 말한다.
- 자연발화 : 외부로부터 에너지를 공급받지 않는 가운데 자체적으로 온도가 상승하여 발화하는 현상을 말한다.
- 복사열 : 비교적 약한 복사열도 물질에 따라 장시간 방사되면 발화될 수 있다.

20 점화원인 '정전기불꽃'을 발생시키는 정전기를 방지하기 위한 예방대책으로 볼 수 없는 것은?

① 정전기 발생이 우려되는 장소에 접지시설을 한다.
② 실내의 공기를 이온화한다.
③ 건조한 상태를 유지한다.
④ 전기저항이 큰 물질은 전도체물질을 사용한다.

🔍 정전기 방지 예방대책
- 정전기 발생이 우려되는 장소에 접지시설 설치한다.
- 실내 공기를 이온화하여 정전기발생을 예방한다.
- 정전기는 습도가 낮거나 압력이 높을 때 발생하므로 습도를 70% 이상으로 한다.
- 전기저항이 큰 물질은 대전이 용이하므로 전도체물질을 사용한다.

21 정전기가 발생되어도 즉시 이를 방전하고 전하의 축적을 방지하면 위험성이 제거된다. 다음 중 정전기에 관한 내용으로 틀린 것은?

① 대전하가 쉬운 금속부분에 접지한다.
② 작업장 내 습도를 높여 방전을 촉진한다.
③ 공기를 이온화하여 (+)는 (−)로 중화시킨다.
④ 절연도가 높은 플라스틱류는 전하의 방전을 촉진시킨다.

🔍 정전기의 특성
- 흡습성이 낮은 플라스틱은 전기절연이 높고, 마찰 등으로 정전기를 발생하기 쉬우며,
- 한번 대전되면 그 정전기는 여간해서 사라지지 않는다.
- 따라서, 대전 방지제로 표면에 혼합제조하여 사용하는 것이 효과적이다.

22 가연성물질이 연소범위에서 직접적인 점화원에 의해 인화될 수 있는 최저온도를 무엇이라 하는가?

① 발화점
② 인화점
③ 착화점
④ 비등점

🔍 인화점(인화온도)
- 연소범위에서 외부의 직접적인 점화원에 의해 인화될 수 있는 최저온도
- 공기 중에서 가연성물질 가까이 점화원을 투여하였을 때 착화되는 최저온도

23 다음 중 액체 가연성물질의 인화점이 낮은 것부터 높은 순서로 올바르게 나열한 것은?

① 휘발유 〈 아세톤 〈 메틸알코올
② 휘발유 〈 중유 〈 등유
③ 등유 〈 메틸알코올 〈 중유
④ 아세톤 〈 휘발유 〈 등유

🔍 주요 액체 가연성물질의 인화점

액체가연물질	인화점(℃)	액체가연물질	인화점(℃)
휘발유	−43	아세톤	−18.5
메틸알코올	11.11	에틸알코올	13
등유	39 이상	중유	70 이상

24 다음 액체 가연성물질 중 인화점이 가장 낮은 것은?

① 에틸알코올
② 메틸알코올
③ 아세톤
④ 휘발유

🔍 [23번 문제 해설 참조]

25 가연성물질이 외부의 직접적인 점화원 없이 가열된 열의 축적에 의하여 발화에 이르는 최저의 온도는?

① 인화점
② 발화점
③ 연소점
④ 산화점

🔍 발화점(착화점, 발화온도)
 • 가연물질이 외부의 도움 없이 가열된 열의 축적에 의하여 발화되는 최저의 온도
 • 가연성물질을 공기 또는 산소 중에서 가열함으로써 발화되는 최저온도

26 다음 중 '발화점'에 대한 설명으로 틀린 것은?

① 일반적으로 산소와 친화력이 큰 물질일수록 발화점이 높다.
② 고체가연물의 발화점은 가열공기의 유량, 가열속도에 따라 달라진다.
③ 발화점은 인화점보다 높은 온도이다.
④ 화재진압 후 계속 물을 뿌리는 것은 발화점 이상으로 가열된 건축물이 다시 연소되는 것을 방지하기 위함이다.

🔍 일반적으로 산소와 친화력이 큰 물질일수록 발화점이 낮고 발화하기 쉬운 경향이 있다.

27 다음 가연성물질 중 발화점이 가장 낮은 것은?

① 등유   ② 중유
③ 아세톤   ④ 암모니아

🔍 가연성물질과 발화점(착화점, 발화온도)

물질	발화점(℃)	물질	발화점(℃)
등유	210	휘발유	280 ~ 456
중유	400 이상	메틸알코올	464
아세톤	465	암모니아	651

28 '자연발화 형태의 발화점(착화점)'으로 볼 수 없는 것은?

① 산화열에 의한 발화
② 분해열에 의한 발화
③ 흡착열에 의한 발화
④ 환원열에 의한 발화

🔍 자연발화의 형태
 • 산화열 : 석탄, 건성유
 • 분해열 : 나이트로셀룰로스, 셀룰로이드
 • 발효열 : 퇴비
 • 흡착열 : 목탄, 활성탄
 • 중합열 : 시안화수소, 산화에틸렌

29 다음 중 '자연발화의 조건'으로 볼 수 없는 것은?

① 열전도율이 높을 것
② 발열량이 클 것
③ 표면적이 넓을 것
④ 열의 축적이 클 것

🔍 자연발화의 조건
 • 열전도율이 작을 것
 • 주위의 온도가 높을 것
 • 열의 축적이 클 것
 • 표면적이 넓을 것
 • 발열량이 클 것

정답   24 ④   25 ②   26 ①   27 ①   28 ④   29 ①

30 다음 중 '자연발화의 예방법'으로 볼 수 없는 것은?

① 주위의 온도를 낮출 것
② 통풍을 잘 시킬 것
③ 습도를 높게 할 것
④ 열축적을 억제할 것

🔍 자연발화 예방법
  • 통풍을 잘 시키고
  • 주위의 온도를 낮추고
  • 습도를 낮게 유지하여
  • 열축적을 억제할 것

31 가연성물질의 연소상태가 계속될 수 있는 온도를 무엇이라 하는가?

① 인화점   ② 산화점
③ 발화점   ④ 연소점

🔍 연소점
  • 연소상태가 계속될 수 있는 온도
  • 인화점보다 약 10℃ 높으며, 연소상태가 5초 이상 유지될 수 있는 온도
  • 연소를 지속 시킬 수 있는 최저온도

32 한 번 발화된 후 연소를 지속시킬 수 있는 충분한 증기를 발생시키는 최저온도를 무엇이라 하는가?

① 착화점   ② 연소점
③ 인화점   ④ 산화점

🔍 연소점
  • 연소상태가 계속될 수 있는 온도를 말한다.
  • 일반적으로 인화점보다 약 10℃ 정도 높은 온도로서 연소상태가 5초 이상 유지될 수 있는 온도

33 다음 중 '인화점, 발화점, 연소점'의 온도 순서로 옳은 것은?

① 연소점 〈 인화점 〈 발화점
② 연소점 〈 발화점 〈 인화점
③ 인화점 〈 연소점 〈 발화점

④ 인화점 〈 발화점 〈 연소점

🔍 인화점이 가장 낮고, 발화점이 가장 높다.

34 다음 중 '가연성물질의 연소(폭발)범위'와 관계가 없는 것은?

① 가연성증기와 공기와의 혼합상태에서 증기의 부피를 말한다.
② 연소농도의 최저 한도와 최고 한도를 가지고 있다.
③ 혼합물 중 가연성가스의 농도가 너무 희박해도, 너무 농후해도 연소는 일어나지 않는다.
④ 연소범위는 온도와 압력이 상승함에 따라 좁을수록 위험하다.

🔍 일반적으로 가연성물질의 연소범위는 온도와 압력이 상승함에 따라 확대되어 넓을수록 위험성이 증가한다.

35 다음 보기 중 '가연성증기의 연소범위'가 가장 좁은 것은?

① 수소
② 아세틸렌
③ 중유
④ 메틸알코올

🔍 가연성증기의 연소범위

기체 또는 증기	연소범위(vol%)
아세틸렌	2.5 ~ 81
수소	4.1 ~ 75
메틸알코올	6 ~ 36
암모니아	15 ~ 28
아세톤	2.5 ~ 12.8
휘발유	1.2 ~ 7.6
등유	0.7 ~ 5
중유	1 ~ 5

36 다음 보기 중 '가연성 증기의 연소범위'가 가장 넓은 것은?

① 아세틸렌   ② 수소
③ 중유   ④ 암모니아

🔍 [35번 문제 해설 참조]

37 다음 중 '수소 연소범위(vol%)'로 맞는 것은?

① 2.5 ~ 82
② 1 ~ 5
③ 6 ~ 36
④ 4.1 ~ 75

🔍 [35번 문제 해설 참조]

38 다음 중 '가연성물질의 연소범위'에 대한 설명으로 옳은 것은?

① 하한계가 높을수록, 상한계가 낮을수록 위험하다.
② 연소범위가 넓을수록 위험하다.
③ 온도가 높을수록 위험도는 낮아진다.
④ 압력이 낮을수록 위험도는 증가한다.

🔍 가연성물질의 연소범위
  • 하한계가 낮을수록, 상한계가 높을수록 위험
  • 연소범위가 넓을수록 위험
  • 온도나 압력이 높을수록 위험

39 같은 온도, 같은 압력 하에서 같은 부피의 공기 무게를 비교한 것을 무엇이라 하는가?

① 증기비중   ② 연소비중
③ 공기비중   ④ 분자량

🔍 어떤 증기의 증기비중 : 등온, 등압 하에서 같은 부피의 공기의 무게를 비교한 것

40 다음 중 '증기비중'에 관한 설명으로 옳은 것은?

① 증기비중이 1보다 큰 기체는 공기보다 무겁다.
② 증기비중이 1보다 큰 기체는 공기보다 가볍다.
③ 증기비중이 1보다 작은 기체는 공기와 무게가 같다.
④ 증기비중이 1보다 작은 기체는 공기보다 무겁다.

🔍 증기비중
  • 1보다 큰 기체는 공기보다 무겁고,
  • 1보다 작으면 공기보다 가벼운 것이 된다.

• 2. 화재이론

41 다음 ( ) 안에 들어갈 내용으로 맞는 것은?

"( )란 사람의 의도에 반하거나 고의에 의해 발생하는 연소현상으로서 소화시설 등을 사용하여 소화할 필요가 있는 상황 또는 화학적인 폭발현상을 말한다."

① 연소
② 화재
③ 가연성물질
④ 점화원((점화에너지)

🔍 화재란
  • 사람의 의도에 반하거나 고의에 의해 발생하는 연소현상
  • 소화시설 등을 사용하여 소화할 필요가 있는 상황 또는 화학적인 폭발현상을 말한다.

42 다음 중 '화재의 분류'로 틀린 것은?

① 일반화재 – A급화재
② 유류화재 – B급화재
③ 전기화재 – C급화재
④ 화학화재 – D급화재

정답 **36** ① **37** ④ **38** ② **39** ① **40** ① **41** ② **42** ④

🔍 화재의 분류

종류	급수	색상	내용
일반화재	A급화재	백색	나무, 섬유, 고무, 천, 면화류 등과 같은 보통 가연물이 타고 나면 재가 남는 화재
유류화재	B급화재	황색	유류가 가연성이 되는 화재
전기화재	C급화재	청색	전기를 취급하는 장소에서 일어나는 화재
금속화재	D급화재	무색	가연성 금속류가 가연물이 되는 화재

43 '화재의 분류'의 설명으로 옳지 않은 것은?

① A급화재는 재가 남지 않는 일반화재를 말한다.
② B급화재는 석유류화재를 말한다.
③ C급화재는 전기를 취급하는 장소에서 일어나는 전기화재이다.
④ D급화재는 금속류화재를 말한다.

🔍 A급화재(일반화재)
• 면화류, 고무, 섬유, 천, 목재, 석탄 등 보통가연물의 화재로
• 화재발생 건수가 가장 많으며 연소 후 재를 남긴다.

44 다음 중 생활주변에 존재하는 '목재 · 석탄화재'는 무슨 화재에 속하는가?

① 유류화재　　② 전기화재
③ 일반화재　　④ 금속화재

🔍 [42번 문제 해설 참조]

45 연소 후 재가 남지 않으며, 상온에서 액체 상태로 존재하는 유류가 가연물이 되는 화재는?

① 유류화재　　② 일반화재
③ 금속화재　　④ 전기화재

🔍 유류화재(B급화재)
• 상온에서 액체 상태로 존재하는 유류가 가연물이 되는 화재
• 연소 후 재가 남지 않고, 연소열이 크고 연소성이 좋기 때문에 일반화재보다 위험

46 다음 중 'C급화재의 소화방법'으로 가장 적합한 것은?

① 마른모래 사용
② 다량의 물 또는 수용액 사용
③ 가스소화약제 이용
④ 포말소화기 사용

🔍 C급화재(전기화재)
• 변압기, 전열기 등 전기를 취급하는 장소에서 일어나는 화재
• 가스소화약제를 이용한 질식소화가 가장 적합한 소화방법

47 다음 중 '금속화재'에 대한 설명으로 틀린 것은?

① 가연성 금속류가 가연물이 되는 화재이다.
② 물과 반응하여 강한 수소를 발생시키는 것이 대부분이다.
③ 화재 시 수계소화약제(물, 포, 강화액 등)를 사용해야 한다.
④ D급화재로 과상보다는 분말상으로 존재할 때 가연성이 현저히 증가한다.

🔍 가연성 금속류
물과 반응하여 폭발성이 강한 수소를 발생시키는 것이 대부분이므로 화재 시 수계소화약제(물, 포, 강화액 등)를 사용해서는 안 된다.

48 다음 화재 중 다량의 물 또는 수용액으로 소화할 수 있는 화재는?

① 금속화재　　② 전기화재
③ 유류화재　　④ 일반화재

🔍 일반화재(A급화재) : 소화할 때 냉각효과가 가장 효율적이므로 다량의 물 또는 수용액을 사용하여 소화한다.

49 화재의 분류 중 연소물의 표면을 차단하는 비누화작용 및 식용유 자체의 온도를 발화점 이하로 빠르게 하강시켜주는 냉각작용이 동시에 필요한 화재는?

① A급화재 　　　② B급화재
③ C급화재 　　　④ K급화재

🔍 **주방화재(K급화재)**
식용유, 식물성·동물성 유지 등의 음식조리용 기름에서 발생하는 화재로 연소물의 표면을 차단하는 비누화작용 및 식용유 자체의 온도를 발화점 이하로 빠르게 하강시켜주는 냉각작용이 동시에 필요

50 다음 화재 중 소화를 위해서 포 등을 이용한 질식소화가 적응성이 있는 화재는?

① 일반화재 　　　② 유류화재
③ 전기화재 　　　④ 금속화재

🔍 **화재의 분류**

분류	내용	소화방법
일반화재 (A급화재)	• 면화류, 고무, 석탄, 목재, 종이, 천 등 보통 가연물의 화재이다. • 화재 발생건수 가장 많으며 연소 후 재를 남긴다.	다량의 물 또는 수용액 (냉각소화)
유류화재 (B급화재)	• 상온에서 액체상태로 존재하는 유류가 가연물이 되는 화재이다. • 연소 후 재를 남기지 않으며, 연소열이 크고 연소성이 좋아 일반화재보다 위험하다.	포 등을 이용 (질식·냉각 소화)
전기화재 (C급화재)	• 전기를 취급하고(변압기, 배전반, 전열기, 전기장판 등) 있는 장소에서의 화재이다. • 물을 사용하면 감전 위험이 있으며, 전체 화재 건수 중 많은 비율을 차지한다.	가스소화 약제 이용 (질식소화)
금속화재 (D급화재)	• 가연성 금속류가 가연물이 되는 화재로 칼륨(K), 나트륨(Na), 마그네슘(Mg), 알루미늄(Al) 등이 대표적이며, 분말상으로 존재할 때 가연성이 현저히 증가한다. • 물과 반응하여 폭발성이 강한 수소를 발생시키므로 수계소화약제(물, 포, 강화액 등)를 사용해서는 안 된다.	마른모래 및 특수분말 이용 (질식소화)
주방화재 (K급화재)	• 식용유, 식물성·동물성 유지 등의 음식 조리용 기름에서 발생하는 화재이다. • 연소물의 표면을 차단하는 비누화작용 및 식용유 자체의 온도를 발화점 이하로 빠르게 하강시켜주는 냉각작용이 동시에 필요하다.	비누화작용 및 냉각작용

51 다음 중 '열전달의 대표적인 3가지 방법'에 해당하지 않은 것은?

① 복사 　　　② 전도
③ 대류 　　　④ 방사

🔍 **열전달의 종류**

종류	설명
전도(Conduction)	화재 시 하나의 물체가 다른 물체와 직접 접촉하여 전달되는 것
대류(Convection)	기체 혹은 액체와 같은 유체의 흐름에 의하여 열이 전달되는 것
복사(Radiation)	화재 시 열의 이동에 가장 크게 작용하는 열이동방식으로 화염의 접촉없이 연소가 확산되는 현상을 복사열에 의한 것이라 함

52 화재발생 시 열전달의 종류가 아닌 것은?

① 전도(Conduction) 　　　② 연쇄반응
③ 대류(Convection) 　　　④ 복사(Radiation)

🔍 [51번 문제 해설 참조]

53 화재 시 열의 이동에 가장 크게 작용하는 열이동방식으로 화염의 접촉없이 연소가 확산되는 현상은?

① 비화 　　　② 전도
③ 복사 　　　④ 대류

🔍 [51번 문제 해설 참조]

54 열전달 방식과 관련하여 '대류(Convection)현상'이 일어나는 원인은?

① 온도차 　　　② 밀도차
③ 압력차 　　　④ 습도차

🔍 **대류(Convection)** : 기체 혹은 액체와 같은 유체의 흐름에 의해 열이 전달되는 방식으로 대류현상의 원인은 밀도차이 때문이다.

정답 **49** ④ **50** ② **51** ④ **52** ② **53** ③ **54** ②

55 화재 시 하나의 물체가 다른 물체와 직접 접촉하여 전달되는 열전달의 방식은?

① 전도(Conduction)
② 대류(Convection)
③ 복사(Radiation)
④ 방사(Emanation)

🔍 전도(Conduction)
• 하나의 물체가 다른 물체의 직접 접촉하여 열이 전달되는 과정으로 온도가 높은 물체의 분자운동이 충돌이라는 과정을 통해 분자운동이 느린 분자를 빠르게 운동시키는 열의 전달이다.
• 전도라는 열전달방식에 의해 화염이 확산되는 경우는 드물다.

56 다음 [보기]에서 설명하는 열전달 방식은?

> "난로에 의하여 방안의 공기가 더워지는 것은 난로에 가까운 공기가 전도에 의하여 더워져서 팽창하여 상승하기 때문에 열을 받는 물질이 이동·순환하여 열이 전달되는 것이다."

① 방사 ② 복사
③ 대류 ④ 전도

🔍 대류(Convection)
• 기체 혹은 액체와 같은 유체의 흐름에 의하여 열이 전달되는 방식
• 난로에 의해 방안의 공기가 더워지는 것이 대류의 대표적인 예로 대류현상의 원인은 밀도차

57 다음 [보기]에서 설명하는 열전달 방식은?

> • 화재 시 열의 이동에 가장 크게 작용하는 열 이동 방식
> • 화재 시 화염의 접촉없이 연소가 확산되는 현상

① 전도(Conduction) ② 대류(Convection)
③ 복사(Radiation) ④ 방사(Emanation)

🔍 복사(Radiation)
• 화재 시 열의 이동에 가장 크게 작용하는 열 이동방식으로 모든 물체의 온도 때문에 열에너지를 파장의 향태로 계속적으로 방사하며, 이렇게 방사하는 에너지를 열복사라 함
• 화재 시 화염의 접촉없이 인접 건물로 연소가 확산되는 현상은 복사열에 의한 것

58 다음 중 화재 시 인접 건물을 연소시키는 주요 원인은?

① 대류
② 복사
③ 전도
④ 연쇄반응

🔍 화재 시 화염의 접촉없이 인접 건물을 연소시키는 것은 복사열이 주원인

59 다음 중 '연소물질과 연소생성가스'가 잘못 연결된 것은?

① 탄화수소류 : 일산화탄소 및 탄산가스
② 셀룰로이드, 폴리우레탄 : 질소산화물
③ 모시, 비단, 피혁 : 시안화수소
④ 멜라민, 나일론 : 벤젠

🔍 연소물질과 생성가스

연소물질	연소생성가스
탄화수소류 등	일산화탄소 및 탄산가스
셀룰로이드, 폴리우레탄 등	질소산화물
질소성분을 갖고 있는 모시, 비단, 피혁 등	시안화수소
나무, 종이 등	아황산가스
PVC, 방염수지, 플루오린화수지, 플루오린화수소 등의 할로겐화물	HF, HCl, HBr, 포스겐 등
멜라민, 나일론, 요소수지 등	암모니아
폴리스티렌(스티로폼) 등	벤젠

적중예상문제

60 다음 연소물질 'PVC, 방염수지, 플루오린화수지 등의 할로겐화물'의 연소생성가스는?

① HF, HCI, 포스겐 등
② 암모니아
③ 벤젠
④ 시안화수소

[59번 문제 해설 참조]

61 다음 연소물질 중 '질소 성분을 갖는 모시, 비단, 피혁 등'의 연소생성가스는?

① 질소산화물
② 시안화수소
③ 아황산가스
④ 암모니아

[59번 문제 해설 참조]

62 불완전 연소생성물인 '검은색 연기'가 인체에 미치는 영향으로 볼 수 없는 것은?

① 시야를 감퇴하며 피난행동 및 소화 활동을 저해한다.
② 정신적으로 긴장 또는 패닉현상에 빠지게 된다.
③ 연기성분 중 일산화타소, 포스겐 등이 발생하나 생명에는 지장이 없다.
④ 최근 건물화재 특징은 다량의 연기입자 및 유독가스를 발생하는 특징이 있다.

화재 시 검은색 연기가 인체에 미치는 영향
• 시야를 감퇴하며 피난행동 및 소화활동을 저해한다.
• 연기성분 중 유독물(일산화탄소, 포스겐 등)의 발생으로 생명이 위험하다.
• 정신적으로 긴장 또는 패닉현상에 빠지게 되는 2차적 재해의 우려가 있다.
• 최근 건물화재의 특징은 방염(난연)처리된 물질을 사용하여 연소 그 자체는 억제되고 있지만 다량의 연기입자 및 유독가스를 발생하는 특징이 있다.

63 화재 시 '건물 내에서 연기의 수평방향 이동속도'는 몇 m/sec인가?

① 0.2 ~ 0.3m/sec
② 0.5 ~ 1.0m/sec
③ 1.0 ~ 2.0m/sec
④ 3.0 ~ 5.0/m/sec

연기의 유동 및 확산속도(벽 및 천장을 따라 진행)
• 수평방향 이동속도 : 0.5 ~ 1.0m/sec
• 수직방향 이동속도 : 2.0 ~ 3.0m/sec
• 계단실 내의 수직 이동속도 : 3.0 ~ 5.0m/sec 로 이동

64 화재이론에 의한 '건물 내 연기의 이동속도'에 대한 설명으로 옳은 것은?

① 수평방향으로 이동속도가 가장 빠르다.
② 수직방향으로 이동속도가 빠르다.
③ 계단실 내의 수직방향으로 이동속도가 가장 빠르다.
④ 수평 · 수직방향의 이동속도는 동일하다.

건물 내 연기의 이동속도
수직방향 이동속도가 더 빠르며, 특히 계단실 등 수직방향으로는 화재 초기의 속도라도 2~3m/sec이며, 농연(아주 짙은 연기가 있는 상태)에서도 3~5m/sec로 빨라진다.

65 다음 [보기]에서 설명하는 물질은 무엇인가?

• 상온에서 염소와 작용하여 유독성가스($COCl_2$)를 생성한다.
• 인체 내 헤모글로빈과 결합하여 산소의 운반기능을 약화시켜 질식하게 한다.

① 일산화탄소(CO)   ② 이산화탄소(CO_2)
③ 이산화황(SO_2)   ④ 시안화수소(HCN)

일산화탄소(CO)의 특성
• 무색 · 무미 · 무취의 환원성이 강한 가스로
• 상온에서 염소(Cl)와 작용하여 유독성의 포스겐($COCl_2$)가스를 생성하기도 하며,
• 인체 내의 헤모글로빈과 결합하여 산소의 운반기능을 약화시킴으로 질식하게 한다.

정답   60 ①   61 ②   62 ③   63 ②   64 ③   65 ①

66 다음 가스 중 인체 내의 헤모글로빈과 결합하여 산소의 운반기능을 약화시켜 질식하게 하는 것은?

① 포스겐($COCl_2$)
② 시안화수소(HCN)
③ 이산화탄소(CO_2)
④ 일산화탄소(CO)

🔍 [65번 문제 해설 참조]

67 일산화탄소(CO)의 중독현상으로 두통 · 현기증 · 구토 등이 일어나고, 2시간이면 사망하게 되는 일산화탄소의 농도는?

① 0.08%
② 0.16%
③ 0.32%
④ 0.64%

🔍 일산화탄소의 공기 중의 농도와 중독증상

공기 중의 농도		경과시간 (분)	중독증상
%	ppm		
0.02	200	120~180	가벼운 두통
0.04	400	60~120	통증 · 구토 증세
0.08	800	40	구토 · 현기증 · 경련이 일어나고 24시간 이상이면 실신
0.16	1600	20	두통 · 현기증 · 구토 등이 일어나고 2시간이면 사망
0.32	3200	5~10	두통 · 현기증이 일어나고 30분이면 사망
0.64	6400	1~2	두통 · 현기증이 심하게 일어나고 15~30분이면 사망
1.28	12800	1~3	1~3분 내 사망

68 연소생성가스 중 이산화탄소(CO_2)의 특성으로 볼 수 없는 것은?

① 무색 · 무미의 기체이다.
② 공기보다 가볍다.
③ 가스자체에는 독성이 거의 없다.
④ 가스가 다량 존재할 때 사람의 호흡속도를 증가 시킨다.

🔍 이산화탄소(CO_2)의 특성
• 무색 · 무미의 기체로서 공기보다 무거우며,
• 가스 자체에는 독성이 거의 없으나
• 다량이 존재할 때 사람의 호흡속도를 증가시키고 혼합된 유해가스의 흡입을 증가시켜 위험을 가중시킨다.

69 연소생성가스 중 가스 자체에는 독성이 거의 없는 것은?

① 이산화탄소(CO_2)
② 일산화탄소(CO)
③ 시안화수소(HCN)
④ 이산화황(SO_2)

🔍 이산화탄소(CO_2)는 무색 · 무미의 기체로 공기보다 무겁고, 가스 자체는 독성이 거의 없다.

70 다음 중 '건물화재의 특성'으로 볼 수 없는 것은?

① 건물화재는 가연물에 착화한 후 서서히 수직으로 있는 가연물에 착화하는 것으로부터 시작한다.
② 천장으로 타들어가는 것에 의해 본격적인 화재가 된다.
③ 화재가 확대되면 옆방으로 옮겨 연소한다.
④ 확산된 화재는 건물 전체의 화재로 되지만 인접 건물까지는 연소시키지 못한다.

🔍 건물화재의 특성
• 화재가 다시 확대되면 옆방으로 연소하여 건물 전체의 화재로 되며,
• 때로는 인접 건물까지도 연소시키게 한다.

71 '건물의 화재성상 단계'로 옳은 것은?

① 초기 → 감소기 → 최성기 → 성장기
② 초기 → 최성기 → 감쇠기 → 성장기
③ 초기 → 감쇠기 → 성장기 → 최성기
④ 초기 → 성장기 → 최성기 → 감쇠기

🔍 화재의 성상 단계
초기(화재발생) → 성장기(내장재에 옮겨 붙음) → 최성기(연소가 최고조에 달함) → 감쇠기(화재가 줄어듦)

직중예상문제

72 다음 중 건물 천장부근에 축적된 가연성 가스가 착화되면서 실내 전체가 화염에 휩싸이는 현상은?

① 오일 오버(Oil over)
② 파이어 오프(Fire Off)
③ 플래시 오버(Flash over)
④ 플래시 온(Flash On)

🔍 화재의 성상 단계 중 성장기
내장재 등에 착화된 시점으로, 그 후 실내온도는 급격히 상승하며 이 후 천장부근에 축적된 가연성가스가 착화되면서 실내 전체가 화염에 휩싸이는 플래시 오버(Flash over)상태가 된다.

73 화재성상 단계 중 '최성기'의 설명으로 틀린 것은?

① 내화구조의 건축물인 경우 30분~1시간이 되면 최성기에 이른다.
② 실내 전체에 화염이 충만하며, 연소가 최고조에 달한다.
③ 내화구조의 경우 화재가 최성기에 이르면 실내온도는 800~1,050℃이다.
④ 목조건물인 경우 최성기까지 약 10분이 소요되며, 실내온도는 1,100~1,350℃에 달한다.

🔍 내화구조의 경우 20~30분이 되면 최성기에 이르며 실내온도는 통상 800~1,050℃에 달한다.

74 다음 그래프는 실내화재의 진행과 온도변화를 보여주는 것이다. 목조건축물의 곡선을 표시한 것은?

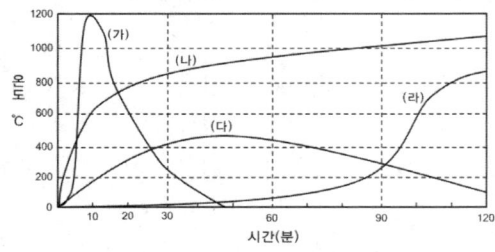

① (가)　　　　② (나)
③ (다)　　　　④ (라)

🔍 목조건물은 가구 등 내장재가 타기 쉬운 가연물로 되어 있기 때문에 순식간에 플래시오버에 도달하며 온도도 급상승한다. 일반적으로 목조건물의 경우 최성기까지 약 10분 소요되며, 실내온도는 1,100~1,350℃에 달한다. 따라서, 그래프에서는 (가)의 곡선이 목조, (나)의 곡선이 내화조에 해당된다.

▶ **3. 소화이론**

75 '소화의 원리'의 설명으로 옳지 않은 것은?

① 소화란 연소의 반대 개념이다.
② 연소의 3요소 중 어느 하나 이상 또는 전부를 제거하면 된다.
③ 연쇄반응인자의 전달을 차단하면 된다.
④ 연소의 4요소는 분리할 필요가 없다.

🔍 소화란 연소의 반대 개념으로 연소의 3요소(가연물, 산소공급원, 점화원) 중 하나 이상 또는 전부를 제거하거나, 연쇄반응 인자의 전달을 차단하면 소화되는 원리이다.

76 화재 시 소화방법으로 틀린 것은?

① 제거소화
② 질식소화
③ 냉각소화
④ 촉매소화

🔍 소화방법에는 제거소화, 질식소화, 냉각소화, 억제소화가 있다. 특히, 이 중 억제소화는 산화반응(연쇄반응)을 약화시켜 소화하는 화학적 작용에 의한 소화방법으로 억제(부촉매) 작용에 의한 소화방법이다.

77 연소반응에 관계된 가연물을 제거하여 연소반응을 중지시켜 소화하는 방법은?

① 제거소화　　　　② 질식소화
③ 냉각소화　　　　④ 억제소화

- 제거소화 : 연소반응에 관계된 가연물이나 그 주위의 가연물을 제거
- 질식소화 : 산소공급원을 차단하여 소화하는 방법(공기 중 산소 농도를 15% 이하로 억제)
- 냉각소화 : 연소하고 있는 가연물로부터 열을 뺏어 연소물을 착화온도 이하로 내리는 방법
- 억제소화 : 산화반응(연쇄반응)을 약화시켜 소화하는 방법(화학적 작용에 의한 소화방법)

78 화재 시 산소공급원을 차단하여 소화하는 방법은?

① 제거소화　　　② 질식소화
③ 냉각소화　　　④ 억제소화

질식소화란 산소공급원을 차단하여 소화하는 방법(공기 중 산소 농도를 15% 이하로 억제)으로 불연성 기체·포말·고체로 연소물을 덮는 방법이 주로 사용된다.

79 화재 시 가연물의 열을 뺏어 연소물을 착화온도 이하로 내려서 소화하는 방법은?

① 제거소화　　　② 질식소화
③ 냉각소화　　　④ 억제소화

연소하고 있는 가연물의 열을 뺏어 착화온도 이하로 내리는 것, 즉 냉각함으로써 소화하는 방법이다.

80 화재 시 연쇄반응을 약화시켜 연소가 계속되는 것을 불가능하게 하여 소화하는 방법은?

① 제거소화　　　② 질식소화
③ 냉각소화　　　④ 억제소화

연소의 4요소 중 연쇄반응을 약화시켜 연소가 계속되는 것을 불가능하게 하여 소화하는 것을 억제소화라 한다.

81 다음 중 제거소화방법으로 볼 수 없는 것은?

① 가스밸브의 폐쇄
② 가연물 직접 제거 및 파괴
③ 촛불을 입으로 불어 가연성 증기를 순간적으로 날려 보내는 방법
④ 산불화재 시 진행방향의 반대편 나무 제거

제거소화 방법
- 가스밸브의 폐쇄
- 가연물 직접 제거 및 파괴
- 촛불을 입으로 불어 가연성 증기를 순간적으로 날려 보내는 방법
- 산불화재 시 화재 진행 방향의 나무 제거

82 소화약제 중 물소화약제의 소화효과는?

① 질식, 냉각효과
② 냉각, 질식효과
③ 질식, 부촉매
④ 질식, 부촉매, 냉각효과

소화약제의 종류
- 물소화약제 : 냉각, 질식효과
- 포소화약제 : 질식, 냉각효과
- 분말소화약제 : 질식, 억제(부촉매) 효과
- 이산화탄소(CO_2) 소화약제 : 질식, 냉각효과
- 할로겐화합물 소화약제 : 질식, 억제(부촉매), 냉각효과

83 소화약제 중 포소화약제의 소화효과는?

① 냉각, 질식효과
② 질식, 부촉매
③ 질식, 냉각효과
④ 질식, 부촉매, 냉각효과

[82번 문제 해설 참조]

84 다음 중 연소의 4요소와 제거방법이 가장 올바르게 연결된 것은?

① 가연물 - 질식소화
② 산소 - 냉각소화
③ 에너지 - 제거소화
④ 연쇄반응 - 억제소화

제거요소별 소화법

제거요소	소화법	제거요소	소화법
가연물	제거소화	산소	질식소화
에너지	냉각소화	연쇄반응	억제소화

04

위험물 · 전기 · 가스안전관리

SECTION
01 위험물 안전관리

STEP 01 위험물 류별 특성

화학적 · 물리적으로 공통되는 것을 같은 류에 묶어 제1류 ~ 제6류까지 분류

구분	성질	특성	소화방법
제1류 위험물	산화성고체	• 강산화성물질로 다량의 산소를 함유 • 가열, 충격, 마찰 등에 의해 분해하여 산소방출	물에 의한 냉각소화
제2류 위험물	가연성고체	• 저온 착화하기 쉬운 가연성고체이며 환원성물질이다. • 연소 시 연소열이 크고 유독가스를 발생한다.	물에 의한 냉각소화
제3류 위험물	자연발화성물질 및 금수성물질	• 물과 반응하거나 자연발화에 의해 발열 또는 가연성가스 를 발생 • 저장용기는 공기와 수분과의 접촉을 피하여, 용기 파손 또는 누출에 주의	마른 모래 등에 의한 질식소화
제4류 위험물	인화성액체	• 인화가 용이 • 대부분 물보다 가볍고, 증기는 공기보다 무거움 • 주수소화가 불가능한 것이 대부분임	포, 분말 등 소화약제에 의한 질식소화
제5류 위험물	자기반응성물질	• 가연성으로 산소를 함유하여 자기연소하는 자기반응성 물질 • 가열, 충격, 마찰 등에 의해 착화, 폭발의 위험 • 연소속도가 매우 빨라서 소화가 곤란	화재 초기 대량 의 물에 의한 냉각소화 그 후 자연진화
제6류 위험물	산화성액체	• 강산으로 산소를 발생하는 무색, 투명의 조연성액체(자체 는 불연) • 일부는 물과 접촉하면 심하게 발열한다.	마른 모래 등에 의한 질식소화

STEP 02 제4류 위험물(유류)의 공통적인 성질

① 인화하기 쉽다.
② 증기는 대부분 공기보다 무겁다.
③ 증기는 공기와 혼합되어 연소 · 폭발한다.
④ 착화온도가 낮은 것은 위험하다.
⑤ 물보다 가볍고 대부분 물에 녹지 않는다.

① 기름을 주입할 때는 반드시 난로 불을 끈 후 연료를 주입하고 기름이 넘치지 않도록 한다.

② 이동식 석유난로는 넘어지기 쉽고 화재위험이 많으므로 이용 시 고정하여 사용한다.

③ 난로는 가연물로부터 충분히 거리를 띄우고 불씨가 있는 부근에는 가연물질을 방치하지 않는다.

④ 불이 붙은 상태에서 석유난로를 이동하지 않는다.

⑤ 불을 켜둔 상태에서 장시간 자리를 비우지 않는다.

⑥ 음식물 조리 중에는 전화를 받는 등 자리를 떠나지 않는다.

⑦ 유류가 들어있던 빈 드럼통을 사용하기 위해 절단할 때에는 빈 드럼통 속에 남아있던 유증기는 완전히 배출 후 작업한다.

⑧ 유류통의 연료량을 확인하기 위해 라이터나 성냥을 사용하지 말고 반드시 손전등을 사용하며, 실내에서 페인트, 시너 등의 도색작업 시 충분한 환기를 시킨다.

SECTION 02
전기 및 가스안전관리

STEP 01 전기안전관리

1. 전기화재

전기화재는 전기에너지의 직접 · 간접적 공급에 의해 물체를 착화시켜 화재에 도달한 현상으로, 전기화재의 점화원으로 줄열(Joule's Heat)과 방전불꽃 등이 있다.

2. 발화형태에 의한 전기화재의 종류

① 전선의 단락(합선)에 의한 발화
   ㉮ 전선에 외력이 가해져 절연피복이 파손되어 단락(1차 용융흔)
   ㉯ 접촉불량 등 국부발열에 의해 절연열화가 진행되어 단락(1차 용융흔)
   ㉰ 화재 등 외부열에 의해 절연 파괴되어 단락(2차 용융흔)
② 과부하(과전류)에 의한 발화
   ㉮ 전선의 과부하
   ㉯ 전기부품 및 기기의 과부하
   ㉰ 누전에 의한 발화
③ 그 밖의 발화 : 반단선, 트래킹 및 흑연화, 접촉불량(아산화동 증식 발열현상), 방전, 정전기, 은이동(silver migration), 낙뢰, 차량화재 등에 의한 발화

3. 전기화재 예방요령

① 하나의 콘센트에 여러 가지 전기기구를 꽂아서 사용하지 않는다.
② 사용하지 않는 기구는 전원을 끄고 플러그를 뽑아 둔다.
③ 플러그를 뽑을 때는 선을 당기지 말고 몸체를 잡고 뽑는다.
④ 과전류 차단장치를 설치한다.
⑤ 규격 퓨즈를 사용하고 끊어질 경우 그 원인을 조치한다.
⑥ 전기시설 설치 시 등록업체에 의뢰하여 정확하게 시공한다.
⑦ 콘센트에 플러그는 흔들리지 않게 완전히 꽂아 사용한다.
⑧ 누전차단기를 설치하고 월 1~2회 동작 여부를 확인한다.
⑨ 전선은 묶거나 꼬이지 않도록 한다.
⑩ 전기담요는 접힌 부분에 열이 발생하므로 밟거나 접어서 사용하지 않는다.
⑪ 비닐전선은 열에 약하므로 백열전등이나 전열기구 등 고열을 발생하는 기구에는 고무코드

전선을 사용한다.
⑫ 비닐장판이나 양탄자 밑으로는 전선이 지나지 않도록 한다.
⑬ 전기기구는 'KS' 마크 부착제품을 사용하고, 사용 전에는 반드시 사용설명서를 읽어본다.
⑭ 전선이 쇠붙이나 움직이는 물체와 접촉되지 않도록 한다.

4. 감전사고 방지대책

① 노출 충전부의 방호 : 충전부를 방호 또는 격리
② 보호절연 : 도전성 금속은 절연처리, 이중절연구조의 기기 사용
③ 보호접지 : 금속제 외함을 접지
④ 누전차단기 설치 : 감도전류 30mA 이하, 동작시간 0.03초 이하인 누전차단기 설치(욕실 등 에 콘센트 설치시 15mA, 0.03초 전류동작형 누전차단기 또는 방적형 콘센트 사용)
⑤ 이중절연구조의 전동기계 · 기구 사용 : 감전의 우려가 높은 장소 또는 접지가 곤란한 기기 는 가급적 절연을 이중으로 실시한 이중절연기기 사용

STEP 02 가스안전관리

1. 가스의 위험성

가스는 사용하기 편리, 열량이 높고 공해가 적어 가정용 · 공업용 · 차량용 등 사용량이 계속 증가하고 있으나, 잘못 다루면 가스 중독 또는 폭발을 동반하는 대형화재를 유발시킬 수 있음

2. 연료가스의 종류와 특성

구분	액화석유가스(LPG)	액화천연가스(LNG)
주성분	프로판(C_3H_8), 부탄(C_4H_{10})	메탄(CH_4)
용도	가정용, 공업용, 자동차 연료용	도시가스
비중	1.5~2(누출 시 낮은 곳 체류)	0.6(누출 시 천장쪽에 체류)
폭발범위	프로판 2.1~9.5%, 부탄 1.8~8.4%	5~15%

3. 가스화재의 주요원인

① 가스화재의 공급자 원인
㉮ 용기 밸브의 오조작
㉯ 용기 교체 작업 중 누설화재
㉰ 잔량 가스처리 및 취급 미숙
㉱ 가스충전 작업 중 누설폭발
㉲ 고압가스 운반기준 미이행
㉳ 배관 내의 공기치환작업 미숙

      ⑭ 용기 보관실 점화원(성냥 등) 사용

      ⑮ 배달원의 안전의식 결여

  ② 가스화재의 사용자 원인

      ㉠ 실내에 용기보관 중 가스누설

      ㉡ 점화 미확인으로 인한 누설폭발

      ㉢ 환기불량에 의한 질식사

      ㉣ 가스사용 중 장시간 자리 이탈

      ㉤ 성냥불로 누설확인 중 폭발

      ㉥ 호스접속 불량 방치

      ㉦ 조정기 분해 오조작

      ㉧ 콕크 조작 미숙

      ㉨ 인화성물질(연탄 등) 동시 사용

4. 가스사용 시 주의사항

시기	주의사항
사용 전	• 가스가 새고 있는지 냄새로 확인하고, 환기를 시킨다.(연료용 가스는 안전상 누출 시 감지할 수 있도록 메르캅탄류의 자극적인 냄새가 나는 화학물질을 첨가) • 연소기 부근에는 가연성 물질을 두지 않는다. • 콕크, 호스 등 연결부는 호스 밴드로 확실하게 조이고, 호스가 낡거나 손상이 있을 때에는 즉시 새것으로 교체한다. • 연소기구는 자주 청소하여 불구멍 등이 막히지 않도록 한다.
사용 중	• 콕크를 돌려 점화 시 불이 붙었는지 확인한다. • 파란불꽃 상태가 되도록 조절한다.(황색, 적색의 불꽃은 불완전 연소로 일산화탄소가 발생된다.) • 장시간 자리를 비우지 말고 주의하여 지켜본다.
사용 후	• 연소기에 부착된 콕크는 물론 중간밸브도 확실하게 잠근다. • 장기간 외출 시 중간밸브와 함께 용기밸브도 잠그고, 도시가스 사용 시 메인밸브까지 잠근다.

5. 가스누설경보기

  ① 개요 : 가스로 인한 화재 및 인명피해를 미연에 방지할 수 있는 설비

  ② 가스누설 경보기 설치 위치

      ㉠ 증기비중이 1보다 작은 가스의 경우(LNG)

         ㉠ 연소기로부터 수평거리 8m 이내의 위치에 설치

         ㉡ 탐지기의 하단은 천장면의 하방 30cm 이내의 위치에 설치

      ㉡ 증기 비중이 1보다 큰 가스의 경우(LPG)

         ㉠ 연소기 또는 관통부로부터 수평거리 4m 이내의 위치에 설치

         ㉡ 탐지기의 상단은 바닥면의 상방 30cm 이내의 위치에 설치

1. 위험물 안전관리

01 각 위험물(류별)의 특성으로 옳지 않은 것은?

① 제1류 위험물 – 산화성고체
② 제2류 위험물 – 가연성고체
③ 제3류 위험물 – 산화성액체
④ 제4류 위험물 – 인화성액체

🔍 각 위험물의 류별 특성
• 제1류 위험물 – 산화성고체
• 제2류 위험물 – 가연성고체
• 제3류 위험물 – 자연발화성물질 및 금수성물질
• 제4류 위험물 – 인화성액체
• 제5류 위험물 – 자기반응성물질
• 제6류 위험물 – 산화성액체

02 제1류 위험물 특성의 설명으로 맞는 것은?

① 가열, 충격, 마찰 등에 의해 분해, 산소를 방출한다.
② 연소 시 유독가스가 발생한다.
③ 연소속도가 빨라 소화가 곤란하다.
④ 일부는 물과 접촉하면 발열한다.

🔍 제1류 위험물
• 무색결정 또는 백색분말의 무기화합물로 산화성고체이다.
• 강산화성물질로 다량의 산소를 함유하고 있다.
• 가열, 충격, 마찰 등에 의해 분해하여 산소를 방출한다.
• 비중은 1보다 크며 물에 녹는 것도 있다.

03 제1류 위험물 화재 시 소화방법으로 가장 적절한 것은?

① 마른 모래 등에 의한 질식소화
② 물에 의한 냉각소화
③ 포, 분말 등 소화약제에 의한 질식소화
④ 자연진화되도록 기다려야 함

🔍 각 위험물 화재 시 소화방법
• 제1류 위험물, 제2류 위험물 : 물에 의한 냉각소화
• 제3류 위험물, 제6류 위험물 : 마른 모래 등에 의한 질식소화
• 제4류 위험물 : 포, 분말 등 소화약제에 의한 질식소화
• 제5류 위험물 : 화재 초기에만 대량의 물에 의한 냉각소화. 그 후엔 자연진화되도록 기다려야 함

04 다음 중 제2류 위험물 특성으로 맞지 않는 것은?

① 가연성 고체이다.
② 저온착화하기 쉬운 가연성 물질이다.
③ 연소 시 유독가스가 발생된다.
④ 산소와 결합이 어려워 산화되기 어렵다.

🔍 제2류 위험물의 특성
• 비교적 낮은 온도에서 착화하기 쉬운 가연성고체이며 환원성물질이다.
• 비중은 1보다 크고 물에는 녹지 않는다.
• 연소 시 연소열이 크고 유독가스를 발생한다.

05 위험물안전관리법상 제2류 위험물에 해당하는 것은?

① 산화성고체
② 산화성액체
③ 가연성고체
④ 자연발화성물질 및 금수성물질

🔍 • 산화성고체 – 제1류 위험물
• 산화성액체 – 제6류 위험물
• 자연발화성물질 및 금수성물질 – 제3류 위험물

정답 **01** ③ **02** ① **03** ② **04** ④ **05** ③

06 제2류 위험물 화재 시 소화방법으로 옳은 것은?

① 마른 모래 등에 의한 질식소화
② 포, 분말 등 소화 약제에 의한 질식소화
③ 물에 의한 냉각소화
④ 자연진화

🔍 각 위험물 화재 시 소화방법
• 제1류 위험물, 제2류 위험물 : 물에 의한 냉각소화
• 제3류 위험물, 제6류 위험물 : 마른 모래 등에 의한 질식소화
• 제4류 위험물 : 포, 분말 등 소화약제에 의한 질식소화
• 제5류 위험물 : 화재 초기에만 대량의 물에 의한 냉각소화. 그 후엔 자연진화되도록 기다려야 함

07 다음 중 제3류 위험물 특성으로 맞지 않는 것은?

① 자연발화성물질 및 금수성물질이다.
② 공기 또는 물과 접촉하여도 반응하지 않는다.
③ 자연발화에 의해 발열 또는 가연성가스가 발생된다.
④ 저장 시 용기 파손 또는 누출에 주의해야 한다.

🔍 제3류 위험물의 특성
• 자연발화성물질 및 금수성물질이다.
• 대부분 무기화합물이며 고체이고 일부는 액체이다.
• 물과 반응하거나 자연발화에 의해 발열·가연성가스를 발생한다.
• 저장용기는 공기와 수분과의 접촉을 피하여, 용기 파손 또는 누출에 주의한다.

08 위험물안전관리법상 제3류 위험물에 해당하는 것은?

① 산화성고체
② 산화성액체
③ 가연성고체
④ 자연발화물질 및 금수성물질

🔍 • 산화성고체 – 제1류 위험물
• 산화성액체 – 제6류 위험물
• 가연성고체 – 제2류 위험물

09 제3류 위험물 화재 시 소화 방법으로 옳은 것은?

① 마른 모래 및 탄산수소 염류 분말 소화약제 등에 의한 질식소화
② 주수소화
③ 물에 의한 냉각소화
④ 포, 분말 등 소화약제에 의한 질식소화

🔍 제3류 위험물 화재 시 소화방법은 마른 모래 등에 의한 질식소화, 팽창질석, 팽창진주암이 더 효과적이다.

10 위험물안전관리법상 제4류 위험물에 해당하는 것은?

① 산화성고체
② 가연성고체
③ 인화성액체
④ 산화성액체

🔍 • 산화성고체 – 제1류 위험물
• 가연성고체 – 제2류 위험물
• 산화성액체 – 제6류 위험물

11 다음 중 제4류 위험물의 특성으로 맞지 않는 것은?

① 인화성액체이다.
② 인화점이 낮아 인화하기가 쉽다.
③ 대부분 물보다 가볍고, 증기는 공기보다 무겁다.
④ 대부분 주수소화가 가능하다.

🔍 제4류 위험물의 특성
• 인화가 쉬운 인화성액체이다.
• 물에 녹지 않고 물보다 가볍다.
• 증기비중은 공기보다 무거워 낮은 곳에 체류한다.
• 주수소화가 불가능한 것이 대부분이다.

12 제4류 위험물 화재 시 소화방법으로 옳은 것은?

① 포, 분말 등 소화약제에 의한 질식소화
② 물에 의한 냉각소화
③ 마른 모래 등에 의한 질식소화
④ 자연진화

정답　**06** ③　**07** ②　**08** ④　**09** ①　**10** ③　**11** ④　**12** ①

○ 각 위험물 화재 시 소화방법
• 제1류 위험물, 제2류 위험물 : 물에 의한 냉각소화
• 제3류 위험물, 제6류 위험물 : 마른 모래 등에 의한 질식소화
• 제4류 위험물 : 포, 분말 등 소화약제에 의한 질식소화
• 제5류 위험물 : 화재 초기에만 대량의 물에 의한 냉각소화. 그 후엔 자연진화되도록 기다려야 함

○ 각 위험물 화재 시 소화방법
• 제1류 위험물, 제2류 위험물 : 물에 의한 냉각소화
• 제3류 위험물, 제6류 위험물 : 마른 모래 등에 의한 질식소화
• 제4류 위험물 : 포, 분말 등 소화약제에 의한 질식소화
• 제5류 위험물 : 화재 초기에만 대량의 물에 의한 냉각소화. 그 후엔 자연진화되도록 기다려야 함

13 위험물안전관리법상 제5류 위험물에 해당하는 것은?

① 산화성고체
② 자기반응성물질
③ 산화성액체
④ 자연발화성물질 및 금수성물질

○ • 산화성고체 – 제1류 위험물
• 산화성액체 – 제6류 위험물
• 자연발화성물질 및 금수성물질 – 제3류 위험물

14 다음 중 제5류 위험물의 특성으로 맞지 않는 것은?

① 자기반응성 물질이다.
② 연소속도가 느려 소화하기가 쉽다.
③ 가연성으로 산소를 함유하여 자기연소를 한다.
④ 가열, 충격, 마찰 등에 의해 착화, 폭발한다.

○ 제5류 위험물의 특성
• 가연성으로 산소를 함유하여 자기연소하는 자기반응성물질이다.
• 가열, 충격, 마찰 등에 의해 착화, 폭발의 위험이 있다.
• 연소속도가 매우 빨라서 소화가 곤란하다.

15 제5류 위험물 화재 시 소화방법으로 옳은 것은?

① 물에 의한 냉각소화
② 마른 모래 등에 의한 질식소화
③ 포, 분말 등 소화약제에 의한 질식소화
④ 화재 초기에만 대량의 물에 의한 냉각소화이고, 그 이후엔 자연진화 되도록 기다려야 함

16 위험물안전관리법상 제6류 위험물에 해당하는 것은?

① 산화성액체
② 산화성고체
③ 인화성액체
④ 가연성고체

○ • 산화성고체 – 제1류 위험물
• 인화성액체 – 제4류 위험물
• 가연성고체 – 제2류 위험물

17 다음 중 제6류 위험물의 특성으로 맞지 않는 것은?

① 비중은 1보다 작다.
② 강산성이고 강산화성 액체이다.
③ 강산으로 산소를 발생하는 조연성 액체이다.
④ 일부는 물과 접촉하면 발열한다.

○ 제6류 위험물의 특성
• 강산으로 산소를 발생하는 무색, 투명의 조연성액체(자체는 불연)이다.
• 비중은 1보다 크고 물에 녹기 쉽다.
• 일부는 물과 접촉하면 심하게 발열한다.
• 증기는 유독하며 피부와 접촉 시 점막을 부식시킨다.

18 제6류 위험물의 화재 시 소화방법으로 가장 적절하지 않은 것은?

① 마른모래를 사용한다.
② 주수소화를 한다.
③ 질식소화기를 사용한다.
④ 할론소화기를 사용한다.

○ 제6류 위험물의 화재 시 마른모래, 주수소화, 질식소화기(이산화탄소, 할로겐화합물은 부적합)를 이용하여 소화한다.

정답 13 ② 14 ② 15 ④ 16 ① 17 ① 18 ④

19 다음 중 위험물안전관리법상 '제4류 위험물 종류'가 아닌 것은?

① 제1류~제4류 석유류
② 알코올
③ 과산화수소
④ 윤활유

🔍 위험물 류별 종류
• 제1류 위험물 : 강산화성물질(산화성고체)로 염소산염류, 과염소산염류, 질산염류, 질산나트륨염류 등
• 제2류 위험물 : 환원성물질(가연성고체)로 황화린, 적산, 유황, 마그네슘금속분, 인화성고체 등
• 제3류 위험물 : 금수성물질(자연발화성물질)로 황린, 생석회, 칼륨 등
• 제4류 위험물 : 인화성물질(인화성액체)로 제1류~제4류 석유류, 알코올, 윤활유, 동식물류 등
• 제5류 위험물 : 자기반응성물질(폭발성물질)로 유기과산화물, 질산에스테르유, 히드로실아민, 니트로화합물 등
• 제6류 위험물 : 산화성액체로 과염소산, 과산화수소, 질산, 할로겐화합물 등

20 위험물 중 '제4류 위험물의 공통적인 성질'에 해당하는 것은?

① 착화온도가 높은 것이 더 위험하다.
② 물보다 무겁고, 물에 잘 녹는다.
③ 증기는 공기와 혼합되어 연소 · 폭발한다.
④ 인화하기 어렵다

🔍 제4류 위험물의 공통적인 성질
• 인화하기 쉽다.
• 증기는 대부분 공기보다 무겁다.
• 증기는 공기와 혼합되어 연소 · 폭발한다.
• 착화온도가 낮은 것은 위험하다.
• 대부분 물보다 가볍고, 대부분 물에 녹지 않는다.

21 다음 중 '유류 취급 시 주의사항'으로 틀린 것은?

① 기름을 주입할 때는 반드시 난로 불을 끈 후 연료를 주입한다.
② 불이 붙은 상태에서 석유난로를 이동하지 않는다.
③ 불을 켜두고 장시간 자리를 비우지 않는다.
④ 음식물 조리 중에는 자리를 떠나 전화를 받는다.

🔍 유류 취급 시 주의사항
• 기름을 주입할 때는 반드시 난로 불을 끈 후 연료를 주입하고 기름이 넘치지 않도록 한다.
• 이동식 석유난로는 넘어지기 쉽고 화재위험이 많으므로 이용 시 고정하여 사용한다.
• 난로는 가연물로부터 충분히 거리를 띄우고 불씨가 있는 부근에서 가연물질을 방치하지 않는다.
• 불이 붙은 상태에서 석유난로를 이동하지 않는다.
• 불을 켜두고 장시간 자리를 비우지 않는다.
• 음식물 조리 중에는 전화를 받는 등 자리를 떠나지 않는다.
• 유류가 들어있던 빈 드럼통을 사용하기 위해 절단할 때에는 빈 드럼통 속에 남아있던 유증기는 완전히 배출 후 작업한다.
• 유류통의 연료량을 확인하기 위해 라이터나 성냥을 사용하지 말고 반드시 손전등을 사용하며, 실내에서 페인트, 시너 등의 도색작업 시 충분한 환기를 시킨다.

● 2. 전기 및 가스안전관리

22 다음 중 '발화형태에 의한 전기화재의 종류'로 볼 수 없는 것은?

① 단락(합선)에 의한 발화
② 전선의 과부하에 의한 발화
③ 정격전압 승압에 의한 발화
④ 전기누전에 의한 발화

🔍 발화형태에 의한 전기화재의 종류
• 단락(합선)에 의한 발화
• 과부하에 의한 발화 : 전선의 과부하, 전기부품 및 기기의 과부하, 누전에 의한 발화

23 전기화재의 화재요인 중 '화재발생 비율'이 가장 높은 것은?

① 합선(단락)   ② 과전류
③ 누전 및 스파크   ④ 절연불량

🔍 전기로 인한 화재요인 : 과전류에 의한 화재발생이 가장 높다.

24 다음 중 '전기화재 예방 요령'으로 틀린 것은?

① 하나의 콘센트에 여러 가지 전기기구를 꽂아 사용하지 않는다.

정답 19 ③ 20 ③ 21 ④ 22 ③ 23 ② 24 ④

② 사용하지 않는 기구는 전원을 끄고 플러그를 뽑아 둔다.

③ 플러그를 뽑을 때는 선을 당기지 않고 몸체를 잡고 뽑는다.

④ 과전압 차단장치를 설치한다.

🔍 전기화재 예방 요령
• 하나의 콘센트에 여러 가지 전기기구를 꼽아 사용하지 않는다.
• 사용하지 않는 기구는 전원을 끄고 플러그를 뽑아 둔다.
• 플러그를 뽑을 때는 선을 당기지 않고 몸체를 잡고 뽑는다.
• 과전류 차단장치를 설치한다.
• 규격 퓨즈를 사용하고 끊어질 경우 그 원인을 조치한다.
• 전기시설 설치 시 전문면허업체에 의뢰하여 정확하게 시공한다.
• 콘센트에 플러그는 흔들리지 않게 완전히 꽂아 사용한다.
• 누전차단기를 설치하고 월 1~2회 동작 여부를 확인한다.
• 전선은 묶거나 꼬이지 않도록 한다.
• 전기담요는 접힌 부분에 열이 발생하므로 밟거나 접어서 사용하지 않는다.
• 비닐전선은 열에 약하므로 백열전등이나 전열기구 등 고열을 발생하는 기구에는 고무코드 전선을 사용한다.
• 비닐장판이나 양탄자 밑으로는 전선이 지나지 않도록 한다.
• 전기기구는 'KS' 마크 부착제품을 사용하고 사용 전 사용설명서를 읽어본다.
• 전선이 쇠붙이나 움직이는 물체와 접촉되지 않도록 한다.

25 전기안전관리 중 '감전사고 방지책'으로 틀린 것은?

① 과전류 차단장치 설치

② 노출 충전부의 방호

③ 보호접지

④ 이중절연구조의 전동기계 · 기구 사용

🔍 감전사고 방지책
• 노출 충전부의 방호
• 보호절연 : 모든 도전성 금속을 절연물로 덮고 바닥 또한 절연처리하는 것
• 보호접지
• 누전차단기 설치
• 이중절연구조의 전동기계 · 기구 사용

26 욕실 등이 아닌 곳에서 감전사고 방지를 위해 설치하는 누전차단기의 감도전류 및 동작시간으로 옳은 것은?

① 50mA, 0.03초   ② 30mA, 0.03초

③ 30mA, 0.05초   ④ 50mA, 0.05초

🔍 누전차단기 설치
• 감도전류 30mA 이하, 동작시간 0.03초 이하인 누전차단기 설치
• 욕실 등에 콘센트 설치시 15mA, 0.03초 전류동작형 누전차단기 또는 방적형 콘센트 사용

27 액화석유가스(LPG)의 설명으로 옳지 않은 것은?

① 주성분은 프로판(C_3H_8), 부탄(C_4H_{10})이다.

② 용도는 가정용, 공업용, 자동차 연료용이 있다.

③ 비중은 0.6 정도이다.

④ 프로판의 폭발범위는 2.1~9.5(%)이다.

🔍 액화석유가스(LPG)의 비중은 1.5~2로 누출 시 낮은 곳에 체류한다.

28 연료 가스 중 액화천연가스(LNG)의 특성으로 볼 수 없는 것은?

① 주성분은 메탄(CH_4)이다.

② 도시가스로 사용된다.

③ 누출 시 낮은 곳에 체류한다.

④ 폭발범위는 5~15%이다.

🔍 액화천연가스(LNG)의 비중은 0.6 정도로 누출 시 천장 쪽에 체류한다.

29 가스화재의 주요 원인 중 공급자 측의 원인으로 볼 수 없는 것은?

① 용기밸브의 오조작

② 용기교체 작업 중 누설 화재

③ 가스충전 작업 중 누설 폭발

④ 가스사용 중 장시간 자리 이탈

🔍 공급자 원인
• 용기밸브의 오조작
• 용기교체 작업 중 누설화재
• 잔량 가스처리 및 취급 미숙
• 가스충전 작업 중 누설폭발
• 고압가스 운반기준 미 이행
• 배관 내의 공기치환작업 미숙
• 용기 보관실 점화원(성냥 등) 사용
• 배달원의 안전의식 결여

30 LPG와 LNG의 설명 중 틀린 것은?

① LPG는 누출 시 낮은 곳에 체류한다.
② LNG는 누출 시 천장 쪽에 체류한다.
③ LPG의 주성분은 프로판(C_3H_8), 부탄(C_4H_{10})이다.
④ LNG의 주성분은 벤젠(C_6H_6)이다.

🔍 LNG의 주성분은 메탄(CH_4)이고, 비중은 0.6, 폭발범위는 5~15(%)이다.

31 가스화재의 주요 원인 중 사용자 측의 원인으로 볼 수 없는 것은?

① 실내에 용기보관 중 가스누설
② 점화 미확인으로 인한 누설폭발
③ 잔량 가스처리 및 취급 미숙
④ 환기불량에 의한 질식사

🔍 사용자 원인
• 실내에 용기보관 중 가스누설
• 점화 미확인으로 인한 누설폭발
• 환기불량에 의한 질식사
• 가스 사용 중 장기간 자리 이탈
• 성냥불로 누설 확인 중 폭발
• 호스접속 불량 방치
• 조정기 분해 오 조작
• 콕크 조작 미숙
• 인화성물질(연탄 등) 동시 사용

32 가스 사용 전 주의사항으로 맞지 않는 것은?

① 가스가 새고 있는지 냄새로 확인하고, 환기시킨다.
② 연소기 부근에는 가연성물질을 두지 않는다.
③ 연소기에 부착된 콕크와 중간밸브를 확실하게 잠근다.
④ 연소기구는 자주 청소하여 불구멍이 막히지 않도록 한다.

🔍 연소기에 부착된 콕크와 중간밸브를 잠그는 것은 가스 사용 후 주의사항이다.

33 가스 사용 중 주의사항으로 맞지 않는 것은?

① 콕크, 호스 등 연결부는 호스밴드로 확실하게 조인다.
② 콕크를 돌려 점화 시 불이 붙었는지 확인한다.
③ 파란불꽃 상태가 되도록 조정한다.
④ 장시간 자리를 비우지 말고 주의하여 지켜본다.

🔍 콕크, 호스 등 연결부는 호스밴드로 확실하게 조이고 호스가 낡거나 손상이 있을 때는 즉시 새것으로 교체하는 것은 가스 사용 전 주의사항에 해당된다.

34 가스누설경보기에 대한 설명으로 옳지 않은 것은?

① LPG가스는 공기보다 무거워 바닥에서 30cm 이내에 가스누설경보기를 설치한다.
② LNG가스는 공기보다 가벼워 가스기구 위쪽에 가스누설경보기를 설치한다.
③ LPG가스는 비중이 1보다 작고, LNG가스는 비중이 1보다 크다.
④ 가스누설경보기는 매일 1회 이상 표시 등에 의하여 전기가 통하는 여부를 확인하여야 한다.

🔍 LPG가스 비중은 1보다 크고, LNG가스 비중은 1보다 작다.

35 가스누설경보기는 탐지대상 가스의 증기 비중이 1보다 작은 경우, 연소기로부터 수평거리 몇 m 이내의 위치에 설치하여야 하는가?

① 5m 이내   ② 8m 이내
③ 10m 이내   ④ 15m 이내

🔍 가스누설 경보기 설치 위치
• 가스의 증기 비중이 1보다 작은 경우
  – 연소기로부터 수평거리 8m 이내의 위치에 설치
  – 탐지기의 하단은 천장면의 하방 30cm 이내의 위치에 설치
• 가스의 증기 비중이 1보다 큰 경우
  – 연소기 또는 관통부로부터 수평거리 4m 이내의 위치에 설치
  – 탐지기의 상단은 바닥면의 상방 30cm 이내의 위치에 설치

CHAPTER

05

공사장 안전 관리 계획 및 화기취급 감독 등

01 공사장 안전관리 계획 및 감독

STEP 01 안전관리계획의 필요성

1. 안전관리계획의 현황

① 공사현장의 안전관리에 관한 사항은 일정 규모 이상의 공사현장을 기준으로 하고 있어, 소규모 공사 또는 부분적인 공사 등의 경우에는 안전관리에 대한 구체적인 규정이 미흡하다.

② 특정소방대상물(건축물)의 소방안전관리의 수행 및 공사현장에 설치하는 임시소방시설의 유지·관리를 의무화하고 있으며 그 주요내용은 아래와 같다.

㉮ 피난시설 및 방화시설의 관리

㉯ 소방시설이나 그 밖의 소방 관련 시설의 관리

㉰ 화기취급의 감독

㉱ 그 밖의 소방안전관리상 필요한 업무

2. 공사현장 화재위험

① 공사현장의 안전관리 실태 : 대규모 공사현장은 안전관리가 이루어지고 있으나 소규모 현장의 경우 안전관리가 제대로 이루어지지 않는 실정

② 공사현장 내 화재유형 및 특징

㉮ 전기화재 : 국내 공사 화재원인 중 전기적 원인이 가장 큰 비중을 차지

㉯ 방화

㉰ 현장사무소 등 가설건축물 화재

㉱ 작업자 부주의 : 공사 중 용접작업의 불티로 인한 화재와 담뱃불의 화재가 대표적

③ 공사현장 내 화재취약요인

㉮ 공사현장에 있는 가연성, 불연성을 불문하고 대규모 자재가 현장에 대량 적치

㉯ 공사초기 "연료지배형" 화재특성과 공사진행 중 "환기지배형"의 복합형태로 나타남

㉰ 공사후반으로 갈수록 화재발생의 위험도가 증가, 완공 전 시점에서 리스크(risk)가 극대화됨

3. 안전계획서 작성

① 안전관리계획의 수립절차

㉮ 안전관리계획 수립 대상 여부 확인

㉯ 건설업자, 주택건설등록업자는 안전관리계획을 작성하여 공사감독자 또는 감리원의 확인을 받아 공사착공 전 발주자에게 제출(안전관리계획 변경 시에도 동일함)

　　㉰ 안전관리계획을 제출받은 발주자는 해당 건설공사의 관할 행정기관에 제출

　　㉱ 안전관리계획을 제출받은 행정기관은 내용을 검토, 필요 시 보완요청

② 안전관리계획 내용 : 안전관리계획에는 다음의 내용을 포함하여 계획 작성해야 하며, 화재안전과 관련하여 공종별 안전조치, 공사장 주변 안전 등에 포함하여 함께 제시해야 한다.

　　㉮ 건설공사 개요 및 안전관리조직

　　㉯ 공종별 안전점검계획

　　㉰ 공사장 주변의 안전관리대책

　　㉱ 통행안전시설 설치 및 교통소음에 관한 계획

　　㉲ 안전관리비 집행계획

　　㉳ 안전교육 및 비상 시 긴급조치계획

　　㉴ 공종별 안전관리계획

(02) 공사현장의 화재안전관리

1. 용접 · 화기작업 현장의 안전관리

① 관리중점

　　㉮ 필요한 화기작업 공정 절차와 화기작업에 대한 규정의 수립 필요

　　㉯ 지정된 공정절차와 화기작업 규정에 대한 교육(현장작업자, 외부협력업체 등) 및 공사현장 내에서 확인할 수 있도록 게시

② 화기작업의 최소화

　　㉮ 공사현장에서 화기작업은 화재로 이어질 가능성이 높기 때문에 화기작업을 최소화

　　㉯ 대체할 수 있는 "비화기(cool-work)" 방법의 적용을 적극 활용

2. 공사현장 공간별 화기작업 주의사항

① 화기 및 용접작업 고위험장소 : 건물관리자는 위험공간은 "화기작업금지구역"으로 정하여 관리

② 고위험장소 작업 시 대책 : 불가피하게 화기작업을 해야 할 경우 대책을 새움

③ 밀폐공간에서의 화기작업 시 : 모든 안전대책 마련하여 작업 실시

3. 화재예방중점

① 발화원 관리 : 발화원 및 발화물 관리에 대한 관리를 철저히 하여 근원적 화재 원인을 제어하는 조치에 주력하여 관리

② 교육훈련 : 근로자 및 작업자 안전교육을 철저히 하고, 화재진압 훈련을 주기적으로 실시하여야 하며, 현장 소방조직 구축 및 모의훈련을 주기적으로 실시하여 습관화 될 수 있도록 해야 함

SECTION

02 화기취급작업 감독 및 화재위험작업 허가 · 관리

STEP 01 화기취급작업 및 관련법규

1. 화기취급작업이란

화기취급작업은 용접(Welding), 용단(Cutting), 연마(Grinding), 땜(Soldering, Brazing), 드릴(Drilling) 등 화염 또는 불꽃(스파크)을 발생시키는 작업 또는 가연성물질의 점화원이 될 수 있는 모든 기기를 사용하는 작업을 말한다.

2. 관련법규 기준 및 주요내용

① 화재의 예방 및 안전관리에 관한 법률(특정소방대상물의 관계인과 소방안전관리대상물의 소방안전관리자의 업무)
  ㉠ 피난계획에 관한 사항과 소방계획서의 작성 및 시행
  ㉡ 자위소방대 및 초기대응체계의 구성, 운영 및 교육
  ㉢ 피난시설, 방화구획 및 방화시설의 관리
  ㉣ 소방시설이나 그 밖의 소방관련 시설의 관리
  ㉤ 소방훈련 및 교육
  ㉥ 화기(火氣)취급의 감독
  ㉦ 소방안전관리에 관한 업무수행에 관한 기록 · 유지
  ㉧ 화재발생 시 초기대응
② 소방시설 설치 및 관리에 관한 법률(임시소방시설의 설치·관리) : "건설공사를 하는 자(이하 '공사시공자')는 특정소방대상물의 신축 · 증축 · 개축 · 재축 · 이전 · 용도변경 · 대수선 또는 설비 설치 등을 위한 공사현장에서 인화성(引火性)물품을 취급하는 작업 등 대통령령으로 정하는 작업(이하 '화재위험작업')을 하기 전에 설치 및 철거가 쉬운 화재대비시설(이하 '임시소방시설')을 설치하고 관리하여야 한다.
③ 산업안전보건기준에 관한 규칙
  ㉠ 위험물 등이 있는 장소에서 화기 등의 사용 금지
  ㉡ 유류 등이 있는 배관이나 용기의 용접시 폭발이나 화재의 예방을 위한 조치 후 작업

ⓓ 화재위험작업 시의 준수사항 준수

ⓔ 화재감시자의 지정 및 화재 또는 폭발 위험이 있는 장소에서 화기 사용 금지

ⓕ 위험물 건조설비가 있는 장소, 인화성 유류 등 폭발이나 화재의 원인이 될 우려가 있는 물질을 취급하는 장소에 소화설비 설치

ⓖ 화로, 가열로, 가열장치, 소각로, 철제굴뚝, 그 밖에 화재를 일으킬 위험이 있는 설비 및 건축물과 그 밖에 인화성 액체와의 사이에는 방화에 필요한 안전거리를 유지하거나 불연성 물체를 차열(遮熱)재료로 방호

ⓗ 흡연장소 및 난로 등 화기를 사용하는 장소에 화재예방에 필요한 설비를 갖추고 화기를 사용한 사람은 불티가 남지 않도록 확실한 뒤처리

ⓘ 소각장을 설치하는 경우 화재가 번질 위험이 없는 위치에 설치하거나 불연성 재료로 설치

STEP 02 주요 화기취급작업 및 안전대책

1. 주요 화기취급작업

① 용접(Welding) 및 용단(Cutting)

ⓐ 용접방법에 따른 분류

  ㉠ 아크(Arc)용접 : 전기회로에 있는 2개의 금속을 서로 접촉시켜 발생하는 열을 열원으로 사용하는 용접법

  ㉡ 가스용접(용단) : 가연성가스(아세틸렌, 프로판, 부탄, 수소 등)와 산소와의 반응에서 발생하는 가스 연소열을 열원으로 사용하는 용접법

ⓑ 용접작업의 화재 위험성

  ㉠ 스패터(Spatter)현상 : 용접작업 시 작은 입자의 용적들이 비산되는 현상(즉, 불티가 튀는 현상)

  ㉡ 용접(용단)작업 시 비산불티의 특성

   • 용접(용단)작업 시 수천개의 비산된 불티 발생

   • 비산불티는 작업높이, 철판두께, 풍향, 풍속 등에 따라 비산거리 상이

   • 비산불티는 약 1,600℃ 이상의 고온체

   • 발화원이 될 수 있는 비산불티 크기의 직경은 약 0.3~3mm

   • 비산불티는 짧게는 작업과 동시에부터 수분 사이, 길게는 수 시간 이후에도 화재 가능성 있음

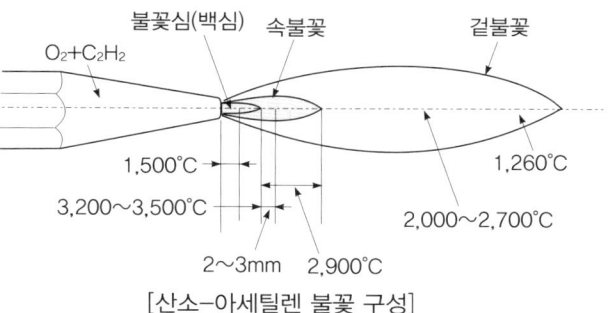

[산소-아세틸렌 불꽃 구성]

② 화재에 대한 대책

㉮ 불꽃받이나 방염시트를 사용한다.

㉯ 불꽃비산구역 내 가연물을 제거하고 정리·정돈한다.

㉰ 소화기를 비치한다.

㉱ 가스누설이 없는 토치나 호스를 사용한다.

㉲ 내부에 가스나 증기가 없는 것을 확인한다.

2. 화기취급작업 허가·관리

① 화기취급작업의 일반적인 절차

처리절차	업무내용
1. 사전허가 1) 작업허가	• 작업요청 • 승인검토 및 허가서 발급
2. 안전조치 1) 화재예방조치 2) 안전교육	• 가연물 이동 및 보호조치 • 소방시설 작동 확인 • 용접·용단장비·보호구 점검 • 화재안전교육 • 비상 시 행동요령 교육
3. 작업·감독 1) 화재감사자 입회 및 감독 2) 최종 작업 확인	• 화재감시자 입회 • 화기취급감독 • 현장상주 및 화재감시 • 작업 종료 확인

② 화기취급작업의 관리감독 절차

㉮ 화재안전 감독자(감독관)는 예상되는 화기작업의 위치를 확정하고, 화기작업의 시작 전 작업현장의 화재안전조치 상태 및 예방책을 확인한다.

㉯ 주요확인사항은 소화기 및 방화수배치, 불꽃방지포 설치, 작업현장 주변 가연물 및 위험물 이격상태, 전기를 이용한 화기작업 시 전기인입 상태 등이다.

㉰ 작업완료 시 화재감시자는 해당 작업구역 내에 30분 이상 더 상주하면서 발화 및 착화 발생 여부에 대한 감시를 진행한 후 화재안전 감독자(감독관)에게 작업종료를 통보한다.

㉱ 화재안전 감독자(감독관)에게 작업종료를 통보한 이후 추가적으로 3시간 이후까지는 순찰점검 등을 통한 현장 관찰이 필요하다.

㉲ 전체 작업 및 감시감독시간 완료 시 화재재안전 감독자(감독관)는 해당 구역에 대한 최종 점검 및 확인 후 화기취급작업 허가서에 서명하여 작업완료를 확인한다.(확인 날인된 허가서는 작업 기록으로 보관)

1. 공사장 안전관리 계획 및 감독

01 소방관련법상 특정소방대상물의 소방안전관리의 수행 및 공사현장에 설치하는 '임시소방시설의 유지 · 관리를 의무화하는 주요내용'이 아닌 것은?

① 피난시설 및 방화시설의 설치
② 소방시설이나 그 밖의 소방 관련 시설의 관리
③ 화기취급의 감독
④ 그 밖의 소방안전관리상 필요한 업무

🔍 특정소방대상물(건축물)의 소방안전관리의 수행 및 공사현장에 설치하는 임시소방시설의 유지 · 관리를 의무화하는 주요내용
  • 피난시설 및 방화시설의 관리
  • 소방시설이나 그 밖의 소방 관련 시설의 관리
  • 화기취급의 감독
  • 그 밖의 소방안전관리상 필요한 업무

02 다음 중 '공사현장에서의 화재유형 및 특징'으로 볼 수 없는 것은?

① 전기화재
② 방화
③ 자연발화
④ 작업자 부주의

🔍 공사현장 내 화재유형 및 특징
  • 전기화재 : 국내 공사현장 화재 원인 중 가장 큰 비중을 차지
  • 방화 : 공사현장 외부인의 접근이 자유로운 편으로 방화우려 높음
  • 현장사무소 등 가설건축물 화재
  • 작업자 부주의 : 용접작업의 불티와 담뱃불 부주의 화재

03 공사현장 내 화재 가능성이 높은 화기작업을 동일 작업 대체 방법으로 비화기(cool-work) 작업으로 활용할 필요가 있다. 다음 중 '비화기(cool-work) 작업'으로 볼 수 없는 것은?

① 톱, 토치를 이용한 절단작업 → 수동수압절단
② 용접 → 기계적 볼팅, 이음쇠 사용
③ 납땜 → 나사, 플랜지 이음
④ 방사 톱 → 도끼로 절단

🔍 비화기(cool-work) 예시
  • 톱, 토치를 이용한 절단작업 → 수동수압절단
  • 용접 → 기계적 볼팅, 이음쇠 사용
  • 납땜 → 나사, 플랜지 이음
  • 방사 톱 → 왕복 톱
  • 토치 및 방사톱 절단 → 기계적 파이프 절단기
  • 토치 및 가열작업이 적용된 방식 배제

04 화기 및 용접작업 고위험공간에 '화기작업 금지구역'으로 정하여 관리할 수 있다. 다음 중 '화기작업 금지지역'의 예시로 볼 수 없는 것은?

① 가연성 액체, 인화성 가스, 가연성 덕트 등을 보관하거나 사용하는 구역
② 가연성이 낮은 재료 보관구역
③ 발물 및 위험물 보관 및 취급장소
④ 산소농도가 높은 환경

🔍 화기작업 금지구역 예시
  • 가연성 액체, 인화성 가스, 가연성 덕트 또는 가연성 금속 등을 보관하거나 사용하는 구역
  • 가연성이 높은 재료(발포플라스틱 단열재, 샌드위치 패널 등)로 마감된 칸막이, 벽, 처장 또는 지붕 및 코어부
  • 고무라이닝 장비
  • 산소농도가 높은 환경
  • 산화제 물질의 보관 및 취급장소
  • 폭발물 및 위험물 보관 및 취급장소

정답 01 ① 02 ③ 03 ④ 04 ②

05 화재예방을 위해 화재원인을 제어하는 '발화원 및 발화물 관리사항' 항목으로 볼 수 없는 것은?

① LPG 및 압력용기, 유기용제, 유류 등 화재·폭발 위험물관리 철저
② 용접, 용단작업 시 발생하는 불꽃관리 및 인화물·가연물 방호관리 철저
③ 소화기 비치 및 관리 점검
④ 화기 사용계획서 및 작업 현황판 활용관리

🔍 발화원 및 발화물 관리사항
• 흡연구역지정 등 근로자 흡연관리 철저
• LPG 및 압력용기, 유기용제, 유류 등 화재·폭발 위험물관리 철저
• 용접, 용단작업 시 발생하는 불꽃관리 및 인화물·가연물 방호관리 철저
• 화기 사용계획서 및 작업 현황판 활용관리
• 야적물 보양은 불연성재료를 활용하고 태그 부착관리
• 화기작업 시 사전허가제 실시
• 소화기를 지참한 화재감시인 배치(작업종료 후 최소 30분 이상)
• 화기작업허가서 발급 시 관련 관리자를 통하여 밀착관리
• 야간 및 정전 시 대비 피난로 표시
• 현장 내 방송시설 설치하여 비상 시 방송에 따른 신속한 배치 가능토록 조치

● **2. 화기취급작업 감독 및 화재위험작업 허가·관리**

06 다음 중 '화기취급작업'으로 볼 수 없는 것은?

① 용접(Welding) 및 용단(Cutting) 작업
② 연마(Grinding) 및 땜(Soldering, Brazing) 작업
③ 드릴(Drilling) 등 화염 또는 불꽃(스파크)를 발생시키는 작업
④ 나사 및 플랜지 이음작업

🔍 화기취급작업 : 용접(Welding), 용단(Cutting), 연마(Grinding), 땜(Soldering, Brazing), 드릴(Drilling) 등 화염 또는 불꽃(스파크)를 발생시키는 작업 또는 가연성물질의 점화원이 될 수 있는 모든 기기를 사용하는 작업

07 가연성물질이 있는 장소에서 '화재위험작업' 시 준수하여야 할 사항으로 틀린 것은?

① 작업준비 및 작업절차 수립
② 작업장 내 위험물 비치
③ 화기작업에 따른 인근 가연성물질에 대한 방호조치 및 소화기구 비치
④ 용접불티 비산방지덮개, 용접방화포 등 불꽃, 불티 등 비산방지 조치

🔍 가연성물질이 있는 장소에서 화재위험작업 시 준수사항
• 작업준비 및 작업절차 수립
• 작업장 내 위험물의 사용보관 현황 파악
• 화기작업에 따른 인근 가연성물질에 대한 방호조치 및 소화기구 비치
• 용접불티 비산방지덮개, 용접방화포 등 불꽃, 불티 등 비산방지 조치
• 인화성 액체의 증기 및 인화성 가스가 남아 있지 않도록 환기 등의 조치
• 작업근로자에 대한 화재예방 및 피난교육 등 비상조치

08 가연성물질이 있는 장소에서 화재위험작업을 하는 경우의 준수사항으로 거리가 먼 것은?

① 작업장 내 위험물의 사용·보관 현황 파악
② 화기작업에 따른 인근 가연성물질에 대한 방호조치 및 소화기구 비치
③ 용접불티 비산방지덮개, 용접방화포 등 불꽃, 불티 등 비산방지조치
④ 인화성 액체의 증기 및 인화성 가스의 잔류조치

🔍 인화성 액체의 증기 및 인화성 가스는 폭발 및 화재의 위험이 크기 때문에 남아있지 않도록 환기 등의 조치를 하여야 한다.

09 다음 중 용접작업 시 작은 입자의 용적들이 비산되는 현상(불티가 튀기는 현상)을 무엇이라 하는가?

① 스패터(Spatter) 현상
② 스파크 현상
③ 열전도 현상
④ 롤오버 현상

🔍 **스패터(Spatter) 현상**
용접작업 시 작은 입자의 용적들이 비산되는 현상, 즉 불티가 튀기는 현상을 말하며, 아크용접에서는 가스폭발·아크 휨·긴 아크 등일 경우 스패터 현상이 발생하며, 가스용접(용단) 작업 시 용접(용단)의 불꽃의 세기가 강할 경우 스패터 현상 발생률이 높아진다.

10 다음 중 용접(용단)작업 시 '비산불티의 특성'으로 틀린 것은?

① 용접(용단)작업 시 수천개의 비산된 불티 발생
② 비산불티는 풍향·풍속 등에 의해 비산거리 상이
③ 비산불티 약 1,000℃ 미만의 고온체
④ 발화원이 될 수 있는 비산불티의 크기의 직경 약 0.3~3mm

🔍 용접(용단)작업 시 비산 불티의 특성
• 용접(용단)작업 시 수천개의 비산된 불티 발생
• 비산불티는 풍향·풍속 등에 의해 비산거리 상이
• 비산불티 약 1,600℃ 이상의 고온체
• 발화원이 될 수 있는 비산불티의 크기의 직경 약 0.3~3mm
• 비산불티는 짧게는 작업과 동시에부터 수 분에서 수 시간 이후에도 화재가능성 있음
• 용접(용단)작업 시 작업높이·철판두께·풍속 등에 따른 불티의 비산거리는 조건 및 환경에 따라 상이

11 용접(용단)작업 시 화재의 '주요발생원인과 대책'으로 잘못된 것은?

① 불꽃비산 – 불꽃이나 방염시트를 사용한다.
② 불꽃비산 – 소화기를 비치한다.
③ 열을 받은 용접부분의 뒷면에 있는 가연물 – 용접부 뒷면을 점검한다.
④ 열을 받은 용접부분의 뒷면에 있는 가연물 – 작업시작 전 점검한다.

🔍 용접(용단)작업 시 화재의 주요발생원인과 대책

주요발생원인	대책
불꽃비산	• 불꽃이나 방염시트를 사용한다. • 불꽃비산구역 내 가연물을 제거하고 정리·정돈한다. • 소화기를 비치한다.
열을 받은 용접부분의 뒷면에 있는 가연물	• 용접부 뒷면을 점검한다. • 작업종료 후 점검한다.

12 화재안전 감독자(감독관)이 화기작업 시작 전 작업현장의 화재안전조치 상태 및 예방책을 확인할 때 '주요 확인사항'으로 볼 수 없는 것은?

① 소화기 및 방화수 배치
② 불꽃방지포 제거
③ 작업현장 주변 가연물 및 위험물 이격상태
④ 전기를 이용한 화기작업 시 전기인입 상태 등

🔍 화재안전 감독자(감독관)의 화기작업 시작 전 주요 확인사항
소화기 및 방화수 배치, 불꽃방지포 설치, 작업현장 주변 가연물 및 위험물 이격상태, 전기를 이용한 화기작업 시 전기인입 상태 등

13 화재위험작업의 관리감독에 대한 내용으로 옳지 않은 것은?

① 작업반경 5m 이내에 건물구조 자체나 내부에 가연성물질이 있는 장소에서 용접·용단 작업을 하는 경우에는 화재감시인을 배치해야 한다.
② 통풍이나 환기가 충분하지 않은 장소에서 화재위험작업을 하는 경우에는 통풍 또는 환기를 위하여 산소를 사용해서는 아니 된다.
③ 사업주는 배치된 화재감시자에게 업무 수행에 필요한 확성기, 휴대용 조명기구 및 화재 대피용 마스크 등 대피용 방연장비를 지급해야 한다.
④ 소각장을 설치하는 경우 화재가 번질 위험이 없는 위치에 설치하거나 불연성 재료로 설치하여야 한다.

🔍 다음의 어느 하나에 해당하는 장소에서 용접·용단 작업을 하도록 하는 경우에는 화재감시자를 지정하여 용접·용단 작업 장소에 배치해야 한다.
• 작업반경 11m 이내에 건물구조 자체나 내부(개구부 등으로 개방된 부분을 포함)에 가연성물질이 있는 장소
• 작업반경 11m 이내의 바닥 하부에 가연성물질이 11m 이상 떨어져 있지만 불꽃에 의해 쉽게 발화될 우려가 있는 장소
• 가연성물질이 금속으로 된 칸막이·벽·천장 또는 지붕의 반대쪽 면에 인접해 있어 열전도나 열복사에 의해 발화될 우려가 있는 장소

14 화재위험작업의 관리감독 절차와 관련하여 다음 보기의 ( ) 안에 들어갈 내용으로 옳은 것은?

> • 작업완료 시 화재감시자는 해당작업구역 내에 (㉠) 이상 더 상주하면서 발화 및 착화 발생 여부에 대한 감시를 진행하여야 한다.
> • 화재안전 감독자에게 작업종료를 통보한 이후 추가적으로 (㉡) 이후까지는 순찰점검 등을 통한 현장 관찰이 필요하다.

① ㉠ 10분, ㉡ 1시간
② ㉠ 10분, ㉡ 3시간
③ ㉠ 30분, ㉡ 3시간
④ ㉠ 30분, ㉡ 1시간

🔍 • 작업완료 후 30분 이상 화기취급작업 현장에 상주
  • 작업종료 통보 이후 추가적으로 3시간 이후까지 화재 발생 여부 감시

15 화기취급작업의 일반적 절차상 안전조치 업무내용과 가장 거리가 먼 것은?

① 가연물 이동 및 보호조치
② 현장상주 및 화재감시
③ 소방시설 작동 확인
④ 용접·용단장비 및 보호구 점검

🔍 안전조치 업무내용
  • 가연물 이동 및 보호조치
  • 소방시설 작동 확인
  • 용접·용단장비·보호구 점검
  • 화재안전교육
  • 비상 시 행동요령 교육

06

종합방재실의 운영

Section 01 종합방재실의 운영

SECTION
01 종합방재실의 운영

STEP 01 종합방재실의 개요

1. 방재실(防災室), 종합방재실

① 방재실의 사전적 정의 : 소방설비 수신기, 방송앰프, TV 증폭설비, CCTV 모니터 및 DVR 설비 따위를 설치하여 재해를 감시하는 곳

② 종합방재실 : 초고층 및 지하연계 복합건축물 재난관리에 관한 특별법상에서 종합방재실의 설치에 관하여 규정

2. 감시시스템의 비교

구분	특징
기존 감시시스템	• 장소적으로 통합 개념으로 구성되어 있다. • 장소별 정보의 수집 및 감시가 요구된다. • 비용, 장소, 인력이 많이 필요하다.
통합 감시시스템	• 장소적 통합 개념에서 시스템적 통합 방식으로 구성되어 있다. • 언제, 어디서나 정보의 수집 및 감시가 용이하다. • 비용, 장소, 인력에 따른 문제가 해결될 수 있다.

3. 종합방재실의 구축효과

화재피해 최소화	화재 시 신속한 대응	시스템 안전성 향상	유지관리 비용절감
• 신속한 화재탐지 • 인명을 최우선적으로 보호 • 신속한 피난유도 • 재산피해의 최소화	• 화재의 입체적 감시·제어 • 중앙화재 감시로 신속대응 • 담당자에게 화재상황 전달 • 가스누출사고 신속대응	• 비화재보 억제 • 고장 및 장애 상황의 신속한 처리 • 시스템의 신뢰성 확보	• 작동상황의 기록관리 편의성 • 운영인력 비용절감 • 유지보수의 비용절감

4. 관계법으로 정하는 종합방재실(상황실)설치·운영 비교

① 초고층 및 지하연계 복합건축물 재난관리에 관한 특별법

㉮ 용어 : 종합방재실

㉯ 설치주체 : 관리주체(소유자, 관리자)

② 소방기본법

㉮ 종합상황실

㉯ 설치주체 : 소방청장, 소방본부장, 소방서장

③ 재난 및 안전관리법
  ㉮ 용어 : 재난안전상황실
  ㉯ 설치주체 : 행정안전부장관, 시·도지사, 시장·군수·구청장

(02) 종합방재실의 설치 및 운영

1. 종합방재실의 설치 대상

① 법령 규정 : 초고층 및 지하연계 복합건축물 재난관리에 관한 특별법 제16조(종합방재실의 설치·운영)
② 설치자 : 관리주체(소유자, 관리자)
③ 설치대상
  ㉮ 초고층 건축물 : 층수가 50층 이상 또는 높이가 200m 이상인 건축물
  ㉯ 지하연계 복합건축물(아래 ㉠항과 ㉡항 요건을 모두 갖춘 것)
    ㉠ 층수가 11층 이상이거나 1일 수용인원이 5천명 이상인 건축물로서 지하부분이 지하역사 또는 지하도상가와 연결된 건축물
    ㉡ 건축물 안에 문화 및 집회시설, 판매시설, 운수시설, 업무시설, 숙박시설, 위락(慰樂)시설 중 유원시설업(遊園施設業)의 시설 또는 종합병원과 요양시설 용도의 시설이 하나 이상 있는 건축물

> **참고** **종합방재실과 119종합상황실과의 연계**
> • 종합방재실을 설치할 때는 소방기본법상의 119종합상황실과 연계하여 설치
> • 연계목적은 초고층건축물의 화재발생시 현장에서의 지휘와 더불어 소방의 119종합상황실에 현장 상황의 판단에 따른 작전·통제업무를 수행하기 위함

2. 종합방재실의 설치 개수 및 장소

① 설치 개수
  ㉮ 1개
  ㉯ 단, 100층 이상의 초고층 건축물등(공동주택 제외)의 종합방재실은 종합방재실의 기능을 상실하는 경우에 대비하여 종합방재실을 추가 설치하거나 관계지역 내 다른 종합방재실에 보조종합재난관리체제를 구축
② 설치 장소
  ㉮ 설치위치
    ㉠ 원칙 : 1층 또는 피난층
    ㉡ 다른 위치에 설치할 수 있는 경우
      • 2층 또는 지하 1층 : 초고층 건축물등에 특별피난계단이 설치되어 있고, 특별피난계단 출입구로부터 5m 이내에 종합방재실을 설치하려는 경우
      • 공동주택의 경우 : 관리사무소 내
  ㉯ 비상용 승강장, 피난 전용 승강장 및 특별피난계단으로 이동하기 쉬운 곳

ⓒ 재난정보 수집 및 제공, 방재활동의 거점(據點) 역할을 할 수 있는 곳
ⓓ 소방대(消防隊)가 쉽게 도달할 수 있는 곳
ⓔ 화재 및 침수 등으로 인하여 피해를 입을 우려가 적은 곳

3. 종합방재실의 구조 및 면적 등

① 구조
  ⓐ 다른 부분과 방화구획(放火區劃)으로 설치
  ⓑ 인력의 대기 및 휴식 등을 위한 종합방재실과 방화구획된 부속실 설치
② 면적 : 20m² 이상
③ 출입문 : 출입 제한 및 통제장치를 갖출 것
④ 상주 인력 : 3명 이상(재난 및 안전관리에 필요한 활동 수행)
⑤ 종합방재실에 설치해야 할 설비
  ⓐ 조명설비(예비전원 포함) 및 급수 · 배수설비
  ⓑ 상용전원과 예비전원의 공급을 자동 또는 수동으로 전환하는 설비
  ⓒ 급기 · 배기설비 및 냉방 · 난방설비
  ⓓ 전력공급 상황 확인시스템
  ⓔ 공기조화 · 냉난방 · 소방 · 승강기 설비의 감시 및 제어시스템
  ⓕ 자료 저장 시스템
  ⓖ 지진계 및 풍형 · 풍속계(초고층 건축물에 한정)
  ⓗ 소화장비 보관함 및 무정전 전원공급장치
  ⓘ 피난안전구역, 피난용승강기 승강장 및 테러 등의 감시와 방범 · 보안을 위한 폐쇄회로 텔레비전(CCTV)

4. 종합방재실의 운영

① 정기 유지보수 : 시스템의 매뉴얼을 근거로 월 1회 정기적으로 실시한다.
② 정기 유지보수의 주요내용
  ⓐ 전체 시스템의 기능 점검 및 데이터의 백업
  ⓑ 종합방재실의 기능 점검
  ⓒ 수신기, 전원중계반의 기능 점검
  ⓓ 감지기 등 모든 단말기기의 기능 점검
  ⓔ 신호라인 회로, 기동장치 회로, 통보기구의 회로 점검
  ⓕ 시스템에 공급되는 전원의 측정
  ⓖ 각 장치의 청소
  ⓗ 예비품의 상태 점검
  ⓘ 보고서 작성

1. 종합방재실의 운영

01 '종합방재실의 설치'에 대한 법적 근거는?

① 소방기본법
② 초고층 및 지하연계 복합건축물 재난관리에 관한 특별법
③ 소방시설 설치 및 관리에 관한 법률
④ 건축관계법령

🔍 종합방재실의 설치 법적 근거
  • 초고층 및 지하연계 복합건축물 재난관리에 관한 특별법(약칭 : 초고층재난관리법) 제16조
  • 초고층 및 지하연계 복합건축물 재난관리에 관한 특별법 시행규칙 제7조

02 다음 중 '종합방재실 시스템의 구성요소'가 아닌 것은?

① CCTV설비
② 승강기설비
③ 가스감시설비
④ 옥내소화전설비

🔍 종합방재실 시스템의 구성요소
  • CCTV설비
  • 보안설비
  • 가스감시설비
  • 승강기설비
  • 자동화재탐지설비
  • 방송설비

03 기존 감시시스템과 비교한 통합 감시시스템의 특징으로 볼 수 없는 것은?

① 장소적 통합 개념에서 시스템적 통합 방식으로 구성되어 있다.
② 언제, 어디서나 정보의 수집 및 감시가 용이하다.
③ 장소별 정보의 수집 및 감시가 요구된다.
④ 비용, 장소, 인력에 따른 문제가 해결될 수 있다.

🔍 감시시스템의 비교

구분	특징
기존 감시 시스템	• 장소적으로 통합 개념으로 구성되어 있다. • 장소별 정보의 수집 및 감시가 요구된다. • 비용, 장소, 인력이 많이 필요하다.
통합 감시 시스템	• 장소적 통합 개념에서 시스템적 통합 방식으로 구성되어 있다. • 언제, 어디서나 정보의 수집 및 감시가 용이하다. • 비용, 장소, 인력에 따른 문제가 해결될 수 있다.

04 초고층 및 지하연계 복합건축물 재난관리법에 따른 '종합방재실의 구축효과'로 볼 수 없는 것은?

① 화재피해 최소화
② 화재 시 신속한 대응
③ 화재진화 시 책임소재 구분
④ 유지관리 비용절감

🔍 종합방재실의 구축효과

효과	세부 내용
화재피해 최소화	• 신속한 화재탐지 • 신속한 피난유도 • 인명을 최우선으로 보호 • 재산피해의 최소화
화재 시 신속한 대응	• 화재의 입체적 감시 • 가스 누출사고 신속대응 • 중앙화재 감시로 신속대응 • 담당자에게 화재상황 전달
시스템 안전성 향상	• 고장 및 장애 상황의 신속한 처리 • 시스템의 신뢰성 확보 • 비화재보 억제
유지관리 비용절감	• 운영인력 비용절감 • 유지보수 비용절감 • 작동상황의 기록관리 편의성

05 초고층 및 지하연계 복합건축물 재난관리에 관한 특별법령에 따른 '종합방재실 설치 대상' 건축물은?

① 층수가 50층 이상 또는 높이가 200m 이상인 건축물
② 층수가 30층 이상인 건축물
③ 높이가 150m 이상인 건축물
④ 층수가 10층으로 1일 수용인원 3천명 이상인 지하부분이 지하역사와 연결된 지하연계 복합건축물

🔍 종합방재실 설치 대상
• 초고층 건축물 : 층수가 50층 이상 또는 높이가 200m 이상인 건축물
• 지하연계 복합건축물(다음의 2가지 요건을 모두 갖춘 것)
 – 층수가 11층 이상이거나 1일 수용인원이 5천명 이상인 건축물로서 지하부분이 지하역사 또는 지하도상가와 연결된 건축물
 – 건축물 안에 유원시설업(遊園施設業)의 시설 또는 종합병원과 요양시설 용도의 시설이 하나 이상 있는 건축물

06 다음 중 119종합상황실을 설치 · 운영하여야 하는 사람은?

① 소방본부장 및 소방서장
② 경찰청장 및 경찰서장
③ 시 · 도지사
④ 행정안전부장관

🔍 119종합상황실 설치 규정(소방기본법 제4조 119종합상황실의 설치와 운영)
소방청장, 소방본부장 및 소방서장은 화재, 재난 · 재해 그 밖에 구조 · 구급이 필요한 상황이 발생하였을 때에 신속한 소방활동을 위한 정보의 수집 · 분석과 판단 · 전파, 상황관리, 현장지휘 및 조정 · 통제 등의 업무를 수행하기 위하여 119종합상황실을 설치 · 운영하여야 한다.

07 종합방재실의 설치기준에 따라 종합방재실을 추가로 설치해야 하는 관리주체는?

① 30층 이상인 초고층 건축물 등의 관리주체
② 50층 이상인 초고층 건축물 등의 관리주체
③ 70층 이상인 초고층 건축물 등의 관리주체
④ 100층 이상인 초고층 건축물 등의 관리주체

🔍 종합방재실의 설치 개수는 1개이지만, 100층 이상의 초고층 건축물등(공동주택 제외)의 종합방재실은 종합방재실의 기능을 상실하는 경우에 대비하여 종합방재실을 추가 설치하거나 관계지역 내 다른 종합방재실에 보조종합재난관리체제를 구축할 수 있다.

08 종합방재실의 설치기준에 따른 '종합방재실의 위치'로 맞는 것은?

① 1층 또는 피난층
② 2층 또는 무창층
③ 건축물의 제일 윗층
④ 지하 2층이나 지하 3층

🔍 종합방재실의 위치
• 1층 또는 피난층
• 초고층 건축물 등에 특별피난계단이 설치되어 있고, 특별피난계단 출입구로부터 5m 이내에 종합방재실을 설치하려는 경우 2층 또는 지하 1층에 설치
• 공동주택인 경우는 관리사무소 내에 설치
• 비상용 승강장, 피난 전용 승강장 및 특별피난계단으로 이동하기 쉬운 곳
• 재난정보 수집 및 제공, 방재 활동의 거점(據點) 역할을 할 수 있는 곳
• 소방대(消防隊)가 쉽게 도달할 수 있는 곳
• 화재 및 침수 등으로 인하여 피해를 입을 우려가 적은 곳

09 종합방재실은 1층 또는 피난층에 설치되며 특별피난계단 출입구로부터 ( ) 이내에 설치하려는 경우 2층 또는 지하1층에도 가능하다. ( ) 안에 들어갈 내용으로 옳은 것은?

① 2m 이내
② 3m 이내
③ 4m 이내
④ 5m 이내

🔍 문제 08번 해설 참조

10 종합방재실의 설치기준에 따른 '종합방재실의 구조와 면적'으로 옳지 않은 것은?

① 다른 부분과 방화구획으로 설치할 것
② 면적은 30m² 이상으로 할 것
③ 재난 발생 시 소방대원의 지휘 활동에 지장이 없도록 할 것
④ 출입문에는 출입제한 및 통제장치를 갖출 것

정답 **05** ① **06** ① **07** ④ **08** ① **09** ④ **10** ②

○ 종합방재실의 구조 및 면적
- 다른 부분과 방화구획(防火區劃)으로 설치할 것. 다만, 다른 제어실 등의 감시를 위해 두께 7mm 이상의 망입(網入)유리로 된 4m² 미만의 붙박이창을 설치
- 인력의 대기 및 휴식 등을 위하여 종합방재실과 방화구획된 부속실(附屬室)을 설치할 것
- 면적은 20m² 이상으로 할 것
- 재난 및 안전관리, 방법 및 보안, 테러 예방을 위하여 필요한 시설·장비의 설치와 근무 인력의 재난 및 안전관리 활동, 재난 발생 시 소방대원의 지휘활동에 지장이 없도록 설치할 것
- 출입문에는 출입제한 및 통제장치를 갖출 것

11 초고층 건축물 등의 관리주체는 종합방재실에 재난 및 안전관리에 필요한 인력을 몇 명 이상 상주하도록 하여야 하는가?

① 1명   ② 2명
③ 3명   ④ 4명

○ 종합방재실의 설치기준
- 초고층 건축물 등의 관리주체는 종합방재실에 재난 및 안전관리에 필요한 인력을 3명 이상 상주
- 초고층 건축물 등의 관리주체는 종합방재실의 기능이 항상 정상적으로 작동되도록 종합방재실의 시설 및 장비 등을 수시로 점검하고, 그 결과를 보관

12 '초고층 및 지하연계 복합건축물 재난관리에 관한 특별법'을 위반하여 '설계도서를 비치하지 아니한 자'에게 부과되는 벌칙은?

① 3년 이하의 징역 또는 3천만원 이하의 벌금
② 2년 이하의 징역 또는 2천만원 이하의 벌금
③ 1년 이하의 징역 또는 1천만원 이하의 벌금
④ 500만원 이하의 벌금

○ 종합방재실 설계도서 비치의무 위반
「초고층 및 지하연계 복합건축물 재난관리에 관한 특별법」 제30조(벌칙) : 제20조를 위반하여 설계도서를 비치하지 아니한 자는 2년 이하의 징역 또는 2천만원 이하의 벌금

13 종합방재실은 365일 무중단 운영을 위하여 정기적인 유지보수 작업을 실시해야 한다. 정기 유지보수를 실시하여야 하는 횟수로 옳은 것은?

① 매일   ② 주 1회
③ 월 1회   ④ 년 1회

○ 종합방재실 평상 시 운영
종합방재실의 365일 무중단 운영을 위해 평상 시 운영자는 방재관련 시스템들의 최적화 상태를 유지하기 위한 정기적인 보수작업을 시스템의 매뉴얼을 근거로 월 1회 정기적으로 실시한다.

14 종합방재실의 운영자가 방재관련 시스템의 최적화 유지를 위해 시행하는 '정기 유지보수의 절차'로 맞는 것은?

① 계획수립 → 현장이동 → 부품준비 → 정비실행 → 고장수리 → 보고서 작성
② 계획수립 → 부품준비 → 현장이동 → 정비실행 → 고장수리 → 보고서 작성
③ 계획수립 → 부품준비 → 정비실행 → 현장이동 → 고장수리 → 보고서 작성
④ 계획수립 → 정비실행 → 현장이동 → 부품준비 → 고장수리 → 보고서 작성

○ 종합방재실의 운영자는 방재관련 시스템의 최적화 상태유지를 위한 정기유지보수를 하여야 하는데, 절차는 '계획수립 → 부품준비 → 현장이동 → 정비실행 → 고장수리 → 보고서 작성' 순서로 진행한다.

15 종합방재실의 정기 보수유지의 주요 내용이 아닌 것은?

① 전체 시스템의 기능점검 및 데이터의 백업
② 종합방재실의 기능점검
③ 시스템에 공급되는 전원의 측정
④ 예비품의 교체

○ 종합방재실 정기 보수유지의 주요 내용
- 전체 시스템의 기능점검 및 데이터의 백업
- 종합방재실의 기능점검
- 수신기, 전원중계반의 기능점검
- 감지기 등 모든 단말기기의 기능점검
- 신호라인 회로, 기동장치 회로, 통보기구의 회로 점검
- 시스템에 공급되는 전원의 측정
- 각 장치의 청소
- 예비품의 상태 점검
- 보고서 작성

적중예상문제

CHAPTER

07

응급처치 이론 및 실습

01 응급처치 개요

STEP 01 응급처치의 정의 · 목적 및 중요성

1. 응급처치의 정의

응급처치는 가정, 직장 등에서 부상이나 질병으로 인해 위급한 상황에 놓인 환자에게 의사의 치료가 시행되기 전에 즉각적이며 임시적으로 제공하는 처치이다.

2. 응급처치의 목적

① 환자의 생명을 구하고 유지
② 2차적으로 오는 합병증을 예방
③ 환자의 고통과 불안 경감
④ 차후 의사의 전문치료에 도움을 주어 회복을 빠르게 함

3. 응급처치의 중요성

① 긴급한 환자의 생명을 유지
② 환자의 절박한 고통을 경감
③ 위급한 부상 부위의 응급처치로 입원치료의 기간을 단축
④ 현장처치의 원활화로 의료비 절감

STEP 02 응급처치 기본사항 및 일반원칙

1. 응급처치 기본사항

① 기도확보(유지)
　㉮ 환자의 입(구강) 내의 이물질이 있을 경우 이물질이 빠져나올 수 있도록 기침을 유도한다.
　㉯ 구토를 하는 경우 머리를 옆으로 돌려 구토물의 흡입으로 인한 질식을 예방해 준다.
　㉰ 머리를 뒤로 젖히고 턱을 위로 들어 올려 기도가 개방되도록 한다.
　㉱ 담요나 옷가지를 환자 목 뒤에 대어 편안하고 안전하게 유지한다.
② 지혈처리
　㉮ 사람의 체내에는 체중대비 성인 7%, 소아 8~9%(1kg당 70mL)의 혈액이 있으며 출혈로 혈액량 감소 시 온몸이 저산소 출혈성 쇼크상태가 된다.

④ 출혈의 원인 및 환자의 상태 등에 따라 다르나, 일반적으로 개인당 혈액량의 15~20% 출혈 시 생명이 위험해지고 30% 출혈 시 생명을 잃게 된다.
③ 상처보호 : 심한 상처로 출혈된 손상 부위에 대하여 소독거즈로 응급처치하고 붕대로 드레싱하되 1차 사용한 거즈 등으로 상처를 닦는 것은 금하고 청결하게 소독된 거즈 등을 사용하여야 한다.

2. 응급처치의 일반원칙

① 긴박한 상황에서도 구조자는 자신의 안전을 최우선으로 한다.
② 응급처치 시 사전에 보호자 또는 당사자의 이해와 동의를 얻어 실시하는 것을 원칙으로 한다.
③ 당황하거나 흥분하지 말고 침착하게 사고의 정도와 환자의 모든 상태를 확인한다.
④ 응급처치와 동시에 119등 관계기관에 응급구조를 요청한다.
⑤ 환자 상태를 관찰하며 모든 손상을 발견하여 처치하되 불확실한 처치는 하지 않는다.
⑥ 119구급차 이용에 따른 비용징수 문제
　㉮ 119구급차 이용 시 전국 어느곳에서나 이송거리, 환자 수 등과 관계없이 어떠한 경우에도 무료
　㉯ 보건복지부 인가를 받아 운영하는 중앙응급환자이송단 등 사설단체 또는 병원에서 운영하고 있는 앰블런스는 일정요금 징수 – 환자이송료 : km당 요금정산(미터기 정산)

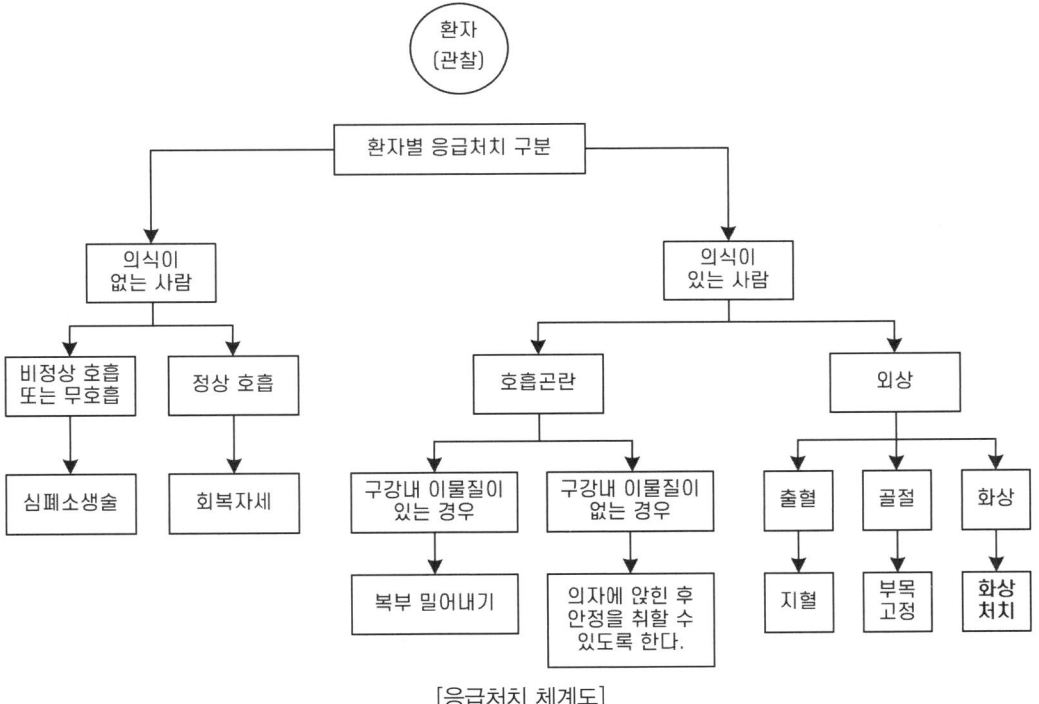

[응급처치 체계도]

02 응급처치 요령

STEP (01) 출혈

1. 출혈의 증상

① 호흡과 맥박이 빠르고 약하고 불규칙하며, 체온이 떨어지고 호흡곤란도 나타난다.
② 혈압이 점차 저하되며, 피부가 창백해지고 차고 축축해진다.
③ 반사작용이 둔해지고 구토가 발생한다.
④ 탈수현상이 나타나며 갈증을 호소한다.
⑤ 동공이 확대되고 두려움이나 불안을 호소한다.

2. 출혈 시 응급조치

① 환자를 편안하게 눕히고, 조이는 옷을 풀어주어 호흡을 편하게 해 주고, 손상 부위를 올려주고 차가운 국소 찜질을 한다. 부상자의 공포심을 줄이고 심리적 안정감을 찾도록 도와주며 체온 유지를 위하여 보온해 준다.
② 직접 압박법 : 출혈 상처 부위를 소독거즈나 압박붕대로 직접 압박하는 방법
③ 지혈대 사용법 : 절단과 같은 심한 출혈이 있을 때나 지혈법으로도 출혈을 막지 못할 경우 최후의 수단으로 사용하는 방법
　㉮ 출혈 부위에서 5~7cm 상단 부위를 묶는다.
　㉯ 출혈이 멈추는 지점에서 조임을 멈춘다.
　㉰ 지혈대가 풀리지 않도록 정리한다.
　㉱ 지혈대 착용시간을 기록한다.

STEP (02) 화상

1. 화상을 유발할 수 있는 에너지원

① 열 : 열, 증기, 뜨거운 액체, 뜨거운 물체
② 방사선 : 핵물질
③ 전기 : 번개, 일반전기, 충전전기
④ 빛 : 태양열을 포함한 자외선, 강력한 빛
⑤ 화학물질 : 부식제, 산, 염기

2. 화상의 분류

① 1도 화상(표피 화상) : 피부 바깥층의 화상

    ㉮ 약간의 부종과 홍반이 나타난다.

    ㉯ 피부가 부어오르면서 통증을 느낀다.

    ㉰ 치료완료 후 흉터 없이 치료된다.

② 2도 화상(부분층 화상) : 피부의 두 번째 층까지 손상된 화상

    ㉮ 심한 통증과 발적, 수포가 발생하므로 표피가 얼룩얼룩하게 된다.

    ㉯ 진피의 모세혈관이 손상되며 물집이 터져 진물이 난다.

    ㉰ 감염의 위험이 있다.

③ 3도 화상(전층 화상) : 피부 전층이 손상된 화상

    ㉮ 피하지방과 근육층까지 손상된 상태

    ㉯ 피부는 가죽처럼 매끈하고 회색 또는 검은색으로 변한다.

    ㉰ 피부에 체액이 통하지 않아 화상 부위는 건조하며 통증이 없다.

3. 화상의 응급처치

① 화상환자 이동 전 조치

    ㉮ 화상환자가 착용한 옷가지가 피부 조직에 붙어 있을 때에는 옷을 잘라내지 말고 수건 등으로 닦거나 접촉되는 일이 없도록 한다.

    ㉯ 통증 호소 또는 피부의 변화에 동요되어 간장, 된장, 식용기름을 바르는 일이 없도록 한다.

    ㉰ 1도, 2도 화상은 화상부위를 흐르는 물에 식혀주고, 3도 화상은 물에 적신 천을 대어 열기가 심부로 전달되는 것을 막아주고 통증을 줄여준다.

    ㉱ 화상부분의 오염 우려 시에는 소독거즈가 있을 경우 화상부위를 덮어준다.

    ㉲ 화상환자가 부분층 화상일 경우 수포(물집) 상태의 감염 우려가 있으므로 터트리지 말아야 한다.

② 화상환자 이송

    ㉮ 환자의 화상부위가 상부로 오도록 조치

    ㉯ 구급차에 들것 등으로 승차 시 화상부위가 손상되지 아니하도록 유의한다.

STEP 03 심폐소생술

호흡과 심장이 멎고 4~6분이 경과하면 산소부족으로 뇌가 손상되어 원상 회복되지 않으므로 호흡이 없으면 즉시 심폐소생술을 실시해야 한다.

1. 기본순서 : C → A → B

① 가슴압박(Compression)

② 기도유지(Airway)

③ 인공호흡(Breathing)

2. 목격자 심폐소생술 시행 방법

① 심정지 확인(반응의 확인) : 의식의 반응을 확인

② 119 신고

③ 맥박 및 호흡 확인

④ 가슴압박 시행 : 성인 기준 100~120회/분의 속도로 시행하며 약 5cm 깊이(소아의 경우 4~5cm)로 강하고 빠르게 30회 시행한다.

⑤ 인공호흡 : 환자의 머리를 젖히고, 턱을 들어 올려 환자의 기도를 개방시킨다. 환자의 코를 잡아서 막고, 입을 크게 벌려 환자의 입을 완전히 막은 후 가슴이 올라올 정도로 1초에 걸쳐서 2회 숨을 불어넣는다.

⑥ 30회의 가슴압박과 2회의 인공호흡을 119 구급대원이 현장에 도착할 때까지 반복해서 시행한다.

⑦ 호흡이 회복되었다면, 환자를 옆으로 돌려 눕혀 기도(숨길)가 막히는 것을 예방한다.

> **참고** **2인 이상의 구조자가 심폐소생술을 하는 경우**
> • 2분마다 또는 5주기(1주기는 30회의 가슴압박과 2회의 인공호흡)의 심폐소생술 후에 가슴압박 시행자를 교대해준다.
> • 구조자 교대 또는 인공호흡을 시행하기 위한 가슴압박 중단은 10초 이내로 최소화한다.

3. 자동심장충격기(AED) 사용방법

① 자동심장충격기(AED)의 전원을 켠다.

② 환자의 상체를 노출시킨 후 각 패드의 표면에 표시되어 있는 부착 위치에 따라 패드를 부착한다.

    ㉮ 패드 1 : 오른쪽 쇄골 바로 아래

    ㉯ 패드 2 : 왼쪽 가슴 아래와 겨드랑이 중간

③ 패드를 부착하면 기계가 심장의 리듬을 자동으로 분석한다. 이 때 환자를 건드리지 않도록 한다.

④ 기계 분석이 끝난 후 심장충격이 필요하면 기계가 심장충격 버튼을 누르라고 하면, 심장충격 버튼을 눌러 심장충격을 시행한다.

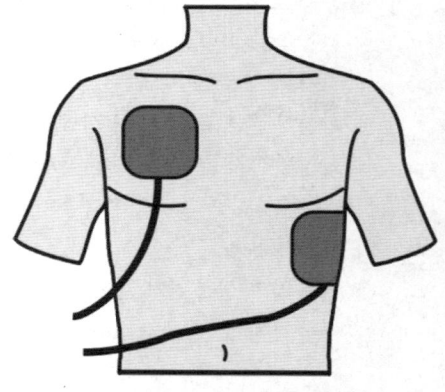

[패드의 부착 위치]

⑤ 심장충격이 필요 없거나 심장충격을 시행한 이후 즉시 심폐소생술을 시행한다.

⑥ 자동심장충격기는 2분마다 자동으로 심장리듬을 다시 분석하여 심장충격 처치를 지시한다. 이후 기계의 지시를 따른다.

1. 응급처치 개요

🔍 응급처치 구명단계 : 기도확보(유지) → 지혈처리 → 쇼크예방 → 상처보호

01 다음 [보기]에서 설명하는 것은?

> 응급환자의 생명을 구하고 유지하며, 2차적으로 오는 합병증을 예방하고, 환자의 고통과 불안을 경감시켜 차후 의사의 전문치료에 도움을 주어 회복을 빠르게 하는 것

① 응급처치의 목적
② 응급처치의 중요성
③ 응급처치 기본사항
④ 응급처치의 일반원칙

🔍 위 [보기]는 응급처치의 목적에 대한 설명이다.

04 출혈의 원인 및 환자의 상태 등에 따라 다르나, 일반적으로 수혈이 필요한 경우는?

① 개인당 혈액량의 5~10% 출혈 시
② 개인당 혈액량의 10~20% 출혈 시
③ 개인당 혈액량의 15~30% 출혈 시
④ 개인당 혈액량의 20~40% 출혈 시

🔍 사람의 체중대비 성인 7%, 소아 8~9%(1kg당 70mL)의 혈액이 있으며 출혈로 혈액량 감소 시 온몸이 저산소 출혈성 쇼크상태가 된다. 일반적으로 개인당 혈액량의 15~30% 출혈 시 수혈이 필요하다.

02 다음 중 응급처치의 중요성에 해당되지 않는 것은?

① 긴급한 환자의 생명을 유지
② 환자의 절박한 고통을 경감
③ 위급한 부상 부위의 응급처치로 입원치료의 기간을 단축
④ 긴급한 환자에 대한 적절한 치료

🔍 응급처치의 중요성
• 긴급한 환자의 생명을 유지
• 환자의 절박한 고통을 경감
• 위급한 부상 부위의 응급처치로 입원치료의 기간을 단축
• 현장처치의 원활화로 의료비 절감

05 응급처치의 일반원칙에 대한 내용으로 옳지 않은 것은?

① 긴박한 상황에서도 구조자는 자신의 안전을 최우선한다.
② 응급처치 시 사전에 보호자 또는 당사자의 이해와 동의를 얻지 않아도 된다.
③ 당황하거나 흥분하지 말고 침착하게 사고의 정도와 환자의 모든 상태를 확인한다.
④ 응급처치와 동시에 119구조대, 구급대, 경찰, 병원 등에 응급구조를 요청한다.

🔍 응급처치 시 사전에 보호자 또는 당사자의 이해와 동의를 얻어 실시하는 것을 원칙으로 한다. 신체의 접촉 등으로 인하여 성희롱과 같은 법적 문제 발생 우려가 있다.

03 다음 응급처치 단계 중 가장 우선적으로 해야 할 것은?

① 지혈처리
② 기도확보
③ 상처보호
④ 쇼크예방

정답 **01** ① **02** ④ **03** ② **04** ③ **05** ②

2. 응급처치 요령

06 다음 중 출혈의 증상으로 볼 수 없는 것은?

① 호흡이 빨라지고 맥박이 불규칙하게 강하다.
② 불안과 갈증, 반사작용이 둔해지고 다른 증상으로 구토도 발생한다.
③ 탈수현상이 나타나며 갈증을 호소한다.
④ 혈압이 점점 저하되며 피부가 창백하고 차며 축축해진다.

🔍 **출혈의 증상**
• 호흡과 맥박이 빠르고 약하며 불규칙하다.
• 체온이 저하되고 호흡곤란이 나타난다.
• 불안과 갈증, 반사작용이 둔해지고 구토도 발생한다.
• 탈수현상이 나타나며 갈증을 호소한다.
• 동공이 확대되고 혈압이 점점 저하되며 피부가 창백해진다.

07 출혈 시 응급처치요령으로 옳지 않은 것은?

① 우선적으로 환자를 편안하게 눕힌다.
② 조이는 옷을 풀어주어 호흡을 편하게 해 준다.
③ 손상 부위를 아래로 내려주고 뜨거운 국소 찜질을 한다.
④ 부상자의 공포심을 줄이고 심리적 안정감을 찾도록 도와준다.

🔍 **출혈 시 응급조치**
• 환자를 편안하게 눕히고, 조이는 옷을 풀어주어 호흡을 편하게 해 준다.
• 손상 부위를 올려주고 차가운 국소 찜질을 한다.
• 부상자의 공포심을 줄이고 심리적 안정감을 찾도록 도와주며 체온 유지를 위하여 보온해 준다.

08 출혈 시 응급처치 방법으로 볼 수 없는 것은?

① 직접 압박법 ② 간접 압박법
③ 압박점 압박법 ④ 지혈대 사용법

🔍 **출혈 시 응급처치 방법**
• 직접 압박법 : 출혈 상처 부위를 직접 압박하는 방법
• 압박점 압박법 : 출혈 부위의 근접 윗부분에 위치한 동맥압박점을 압박하여 출혈 감소시킴
• 지혈대 사용법 : 절단과 같은 심한 출혈이 있을 때나 지혈법으로도 출혈을 막지 못할 경우 최후의 수단으로 사용

09 출혈 시 응급처치 중 지혈대 사용법으로 옳지 않은 것은?

① 출혈 부위를 묶는다.
② 출혈이 멈추는 지점에서 조임을 멈춘다.
③ 지혈대가 풀리지 않도록 정리한다.
④ 지혈대 착용시간을 기록한다.

🔍 지혈대를 오랜 시간 장착, 방치하면 혈액으로부터 공급받던 산소의 부족으로 조직괴사가 유발되니 무릎, 팔꿈치와 같은 관절 부위에는 착용시키지 않는다. 또한, 5cm 이상의 띠를 사용하여, 출혈 부위에서 5~7cm 상단 부위를 묶는다.

10 다음 중 화상의 분류에 해당되지 않는 것은?

① 표피 화상(1도 화상)
② 부분층 화상(2도 화상)
③ 전층 화상(3도 화상)
④ 열 화상(4도 화상)

🔍 **화상의 분류**
• 표피 화상(1도 화상) : 피부 바깥층의 화상
• 부분층 화상(2도 화상) : 피부의 두 번째 층까지 손상된 화상
• 전층 화상(3도 화상) : 피부 전층이 손상된 화상

11 피부 바깥층의 화상으로 약간의 부종과 홍반이 나타나는 화상은?

① 표피 화상 ② 부분층 화상
③ 전층 화상 ④ 열 화상

🔍 **1도 화상(표피 화상) : 피부 바깥층의 화상**
• 약간의 부종과 홍반이 나타난다.
• 피부가 부어오르면서 통증을 느낀다.
• 치료 시 흉터 없이 치료된다.

정답 **06** ① **07** ③ **08** ② **09** ① **10** ④ **11** ①

12 피부 전층이 손상되어 피하지방과 근육층까지 손상되어 피부는 회색이나 검은색이 되는 화상은?

① 표피 화상 ② 부분층 화상
③ 전층 화상 ④ 열 화상

🔍 3도 화상(전층 화상) : 피부 전층이 손상된 화상
• 피하지방과 근육층까지 손상된 상태
• 피부는 가죽처럼 매끈하고 회색 또는 검은색으로 변한다.
• 피부에 체액이 통하지 않아 화상 부위는 건조하며 통증이 없다.

13 피부의 두 번째 층까지 화상으로 손상되어 심한 통증과 발적, 수포가 발생한 화상은?

① 1도 화상 ② 2도 화상
③ 3도 화상 ④ 4도 화상

🔍 2도 화상(부분층 화상) : 피부의 두 번째 층까지 화상
• 심한 통증과 발적, 수포가 발생하므로 표피가 얼룩얼룩하게 된다.
• 진피의 모세혈관이 손상되며 물집이 터져 진물이 난다.
• 감염의 위험이 있다.

14 화상 환자가 발생하였을 때 병원으로 이송 전 응급처치의 방법으로 옳지 않은 것은?

① 화상 환자가 착용한 옷가지를 잘라내고 화상 부위를 깨끗한 수건 등으로 닦아준다.
② 화상 부위를 간장, 된장, 식용기름을 바르는 일이 없도록 한다.
③ 화상부분의 오염 우려 시는 소독거즈가 있을 경우 화상 부위를 덮어준다.
④ 화상 환자가 부분층 화상일 경우 수포(물질) 상태의 감염 우려가 있으나 터트리지 말아야 한다.

🔍 화상 환자가 착용한 옷가지가 피부조직에 붙어 있을 때는 옷을 잘라내지 말고 수건 등으로 닦거나 접촉되는 일이 없도록 한다.

15 즉시 심폐소생술을 실시해야 하는 경우의 기본 순서로 맞는 것은?

① 기도유지 → 가슴압박 → 인공호흡
② 가슴압박 → 기도유지 → 인공호흡

③ 기도유지 → 인공호흡 → 가슴압박
④ 가슴압박 → 인공호흡 → 기도유지

🔍 심폐소생술 기본 순서 : 가슴압박(Compression) → 기도유지(Airway) → 인공호흡(Breathing)

16 심폐소생술을 실시할 때 성인의 가슴압박은 분당 몇 회의 속도로 하여야 하는가?

① 분당 60~80회의 속도
② 분당 80~100회의 속도
③ 분당 100~120회의 속도
④ 분당 120~150회의 속도

🔍 100~120회/분의 속도로 환자의 가슴이 약 5cm(최대 6cm) 깊이로 눌릴 수 있게 체중을 실어 '깊고', '강하게' 압박한다. 이때 매 압박 시 압박위치가 변하지 않도록 한다.

17 심폐소생술 시행 시 가슴압박과 인공호흡의 비율은?

① 10회 : 2회
② 20회 : 2회
③ 30회 : 2회
④ 40회 : 2회

🔍 30회의 가슴압박과 2회의 인공호흡을 반복해서 시행한다.

18 심폐소생술(CPR)의 설명으로 맞지 않는 것은?

① 기본 순서는 가슴압박 → 기도유지 → 인공호흡 순서이다.
② 호흡과 심장이 멎고 4~6분이 경과하면 산소부족으로 뇌가 손상되어 원상회복되지 않으므로 호흡이 없으면 즉시 실시해야 한다.
③ 가슴압박과 인공호흡의 비율 30 : 2로 반복하여 시행한다.
④ 가슴압박은 성인인 경우 분당 60~80회의 속도로 실시한다.

🔍 가슴압박은 성인 기준 100~120회/분의 속도로 환자의 가슴이 약 5cm(최대 6cm) 깊이로 눌릴 수 있게 체중을 실어 '깊고', '강하게' 압박한다.

적중예상문제

185

정답 12 ③ 13 ② 14 ① 15 ② 16 ③ 17 ③ 18 ④

19 심정지환자 '목격자 심폐소생술 시행순서'로 옳은 것은?

① 반응의 확인 → 119신고 → 가슴압박 → 인공 호흡 → 맥박 및 호흡 유무

② 반응의 확인 → 인공호흡 → 119신고 → 맥박 및 호흡 유부 → 가슴압박

③ 반응의 확인 → 가슴압박 → 119신고 → 맥박 및 호흡 유무 → 인공호흡

④ 반응의 확인 → 119신고 → 맥박 및 호흡 유 무 → 가슴압박 → 인공호흡

🔍 심정지환자 목격자 심폐소생술 시행순서
환자의 반응 확인 → 119신고 → 맥박 및 호흡 유무확인 → 가 슴압박 → 인공호흡 → 가슴압박과 인공호흡의 반복

20 심폐소생술 시행 중 자동심장충격기(AED)가 도착 하면 지체없이 사용할 수 있도록 준비하여야 한다. 준비 순서로 옳은 것은?

① 전원켜기 → 2개의 패드 부착 → 심장리듬분 석 → 심장충격(제세동)실시

② 전원켜기 → 심장리듬분석 → 2개의 패드 부 착 → 심장충격(제세동)실시

③ 전원켜기 → 2개의 패드 부착 → 심장충격(제 세동)실시 → 심장리듬분석

④ 전원켜기 → 심장충격(제세동)실시 → 2개의 패 드 부착 → 심장리듬분석

🔍 자동심장충격기(AED) 사용방법
㉠ 전원켜기 → ㉡ 2개의 패드 부착 → ㉢ 심장리듬분석 → ㉣ 심장충격(제세동)실시 → ㉤ 즉시 심폐소생술 다시 시행 → ㉥ 2분마다 십장리듬분석 후 반복 시행

정답 **19** ④ **20** ①

소방시설의 구조·점검 및 실습

소방시설의 종류

소화설비

물 및 그 밖의 소화약제를 사용하여 소화하는 기계, 기구 또는 설비

1. 소화기구

① 소화기
② 간이소화용구 : 에어로졸식 소화용구, 투척용 소화용구, 소공간용 소화용구 및 소화약제 외의 것을 이용한 간이소화용구
③ 자동확산소화기

2. 자동소화장치

① 주거용 주방자동소화장치
② 상업용 주방자동소화장치
③ 캐비닛형 자동소화장치
④ 가스자동소화장치
⑤ 분말자동소화장치
⑥ 고체에어로졸자동소화장치

3. 옥내소화전설비(호스릴옥내소화전설비를 포함)

4. 스프링클러설비등

① 스프링클러설비
② 간이스프링클러설비(캐비닛형 간이스프링클러설비를 포함)
③ 화재조기진압용 스프링클러설비

5. 물분무등소화설비

① 물분무소화설비
② 미분무소화설비
③ 포소화설비
④ 이산화탄소소화설비
⑤ 할론소화설비
⑥ 할로겐화합물 및 불활성기체소화설비
⑦ 분말소화설비
⑧ 강화액소화설비
⑨ 고체에어로졸소화설비

6. 옥외소화전설비

(02) 경보설비

화재발생 사실을 통보하는 기계 · 기구 또는 설비
① 단독경보형 감지기
② 비상경보설비 : 비상벨설비 및 자동식사이렌설비
③ 시각경보기
④ 자동화재탐지설비
⑤ 화재알림설비
⑥ 비상방송설비
⑦ 자동화재속보설비
⑧ 통합감시시설
⑨ 누전경보기
⑩ 가스누설경보기

(03) 피난구조설비

화재가 발생할 경우 피난하기 위하여 사용하는 기구 또는 설비
① 피난기구 : 피난사다리, 구조대, 완강기, 간이완강기 그 밖에 화재안전기준으로 정하는 것
② 인명구조기구 : 방열복, 방화복(안전모, 보호장갑 및 안전화를 포함), 공기호흡기, 인공소생기
③ 유도등 : 피난유도선, 피난구유도등, 통로유도등, 객석유도등, 유도표지
④ 비상조명등 및 휴대용비상조명등

(04) 소화용수설비

화재를 진압하는데 필요한 물을 공급하거나 저장하는 설비
① 상수도소화용수설비
② 소화수조 · 저수조, 그 밖의 소화용수설비

(05) 소화활동설비

화재를 진압하거나 인명구조활동을 위하여 사용하는 설비
① 제연설비
② 연결송수관설비
③ 연결살수설비
④ 비상콘센트설비
⑤ 무선통신보조설비
⑥ 연소방지설비

SECTION 02 소화설비

STEP (01) 소화기구

1. 소화기구의 종류

① 소화기 : 소화약제를 압력에 따라 방사하는 기구로 사람이 수동으로 조작하여 작동

   ㉮ 소화약제에 의한 분류

      ㉠ 액체 : 물, 강화액, 산알칼리, 포말소화기

      ㉡ 가스 : 이산화탄소, 할론, 할로겐화합물 및 불활성기체소화약제소화기

      ㉢ 고체 : 분말소화기

   ㉯ 방출방식에 따른 분류 : 가압식, 축압식

② 간이소화용구 : 에어로졸식소화용구, 투척용소화용구, 소공간용 및 소화약제 외의 것을 이용한 소화용구(마른 모래, 팽창질석 또는 팽창진주암)

③ 자동확산소화기 : 화재를 감지하여 자동으로 소화약제를 방출 확산시켜 국소적으로 소화하는 소화장치

[소화기]

[간이소화용구]

[자동확산소화기]

2. 소형 · 대형 소화기 구분(소화능력단위 기준)

① 소형소화기 : 능력단위가 1단위 이상이고 대형소화기의 능력단위 미만인 것

② 대형소화기 : 화재 시 사람이 운반할 수 있도록 운반대와 바퀴가 설치되어 있고 능력단위가 A급 화재 10단위 이상, B급 화재 20단위 이상인 것

> **참고** **능력단위**
> 소화기구의 소화능력을 나타내는 수치

3. 소화기 적응화재

① A급 화재(일반화재) : 소화기의 적응 화재별 표시는 'A', 타고나서 재가 남는 화재
② B급 화재(유류화재) : 소화기의 적응 화재별 표시는 'B', 타고나서 재가 남지 않는 화재
③ C급 화재(전기화재) : 소화기의 적응 화재별 표시는 'C'
④ K급 화재(주방화재) : 소화기의 적응 화재별 표시는 'K'
⑤ D급 화재(금속화재) : 소화기의 적응 화재별 표시는 'D'

4. 소화기의 구조원리

① 소화기의 종류

구분	적응화재	주성분	약제의 색	소화효과	기타
분말소화기	ABC급	제1인산암모늄($NH_4H_2PO_4$)	담홍색	질식, 억제 (부촉매)	가압식, 축압식
	BC급	탄산수소나트륨($NaHCO_3$)	백색		
		탄산수소칼륨($KHCO_3$)	담회색		
		탄소수소칼륨($KHCO_3$) + 요소($(NH_2)_2CO$)	회색		
이산화탄소 소화기	BC급	이산화탄소(CO_2)	–	질식, 냉각	방사 중지 가능, 안전밸브 장치
할론소화기	ABC급	할론1211(CF_2ClBr)	–	질식, 억제 (부촉매)	할론약제 중 1301의 소화능력이 가장 좋고, 독성 적다.
		할론1301(CF_3Br)	–		
	BC급	할론2402($C_2F_4Br_2$)	–		

② 소화기의 구조

㉮ 분말소화기의 구조

㉠ 가압식 소화기 : 본체 용기 내부에 가압용 가스용기가 별도로 설치되어 있는 구조로, 현재는 생산이 중단되었다.

㉡ 축압식 소화기 : 본체 용기 내에는 규정량의 소화약제와 함께 압력원인 질소가스가 충전되어 있으며, 용기 내 압력을 확인할 수 있도록 지시압력계가 부착되어 사용가능한 범위가 0.7~0.98MPa로 녹색으로 되어 있다.

㉯ 할론소화기

㉠ 할론1211, 할론2402 소화기 : 용기 내 압력을 지시하는 지시압력계가 붙어 있어 사용 가능한 압력 범위가 녹색으로 되어 있다.

㉡ 할론1301 : 고압가스로 가스 자체의 압력(증기압)으로 방사하며, 지시압력계는 부착되어 있지 않다.

> **참고** **분말소화기 내용연수**
> 소화기의 내용연수를 10년으로 하고 내용연수가 지난 제품은 교체 또는 성능검사에 합격한 소화기는 내용연수등이 경과한 날의 다음 달부터 다음의 기간동안 사용할 수 있다.
> • 내용연수 경과 후 10년 미만 : 3년
> • 내용연수 경과 후 10년 이상 : 1년

5. 소화기구의 설치 기준

① 특정소방대상물의 설치 장소에 따라 적응성이 있는 소화기구를 설치한다.

② 특정소방대상물에 따라 소화기구의 능력단위를 기준 이상으로 한다.

③ 보일러실, 발전실, 변전실 등 부속용도별로 사용되는 부분에 대하여는 소화기구 및 자동소화장치를 추가하여 설치하여야 한다.

④ 소화기는 다음 기준에 따라 설치한다.

    ㉮ 각 층마다 설치하되, 특정소방대상물의 각 부분으로부터 1개의 소화기까지의 보행거리가 소형소화기의 경우 20m 이내, 대형소화기의 경우 30m 이내가 되도록 배치한다.

    ㉯ 특정소방대상물의 각 층이 2 이상의 거실로 구획된 경우 각 층마다 설치하는 것 외에 바닥면적이 33m² 이상으로 구획된 각 거실에 배치(아파트인 경우 각 세대를 말함)도 배치한다.

⑤ 능력단위가 2단위 이상이 되도록 소화기를 설치하여야 하는 특정소방대상물 또는 그 부분에 있어서는 간이소화용구의 능력단위가 전체 능력단위의 2분의 1을 초과하지 아니하게 한다.(노유자시설의 경우에는 이를 제외)

⑥ 소화기구(자동확산소화기 제외)는 바닥으로부터 높이 1.5m 이하의 곳에 비치하여야 한다.

⑦ 자동확산소화기는 다음의 기준에 따라 설치한다.

    ㉮ 방호대상물에 소화약제가 유효하게 방사될 수 있도록 설치할 것

    ㉯ 작동에 지장이 없도록 견고하게 고정할 것

참고 특정소방대상물별 소화기구의 능력단위 기준

소방대상물	소화기구의 능력단위
위락시설	해당 용도의 바닥면적 30m²마다 능력단위 1단위 이상
공연장 · 집회장 · 관람장 · 문화재 · 장례시설 및 의료시설	해당 용도의 바닥면적 50m²마다 능력단위 1단위 이상
근린생활시설 · 판매시설 · 운수시설 · 숙박시설 · 노유자시설 · 전시장 · 공동주택 · 업무시설 · 방송통신시설 · 공장 · 창고시설 · 항공기 및 자동차 관련시설 및 관광휴게시설	해당 용도의 바닥면적 100m²마다 능력단위 1단위 이상
그 밖의 것	해당 용도의 바닥면적 200m²마다 능력단위 1단위 이상

단, 소화기구의 능력단위를 산출함에 있어서 건축물의 주요구조부가 내화구조이고, 벽 및 반자의 실내에 면하는 부분이 불연재료 · 준불연재료 또는 난연재료로 된 소방대상물에 있어서는 위 표의 기준면적의 2배를 해당 특정소방대상물의 기준면적으로 한다.

6. 소화기 점검

① 소화기 적응성 : 화재의 종류에 따라 적응성 있는 소화기를 사용한다.
    • A – 일반화재, • B – 유류화재, • C – 전기화재, • K – 주방화재

② 본체 용기 점검 : 본체 용기가 변형, 손상 또는 부식된 경우 교체한다.

③ 누름쇠 · 레버 등의 조작 장치 점검 : 손잡이 누름쇠 변형이나 파손 시 소화약제가 방출되지 않을 수 있다.

④ 호스 · 혼 · 노즐 : 호스가 찢어지거나 노즐 · 혼이 파손되거나 탈락 상태를 점검한다.

⑤ 지시압력계
　　㉮ 녹색 : 정상
　　㉯ 노란색(황색) : 소화기 내의 압력 부족, 소화약제 재충전 또는 소화기교체 필요
　　㉰ 적색 : 과압(압력이 높음) 상태
⑥ 소화약제 점검 : 지시압력계가 정상(녹색)범위라 하더라도 소화약제가 굳어 있다면 화재 시 정상 사용이 불가능하며, 손실량이 제원표 약제중량의 5% 초과 시 불량이다.
⑦ 안전핀 점검 : 안전핀의 탈락 여부, 안전핀의 변형 여부를 점검한다.
⑧ 자동확산소화기 점검방법 : 소화기의 지시압력계 상태를 확인한다.

7. 소화기 사용방법(실습)

① 소화기를 불이 난 곳으로 옮긴다.(화점에서 2~3m 떨어짐)
② 소화기를 바닥에 내려놓은 후 한 손은 소화기 몸통을 잡고 다른 한 손은 안전핀을 잡아 당긴다.
③ 한 손은 손잡이를, 다른 한 손은 노즐을 잡고 화점을 향하게 한다.
④ 완전히 소화가 될 때까지 약제를 화점을 향해 골고루 방사한다.

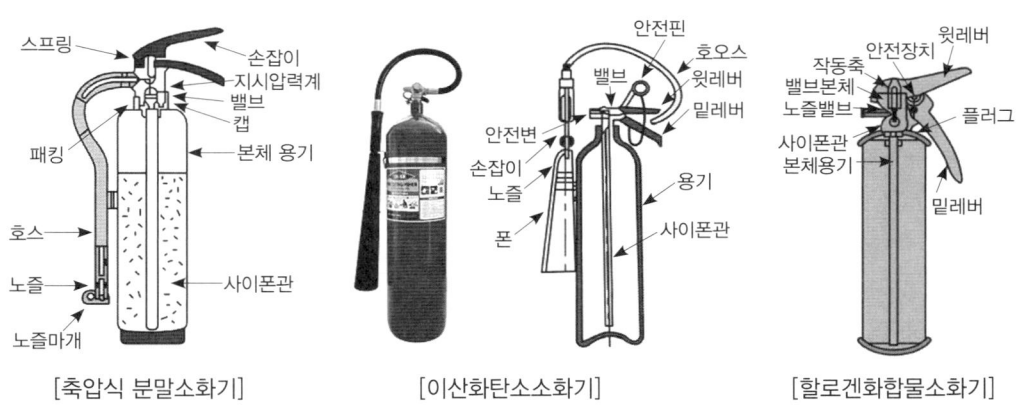

[축압식 분말소화기]　　　　　[이산화탄소소화기]　　　　　[할로겐화합물소화기]

(02) 자동소화장치

1. 자동소화장치 개요

자동소화장치란 소화약제를 자동으로 방사하는 고정된 소화장치로서 「소방시설 설치 및 관리에 관한 법률」에 따라 형식승인이나 성능인증을 받은 설계방호체적, 최대설치높이, 방호면적 등의 유효설치범위 이내에 설치하여 소화하는 장치를 말한다.

2. 자동소화장치의 종류

① 주거용 주방자동소화장치 : 주거용 주방에 설치된 열발생 조리기구의 사용으로 인한 화재발생 시 열원(전기 또는 가스)을 자동으로 차단하여 방출하는 소화장치

② 상업용 주방자동소화장치 : 상업용 주방에 설치된 열발생 조리기구의 사용으로 인한 화재 발생 시 열원(전기, 가스)을 자동으로 차단하며 소화약제를 방출하는 소화장치

③ 캐비닛형 자동소화장치 : 열, 연기 또는 불꽃 등을 감지 소화약제를 방사하여 소화하는 캐비닛형태의 소화장치

④ 가스, 분말, 고체에어로졸 자동소화장치 : 열, 연기 또는 불꽃 등을 감지하여 가스계, 분말 또는 에어로졸의 소화약제를 방사하여 소화하는 소화장치

(STEP 03) 옥내소화전설비

1. 개요

옥내소화전설비란 건축물 내에서 화재가 발생했을 때 관계자 또는 자체소방대원이 화재발생 초기에 호스 및 노즐로 나오는 물을 이용하여 화재를 소화하는 수계소화설비이다.

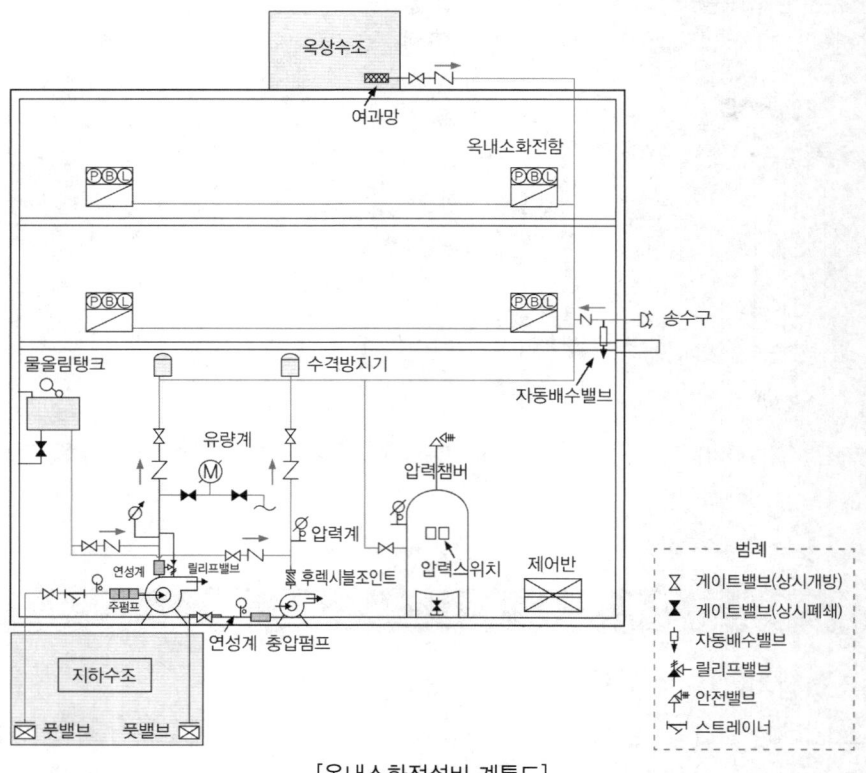

[옥내소화전설비 계통도]

2. 옥내소화전설비의 성능

소방대상물의 어느 층이나 해당 층의 옥내소화전(2개 이상인 경우 2개, 고층건축물의 경우 최대 5개)을 동시에 방수할 경우 각 소화전 노즐에서의 방수량과 방수압이 다음과 같아야 한다. 여기서 고층건축물이란 층수가 30층 이상이거나 높이가 120m 이상인 건축물을 말한다.

① 방수량 : 130L/min 이상
② 방수압 : 0.17MPa 이상 0.7MPa 이하
  ※ "Pa"는 압력의 단위로 0.17MPa = 약 17m의 물기둥이 누르는 압력을 말하며, 기존에 사용하던 압력의 단위인 "kg/cm²로 환산하면 1MP = 약 10kg/cm²이므로 0.17MPa는 약 1.7kg/cm²에 해당한다.

3. 옥내소화전설비의 구성

① 수원
  ㉠ 수원의 저수량 : 옥내소화전의 설치개수가 가장 많은 층의 설치개수 N(2개 이상 설치된 경우 2개)에 2.6m³(130L/min·개 ×20min)를 곱한 양 이상(호스릴 옥내소화전 설비 포함)
    ㉠ 30~49층 : N × 5.2m³(130L/min × 40min) 이상
    ㉡ 50층 이상 : N × 7.8m³(130L/min × 60min) 이상
  ㉡ 전용수조(30층 이상 건축물의 경우 옥상수조 의무) : 일반수조, 압력수조, 고가수조, 가압수조
② 가압송수장치
  ㉠ 펌프방식 : 압력스위치가 작동함으로써 펌프를 기동하는 방식이며, 주펌프는 전동기에 따른 펌프로 설치한다. 단, 30층 이상인 소방대상물은 스프링클러설비와 펌프를 겸용할 수 없다.
  ㉡ 고가수조방식 : 고가수조로부터 자연낙차압을 이용하는 방식으로 일반 건물에 거의 사용되지 못한다.
  ㉢ 압력수조방식 : 압력수조 내 물을 압입하고 압축된 공기를 충전하여 송수하는 방식으로 탱크의 설치 위치에 구애받지 않는 장점이 있다.
  ㉣ 가압수조방식 : 별도의 압력탱크에 압축공기 또는 불연성 고압기체에 의해 소방용수를 가압하여 송수하는 방식으로 전원이 필요 없다.
③ 배관 등
  ㉠ 풋밸브(foot valve) : 수원이 펌프보다 아래에 설치된 경우 흡입측 배관의 말단에 설치
  ㉡ 개폐밸브 : 개폐밸브는 배관을 열고 닫음으로써 유체의 흐름을 제어하는 밸브
  ㉢ 체크밸브 : 배관 내 유체의 흐름을 한쪽 방향으로만 흐르게 하는 기능(역류방지기능)이 있는 밸브로 스모렌스키 체크밸브와 스윙 체크밸브가 있음
  ㉣ 물올림장치 : 수원의 위치가 펌프보다 낮을 경우에만 설치
  ㉤ 순환배관 : 펌프의 체절운전 시 수온이 상승하여 펌프에 무리가 발생하므로 순환배관상의 릴리프밸브를 통해 과압을 방출하여 수온상승을 방지하기 위해 설치

> **참고** **체절운전**
> 펌프토출측 배관이 모두 막혀 물이 전혀 방출되지 않고 펌프가 계속 작동되어 압력을 낼 수 있는 최상한점으로 압력이 더 올라갈 수 없는 상태에서 펌프가 공회전하는 것

  ㉥ 릴리프밸브 : 배관의 압력이 릴리프밸브에 설정된 압력 이상이 되면 밸브캡을 지지하고 있는 스프링이 밀려 올라가 체절압력 미만에서 개방, 과압을 방출하여 펌프 내의 체절운전 시 공회전에 의한 수온상승을 방지하는 설비
  ㉦ 성능시험배관 : 정기적으로 펌프의 성능을 시험하여 펌프의 토출량 및 토출압력을 확인하기 위하여 설치하는 배관

⑨ 송수구 : 옥내소화전의 수원이 유한하므로 소방차로부터 송수할 수 있는 송수구를 설치

④ 방수구

㉮ 설치기준 : 층마다 설치하되 해당 소방대상물의 각 부분으로부터 하나의 옥내소화전 방수구까지의 수평거리 25m 이하가 되도록 할 것

㉯ 바닥으로부터 높이 1.5m 이하가 되도록 할 것

㉰ 호스 구경 40mm(호스릴 옥내소화전설비의 경우 25mm) 이상의 것으로 설치

> **참고 공동주택 옥내소화전설비 설치 기준(공동주택의 화재안전기술기준, NFTC 608)**
> • 호스릴(hose reel)방식으로 설치할 것
> • 복층형 구조인 경우에는 출입구가 없는 층에 방수구를 설치하지 않을 수 있다.
> • 감시제어반 전용실은 피난층 또는 지하 1층에 설치할 것. 다만, 상시 사람이 근무하는 장소 또는 관계인이 쉽게 접근할 수 있고 관리가 용이한 장소에 감시제어반 전용실을 설치할 경우에는 지상 2층 또는 지하 2층에 설치할 수 있다.
>
> **창고시설 옥내소화전설비 설치 기준(창고시설의 화재안전기술기준, NFTC 609)**
> • 수원의 저수량은 옥내소화전의 설치개수가 가장 많은 층의 설치개수(2개 이상 설치된 경우에는 2개)에 5.2m³(호스릴옥내소화전설비 포함)를 곱한 양 이상이 되도록 해야 한다.
> • 비상전원은 자가발전설비, 축전지설비 또는 전기저장장치로서 옥내소화전설비를 유효하게 40분 이상 작동할 수 있어야 한다.

4. 옥내소화전설비 점검

① 수원의 점검 : 수조의 수위계 등을 이용한 수원의 양 적정 여부

② 방수압력 및 방수량 측정 : 소화전이 2개 이상 설치된 경우 2개를 동시에 개방시켜 측정

㉮ 방수압력 측정 : 방수구에 호스를 결속한 상태로 노즐의 선단에 방수압력측정계(피토게이지)를 근접(D/2)시켜서 측정하여 방수압력측정계의 압력계상의 눈금을 확인한다.

㉯ 방수량 산정 : $Q = 2.065 \times D^2 \times \sqrt{p}$ (Q : 분당방수량(L/min), p : 방수압력(MPa), D : 관경 또는 노즐의 구경(mm) [옥내소화전 : 13mm, 옥외소화전 : 19mm])

㉰ 주의사항

㉠ 반드시 직사형 관창을 이용하여 측정하여야 한다.

㉡ 초기 방수 시 물 속에서 이물질이나 공기 등이 완전히 배출된 후에 측정하여야 한다.

㉢ 방수압력측정계(피토게이지)는 봉상주수상태에서 직각으로 측정하여야 한다.

> **참고 점검 시 최상층소화전을 이용한 방수상태 확인사항**
> • 방수압력 측정 시 0.17MP 이상
> • 최상층 소화전 개방 시 소화펌프 자동기동 및 기동표시등 확인

5. 펌프성능시험

① 준비

㉮ 제어반에서 주펌프, 충압펌프 정지

㉠ 감시제어반 : 선택스위치 정지위치

㉡ 동력제어반 : 선택스위치 수동위치

㉯ 펌프토출 측 밸브[그림의 ①]폐쇄

㉰ 설치된 펌프의 현황(토출량, 양정)을 파악하여 펌프성능시험표 작성

㉱ 유량계 100%, 150% 유량표시

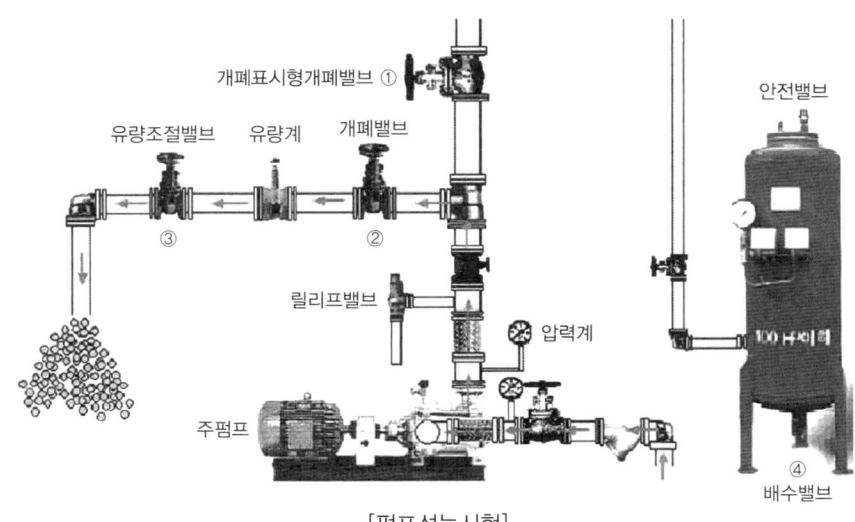

[펌프성능시험]

② 체절운전(무부하 시험) : 펌프토출 측 밸브와 성능시험배관의 유량조절밸브를 잠근 상태, 즉 펌프의 토출량을 "0"인 상태로 하여 펌프를 기동하여 체절압력을 확인하여 정격토출압력의 140% 이하인지와 체절운전 시 체절압력 미만에서 릴리프밸브가 동작하는지를 확인하는 시험

③ 정격부하운전(100% 유량운전) : 펌프를 기동한 상태에서 유량조절밸브를 개방하여 유량계의 유량이 정격유량상태(100%)일 때, 정격토출압 이상이 되는지를 확인하는 시험

④ 최대운전(150% 유량운전) : 유량조절밸브를 더욱 개방하여 유량계의 유량이 정격토출량의 150%가 되었을 때 정격토출압의 65% 이상이 되는지를 확인하는 시험

⑤ 복구

㉮ 성능시험 배관상의 개폐밸브[그림의 ②]와 유량조절밸브[그림의 ③] 폐쇄, 펌프토출측 밸브[그림의 ①] 개방

㉯ 제어반에서 주, 충압펌프 선택스위치 자동전환(충압펌프가 자동전환 후 주펌프 자동전환)

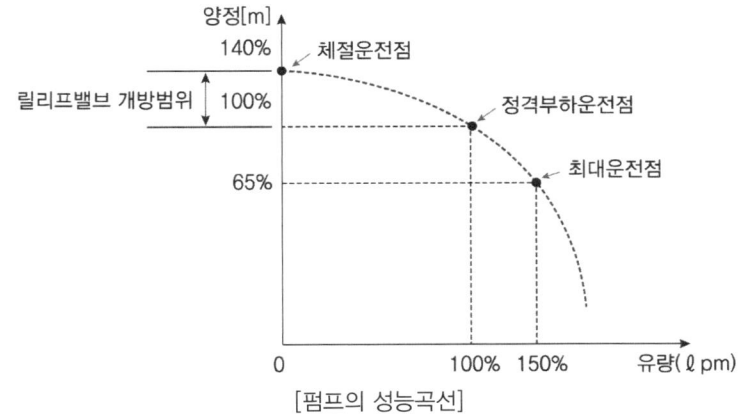

[펌프의 성능곡선]

⑥ 펌프성능판단
  ㉮ 체절운전(무부하시험, No Flow Condition)
    ㉠ 펌프토출측밸브와 성능시험배관의 유량조절밸브를 잠근상태에서 펌프를 기동하여
    ㉡ 체절압력이 정격토출압력의 140% 이하인지 확인
    ㉢ 체절운전 시 체절압력 이하에서 릴리프밸브가 작동하는지 확인
  ㉯ 정격부하운전(정격부하시험, Rated Load, 100% 유량운전)
    ㉠ 펌프를 가동한 상태에서 유량조절밸브를 개방하야 유량계의 유량이 정격유량상태(100%)일 때
    ㉡ 압력계의 압력이 정격압력 이상이 되는지 확인(펌프의 명판에 기재된 내용 또는 설계도서와 비교하여 일치하는지 확인)
  ㉰ 최대운전(피크부하시험, Peak Load, 150% 유량운전)
    ㉠ 유량조절밸브를 더욱 개방하여 유량계의 유량이 정격토출량의 150%가 되었을 때
    ㉡ 압력계의 압력이 정격토출압의 65% 이상이 되는지 확인
  ㉱ 가압송수장치가 확실히 작동되는지
  ㉲ 표시 및 경보등이 적절하게 동작되는지
  ㉳ 전동기의 운전전류값이 적용범위 내인지
  ㉴ 운전 중에 불규칙적인 소음, 진동, 발열은 없는지
⑦ 펌프성능시험 시 주의사항
  ㉮ 성능시험 시 유량계에 작은 기포가 통과하면 안 된다. 유량측정 시 기포가 통과할 경우 유량측정이 곤란하기 때문이며, 기포가 통과하는 원인은 아래와 같다.
    ㉠ 흡입배관의 이음부로 공기가 유입될 때
    ㉡ 후드밸브와 수면 사이가 너무 가까울 때
    ㉢ 펌프에 공동현상이 발생할 때
  ㉯ 개폐밸브의 급격한 개폐금지(이유 : 수격현상이 발생함)
  ㉰ 배수처리 관계에 유의(이유 : 집수정의 배수펌프 용량은 소화펌프에 비해 작음)
  ㉱ 위험하므로 펌프 · 모터의 회전축 근처에 있지 말 것
  ㉲ 제어반과 현장측과의 의사전달을 확실하게 할 것(무전 시 복명복창 철저)
  ㉳ 펌프성능시험 시 토출측 개폐밸브를 완전히 폐쇄한 후 점검에 임한다.

(STEP 04) 옥외소화전설비

1. 개요

옥외소화전설비란 건축물 외부에 설치하는 물소화설비로 화재 시 소방대상물의 외부에서 소화 및 인접 건축물에 대한 연소확대 방지를 위하여 설치하는 설비이다.

2. 옥외소화전설비의 구조

① 옥외소화전설비의 성능
    ⑦ 방수량 : 350L/min 이상이 되도록 설치
    ⑪ 방수압력 : 2개의 소화전(설치개수 1개인 경우에는 1개)을 동시에 사용할 경우 각 노즐선단 방
       수압력이 0.25~0.7MPa
② 수원의 용량 : 소화전 설치개수(2개 이상일 때는 2개)에 7m³를 곱한 양 이상일 것
③ 종류 : 지상용과 지하용(승하강식을 포함)으로 구분
④ 기타 : 옥내소화전설비의 구조와 유사하며 소화전함, 방수구의 규격 등은 다름

3. 옥외소화전설비 설치기준

① 소방대상물의 각 부분으로부터 호스접결구까지의 수평거리가 40m 이하가 되도록 설치
② 호스의 구경 : 65mm(호스접결구 높이는 지면으로부터 0.5m 이상 1m 이하에 설치)
③ 옥외소화전의 토출구(방수구) 안지름은 63.5mm로 65mm 호스와 연결하여 사용(지상용과 지하용 동일)

4. 옥외소화전함 등

① 옥외소화전설비에는 옥외소화전마다 그로부터 5m 이내의 장소에 소화전함을 다음과 같이 설치
    ⑦ 옥외소화전함이 10개 이하 설치된 때 : 옥외소화전마다 5m 이내의 장소에 1개 이상의 소화전함 설치
    ⑪ 옥외소화전함이 11개 이상 30개 이하 설치된 때 : 11개 이상의 소화전함을 각각 분산하여 설치
    ⑭ 옥외소화전함이 31개 이상 설치된 때 : 옥외소화전 3개마다 1개 이상의 소화전함 설치
② 호스 : 구경 65mm

[옥외소화전함]

(05) 스프링클러설비

1. 개요

스프링클러설비는 물을 소화약제로 하는 자동식소화설비로 화재 발생 시 소방대상물의 천장,
벽 등에 설치되어 있는 스프링클러 헤드로 자동으로 물이 방사되어 화재를 진압할 수 있는 소
화설비이다.

2. 스프링클러설비의 장 · 단점

장점	단점
• 초기 진화에 절대적인 효과가 있다. • 소화약제가 물이며 경제적이고 소화 후 복구가 용이하다. • 기계적이므로 오동작이 거의 없다. • 자동적으로 화재를 감지하여 화재경보 및 소화를 할 수 있다.	• 초기 시설비가 많이 든다. • 시공 시 다른 시설보다 복잡하다. • 물로 인한 피해가 심하다.

3. 스프링클러설비의 구조원리

① 헤드 : 프레임, 감열체, 디플렉터로 구성

　㉮ 프레임(Frame) : 스프링클러헤드의 나사부분과 디플렉터를 연결하는 이음쇠부분

　㉯ 감열체 : 정상상태에서는 방수구를 막고 있으나 화재 시 파괴 또는 용해되어 헤드에서 이
탈되어 방수구가 개방되어 스프링클러 헤드가 작동되도록 하는 부분. 퓨즈블링크와 유리
벌브(글라스벌브)가 많이 사용됨

　㉰ 반사판(디플렉터) : 헤드의 방수구에서 유출되는 물을 세분시키는 작용

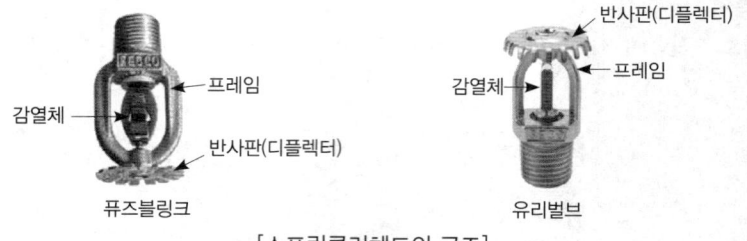

[스프링클러헤드의 구조]

② 스프링클러설비의 성능(기준 개수의 모든 헤드로부터)

　㉮ 방수량 : 80L/min 이상

　㉯ 방수압력 : 0.1MPa 이상 1.2MPa 이하

③ 스프링클러설비의 구성

　㉮ 헤드 : 감열체 유무에 따라 폐쇄형과 개방형

　㉯ 수원

　㉰ 가압송수장치

　㉱ 배관 : 주배관, 교차배관, 가지배관

　㉲ 음향장치 및 기동장치

ⓑ 송수구

ⓐ 유수검지장치 : 습식, 건식, 준비작동식

④ 스프링클러 헤드의 기준 개수

스프링클러설비 설치장소			기준개수(개)
지하층을 제외한 층수가 10층 이하인 소방대상물	공장 또는 창고 (랙크식창고 포함)	특수가연물을 저장·취급하는 것	30
		그 밖의 것	20
	근린생활시설·판매시설·운수시설 또는 복합건축물	판매시설 또는 복합건축물 (판매시설이 설치되는 복합건축물)	30
		그 밖의 것	20
	그 밖의 것	헤드의 부착높이가 8m 이상인 것	20
		헤드의 부착높이가 8m 미만인 것	10
아파트			10
• 지하층을 제외한 층수가 11층 이상인 소방대상물(아파트 제외) • 지하가 또는 지하역사			30

⑤ 수원의 저수량

ⓐ 폐쇄형 스프링클러헤드를 사용하는 경우 : 헤드 기준개수×1.6m³ 이상

ⓑ 개방형 스프링클레헤드를 사용하는 경우

　㉠ 최대 방수구역에 설치된 헤드의 개수가 30개 이하 : 설치 헤드수×1.6m³ 이상

　㉡ 30개를 초과하는 경우 : 수리계산에 따를 것

⑥ 배관 : 스프링클러설비의 배관은 가지배관, 교차배관, 주배관 등이 있다.

ⓐ 가지배관 : 스프링클러헤드가 설치되어 있는 배관

　㉠ 토너먼트배관 방식이 아닐 것(이유 : 유체의 마찰손실이 너무 크므로 압력손실의 최소화 및 수격작용을 방지)

　㉡ 교차배관에서 분기되는 지점을 기준으로 한쪽 가지배관에 설치되는 헤드의 개수 : 8개 이하

ⓑ 교차배관 : 직접 또는 수직배관을 통하여 가지배관에 급수하는 배관

　㉠ 위치 : 가지배관과 수평 또는 밑에 설치

　㉡ 교차배관 끝에 청소구를 설치하고 나사보호용의 캡으로 마감

ⓒ 배관부속품, 물올림장치, 순환배관, 펌프성능시험배관은 옥내소화전설비 준용

⑦ 유수검지장치 : 배관 내의 유수현상을 자동적으로 검지하여 신호 또는 경보를 발하는 장치

참고

공동주택 스프링클러 설치 기준(공동주택의 화재안전기술기준, NFTC 608)
• 폐쇄형스프링클러헤드를 사용하는 아파트등은 기준개수 10개(스프링클러헤드의 설치개수가 가장 많은 세대에 설치된 스프링클러헤드의 개수가 기준개수보다 작은 경우에는 그 설치개수를 말한다)에 1.6m³를 곱한 양 이상의 수원이 확보되도록 할 것. 다만, 아파트등의 각 동이 주차장으로 서로 연결된 구조인 경우 해당 주차장 부분의 기준개수는 30개로 할 것
• 하나의 방호구역은 2개 층에 미치지 아니하도록 할 것. 다만, 복층형 구조의 공동주택에는 3개 층 이내로 할 수 있다.
• 거실에는 조기반응형 스프링클러헤드를 설치할 것
• 감시제어반 전용실은 피난층 또는 지하 1층에 설치할 것. 다만, 상시 사람이 근무하는 장소 또는 관계인이 쉽게 접근할 수 있고 관리가 용이한 장소에 감시제어반 전용실을 설치할 경우에는 지상 2층 또는 지하 2층에 설치할 수 있다.
• 건축법 시행령의 관련 규정에 따라 설치된 대피공간에는 헤드를 설치하지 않을 수 있다.

4. 스프링클러설비의 종류

구분		중심 밸브	배관	작동	특징
폐쇄형 헤드	습식	자동경보 밸브	1차 및 2차측 가압수	화재 시 열에 의해 헤드가 개방되고 가압수가 즉시 살수·소화	구조 간단, 공사비 저렴, 신속한 소화, 동결 우려 장소 사용 제한
	건식	건식밸브	1차측 가압수, 2차측 압축공기 또는 질소	화재 시 헤드가 개방되면 2차측 압축공기가 유출되어 압력 저하가 생기고 1차측 가압수가 2차측으로 유입되어 소화	동결 우려 장소 및 옥외 사용 가능, 화재초기 압축공기에 의한 화재 촉진 우려
	준비 작동식	준비작동 밸브	1차측 가압수, 2차측 대기압	화재 시 감지기가 작동하여 준비작동밸브를 개방하고 2차측에 가압수가 유입되어 대기상태로 있다가 헤드가 열에 의해 개방되는 즉시 살수·소화	동결 우려 장소 사용 가능, 헤드개방 전 경보로 조기 대처 용이, 구조 복잡하고 시공비 고가(감지기 별도 시공 필요)
	부압식	준비작동 밸브	1차측 가압수, 2차측 부압	화재 시 감지기 동작에 의해 준비작동밸브가 개방되고 2차측이 가압수로 전환되며, 헤드가 열에 의해 개방되면 즉시 살수	배관파손 또는 오작동 시 수손 피해 방지, 동결 우려 장소 사용 제한, 구조가 다소 복잡
개방형 헤드	일제 살수식	일제개방 밸브	1차측 가압수, 2차측 대기압	화재감지기 동작으로 일제개방 밸브가 개방되고 담당구역에 설치된 개방형 헤드를 통해 일제히 살수·소화	초기화재에 신속 대처 용이, 층고가 높은 장소에서도 소화 가능, 화재감지장치 별도 필요, 대량살수로 수손 피해 우려

5. 스프링클러설비의 점검

① 습식 스프링클러설비의 점검 시 확인사항
  ㉮ 감시제어반(수신기)확인사항
    ㉠ 화재표시등 점등 확인
    ㉡ 해당구역 밸브개방표시등 점등 확인
  ㉯ 해당 방호구역의 경보(사이렌)상태 확인
  ㉰ 소화펌프 자동기동 여부 확인
② 준비작동식 스프링클러설비의 점검 : 준비작동식 유수검지장치를 작동시키는 방법
  ㉮ 해당 방호구역의 감지기 2개 회로 작동
  ㉯ SVP(수동조작함)의 수동조작스위치 작동
  ㉰ 밸브 자체에 부착된 수동 기동밸브 개방
  ㉱ 감시제어반(수신기)측의 준비작동식 유수검지장치 수동 기동스위치 작동
  ㉲ 감시제어반(수신기)에서 동작시험 스위치 및 회로선택 스위치로 작동(2회로 작동)

③ 준비작동식 유수검지장치 작동방식의 순서 : ㉮ 감지기동작 → ㉯ 수동조작함 조작 → ㉰ 수동기동밸브 개방 → ㉱ 제어반의 수동기동스위치 작동 → ㉲ 동작시험스위치와 회로선택 스위치 조작

> **참고** **비화재 시 알람밸브의 경보로 인한 혼선방지를 위한 장치**
> • 구형의 경우 : 리타딩챔버(Retarding Chamber) 설치
> • 신형의 경우 : 최근 생산되는 알람밸브는 대부분 압력스위치 내부에 지연회로가 설치(약 4~7초 정도 지연)되어 출고

(06) 물분무등소화설비 – 가스계소화설비

1. 개요

① 물분무등소화설비는 일반화재 외에 유류화재, 전기화재에도 적응성이 있음
② 물을 사용하는 것 : 물분무소화설비, 미분무소화설비, 포소화설비 등
③ 물 이외의 소화약제 사용하는 것 : 이산화탄소소화설비, 할론소화설비, 할로겐화합물 및 불활성기체 소화설비, 분말소화설비 등

2. 약제종류에 의한 분류

① 이산화탄소소화설비 : 고압가스용기에 저장되었던 이산화탄소를 방출하여 질식 및 냉각작용으로 화재를 소화하는 설비이며, 고압식과 저압식으로 분류
② 할론소화설비 : 불연성가스인 할로겐화합물 소화약제를 사용하여 화재발생 시 할로겐 원자의 억제작용에 의하여 질식 · 냉각작용 및 연쇄반응을 억제하는 소화설비이며, 축압식과 가압식으로 분류
③ 할로겐화합물 및 불활성기체 소화설비 : 할론(1211, 1301, 2402) 외의 할로겐화합물 및 불활성기체 소화약제를 이용하여 소화하는 설비

3. 약제방출방식에 의한 분류

① 전역방출방식 : 밀폐 방호구역 내에 소화약제를 방출
② 국소방출방식 : 화재 발생 부분에만 집중적으로 소화약제를 방출하도록 설치하는 방식
③ 호스릴방식 : 사람이 직접 화점에 소화약제를 방출하는 이동식소화설비

4. 이산화탄소소화설비의 장 · 단점

장점	단점
• 가연물 내부에서 연소하는 심부화재에 적합하다. • 화재진화 후 깨끗하다. • 피연소물에 피해가 적다. • 비전도성이므로 전기화재에 좋다.	• 사람에게 질식의 우려가 있다. • 방사 시 동상의 우려와 소음이 크다. • 설비가 고압으로 특별한 주의와 관리가 필요하다.

5. 가스계소화설비의 구성요소

저장용기, 기동용 가스용기, 솔레노이드밸브, 압력스위치, 선택밸브, 수동조작함(수동식기동장치), 방출표시등, 방출헤드 등

6. 가스계소화설비 점검

① 점검 전 안전조치
  ㉮ 기동용기에서 선택밸브에 연결된 조작동관 분리
  ㉯ 기동용기에서 저장용기에 연결된 개방용 동관 분리
  ㉰ 제어반의 솔레노이드밸브 연동정지
  ㉱ 솔레노이드밸브 안전핀 체결 후 분리, 안전핀 제거 후 격발 준비

② 점검 및 확인
  ㉮ 기동용기 솔레이드밸브 격발시험방법
    ㉠ 수동조작버튼 작동(즉시 격발)
    ㉡ 수동조작함 작동
    ㉢ 교차회로 감지기 동작
    ㉣ 제어반 수동조작 스위치 동작
  ㉯ 기동용기 솔레노이드밸브 격발동작 확인사항
    ㉠ 제어반에서 화재표시 확인
    ㉡ 경보발령 여부 확인
    ㉢ 지연장치의 지연시간 체크 확인
    ㉣ 솔레노이드밸브 작동 여부 확인
    ㉤ 자동폐쇄장치 작동 및 환기장치 정지 여부 확인

③ 가스계소화설비 점검 후 복구방법
  ㉮ 제어반의 복구스위치 복구
  ㉯ 제어반의 솔레노이드밸브 연동정지
  ㉰ 솔레노이드밸브 복구 : 작동점검 시 격발된 솔레노이드밸브를 복구
  ㉱ 솔레노이드밸브에 안전핀을 체결 후 기동용기에 결합
  ㉲ 제어반의 스위치를 연동상태 확인 후 솔레노이드밸브에서 안전핀 분리
  ㉳ 점검 전 분리했던 조작동관을 결합

STEP 01 자동화재탐지설비

1. 개요

자동화재탐지설비는 화재초기에 발생되는 열, 연기 또는 불꽃 등을 감지하여 자동적으로 경보를 발함으로써 화재를 조기에 발견하여 조기통보, 초기소화, 조기피난을 가능하게 하기 위한 설비이다.

2. 자동화재탐지설비의 구조원리

감지기, 수신기, 발신기, 음향장치, 표시등, 전원, 배선, 시각경보기, 중계기 등으로 구성된다.

① 수신기 : 감지기 또는 발신기로부터의 신호를 직접 또는 중계기를 거쳐 수신하여 화재의 발생을 해당 건물 관계자에게 표시하고 음향장치로 알려 주는 것

㉮ 수신기의 종류

㉠ P형 수신기 : 일반적으로 소형건물에 사용되며 각 회로별 경계구역을 표시하는 지구표시등이 설치되어 있다.

㉡ R형 수신기 : 접점신호를 중계기를 통해 고유신호로 변환 수신기에 전달하는 방식과 주소형감지기를 사용 직접 고유신호를 수신기에 전달하는 방식이 있으며 대형건물에 적합하다.

> **참고** 경계구역
> 경계구역이란 자동화재탐지설비의 1회선(회로)이 화재의 발생을 효율적으로 감지할 수 있도록 적당한 범위를 정한 구역을 말하며, 다음과 같은 기준에 따라 나눈다.
> • 하나의 경계구역이 2개 이상의 건축물에 미치지 아니하도록 할 것
> • 하나의 경계구역이 2개 이상의 층에 미치지 아니하도록 할 것. 다만, 500m² 이하의 범위 안에서는 2개의 층을 하나의 경계구역으로 할 수 있다.
> • 하나의 경계구역의 면적은 600m² 이하로 하고 한 변의 길이는 50m 이하로 할 것. 다만, 해당 소방대상물의 주된 출입구에서 그 내부 전체가 보이는 것에 있어서는 한 변의 길이가 50m의 범위 내에서 1,000m² 이하로 할 수 있다.

㉢ P형과 R형 수신기의 배선비교

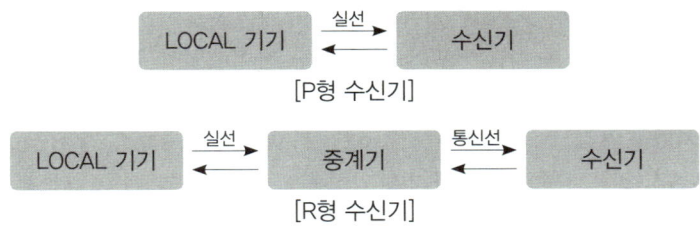

[P형 수신기]

[R형 수신기]

④ 수신기 설치기준

    ㉠ 수신기가 설치된 장소에는 경계구역 일람도를 비치할 것

    ㉡ 수신기 조작스위치의 높이는 바닥으로부터 높이가 0.8m 이상 1.5m 이하

    ㉢ 경비실 등 상시 사람이 근무하고 있는 장소에 설치

② 발신기 : 화재발견자가 수동으로 누름버튼을 눌러 수신기에 신호를 보내는 것

  ㉮ 발신기의 종류 : P형, T형, M형

  ㉯ 발신기 설치기준

    ㉠ 스위치는 바닥으로부터 0.8m 이상 1.5m 이하의 높이에 설치

    ㉡ 층마다 설치하되, 하나의 발신기까지의 수평거리가 25m 이하가 되도록 설치

  ㉰ 동작원리

    ㉠ 동작 : 발신기 누름스위치 누름 → 수신기 동작(화재표시등, 지구표시등, 발신기표시등, 경보장치 동작) → 응답표시등 점등

    ㉡ 복구 : 발신기 누름스위치 원 위치로 복구 → 수신기 복구스위치를 누름 → 응답표시등 소등, 수신기의 동작표시등 소등

③ 감지기 : 화재로 인하여 발생되는 열이나 연기 또는 불꽃 등을 감지하여 자동적으로 화재신호를 수신기에 전달하는 장치

  ㉮ 감지기의 종류

감지대상	종류	형식	비고
열감지기	차동식	분포형, 스포트형	주위 온도가 일정상승률 이상이 되는 경우에 작동(거실, 사무실 등)
	정온식	감지선형, 스포트형	주위 온도가 일정온도 이상이 되었을 때 작동(보일러실, 주방 등)
	보상식	–	–
연기감지기	이온화식	비축적형, 축적형	주위 공기가 일정농도 이상의 연기를 포함하게 될 경우 작동
	광전식	산란광식, 감광식	연기에 포함된 미립자가 산란반사를 일으키는 것을 이용(계단, 복도 등)

  ㉯ 감지기 종류별 구조

    ㉠ 차동식스포트형 감지기

     • 구조 : 감열실, 다이아프램, 리크구멍, 접점 등으로 구분

     • 동작원리 : 화재 시 온도상승 → 감열실 내의 공기가 팽창 → 다이아프램을 압박 → 접점이 붙어 화재신호를 수신기에 보냄

    ㉡ 정온식스포트형 감지기

     • 구조 : 바이메탈, 감열판 및 접점 등으로 구분

     • 동작원리 : 화재 시 감열판에 열전달 → 바이메탈이 휘어져 기동접점으로 이동 → 접점이 붙어 화재신호를 수신기에 보냄

  ㉰ 연기감지기

    ㉠ 이온화식 스포트형 : 주위 공기가 일정농도 이상의 연기를 포함하게 될 경우 작동

ⓒ 광전식 스포트형 : 연기에 포함된 미립자가 광원에서 방사되는 광속에 의해 산란반사를 일으키는 것을 이용

ⓒ 이온화식 감지기와 광전식 감지기의 차이점

구분	이온화식	광전식
동작원리	이온전류의 감소	광량의 감소 또는 증가
연기입자	작은 연기입자(0.01~0.3㎛)에 유리	큰 연기입자(0.2~1㎛)에 유리
연기의 색상	색상 무관	검은색보다 엷은 회색 연기가 감도에 유리
적응성	B급화재 등 불꽃화재	A급화재 등 훈소화재

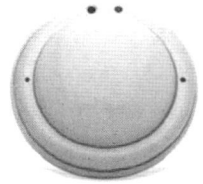

[열감지기(차동식)]

[열감지기(정온식)]

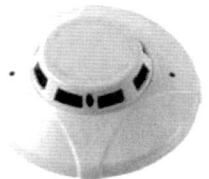
[연기감지기]

④ 음향장치

㉮ 종류

㉠ 주음향장치 : 수신기 내부 또는 직근에 설치

㉡ 지구음향장치 : 각 경계구역에 설치

㉯ 설치기준

㉠ 층마다 설치, 수평거리 25m 이하가 되도록 설치

㉡ 음량 크기는 1m 떨어진 곳에서 90dB 이상

㉰ 경보방식 : 층수가 11층(공동주택의 경우에는 16층) 이상의 특정소방대상물은 다음의 기준에 따라 경보를 발할 수 있도록 할 것

㉠ 2층 이상의 층에서 발화한 때 : 발화층 및 그 직상 4개 층에 경보를 발할 것

㉡ 1층에서 발화한 때 : 발화층·그 직상 4개 층 및 지하층에 경보를 발할 것

㉢ 지하층에서 발화한 때 : 발화층·그 직상층 및 기타의 지하층에 경보를 발할 것

㉱ 시각경보장치(청각장애인용) 설치기준

㉠ 복도·통로·청각장애인용 객실 및 공용으로 사용되는 거실(로비, 회의실, 강의실, 식당, 휴게실, 오락실, 대기실, 체력단련실, 접객실, 안내실, 전시실, 기타 이와 유사한 장소)에 설치하며, 각 부분으로부터 유효하게 경보를 발할 수 있는 위치에 설치할 것

㉡ 공연장·집회장·관람장 또는 이와 유사한 장소에 설치하는 경우에는 시선이 집중되는 무대부 부분 등에 설치할 것

㉢ 설치 높이는 바닥으로부터 2m 이상 2.5m 이하의 장소에 설치할 것. 다만, 천장의 높이가 2m 이하인 경우에는 천장으로부터 0.15m 이내의 장소에 설치

⑤ 배선 : 감지기 사이의 회로 배선은 도통시험(선로의 정상연결 유무를 확인하기 위한 시험)을 원활히 하기 위한 배선방식인 송배전식으로 한다.

3. 자동화재탐지설비의 점검

① P형 수신기 : 화재발생 시 감지기, 발신기의 신호를 수신하여 화재발생을 알려주는 장치이다.

② 퓨즈(Fuse)

　㉮ 퓨즈가 단선되면 수신기의 기능 상실을 초래한다.

　㉯ AC용 및 DC용 경종, 표시등, 배터리, 전원부 등에 퓨즈를 사용한다.

　㉰ 퓨즈가 끊어지면 퓨즈 옆에 있는 적색의 LED가 점등되며, 로컬(Local) 기기의 고장개소를 수리하고 퓨즈를 끼우면 LED가 소등된다.

③ 전원스위치 및 110V/220V 절환스위치 : 수신기 압력전원의 ON/OFF 스위치이며, 전원에 따른 110V/220V 절환스위치이다.

④ 오동작방지기 : 일시적으로 발생한 열·연기 또는 먼지 등 때문에 감지기가 화재신호를 발신할 우려가 있다면 축적 기능의 수신기를 설치하여 비화재보(非火災報)를 방지하여야 한다.

4. 자동화재탐지설비 실습(P형 수신기 기능시험)

① 동작시험 : 수신기에 화재신호를 수동으로 입력하여 수신기가 정상적으로 동작되는지를 확인하기 위한 시험

② 회로도통시험 : 수신기에서 감지기 사이 회로의 단선 유무와 기기 등의 접속 상황을 확인하기 위한 시험

　㉮ 회로시험스위치 : 로터리 방식

　㉯ 적부판정방법(로터리 방식) : 예비전원 시험스위치 누른 후

구분	전압계가 있는 경우	도통시험 확인등이 있는 경우
정상	4 ~ 8[V]	정상 확인등 점등(녹색)
단선	0[V]	단선 확인등 점등(적색)

③ 예비전원시험 : 상용전원이 정전된 경우

　㉮ 자동적으로 예비전원으로 절환이 되며 또한 복구 시 자동적으로 상용전원으로 절환 여부와 화재 시 수신기가 정상적으로 동작할 수 있는 전압을 가지고 있는지를 확인하는 시험

　㉯ 적부판정방법(로터리방식) : 예비전원 시험스위치를 누른 후

　　㉠ 전압계인 경우, 정상 : 19 ~ 29[V]

　　㉡ 램프방식인 경우, 정상 : 녹색

　　㉢ 예비전원의 전압 및 상호 자동절환이 정상인지 확인

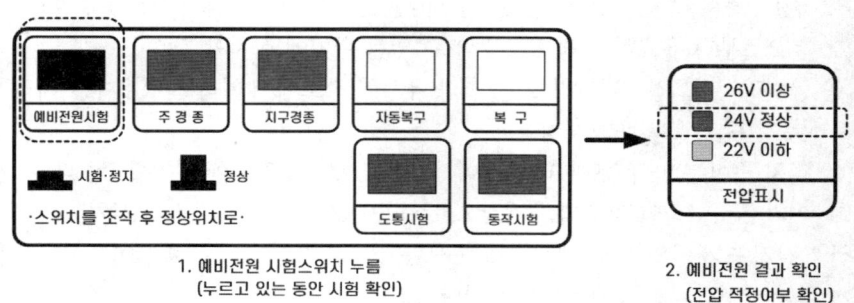

1. 예비전원 시험스위치 누름
(누르고 있는 동안 시험 확인)

2. 예비전원 결과 확인
(전압 적정여부 확인)

[로터리 방식 예비전원시험]

5. R형 수신기의 점검

① 주요 구성
- ㉮ GUI 디스플레이
- ㉯ LED 상태표시 및 스위치 제어부
- ㉰ 중앙동력제어반(MCC) 제어부

② 주요 기능
- ㉮ 집중 감시기능 : 수신기는 자동화재탐지설비, 소화활동설비 등, 모든 관련된 설비로부터 신호를 수신하면 각 설비의 화재감시등이 모니터에 표시된다.
- ㉯ 각 신호선의 자동단선 감시기 : 수신기에서 중계기까지의 배선, 중계기로부터 단말기까지의 배선 등의 단선감시를 행하며, 이상 발견 시에는 즉시 경보와 표시를 한다.
- ㉰ 기록장치 : 수신기의 화재신호, 고장신호 및 수신기에 접속된 타 기구에 대한 외부배선으로의 신호 등을 저장할 수 있는 것을 말한다.

STEP 02 자동화재탐지설비의 유지관리 및 비화재보 대처방법

1. 비화재보(非火災報)

① 비화재보란 화재에 의한 열, 연기 또는 불꽃 이외의 요인에 의하여 자동화재탐지설비가 작동하여 화재경보를 발하는 것을 말한다. 즉, 자동화재탐지설비가 정상적으로 작동하였다 하더라도 화재가 아닌 경우의 경보를 말한다.

② 이러한 비화재보는 감지기 설치 주변의 실제 화재와 유사한 환경이나 상황, 설비 자체의 기능상 원인, 유지·관리상 원인 또는 실수나 고의적 행위로 인한 오작동으로 발생할 수 있다. 따라서 비화재보 방지를 위한 철저한 유지·관리가 필요하며, 비화재보 및 오작동을 이유로 자동화재탐지설비의 전원을 차단하거나 경보를 정지상태로 관리해서는 안 된다.

2. 비화재보의 원인과 대책

주요 원인	대책
주방에 '비적응성 감지기'가 설치된 경우	적응성 감지기(정온식 감지기등)로 교체
'천장형 온풍기'에 밀접하게 설치된 경우	기류 흐름 방향 외 이격 설치
'장마철 공기 중 습도 증가'에 의한 감지기 오동작	복구스위치 누름 혹은 동작된 감지기 복구
'청소불량(먼지·분진)에 의한 감지기 오동작	내부 먼지 제거 후 복구스위치 누름 또는 감지기 교체
'건축물 누수'로 인한 감지기 오동작	누수부분 방수처리 및 감지기 교체
'담배연기'로 인한 연기감지기 동작	흡연구역에 환풍기 등 설치
'발신기'를 장난으로 눌러 발신기 동작	입주자 소방안전교육을 통한 계도

3. 비화재보 시 대처방법

| 1단계 | 수신기 확인 | 화재표시등, 지구표시등 확인 |

↓

| 2단계 | 실제 화재 여부 확인 | 해당구역으로 이동하여 실제 화재여부 확인 |

↓

| 3단계 | 음향장치 정지 | 음향장치(주경종, 지구경종, 비상방송, 사이렌 등) 정지 |

↓

| 4단계 | 비화재보 원인 제거 | 감지기 교체, 발신기 누름스위치 복구 |

↓

| 5단계 | 수신기 복구 | 복구스위치를 눌러 수신기 정상으로 전환 |

↓

| 6단계 | 음향장치 복구 | 음향장치를 정상 또는 연동으로 전환 |

↓

| 7단계 | 스위치주의등 확인 | 스위치주의등 소등 확인 |

STEP 03 비상방송설비

1. 개요

비상방송설비는 화재발생 시 특정소방대상물 내 인원에게 스피커를 통하여 화재발생 장소 등을 알려 주어 소방활동 및 피난유도등을 원활하게 위한 목적으로 설치되는 설비이다.

2. 비상방송설비의 구성 등

① 구성 : 기동장치, 비상전화, 스피커, 증폭기 및 조작장치 등
② 스피커 설치기준
　㉮ 음성입력 : 실내 1W 이상, 실외 또는 일반적인 장소 3W 이상
　㉯ 각 층마다 설치하되 스피커 사이가 수평거리 25m 이하가 되도록 설치
　㉰ 경보방식 : 자동화재탐지설비 경보방식 준용
③ 방송개시시간 : 기동장치에 의한 화재신고를 수신한 후 필요한 음량으로 10초 이하
④ 증폭기 및 조작장치
　㉮ 설치장소 : 상시 사람이 근무하는 장소 및 점검이 편리한 곳 및 방화상 유효한 곳에 설치
　㉯ 조작부의 위치 : 0.8m 이상 1.5m 이하
　㉰ 배선 : 음량조절기를 설치하는 경우 3선의 배선을, 사람이 인위적으로 음량조절기를 조작할 수 없도록 된 경우 2선식으로 배선하여도 됨

SECTION

04 피난구조설비

STEP 01 피난기구

1. 피난기구의 종류

종류	내용
구조대	비상시 건물의 창, 발코니 등에서 지상까지 포지 등을 사용하여 자루 형태로 만든 것으로서 화재 시 사용자가 그 내부에 들어가서 내려옴으로써 대피할 수 있는 피난기구이며 경사강하식 구조대와 수직강하식 구조대로 구분
완강기	사용자의 몸무게에 의하여 자동적으로 내려올 수 있는 기구 중 사용자가 교대하여 연속적으로 사용할 수 있는 것을 말하며, 속도조절기, 속도조절기의 연결부, 로프, 연결금속구, 벨트로 구성
간이완강기	사용자의 몸무게에 의하여 자동적으로 내려올 수 있는 기구 중 사용자가 교대하여 연속적으로 사용할 수 없는 일회용의 것
피난사다리	건축물 화재 시 안전한 장소로 긴급대피하기 위해서 건축물의 개구부에 설치하는 기구로 고정식 사다리(수납식 · 접는식 · 신축식을 포함), 올림식 사다리 및 내림식 사다리로 구분
미끄럼대	화재발생 시 신속하게 지상 또는 피난층으로 이동할 수 있는 피난기구로서 장애인 복지시설, 노약자 수용시설 및 병원 등에 적합
공기안전매트	화재 발생 시 사람이 건축물 내에서 외부로 긴급히 뛰어내릴 때 충격을 흡수하여 안전하게 지상에 도달할 수 있도록 포지에 공기 등을 주입하는 구조로 되어 있는 것
피난교	건축물의 옥상층 또는 그 이하의 층에서 화재발생 시 옆 건축물로 피난하기 위해 설치하는 피난기구
기타 피난기구	피난용 트랩, 다수인 피난장비, 승강식 피난기 등

2. 피난기구 설치 수량

① 층마다 설치해야 하는 수량

소방대상물의 용도	면적에 따른 설치 수량
숙박시설 · 노유자시설 · 의료시설	바닥면적 500m² 마다 1개 이상
위락시설 · 문화집회 및 운동시설 · 판매시설로 사용되는 층 또는 복합용도의 층	바닥면적 800m² 마다 1개 이상
계단실형 아파트	각 세대마다 1개 이상
그 밖의 용도의 층	바닥면적 1,000m² 마다 1개 이상

② 추가 설치해야 하는 기준

소방대상물의 용도	피난기구 종류	설치 수량
숙박시설(휴양콘도미니엄 제외)	완강기 또는 2 이상의 간이완강기	객실마다 설치
4층 이상의 층에 설치된 노유자시설 중 장애인관련 시설(주된 사용자 중 스스로 피난이 불가한 자가 있는 경우)	구조대	층마다 1개 이상 설치

3. 설치기준

① 설치위치 : 피난 또는 소화활동상 유효한 개구부가 있는 곳
② 설치방법
   ㉮ 피난기구를 설치하는 개구부는 서로 동일직선상이 아닌 위치에 있을 것[단, 피난교 · 피난
      용트랩 · 간이완강기 · 아파트에 설치하는 피난기구(다수인 피난장비 제외)는 제외]
   ㉯ 피난기구는 특정소방대상물의 기둥 · 바닥 · 보 기타 구조상 견고한 부분에 볼트조임 · 매
      입 · 용접 기타의 방법으로 견고하게 부착할 것
   ㉰ 4층 이상의 층에 피난사다리(하향식 피난구용 내림식사다리 제외)를 설치하는 경우에는 금속성 고
      정사다리를 설치하고, 당해 고정사다리에는 쉽게 피난할 수 있는 구조의 노대를 설치할 것
   ㉱ 완강기는 강하 시 로프가 건축물 또는 구조물 등과 접촉하여 손상되지 않도록 할 것
   ㉲ 완강기 로프의 길이는 부착 위치에서 지면 기타 피난상 유효한 착지면까지의 길이로 할 것
   ㉳ 미끄럼대는 안전한 강하속도를 유지하도록 하고, 전락방지를 위한 안전조치를 할 것
   ㉴ 구조대의 길이는 피난상 지장이 없고 안정한 강하속도를 유지할 수 있는 길이로 할 것

> **참고** **피난기구를 설치하는 개구부 조건**
> • 개구부 크기 : 가로 0.5m 이상 세로 1m 이상
> • 바닥에서 개구부 하단까지의 거리 : 1.2m 미만(1.2m 이상이면 발판 등을 설치)
> • 밀폐된 창문 : 쉽게 파괴할 수 있는 파괴장치 비치

4. 소방대상물의 설치장소별 피난기구의 적응성

설치 장소별 \ 층별	1층	2층	3층	4층 이상 10층 이하
노유자시설	• 미끄럼대 • 구조대 • 피난교 • 다수인피난장비 • 승강식피난기	• 미끄럼대 • 구조대 • 피난교 • 다수인피난장비 • 승강식피난기	• 미끄럼대 • 구조대 • 피난교 • 다수인피난장비 • 승강식피난기	• 구조대[1] • 피난교 • 다수인피난장비 • 승강식피난기
의료시설 · 근린생활시설 중 입원실이 있는 의원 · 접골원 · 조산원			• 미끄럼대 • 구조대 • 피난교 • 피난용트랩 • 다수인피난장비 • 승강식피난기	• 구조대 • 피난교 • 피난용트랩 • 다수인피난장비 • 승강식피난기

설치 장소별 ＼ 층별	1층	2층	3층	4층 이상 10층 이하
영업장의 위치가 4층 이하인 다중이용업소		• 미끄럼대 • 피난사다리 • 구조대 • 완강기 • 다수인피난장비 • 승강식피난기	• 미끄럼대 • 피난사다리 • 구조대 • 완강기 • 다수인피난장비 • 승강식피난기	• 미끄럼대 • 피난사다리 • 구조대 • 완강기 • 다수인피난장비 • 승강식피난기
그 밖의 것			• 미끄럼대 • 피난사다리 • 구조대 • 완강기 • 피난교 • 피난용트랩 • 간이완강기[2] • 공기안전매트 • 다수인피난장비 • 승강식피난기	• 피난사다리 • 구조대 • 완강기 • 피난교 • 간이완강기[2] • 공기안전매트 • 다수인피난장비 • 승강식피난기

1) 구조대의 적응성은 장애인 관련 시설로서 주된 사용자 중 스스로 피난이 불가한 자가 있는 경우 추가로
   설치하는 경우에 한한다.
2) 간이완강기의 적응성은 숙박시설의 3층 이상에 있는 객실에 설치하는 경우에 한한다.

STEP 02 인명구조기구

1. 종류

① 방열복 : 화재로부터의 고온의 복사열을 차단하여 인체를 방호하는 내열피복을 말하며, 상
   하분리형과 상하일체형이 있음
② 공기호흡기 : 소화 또는 구조활동 시에 화재로 인하여 발생하는 각종 유독가스가 있는 장소
   에서 일정시간 사용할 수 있도록 제조된 압축공기식 개인호흡장비(보조마스크 포함)로 면체, 고
   압공기용기, 공급밸브, 배기밸브, 감압밸브, 등지게, 압력지시계, 경보장치, 급기호스 등으
   로 구성된 것
   ㉮ 음압형 공기호흡기 : 흡기에 따라 열리고 흡기가 정지했을 때 및 배기할 때 닫히는 디
      맨드밸브를 갖춘 것(양압이 유지되지 않기 때문에 주 마스크로 사용되지는 않고 보조마스크 등에 사용)
   ㉯ 양압형 공기호흡기 : 면체 내의 압력이 외기압보다 항상 일정압만큼 높은 것으로서 면체
      내에 일정 정압 이하가 되면 작동되는 압력디맨드밸브를 갖춘 것
③ 인공소생기 : 호흡 부전상태에 빠진 사람에게 인공호흡을 시켜 환자를 보호하거나 구급하
   는 기구
④ 방화복 : 화재진압 등의 소방활동을 수행할 수 있는 피복(안전모, 보호장갑, 안전화 포함)

2. 특정소방대상물의 용도 및 장소별로 설치기준

특정소방대상물	인명구조기구의 종류	설치 수량
• 지하층을 포함하는 층수가 7층 이상인 관광호텔 및 5층 이상인 병원	• 방열복 및 방화복 • 공기호흡기 • 인공소생기	• 각 2개 이상 비치할 것. 다만, 병원의 경우에는 인공소생기를 설치하지 않을 수 있다.
• 문화 및 집회시설 중 수용인원 100명 이상의 영화상영관 • 판매시설 중 대규모 점포 • 운수시설 중 지하역사 • 지하가 중 지하상가	• 공기호흡기	• 층마다 2개 이상 비치할 것. 다만, 각 층마다 갖추어 두어야 할 공기호흡기 중 일부를 직원이 상주하는 인근 사무실에 갖추어 둘 수 있다.
• 물분무등소화설비 중 이산화탄소소화설비를 설치하여야 하는 특정소방대상물	• 공기호흡기	• 이산화탄소소화설비가 설치된 장소의 출입구 외부 인근에 1개 이상 비치할 것

(03) 비상조명등

1. 종류

① 비상조명등 : 화재발생 등에 따른 정전 시에 안전하고 원활한 피난활동을 할 수 있도록 거실 및 피난통로 등에 설치되어 자동 점등되는 조명등
② 휴대용비상조명등 : 화재발생 등으로 정전 시 안전하고 원활한 피난을 위하여 피난자가 휴대할 수 있는 조명등

2. 비상조명등의 설치

① 특정소방대상물의 각 거실과 그로부터 지상에 이르는 복도·계단 및 그 밖의 통로에 설치하며, 조도는 비상조명등이 설치된 장소의 각 부분의 바닥에서 1럭스(lx) 이상
② 유효작동시간(예비전원과 비상전원)
  ㉮ 유효 작동시간 : 20분 이상(아래의 60분 이상인 경우를 제외한 경우)
  ㉯ 유효 작동시간 : 60분 이상
    ㉠ 지하층을 제외한 층수가 11층 이상의 층
    ㉡ 지하층 또는 무창층으로서 용도가 도매시장·소매시장·여객자동차터미널·지하역사 또는 지하상가인 경우

3. 휴대용비상조명등의 설치

① 숙박시설 또는 다중이용업소 : 객실 또는 영업장의 구획된 실마다 잘 보이는 곳(외부에 설치 시 출입문 손잡이로부터 1m 이내 부분)에 1개 이상 설치
② 대규모점포(지하상가 및 지하역사 제외), 영화상영관 : 보행거리 50m 이내마다 3개 이상 설치
③ 지하상가·지하역사 : 보행거리 25m 이내마다 3개 이상 설치
④ 설치 높이 : 바닥으로부터 0.8m 이상 1.5m 이하

⑤ 어둠 속에서 위치 확인 가능하며, 사용 시 자동 점등되고 외함은 난연성능이 있을 것
⑥ 건전지 사용 시 방전방지조치를 해야 하고, 충전식 배터리의 경우 상시 충전되는 구조로 하고, 용량 20분 이상 유효하게 사용할 수 있는 것으로 할 것

4. 설치 제외

① 비상조명등 : 거실의 각 부분으로부터 하나의 출입구에 이르는 보행거리 15m 이내인 부분과 의원·경기장·공동주택·의료시설·학교의 거실은 설치 제외
② 휴대용비상조명등 : 지상 1층 또는 피난층으로서 복도·통로 또는 창문 등의 개구부를 통하여 피난이 용이한 경우 또는 복도에 비상조명등이 설치된 숙박시설은 설치 제외

STEP
(04) 유도등, 유도표지, 피난유도선

1. 유도등의 작동 기준

① 정상 상태에서는 상용전원으로 점등
② 정전 시에는 비상전원으로 자동절환되어 20분 이상(지하층을 제외한 층수가 11층 이상의 층, 지하층 또는 무창층으로서 용도가 도매시장·소매시장·여객자동차터미널·지하역사·지하상가의 경우는 60분 이상) 작동

2. 유도등 및 유도표지의 종류

설치장소	유도등 · 유도표지의 종류
1. 공연장 · 집회장(종교집회장 포함) · 관람장 · 운동시설	• 대형피난구유도등 • 통로유도등 • 객석유도등
2. 유흥주점영업시설(손님이 춤출 수 있는 무대가 설치된 카바레, 나이트클럽 또는 그 밖에 이와 비슷한 영업시설만 해당)	
3. 위락시설 · 판매시설 · 운수시설 · 관광숙박업 · 의료시설 · 장례시설 · 방송통신시설 · 전시장 · 지하상가 · 지하철역사	• 대형피난구유도등 • 통로유도등
4. 숙박시설(위 제3호의 관광숙박업 외의 것을 말함) · 오피스텔	• 중형피난구유도등 • 통로유도등
5. 위 제1호부터 제3호까지 외의 건축물로 지하층 · 무창층 또는 층수가 11층 이상인 특정소방대상물	
6. 위 제1호부터 제5호까지 외의 건축물로 근린생활시설 · 노유자시설 · 업무시설 · 발전시설 · 종교시설(집회장 용도 사용 부분 제외) · 교육연구시설 · 수련시설 · 공장 · 창고시설 · 교정 및 군사시설(국방 · 군사시설 제외) · 기숙사 · 자동차정비공장 · 운전학원 및 정비학원 · 다중이용업소 · 복합건축물 · 아파트	• 소형피난구유도등 • 통로유도등
7. 그 밖의 것	• 피난구유도표지등 • 통로유도표지

※ 소방서장은 특정소방대상물의 위치 · 구조 및 설비의 상황을 판단하여 대형피난구유도등을 설치하여야 할 장소에 중형피난구유도등 또는 소형피난구유도등을, 중형피난구유도등을 설치하여야 할 장소에 소형피난구유도등을 설치하게 할 수 있다.
※ 복합건축물과 아파트의 경우, 주택의 세대 내에는 유도등을 설치하지 아니할 수 있다.

3. 유도등의 설치

① 피난구유도등

 ㉮ 용도 : 피난구 또는 피난 경로로 사용되는 출입구를 표시하여 피난을 유도하는 등

 ㉯ 설치기준 : 피난구의 바닥으로부터 높이 1.5m 이상으로 출입구에 인접하도록 설치

 ㉰ 설치위치

  ㉠ 옥내로부터 직접 지상으로 통하는 출입구 및 그 부속실의 출입구

  ㉡ 직통계단·직통계단의 계단실 및 그 부속실의 출입구

  ㉢ 위 ㉠ 및 ㉡에 따른 출입구에 이르는 복도 또는 통로로 통하는 출입구

  ㉣ 안전구획된 거실로 통하는 출입구

  ㉤ 피난층으로 향하는 피난구의 위치를 안내할 수 있도록 ㉠ 또는 ㉡에 따라 설치된 피난구유도등의 면과 수직이 되도록 피난구유도들을 추가로 설치(단, 피난구유도등이 입체형인 경우에는 제외)

② 통로유도등

 ㉮ 복도통로유도등

  ㉠ 복도에 설치하되, 피난구유도등 설치위치 ㉠ 또는 ㉡에 따라 피난구유도등이 설치된 출입구 맞은편 복도 : 입체형 설치 또는 바닥에 설치

  ㉡ 구부러진 모퉁이 및 위 ㉠에 따라 설치된 통로유도등을 기점으로 보행거리 20m마다 설치할 것

  ㉢ 바닥으로부터 높이 1m 이하의 위치에 설치할 것. 다만, 지하층 또는 무창층의 용도가 도매시장·소매시장·여객자동차터미널·지하역사 또는 지하상가인 경우에는 복도·통로 중앙부분의 바닥에 설치

  ㉣ 바닥에 설치하는 통로유도등은 하중에 따라 파괴되지 않는 강도의 것으로 할 것

 ㉯ 거실통로유도등

  ㉠ 거실의 통로에 설치할 것. 다만, 거실 통로가 벽체 등으로 구획된 경우에는 복도통로유도등 설치

  ㉡ 구부러진 모퉁이 및 보행거리 20m마다 설치할 것

  ㉢ 바닥으로부터 높이 1.5m 이상의 위치에 설치할 것. 다만, 거실통로에 기둥이 설치된 경우 기둥부분 바닥으로부터 높이 1.5m 이하 위치에 설치 가능

 ㉰ 계단통로유도등

  ㉠ 각 층의 경사로 참 또는 계단참(1개층에 경사로 참 또는 계단참이 2 이상 있는 경우 2개의 계단참)마다 설치할 것

  ㉡ 바닥으로부터 높이 1m 이하의 위치에 설치할 것

③ 객석유도등

 ㉮ 객석의 통로, 바닥 또는 벽에 설치해야 한다.

 ㉯ 객석 내의 통로가 경사로 또는 수평로로 되어 있는 부분은 다음의 식에 따라 산출하여 설치한다.

$$※ 객석유도등 \ 설치개수(개) = \frac{객석통로의 \ 직선부분의 \ 길이(m)}{4} - 1(\text{소수점 이하의 수는 1로 봄})$$

㉰ 객석 내의 통로가 옥외 또는 이와 유사한 부분에 있는 경우에는 해당 통로 전체에 미칠 수 있는 수의 유도등을 설치한다.

4. 유도등 점검

① 항상 점등상태를 유지하는 2선식 배선을 하는 것이 원칙
② 예외로 3선식 배선이 가능한 경우(상시 충전되는 구조)
  ㉮ 특정소방대상물 또는 그 부분에 사람이 없는 경우
  ㉯ 외부의 빛에 의해 피난구 또는 피난방향을 쉽게 식별할 수 있는 장소
  ㉰ 공연장, 암실(暗室) 등으로서 어두워야 할 필요가 있는 장소
  ㉱ 소방대상물에 관계인 또는 종사원이 주로 사용하는 장소

5. 유도등의 3선식 배선 시 자동으로 점등되는 경우

① 자동화재탐지설비의 감지기 또는 발신기가 작동되는 때
② 비상경보설비의 발신기가 작동되는 때
③ 상용전원이 정전되거나 전원선이 단선되는 때
④ 방재업무를 통제하는 곳 또는 전기실의 배전반에서 수동으로 점등하는 때
⑤ 자동소화설비가 작동되는 때

[피난구유도등]

[통로유도등]

[객석유도등]

6. 유도표지

① 계단에 설치하는 것을 제외하고는 각 층마다 복도 및 통로의 각 부분으로부터 하나의 유도표지까지의 보행거리가 15m 이하가 되는 곳과 구부러진 모퉁이의 벽에 설치
② 피난구유도표지는 출입구 상단에 설치하고, 통로유도표지는 바닥으로부터 높이 1m 이하의 위치에 설치
③ 주위에 이와 유사한 등화 · 광고물 · 게시물 등을 설치하지 말 것
④ 유도표지는 부착판 등을 사용하여 쉽게 떨어지지 않도록 설치
⑤ 축광방식의 유도표지는 외광 또는 조명장치에 의하여 상시 조명이 제공되거나 비상조명등에 의한 조명이 제공되도록 설치할 것

7. 피난유도선

① 개요 : 햇빛이나 전등불에 따라 축광하거나 전류에 따라 빛을 발하는 유도체로서 어두운 상
태에서 피난을 유도할 수 있도록 띠 형태로 설치되는 피난유도시설

② 종류

㉮ 축광식 피난유도선 : 전원의 공급 없이 전등 또는 태양 등에서 발산되는 빛을 흡수하여
이를 축적시킨 상태에서 어두워질 때 일정시간 동안 발광이 유지되어 피난유도선에 표시
되어 있는 피난방향 안내 문자 또는 부호 등이 쉽게 식별될 수 있게 함으로써 피난을 유
도하는 기능의 피난유도선

㉯ 광원점등식 피난유도선 : 수신기의 화재신호의 수신 및 수동조작에 의해 표시부에 내장
된 광원을 점등시켜 표시부의 피난방향 안내 문자 또는 부호 등이 쉽게 식별되도록 함으
로써 피난을 유도하는 기능의 피난유도선

③ 측광방식의 피난유도선 설치기준

㉮ 구획된 각 실로부터 주출입구 또는 비상구까지 설치할 것

㉯ 바닥으로부터 높이 50cm 이하의 위치 또는 바닥면에 설치할 것

㉰ 피난유도 표시부는 50cm 이내의 간격으로 연속되도록 설치할 것

㉱ 부착대에 의하여 견고하게 설치할 것

㉲ 외부의 빛 또는 조명장치에 의하여 상시 조명이 제공되거나 비상조명등에 의한 조명이
제공되도록 설치할 것

④ 광원점등식의 피난유도선 설치기준

㉮ 구획된 각 실로부터 주출입구 또는 비상구까지 설치할 것

㉯ 피난유도 표시부는 바닥으로부터 높이 1m 이하의 위치 또는 바닥면에 설치할 것

㉰ 피난유도 표시부는 50cm 이내의 간격으로 연속되도록 설치하되 실내장식물 등으로 설치
가 곤란할 경우 1m 이내로 설치할 것

㉱ 수신기로부터의 화재신호 및 수동조작에 의하여 광원이 점등되도록 설치할 것

㉲ 비상전원이 상시 충전상태를 유지하도록 설치할 것

㉳ 바닥에 설치되는 피난유도 표시부는 매립하는 방식을 사용할 것

㉴ 피난유도 제어부는 조작 및 관리가 용이하도록 바닥으로부터 0.8m 이상 1.5m 이하의
높이에 설치할 것

> **참고**
>
> **공동주택의 화재안전기술기준(NFTC 608)**
> 1. 소형 피난구유도등을 설치할 것(다만, 세대 내에는 유도등을 설치하지 않을 수 있다.)
> 2. 주차장으로 사용되는 부분은 중형 피난구유도등을 설치할 것
> 3. 비상문자동개폐장치가 설치된 옥상 출입문에는 대형 피난구유도등을 설치할 것
>
> **창고시설의 화재안전기술기준(NFTC 609)**
> 1. 피난구유도등과 거실통로유도등은 대형으로 설치해야 한다.
> 2. 피난유도선은 연면적 15,000m2 이상인 창고시설의 지하층 및 무창층에 다음의 기준에 따라 설치해
>   야 한다.
>   1) 광원점등방식으로 바닥으로부터 1m 이하의 높이에 설치할 것
>   2) 각 층 직통계단 출입구로부터 건물 내부 벽면으로 10m 이상 설치할 것
>   3) 화재 시 점등되며 비상전원 30분 이상을 확보할 것

SECTION
05 소화용수설비, 소화활동설비

STEP
(01) 소화용수설비

1. 개요

소화용수설비는 넓은 대지를 갖는 대규모 건축물이나 대형 고층건물에 설치하여 화재 시 소방대가 소화용수로 사용할 수 있게 만든 설비이다.

2. 상수도소화용수설비

① 배관경 : 호칭지름 75mm 이상의 수도배관에 100mm 이상의 소화전을 접속
② 소화전 설치위치 : 소방자동차 등의 진입이 쉬운 도로변 또는 공지에 설치
③ 소화전 설치 수평거리 : 특정소방대상물의 수평투영면의 각 부분으로부터 140m 이하가 되도록 설치할 것

3. 소화수조 및 저수조

① 채수구 설치위치 : 소방차가 2m 이내의 지점까지 접근할 수 있는 위치
② 가압송수장치 : 소화수조 또는 저수조가 지표면으로부터의 깊이가 4.5m 이상인 지하에 있는 경우 가압송수장치 설치
③ 저수량 : 소화수조의 저수량은 소방대상물의 연면적을 다음 표에 따른 기준면적으로 나누어 얻은 수(소수점 이하 = 1)에 20m³를 곱한 양 이상 되도록 하여야 한다.

소방대상물	면적
㉠ 1층 및 2층 바닥면적 합계가 15,000m² 이상인 건축물	7,500m²
㉡ ㉠항에 해당하지 아니하는 그 밖의 건축물	12,500m²

④ 흡수관투입구 : 한 변 또는 직경 0.6m 이상인 것으로 소요수량 80m³ 미만인 것은 1개 이상, 80m³ 이상인 것에는 2개 이상 설치
⑤ 채수구 설치수

소요수량	20m³ 이상 40m³ 미만	40m³ 이상 100m³ 미만	100m³ 이상
채수구의 수	1개	2개	3개

(STEP 02) 소화활동설비

1. 연결송수관설비

① 개요 : 넓은 면적의 고층 또는 지하 건축물에 설치하며, 화재 시 소방관이 소화하는데 사용하는 설비

② 구성요소 : 송수구, 방수구, 방수기구함, 배관

③ 연결송수관설비의 종류

㉮ 건식 시스템 : 평상시 연결송수관 배관내부가 비어있는 상태로 관리하며, 지면에서 높이 31m 미만인 특정소방대상물 또는 지상 11층 미만인 특정소방대상물에만 설치

㉯ 습식 시스템 : 상시 관로내부에 물이 충전된 상태로 유지되며, 지면에서 31m 이상인 특정소방대상물 또는 11층 이상인 특정소방대상물에 설치

2. 연결살수설비

① 개요 : 판매시설 및 영업시설의 경우 바닥면적의 합계 1,000m² 이상, 지하층은 바닥면적 합계 150m² 이상인 곳에 설치하는 소화활동설비

② 구성요소

㉮ 송수구 : 소화설비에서 소화용수를 보급하기 위하여 건물의 벽 또는 구조물에 설치하는 관

㉯ 배관 : 가지배관의 배열은 토너먼트 방식이 아니어야 하며, 한쪽 가지배관에 설치되는 헤드의 개수는 8개 이하로 하여야 한다.

㉰ 살수헤드 : 연결살수설비 전용헤드 또는 스프링클러헤드로 설치

3. 제연설비

① 개요 : 화재발생 시 생기는 연기가 피난통로인 계단·복도 등에 침입하는 것을 방지하여, 연기에 의한 질식방지로 피난자의 안전도모와 소화활동을 원활하게 할 수 있도록 보조하는 설비

② 제연설비의 설치목적

㉮ 거실제연설비 : 연기를 배출하여 화재실의 연기농도를 낮추거나 청결층을 유지

㉯ 부속실 급기가압제연설비 : 부속실을 가압하여 연기유입을 제한

㉰ 연기로 인한 질식방지로 피난자의 안전 도모를 위해

㉱ 소화활동을 위한 안전공간 확보를 위해

③ 배연설비와 차이점 : 6층 이상 건축물의 거실용도가 문화 및 집회, 판매 및 영업, 업무시설 등으로 사용하는 대상물에 배연구를 설치하여 연기를 배출함으로써 거주자의 피난을 도모하기 위함

④ 제연설비의 구분

구분	거실제연설비	부속실(급기가압)제연설비
목적	인명안전, 수평피난, 소화활동	인명안전, 수직피난, 소화활동

구분	거실제연설비	부속실(급기가압)제연설비
적용	화재실(거실)	피난로(부속실, 비상용 승강기의 승강장, 계단실)
제연방식	급 · 배기방식	급기가압방식

⑤ 급기가압제연설비 : 특별피난계단이 계단실, 부속실에 옥외로부터 공급받은 신선한 공기를 가압하여 화재공간과 일정한 차이를 유지하여 화재실의 연기가 제연구역 내로 침투하지 못하도록 하는 방법이다.

⑥ 제연구역의 선정
  ㉮ 계단실 및 부속실을 동시에 제연하는 것
  ㉯ 부속실만을 단독으로 제연하는 것
  ㉰ 계단실만을 단독으로 제연하는 것

⑦ 차압 : 계단으로의 연기유입을 막기 위해 제연구역과 옥내와의 사이에 유지하여야 할 일정한 기압의 차이(화재 시 개념 아닌 평상 시 개념)
  ㉮ 최소 차압 : 40Pa 이상(스프링클러설비가 설치된 경우 12.5Pa 이상)
  ㉯ 제연설비가 가동되었을 경우 출입문의 개방에 필요한 힘 : 110N 이하

⑧ 방연풍속 : 옥내로부터 제연구역 내로 연기유입을 유효하게 방지할 수 있는 풍속

제연구역		방연풍속
계단실 및 그 부속실을 동시에 제연하는 것 또는 계단실만 단독으로 제연하는 것		0.5m/s 이상
부속실만 단독으로 제연하는 것	부속실이 면하는 옥내가 거실인 경우	0.7m/s 이상
	부속실이 면하는 옥내가 복도로서 그 구조가 방화구조(내화시간이 30분 이상인 구조를 포함)인 것	0.5m/s 이상

⑨ 제연구역 및 옥내의 출입문
  ㉮ 제연구역
    ㉠ 평상시 자동폐쇄장치에 따라 정상적인 닫힘 상태를 유지할 것. 다만, 출입문(창문을 포함)을 개방상태로 유지관리하는 경우에는 옥내에 설치된 감지기 작동과 연동되어 즉시 닫히는 방식으로 할 것
    ㉡ 제연구역의 출입문에 설치하는 자동폐쇄장치는 제연구역의 기압에도 불구하고 출입문을 용이하게 닫을 수 있는 충분한 폐쇄력이 있을 것
  ㉯ 옥내의 출입문
    ㉠ 자동폐쇄장치에 따라 자동으로 닫히는 구조로 설치할 것
    ㉡ 거실 쪽으로 열리는 구조의 출입문에 설치하는 자동폐쇄장치는 출입문의 개방 시 유입공기의 압력에도 불구하고 출입문을 용이하게 닫을 수 있는 충분한 폐쇄력이 있는 것으로 할 것

⑩ 특별피난계단의 계단실 및 부속실 제연설비 작동순서
  ㉮ 화재발생
  ㉯ 감지기 작동 또는 수동기동장치 작동
  ㉰ 화재경보 발생

④ 급기댐퍼 개방

⑤ 댐퍼가 완전히 열린 후 송풍기 작동

⑥ 송풍기의 바람이 계단실 및 부속실에 송풍

⑦ 플랩댐퍼의 작동(부속실의 설정압력범위를 초과하는 경우 압력을 배출하여 설정압력범위를 유지)

4. 비상콘센트설비

① 개요 : 비상콘센트설비는 화재 시 소방대의 조명장치 · 파괴기구 등을 접속하여 사용하는 비상전원설비로서 소화활동을 용이하게 하기 위한 설비이다.

② 비상콘센트 설치위치

   ㉮ 바닥으로부터 0.8m 이상 1.5m 이하

   ㉯ 아파트 또는 바닥면적 1,000m² 미만인 층 : 계단 출입구로부터 5m 이내

   ㉰ 바닥면적 1,000m² 이상인 층(아파트 제외) : 각 계단의 출입구 또는 계단부속실의 출입구로부터 5m 이내

③ 설치 수 : 각 층에서부터 수평거리 50m 이하마다 설치(단, 지하상가 또는 지하층의 바닥면적의 합계가 3,000m² 이상은 수평거리 25m 이하마다 설치)

④ 비상콘센트의 규격

구분	전압	용량	극수
단상교류	220V	1.5kVA 이상	2극

⑤ 비상콘센트 전원

   ㉮ 상용전원

   　㉠ 저압수전의 경우 : 인입개폐기 직후에서 분기하여 전용배선으로 할 것

   　㉡ 특고압수전 또는 고압수전의 경우 : 전력용변압기 2차 측의 주차단기 또는 2차 측에서 분기하여 전용배선으로 할 것

   ㉯ 비상전원 : 자가발전설비 또는 비상전원 수전설비로 설치할 것

5. 기타 설비

① 무선통신보조설비

   ㉮ 지상과 지하층 사이의 소방대 상호간의 무선통신을 용이하게 하기 위한 설비

   ㉯ 종류 : 누설동축케이블 방식, 공중선(안테나) 방식, 누설동축케이블 및 공중선(안테나) 방식

② 연소방지설비

   ㉮ 전력, 통신용 전선 등이 설치된 지하구의 화재 시 지상의 송수구를 통하여 소방펌프차로 송수를 하며, 배관을 통하여 개방형 헤드(연소방지설비 전용 헤드 또는 스프링클러헤드)로 방수되는 설비

   ㉯ 구성요소 : 송수구, 배관, 방수헤드

   ㉰ 연소방지도료의 도포 : 지하구 안에 설치된 케이블 · 전선 등에는 연소방지용 도료를 도포

적중예상문제

• 1. 소방시설의 종류

01 소방관계법령상 '소방시설의 종류'가 아닌 것은?

① 소화설비
② 경보설비
③ 방화설비
④ 피난설비

🔍 소방시설의 종류 : 소화설비, 경보설비, 피난구조설비, 소화용수설비, 소화활동설비

02 소화기 분류 중 '방출방식에 의한 분류'로 볼 수 없는 것은?

① 자기방출식
② 축압식
③ 기계펌프식
④ 회전식

🔍 소화기의 방출방식에 의한 분류
• 자기방출식 : 가스계 소화기 중 증기 압력이 높아 자기증기 압으로 약제를 방출하는 방식
• 축압식 : 용기 내에 소화약제 및 축압용 가스를 혼합하여 설치하고 축압 가스의 가스압으로 약제를 방출하는 방식
• 가압식 : 용기 외부 또는 내부에 가압용기를 설치하고 가압 용기의 가스압으로 용기 내에 있는 약제를 방출하는 방식
• 기계펌프식 : 내장된 수동식 펌프를 사용하여 펌프의 압력으로 약제를 방출하는 방식
• 반응식 : 소화약제의 화학적 반응에 의해 발생된 가스압에 의해 약제를 방출하는 방식

03 다음 소화설비 중 자동소화장치의 종류가 아닌 것은?

① 주거용 주방자동소화장치
② 박스형 자동소화장치
③ 상업용 자동소화장치
④ 가스 자동소화장치

🔍 자동소화장치의 종류
• 주거용 자동소화장치   • 상업용 자동소화장치
• 캐비닛형 자동소화장치   • 가스 자동소화장치
• 분말 자동소화장치   • 고체에어로졸 자동소화장치

04 다음 소방설비 중 물분무등소화설비에 해당되지 않는 것은?

① 미분무소화설비
② 포소화설비
③ 스프링클러설비
④ 이산화탄소소화설비

🔍 소방설비 중 물분무등소화설비 종류
• 물분무소화설비   • 미분무소화설비
• 포소화설비   • 이산화탄소소화설비
• 할로겐화합물소화설비   • 청정소화약제소화설비
• 분말소화설비   • 강화액소화설비

05 화재 발생 사실을 통보하는 기계 · 기구 또는 설비에 해당하지 않는 것은?

① 비상콘센트설비
② 자동화재탐지설비
③ 가스누설경보기
④ 시각경보기

🔍 경보설비(화재발생 사실을 통보하는 기계 · 기구 또는 설비)의 종류
• 단독경보형 감지기
• 비상경보설비 : 비상벨설비 및 자동식사이렌설비
• 시각경보기
• 자동화재탐지설비
• 화재알림설비
• 비상방송설비
• 자동화재속보설비
• 통합감시시설
• 누전경보기
• 가스누설경보기

06 다음 중 화재발생 시 피난하기 위한 '피난구조설비'가 아닌 것은?

① 피난기구
② 인명구조기구
③ 비상조명등
④ 무선통신보조설비

🔍 **피난구조설비**
- 피난기구 : 피난사다리, 구조대, 완강기 그 밖에 화재안전기준으로 정하는 것
- 인명구조기구 : 방열복, 방화복, 공기호흡기, 인공소생기
- 유도등 : 피난유도선, 피난구유도등, 통로유도등, 객석유도등, 유도표지
- 비상조명등 및 휴대용비상조명등

07 화재진압 시 필요한 물을 공급·저장하는 소화용수설비가 아닌 것은?

① 상수도소화용수설비
② 소화수조
③ 제연실비
④ 저수조

🔍 **소화용수설비**
- 상수도소화용수설비
- 소화수조, 저수조 그 밖의 소화용수설비 등

08 화재를 진압하거나 인명구조 활동 시 사용하는 소화활동설비가 아닌 것은?

① 제연설비
② 통합감시시설
③ 연결송수관설비
④ 비상콘센트설비

🔍 **소화활동설비의 종류**
- 제연설비
- 연결송수관설비
- 연결살수설비
- 비상콘센트설비
- 무선통신보조설비
- 연소방지설비

09 침대가 있는 숙박시설로 1인용 침대의 수는 15개, 2인용 침대의 수는 15개이며, 종업원의 수 3명인 특정소방대상물의 수용인원은?

① 33명
② 40명
③ 45명
④ 48명

🔍 **특정소방대상물의 수용인원 산정방법**

특정소방대상물		산정방법
숙박시설	침대가 있는 시설	종사자 수 + 침대 수
	침대가 없는 시설	(종사자 수 + 바닥면적의 합계) ÷ 3m²
강의실·교무실·상담실·실습실·휴게실		바닥면적의 합계 ÷ 1.9m²
강당, 문화 및 집회시설, 운동시설, 종교시설		바닥면적의 합계 ÷ 4.6m²
그 밖의 특정소방대상물		바닥면적의 합계 ÷ 3m²

※바닥면적을 산정할 때는 복도·계단 및 화장실의 바닥면적을 포함하지 아니하며, 소수점 이하의 수는 반올림한다.
∴ 침대가 있는 숙박시설 = 종사자 수 + 침대 수 = 3명 + {(1인용 침대 × 15) + (2인용 침대 × 15)} = 48명

10 다음 중 침대가 있는 숙박시설의 수용인원의 산정방법으로 옳은 것은?

① 해당 특정소방대상물의 종사자 수에 침대의 수(2인용 침대는 2인으로 산정한다)를 합한 수
② 해당 특정소방대상물의 종사자 수에 숙박시설의 바닥면적의 합계를 3m²로 나누어 얻은 수를 합한 수
③ 해당 특정소방대상물의 해당 용도로 사용하는 바닥면적의 합계를 1.9m²로 나누어 얻은 수
④ 해당 특정소방대상물의 종사자 수와 객실의 수를 합한 수

🔍 [09번 문제 해설 참조]

11 수용인원 산정방법 중 침대가 없는 숙박시설로서 종사자 수 4명, 바닥면적의 합계가 137m²인 특정소방대상물의 수용인원은?

① 45명
② 50면
③ 65명
④ 77명

🔍 [09번 문제 해설 참조]
침대가 없는 숙박시설 수용인원
= 종사자 수 + (바닥면적의 합계 ÷ 3m²)
= 4 + (137m² ÷ 3m²) = 4 + 45.7 = 49.7 ≒ 50명

정답 | **06** ④ **07** ③ **08** ② **09** ④ **10** ① **11** ②

12 소화설비 중 소화기구의 종류에 해당하지 않은 것은?

① 소화기　　　　　　② 간이소화용구
③ 옥외소화전설비　　④ 자동확산소화기

🔍 소화기구의 종류
　• 소화기 : 소화약제를 압력에 따라 방사하는 기구로 사람이 수동으로 조작하여 작동
　• 간이소화용구 : 에어로졸식소화용구, 투척용소화용구 및 소화약제 외의 것을 이용한 간이소화용구
　• 자동확산소화기 : 화재 시 화염이나 열에 따라 소화약제가 확산하여 국소적으로 소화하는 소화장치

13 대형소화기의 소화능력 단위기준으로 옳은 것은? (단, 화재 시 사람이 운반할 수 있도록 운반대와 바퀴가 설치되어있는 경우이다.)

① A급 화재 – 5단위 이상, B급 화재 – 10단위 이상
② A급 화재 – 10단위 이상, B급 화재 – 20단위 이상
③ A급 화재 – 15단위 이상, B급 화재 – 25단위 이상
④ A급 화재 – 20단위 이상, B급 화재 – 30단위 이상

🔍 대형소화기는 화재 시 사람이 운반할 수 있도록 운반대와 바퀴가 설치되어 있고 능력단위가 A급 화재 10단위 이상, B급 화재 20단위 이상인 것을 말한다.

14 소화기에 표시된 적응화재 A, B, C의 설명으로 맞지 않은 것은?

① A – 일반화재용　　② B – 유류화재용
③ C – 전기화재용　　④ ABC – 금속화재용

🔍 소화기 적응화재
　• A급 화재 : 일반화재, 소화기의 적응 화재별 표시는 'A'
　• B급 화재 : 유류화재, 소화기의 적응 화재별 표시는 'B'
　• C급 화재 : 전기화재, 소화기의 적응 화재별 표시는 'C'
　• K급 화재 : 주방화재, 소화기의 적응 화재별 표시는 'K'

15 다음 중 '대형소화기 소화약제의 양'으로 틀린 것은?

① 포소화기 20L 이상
② 강화액 소화기 50L 이상
③ 물소화기 80L 이상
④ 분말소화기 20kg 이상

🔍 대형소화기에 충전하는 소화약제의 양(포강물분할탄)
　• 포소화기 : 20L 이상
　• 강화액 소화기 : 60L 이상
　• 물소화기 : 80L 이상
　• 분말소화기 : 20kg 이상
　• 할로겐화물소화기 : 30kg 이상
　• 이산화탄소소화기 : 50kg 이상

16 분말소화기 소화약제 중 ABC급 소화기 소화약제의 색상으로 맞는 것은?

① 백색
② 담홍색
③ 담회색
④ 검은색

🔍 분말소화기

구분	적응화재	주성분	약제의 색	소화효과	기타
분말소화기	ABC급	제1인산암모늄 $(NH_4H_2PO_4)$	담홍색	질식, 억제 (부촉매)	가압식, 축압식
	BC급	탄산수소나트륨 $(NaHCO_3)$	백색		
		탄산수소칼륨 $(KHCO_3)$	담회색		
		탄소수소칼륨 $(KHCO_3)$ + 요소$[(NH_2)_2CO]$	회색		

17 분말소화기 ABC급 소화기의 소화약제의 주성분은?

① 탄산수소나트륨$(NaHCO_3)$
② 탄산수소칼륨$(KHCO_3)$
③ 제1인산암모늄$(NH_4H_2PO_4)$
④ 벤젠(C_6H_6)

🔍 [16번 문제 해설 참조]

18 분말소화약제 중 '제3종 분말소화약제 화학반응식'으로 맞는 것은?

① $2NaHCO_3$(탄산수소나트륨) $\rightarrow Na_2CO_3 + CO_2 + H_2O$

② $2KHCO_3$(탄산수소칼륨) $\rightarrow K_2CO_3 + CO_2 + H_2O$

③ $NH_4H_2PO_4$(제1인산암모늄) $\rightarrow HPO_3 + NH_3 + H_2O$

④ $2KHCO_3 + (NH_2)_2CO$(탄산수소칼륨 + 요소) $\rightarrow K_2CO_3 + 2NH_3 + 2CO_2$

🔍 분말 소화약제의 종류별 화학반응식
• 제1종(탄산수소나트륨) : $2NaHCO_3 \rightarrow Na_2CO_3 + CO_2 + H_2O$
• 제2종(탄산수소칼륨) : $2KHCO_3 \rightarrow K_2CO_3 + CO_2 + H_2O$
• 제3종(제1인산암모늄) : $NH_4H_2PO_4 \rightarrow HPO_3 + NH_3 + H_2O$
• 제4종(탄산수소칼륨 + 요소) : $2KHCO_3 + (NH_2)2CO \rightarrow K_2CO_3 + 2NH_3 + 2CO_2$

19 축압식 분말소화기의 설명 중 틀린 것은?

① 본체 용기 내에는 소화약제와 질소가스가 충전되어 있다.
② 용기 내 압력을 확인하기 위해 지시압력계가 부착되어 있다.
③ 사용가능한 압력범위는 0.7~0.98MPa이다.
④ 지시압력계의 사용 가능한 압력범위는 적색으로 되어 있다.

🔍 축압식 분말소화기는 용기 내 압력을 확인할 수 있도록 지시압력계가 부착되어 사용가능한 범위가 0.7~0.98MPa로 녹색으로 되어 있다.

20 다음 〈그림〉의 소화기의 명칭은?

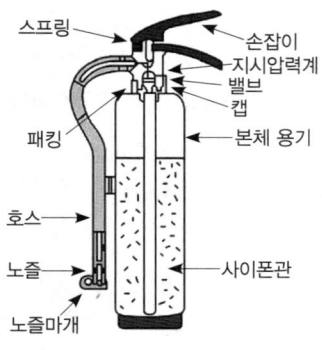

① 축압식 분말소화기
② 가압식 분말소화기
③ 액화탄산(CO_2)가스 소화기
④ 할로겐화합물 소화기

🔍 보기의 〈그림〉은 축압식 분말소화기이다.

21 다음 〈그림〉의 소화기의 명칭은?

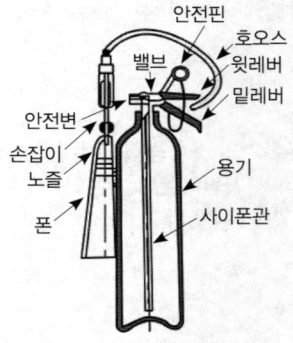

① 축압식 분말소화기
② 이산화탄소 소화기
③ 가압식 분말소화기
④ 할로겐화합물 소화기

🔍 보기의 〈그림〉은 이산화탄소 소화기이다.

22 이산화탄소 소화기의 소화약제의 설명 중 맞지 않은 것은?

① 주성분은 이산화탄소 일명 액화탄산(CO_2) 가스이다.
② 적응화재는 BC급이다.
③ 소화효과는 질식, 냉각소화이다.
④ 약제의 색상은 담홍색이다.

🔍 액화탄산(CO_2) 가스의 색은 무색이다.

정답 **18** ③ **19** ④ **20** ① **21** ② **22** ④

23 할로겐화합물 소화기의 특성으로 맞지 않은 것은?

① 주성분은 할론1211, 할론 1301, 할론2402
이다.
② 적응화재는 모두 ABC급이다.
③ 소화화재는 부촉매 및 질식소화를 가진다.
④ 할론1301 소화기는 할론소화약제 중 가장 소
화능력이 좋으며, 독성이 가장 적고 냄새가
없다.

🔍 할론1211과 할론1301은 ABC급이며, 할론2402는 BC급이다.

24 소화기구의 설치기준에 의한 '위락시설'의 소화기구
의 능력단위는 얼마인가?

① 해당 용도의 바닥면적 30m²마다 능력단위 1
단위 이상
② 해당 용도의 바닥면적 50m²마다 능력단위 1
단위 이상
③ 해당 용도의 바닥면적 100m²마다 능력단위 1
단위 이상
④ 해당 용도의 바닥면적 200m²마다 능력단위 1
단위 이상

🔍 특정소방대상물별 소화기구의 능력단위 기준

소방대상물	소화기구의 능력단위
위락시설	해당 용도의 바닥면적 30m² 마다 능력단위 1단위 이상
공연장 · 집회장 · 관람장 · 문화재 · 장례시설 및 의료시설	해당 용도의 바닥면적 50m² 마다 능력단위 1단위 이상
근린생활시설 · 판매시설 · 운수시설 · 숙박시설 · 노유자시설 · 전시장 · 공동주택 · 업무시설 · 방송통신시설 · 공장 · 창고시설 · 항공기 및 자동차 관련시설 및 관광휴게시설	해당 용도의 바닥면적 100m² 마다 능력단위 1단위 이상
그 밖의 것	해당 용도의 바닥면적 200m² 마다 능력단위 1단위 이상

단, 소화기구의 능력단위를 산출함에 있어서 건축물의 주요구
조부가 내화구조이고, 벽 및 반자의 실내에 면하는 부분이 불
연재료 · 준불연재료 또는 난연재료로 된 소방대상물에 있어서
는 위 표의 기준면적의 2배를 해당 특정소방대상물의 기준면
적으로 한다.

25 바닥면적 1,600m²인 근린생활시설에 ABC급 분말
소화기를 비치하고자 한다. 최소 A급 몇 단위가 필
요한가?(단, 이 시설의 주요구조부가 내화구조이고, 벽
및 반자의 실내에 면하는 부분이 불연재료이다)

① 2단위
② 4단위
③ 6단위
④ 8단위

🔍 근린생활시설은 해당 용도의 바닥면적 100m²마다 능력단위 1
단위 이상인데, 이 시설이 내화구조이고, 벽 및 반자의 실내에
면하는 부분이 불연재료이므로 기준면적의 2배를 근린생활시
설의 기준면적으로 계산한다.
따라서, 1,600m²/(2×100m²) = 8(단위)이다.

26 다음 ( ) 안에 들어갈 숫자로 맞는 것은?

소화기구의 설치기준에 의해 소화기를 설치할 때
각 층마다 설치하되, 특정소방대상물의 각 부분으
로부터 1개의 소화기까지의 보행거리가 소형소화
기의 경우에는 ( )m 이내, 대형소화기의 경우에
는 ( )m 이내가 되도록 배치한다.'

① 10m, 20m
② 20m, 30m
③ 30m, 40m
④ 50m, 50m

🔍 소화기 설치
• 각 층마다 설치하되, 특정소방대상물의 각 부분으로부터 1개
의 소화기까지의 보행거리가 소형소화기의 경우 20m 이내,
대형소화기의 경우 30m 이내가 되도록 배치한다.
• 특정소방대상물의 각 층이 2 이상의 거실로 구획된 경우 각
층마다 설치하는 것 외에 바닥면적이 33m² 이상으로 구획된
각 거실에 배치(아파트인 경우 각 세대를 말함)도 배치한다.

27 다음 [보기]의 내용을 소화기 사용방법에 따라 올바르게 나열한 것은?

> 가. 소화기를 불이 난 곳으로 옮긴다.
> 나. 안전핀을 뽑는다.
> 다. 호스를 불 쪽으로 향한다.
> 라. 손잡이를 눌러 골고루 방사한다.

① 가 → 나 → 다 → 라
② 나 → 가 → 다 → 라
③ 가 → 다 → 나 → 라
④ 나 → 라 → 다 → 가

🔍 소화기 사용방법
  가) 소화기를 불이 난 곳으로 옮긴다.
  나) 소화기를 바닥에 내려놓은 후 한 손은 소화기 몸통을 잡고 다른 한 손은 안전핀을 잡아당긴다.
  다) 한 손은 손잡이를, 다른 한 손은 노즐을 잡고 화점을 향하게 한다.
  라) 완전히 소화가 될 때까지 약제를 화점을 향해 골고루 방사한다.

28 다음 중 소화기구의 설치기준으로 맞지 않은 것은? (단, 자동확산소화기가 아닌 경우이다.)

① 소화기구는 바닥으로부터 높이 1.5m 이하의 곳에 비치한다.
② 소형소화기의 배치거리는 20m 이내이다.
③ 대형소화기의 배치거리는 30m 이내이다.
④ 특정소방대상물의 각 층이 2 이상의 거실로 구획된 경우에는 각 층마다 설치하지 않아도 된다.

🔍 특정소방대상물의 각 층이 2 이상의 거실로 구획된 경우에는 각 층마다 설치하는 것 외에 바닥면적이 33m² 이상으로 구획된 각 거실에도 소화기를 배치하여야 한다.

29 분말소화기의 내용연수 연한은 제조일로부터 몇 년인가?

① 3년   ② 5년
③ 7년   ④ 10년

🔍 소화기의 내용연수를 10년으로 하고 내용연수가 지난 제품은 교체 또는 성능검사에 합격한 소화기는 내용연수등이 경과한 날의 다음 달부터 다음의 기간동안 사용할 수 있다.
  • 내용연수 경과 후 10년 미만 : 3년
  • 내용연수 경과 후 10년 이상 : 1년

30 다음 중 소화기 점검과 관련한 내용으로 틀린 것은?

① 지시압력계가 녹색범위라면 소화약제가 굳어 있더라도 정상사용이 가능하다.
② 화재의 종류에 따라 적응성 있는 소화기를 사용한다.
③ 호스가 찢어지거나 노즐·혼이 파손되거나 탈락 상태를 점검한다.
④ 안전핀의 탈락 여부, 안전핀의 변형 여부를 점검한다.

🔍 분말소화기는 분말소화약제가 굳거나 고형화된 것이 있는지 점검하여야 하며, 지시압력계가 녹색(정상)범위라 하더라도 소화약제가 굳어 있다면 화재 시 정상사용이 불가능하다.

31 소방대상물의 각 층 옥내소화전을 동시에 방수할 경우 각 소화전 노즐에서의 방수량은 얼마 이상인가?

① 100L/min 이상
② 110L/min 이상
③ 120L/min 이상
④ 130L/min 이상

🔍 옥내소화전설비의 성능 : 소방대상물의 어느 층이나 해당 층의 옥내소화전(2개 이상인 경우 2개)을 동시에 방수할 경우 각 소화전 노즐에서의 방수량과 방수압이 다음과 같아야 한다.
  • 방수량 : 130L/min 이상
  • 방수압 : 0.17MPa 이상 0.7MPa 이하

32 옥내소화전설비의 구성 중 옥상수조(수원)을 의무적으로 설치해야 하는 것은?

① 10층 이상 건축물   ② 20층 이상 건축물
③ 30층 이상 건축물   ④ 50층 이상 건축물

🔍 옥상수조를 의무적으로 설치해야 하는 건축물은 30층 이상 건축물이다.

정답   27 ①   28 ④   29 ④   30 ①   31 ④   32 ③

33 옥내소화전설비에 대한 설명으로 옳지 않은 것은?

① 각 소화전 노즐의 방수량은 130L/min 이상이고, 방수압은 0.17MPa 이상 0.7MPa 이하이다.
② 방수구는 바닥으로부터 높이가 1.5m 이상인 위치에 설치한다.
③ 30층 이상 건축물의 경우 옥상수조는 의무적으로 설치하여야 한다.
④ 유효수량은 타 소화설비와 수원이 겸용인 경우 각각의 소화설비 유효수량을 가산한 양 이상으로 한다.

🔍 방수구는 바닥으로부터 높이가 1.5m 이하인 위치에 설치한다.

34 옥내소화전설비 중 가압송수장치 방식으로 볼 수 없는 것은?

① 펌프방식
② 고가수조방식
③ 압력수조방식
④ 자동수조방식

🔍 가압송수장치
• 펌프방식 : 압력스위치가 작동함으로써 펌프를 기동하는 방식이며, 주펌프는 전동기에 따른 펌프로 설치한다.
• 고가수조방식 : 고가수조로부터 자연낙차압을 이용하는 방식으로 일반 건물에 거의 사용되지 못한다.
• 압력수조방식 : 압력수조 내 물을 압입하고 압축된 공기를 충전하여 송수하는 방식으로 탱크의 설치 위치에 구애받지 않는 장점이 있다.
• 가압수조방식 : 별도의 압력탱크에 압축공기 또는 불연성 고압기체에 의해 소방용수를 가압하여 송수하는 방식으로 전원이 필요없다.

35 옥내소화전설비 중 펌프 내 수온이 상승하여 펌프에 무리가 발생하므로 릴리프밸브를 통해 과압방출하여 수온 상승을 방지하기 위하여 설치하는 것은?

① 성능시험배관   ② 펌프배관
③ 순환배관   ④ 솔레노이드배관

🔍 펌프의 체절운전 시 수온이 상승하여 펌프에 무리가 발생하므로 순환배관상의 릴리프배관을 통해 과압을 방출하여 수온 상승을 방지하기 위하여 순환배관을 설치한다.

36 옥내소화전설비 중 정기적으로 펌프의 성능을 시험하여 펌프 성능곡선의 양부(良否) 및 방수압과 토출량을 검사하기 위하여 설치하는 것은?

① 순환배관
② 성능시험배관
③ 펌프배관
④ 솔레노이드배관

🔍 옥내소화전설비의 배관
• 순환배관 : 순환배관상의 릴리프밸브를 통해 과압을 방출하여 수온상승을 방지하기 위하여 설치한다.
• 성능시험배관 : 펌프 성능곡선의 양부(良否) 및 방수압과 토출량을 검사하기 위하여 설치한다.
• 기동용수압 개폐장치 : 펌프를 자동으로 기동 시 사용하는 설비로 배관 내 설정압력 유지 및 완충작용의 역할을 한다.

37 다음 중 옥내소화전함 등 설치기준에 대한 설명으로 옳지 않은 것은?

① 표시등은 옥내소화전함의 하부에 설치한다.
② 방수구는 층마다 설치하며, 소방대상물 각 부분으로부터 1개의 옥내소화전 방수구까지의 수평거리는 25m 이하가 되도록 한다.
③ 방수구는 바닥으로부터 높이가 1.5m 이하의 위치에 설치한다.
④ 호스릴 옥내소화전설비가 아닌 경우 소화전 호스는 구경 40mm 이상의 것으로 설치한다.

🔍 옥내소화전함의 표시등
• 설치위치 : 옥내소화전함의 상부
• 기동표시등 설치 위치 : 가압송수장치의 기동을 표시하는 표시등은 옥내소화전함의 상부 또는 그 직근(적색등)

38 호스릴 옥내소화전설비의 경우 호스의 구경은 몇 mm 이상의 것으로 설치하여야 하는가?

① 10mm 이상   ② 15mm 이상
③ 20mm 이상   ④ 25mm 이상

🔍 옥내소화전설비 호스 구경
• 일반호스 옥내소화전설비 : 40mm 이상
• 호스릴 옥내소화전설비 : 25mm 이상

39 옥내소화전함 설치기준에 따른 방수구의 설치기준으로 옳지 않은 것은?

① 소방대상물의 각 층마다 설치한다.
② 소방대상물의 각 부분으로부터 옥내소화전 방수구까지의 수평거리는 25m 이하가 되도록 한다.
③ 복층형구조의 공동주택에는 각 층마다 설치하여야 한다.
④ 바닥으로부터 높이가 1.5m 이하의 위치에 설치한다.

🔍 방수구는 각 층마다 설치하되 소방대상물의 각 부분으로부터 1개의 옥내소화전 방수구까지의 수평거리는 25m 이하가 되도록 한다. 다만, 복층형 구조의 공동주택의 경우에는 세대의 출입구가 설치된 층에만 설치할 수 있다.

40 다음 중 옥내소화전함과 관계없는 것은?

① 방수구
② 송수구
③ 표시등
④ 호스 및 노즐

🔍 옥내소화전함 설비
  • 소화전함   • 방수구
  • 표시등   • 호스
  • 관창(노즐)

41 옥내소화전설비에서 펌프를 기동하는 전동기를 제어하는 장치인 동력제어반의 설치기준으로 옳지 않은 것은?

① 동력제어반의 앞면은 적색이다.
② 동력제어반의 표지는 '옥내소화전설비용 동력제어반'이라고 표시한 표지를 설치한다.
③ 동력제어반의 외함은 두께 1.5mm 이하의 강판 또는 이와 동등 이상의 강도 및 내열성이 있는 것을 사용한다.
④ 제어반은 동력제어반과 감시제어반이 있다.

🔍 동력제어반의 외함은 두께 1.5mm 이상의 강판 또는 이와 동등 이상의 강도 및 내열성능이 있는 것을 사용한다.

42 방수압력이 0.25MPa인 옥내소화전의 분당방수량은 얼마인가?(단, 옥내소화전의 노즐 구경은 13mm이다.)

① 130(L/min)
② 150(L/min)
③ 175(L/min)
④ 200(L/min)

🔍 분당방수량 $Q = 2.065 \times D^2 \times \sqrt{P}$
∴ $Q = 2.065 \times 13^2 \times \sqrt{0.25}$(옥내소화전 관경 13mm이므로)
  $= 174.49 ≒ 175$(L/min)

43 방수압력 및 방수량 측정 시 주의사항 중 옳지 않은 것은?

① 초기 방수 시 신속하게 측정하여야 한다.
② 이물질이나 공기 등이 완전히 배출된 후에 측정하여야 한다.
③ 방수압력측정계는 봉상주수상태에서 직각으로 측정하여야 한다.
④ 반드시 직사형 관창을 이용하여 측정하여야 한다.

🔍 초기 방수 시 물 속에 존재하는 이물질이나 공기 등이 완전히 배출된 후에 측정하여야 방수압력측정계(피토게이지)의 입구 구경이 작기 때문에 발생하는 막힘이나 고장을 방지할 수 있다.

44 10층 건물에서 옥내소화전이 1~5층까지 3개, 6~9층까지 4개, 10층에 5개가 설치되어 있다. 옥내소화전설비의 저수량은 최소 몇 m³ 이상이어야 하는가?

① 1.3   ② 2.6
③ 5.2   ④ 7.8

🔍 옥내소화전설비의 저수량
수원의 저수량은 옥내소화전의 설치갯수가 가장 많은 층의 설치개수 N(2개 이상 설치된 경우 2개, 고층건축물의 경우 최대 5개)에 2.6m³(호스릴옥내소화전설비 포함)를 곱한 양 이상이 되도록 한다.
단, 30~49층 : N × 5.2m³ 이상,
  50층 이상인 건축물 : N × 7.8m³를 곱한 양 이상이 되도록 한다.
∴ 옥내소화전설비의 최소 저수량은 $2 \times 2.6\text{m}^3 = 5.2\text{m}^3$이다.

정답 **39** ③ **40** ② **41** ③ **42** ③ **43** ① **44** ③

45 옥내소화전의 펌프성능시험 전 '준비사항'으로 옳은 것은?

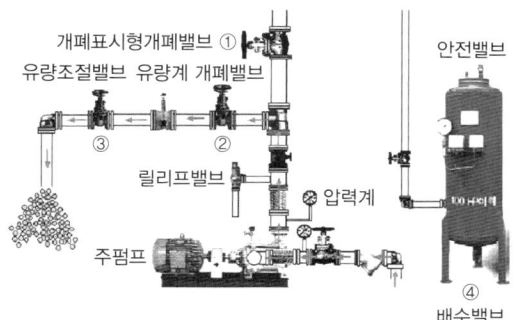

① 제어반에서 주펌프, 충압펌프 기동
② 펌프토출측 밸브[그림의 ①]기동
③ 설치된 펌프의 현황(토출량, 양정)을 파악하여 펌프성능시험 표 작성
④ 유량계에 50%, 100% 유량표시

🔍 펌프성능시험 준비사항
• 제어반에서 주펌프, 충압펌프 정지
 – 감시제어반 : 선택스위치 정지위치
 – 동력제어반 : 선택스위치 수동위치
• 펌프토출측 밸브[그림의 ①]폐쇄
• 설치된 펌프의 현황(토출량, 양정)을 파악하여 펌프성능시험 표 작성
• 유량계에 100%, 150% 유량표시

46 펌프성능을 판단하는 '체질운전'에 관한 설명으로 틀린 것은?

① 펌프토출측밸브와 성능시험배관의 유량조절밸브를 잠근상태에서 펌프를 기동한다.
② 체절압력이 정격토출압력의 100% 이하인지 확인한다.
③ 체절운전 시 체절압력 미만에서 릴리프밸브가 작동하는지 확인한다.
④ 체절운전은 무부하시험(No Flow Condition)이다.

🔍 체절운전(무부하시험, No Flow Condition)
• 펌프토출측 밸브와 성능시험배관의 유량조절밸브를 잠근상태, 즉 펌프의 토출량 "0"인 상태로 펌프를 기동하여
• 체절압력이 정격토출압력의 140% 이하인지와
• 체절운전 시 체절압력 미만에서 릴리프밸브가 작동하는지 확인하는 시험이다.

47 옥내소화전 '펌프성능시험 시 주의사항'으로 옳지 않은 것은?

① 성능시험 시 유량계에 작은 기포는 통과하여도 된다.
② 개폐밸브의 급격한 개폐를 금지한다.
③ 배수처리 관계에 유의한다.
④ 펌프 · 모터의 회전축 근처에 있지 않아야 한다.

🔍 펌프성능시험 시 주의사항
• 성능시험 시 유량계에 작은 기포가 통과하여서는 안 된다.
• 개폐밸브의 급격한 개폐를 금지한다.(이유 : 수격현상이 발생함)
• 배수처리 관계에 유의한다.(이유 : 집수정의 배수펌프 용량은 소화펌프에 비해 작음)
• 펌프 · 모터의 회전축 근처에 있지 않아야 한다.(이유 : 위험)
• 제어반과 현장측과의 의사전달을 확실히 한다.(무전 시 복명복창 철저)
• 펌프성능시험 시 토출측 개폐밸브를 완전히 폐쇄한 후 점검에 임한다.

48 옥외소화전설비의 성능 기준 중 방수량(L/min) 기준은 얼마인가?

① 100 L/min 이상
② 200 L/min 이상
③ 300 L/min 이상
④ 350 L/min 이상

🔍 옥외소화전설비의 성능
• 방수량 : 350L/min 이상이 되도록 설치한다.
• 방수압력 : 2개의 소화전(설치개수 2개인 경우에는 2개)을 동시에 사용할 경우 각 노즐선단 방수압력이 0.25~0.7MPa

49 옥외소화전은 소방대상물의 각 부분으로부터 호스접결구까지의 수평거리가 몇 m 이하가 되도록 설치하여야 하는가?

① 10m 이하
② 20m 이하
③ 30m 이하
④ 40m 이하

🔍 옥외소화전은 소방대상물의 각 부분으로부터 호스접결구까지의 수평거리가 40m 이하가 되도록 설치하여야 하고, 호스접결구 높이는 지면으로부터 0.5m 이상 1.0m 이하에 설치하여야 한다.

50 옥외소화전함 호스의 구경은 몇 mm인가?

① 30mm ② 45mm
③ 65mm ④ 75mm

🔍 옥외소화전함 등
• 옥외소화전설비에는 옥외소화전마다 그로부터 5m 이내의 장소에 소화전함을 설치
• 가압송수장치의 조작부 또는 그 부근에는 가압송수장치의 기동을 명시하는 적색등을 설치
• 호스는 구경 65mm
• 기타 가압송수장치 등은 옥내소화전과 동일
• 소화전함 표면에는 "옥외소화전" 표시를 한 표지

51 소화설비 중 스프링클러설비의 특징에 대한 설명으로 틀린 것은?

① 물을 소화약제로 하는 자동식 소화설비이다.
② 화재의 초기소화에 절대적인 효과를 가지고 있다.
③ 조작이 간편하고 안전하여 자동적으로 화재감지, 경보, 소화할 수 있다.
④ 시공 시 간단하고 비용이 적게 든다.

🔍 스프링클러설비의 장점 및 단점

장점	단점
• 초기 진화에 절대적인 효과가 있다. • 소화약제가 물이며 경제적이고 소화 후 복구가 용이하다. • 기계적이므로 오동작이 거의 없다. • 자동적으로 화재를 감지하여 화재경보 및 소화를 할 수 있다.	• 초기 시설비가 많이 든다. • 시공 시 다른 시설보다 복잡하다. • 물로 인한 피해가 심하다.

52 소화설비 중 스프링클러설비의 기준 대수의 모든 헤드로부터 규정 방수량과 방수압은?

① 50L/min, 0.05MPa 이상 0.5MPa 이하
② 60L/min, 0.1MPa 이상 1.0MPa 이하
③ 80L/min, 0.1MPa 이상 1.2MPa 이하
④ 100L/min, 0.5MPa 이상 2.0MPa 이하

🔍 스프링클러설비의 성능(기준 개수의 모든 헤드로부터)
• 방수량 : 분당 80L/min 이상
• 방수압력 : 0.1MPa 이상 1.2MPa 이하

53 다음 중 스프링클러설비의 구성요소로 가장 거리가 먼 것은?

① 가압송수장치 ② 유수검수장치
③ 헤드 ④ 호스

🔍 스프링클러설비는 헤드, 수원, 가압송수장치, 배관, 음향장치 및 기동장치, 송구구, 유수검지장치 등으로 구성된다.

54 스프링클러설비 중 배관 내 물의 흐름을 검지하여 자동으로 경보 설비를 기동시키는 장치인 유수검지장치의 방식이 아닌 것은?

① 준비작동식
② 개방식
③ 습식
④ 건식

🔍 유수검지장치는 방식에 따라 습식, 건식, 준비작동식으로 구분됨

55 스프링클러설비의 구성요소 중 배관의 종류에 포함되지 않는 것은?

① 입상배관
② 수평주행배관
③ 교차배관
④ 성능시험배관

🔍 스프링클러의 배관 : 입상배관, 수평주행배관, 교차배관, 가지배관

56 스프링클러설비 헤드의 구성요소가 아닌 것은?

① 프레임(frame) ② 디플렉터(deflector)
③ 감열체 ④ 배관

57 스프링클러설비 중 폐쇄형헤드를 사용하는 방식이 아닌 설비는?

① 습식 스프링클러설비
② 건식 스프링클러설비
③ 준비작동식 스프링클러설비
④ 일제살수식 스프링클러설비

58 자동경보밸브를 중심으로 1, 2차 측 배관이 소화수로 유지되어 화재 시 열에 의해 헤드가 개방되고 가압수가 즉시 살수되어 소화하는 스프링클러설비는?

① 습식 스프링클러설비
② 건식 스프링클러설비
③ 준비작동식 스프링클러설비
④ 일제살수식 스프링클러설비

59 1차측 배관은 소화수로, 2차측 배관은 대기압상태이며 감지기 작동 시 담당구역의 모든 헤드에서 살수되는 스프링클러설비는?

① 습식 스프링클러설비
② 건식 스프링클러설비
③ 준비작동식 스프링클러설비
④ 일제살수식 스프링클러설비

[58번 문제 해설 참조]

60 다음 중 습식 스프링클러설비의 장점으로 볼 수 없는 것은?

① 구조가 간단하고 공사비가 저렴하다.
② 소화가 신속하다.
③ 동결 우려 장소 사용이 제한된다.
④ 타 방식에 비해 유지관리가 용이하다.

61 다음 중 건식 스프링클러설비의 장점으로 맞는 것은?

① 동결 우려 장소 및 옥외 사용 가능하다.
② 구조가 간단하고 공사비가 저렴하다.
③ 헤드 오작동 시 수손피해 우려가 없다.
④ 층고가 높은 장소에서도 소화가 가능하다.

62 개방형헤드를 사용하는 일제살수식 스프링클러설비의 장 · 단점으로 맞지 않는 것은?

① 초기화재에 신속 대처 용이하다.
② 층고가 높은 장소에서도 소화가 가능하다.
③ 화재감지장치가 별도로 필요 없다.
④ 대량 살수로 수손 피해 우려가 있다.

🔍 일제살수식 스프링클러설비

장점	단점
• 초기 화재에 신속한 대처가 용이하다. • 층고가 높은 장소에서도 소화가 가능하다.	• 대량 살수로 수손 피해 우려가 있다. • 화재감지장치가 별도로 필요하다.

63 스프링클러설비 중 비화재(非火災) 시 알람밸브의 경보로 인한 혼선방지를 위한 장치와 거리가 먼 것은?

① 일제개방밸브
② 리타딩 챔버
③ 지연회로
④ 압력스위치

🔍 비화재 시 경보로 인한 혼선방지를 위한 장치
• 리타딩 챔버(Retarding Chamber) 설치
• 압력스위치 내부에 지연회로 설치
• 지연시간 조절 지연타이머 설치

64 습식스프링클러설비의 점검 시 확인사항으로 볼 수 없는 것은?

① 감시제어반(수신기) 화재표시등 점등 확인
② 감시제어반(수신기) 해당구역 밸브개방표시등 점등 확인
③ 유량계에서 토출량 확인
④ 소화펌프 자동기동 여부 확인

🔍 스프링클러설비 점검 시 확인사항
• 감시제어반(수신기) 확인사항
  – 화재표시등 점등 확인
  – 해당구역 밸브개방표시등 점등 확인
• 해당 방호구역의 경보(사이렌)상태 확인
• 소화펌프 자동기동 여부 확인

65 '준비작동식 스프링클러 유수검지장치 작동방법' 설명으로 틀린 것은?

① 감지기 동작
② SVP(수동조작함)의 수동조작스위치 작동
③ 밸브 자체에 부착된 자동기동밸브 개방
④ 동작시험 스위치 및 회로선택스위치로 작동(2회로 작동)

🔍 준비작동식 스프링클러 유수검지장치 작동방법
• 감지기 동작
• SVP(수동조작함)의 수동조작스위치 작동
• 밸브 자체에 부착된 수동기동밸브 개방
• 감시제어반(수신기)측의 준비작동식 유수검지장치 수동기동 스위치 작동
• 감시제어반(수신기)에서 동작시험 스위치 및 회로선택스위치로 작동(2회로 작동)

66 다음 중 이산화탄소소화설비의 장점에 해당하지 않는 것은?

① 심부화재에 적합하다.
② 화재 진화 후 깨끗하다.
③ 방사 시 소음이 없다.
④ 비전도성이므로 전기화재에 좋다.

🔍 이산화탄소소화설비의 단점
• 사람에게 질식의 우려가 있다.
• 방사 시 동상의 우려와 소음이 크다.
• 설비가 고압으로 특별한 주의와 관리가 필요하다.

67 다음 중 이산화탄소소화설비의 장점에 해당하는 것은?

① 사람에게 질식의 우려가 있다.
② 피연소물에 피해가 적다.
③ 방사 시 동상의 우려와 소음이 크다.
④ 설비가 고압으로 특별한 주의와 관리가 필요하다.

🔍 이산화탄소소화설비의 장점
• 심부화재에 적합하다.
• 화재진화 후 깨끗하다.
• 피연소물에 피해가 적다.
• 비전도성이므로 전기화재에 좋다.

68 가스계소화설비 중 약제방출방식에 의한 분류에 해당되지 않는 것은?

① 전역방출방식
② 국소방출방식
③ 호스릴방식
④ 할로겐화합물소화설비

🔍 가스계소화설비의 분류
• 약제종류에 의한 분류 : 이산화탄소소화설비, 할로겐화합물소화설비, 청정소화약제소화설비
• 약제방출방식에 의한 분류 : 전역방출방식, 국소방출방식, 호스릴방식

69 고정식 소화약제 공급장치에 배관 및 분사헤드를 설치하여 화재 발생 부분에만 집중적으로 소화약제를 방출하도록 설치하는 약제소화방식은?

① 전역방출방식
② 국소방출방식
③ 호스릴방식
④ 가스압력개방식

🔍 약제방출방식에 의한 분류
• 전역방출방식 : 밀폐 방호구역 내에 소화약제를 방출
• 국소방출방식 : 화재 발생 부분에만 집중적으로 소화약제를 방출하도록 설치하는 방식
• 호스릴방식 : 사람이 직접 화점에 소화약제를 방출하는 이동식소화설비

70 '가스계소화설비의 주요 구성요소'가 아닌 것은?

① 자동조작함
② 솔레노이드밸브
③ 압력스위치
④ 방출헤드

🔍 가스계소화설비의 주요 구성요소 : 저장용기, 기동용 가스용기, 솔레노이드밸브, 선택밸브, 압력스위치, 방출표시등, 수동조작함(수동식기동장치), 방출헤드 등

71 가스계소화설비의 점검 중 '기동용기 솔레노이드밸브 격발시험방법'으로 틀린 것은?

① 수동 조작버튼 작동(즉시 격발)
② 자동조작함 작동
③ 교차회로(A,B) 감지기 동작
④ 제어반 수동조작 스위치 동작

🔍 기동용기 솔레노이드 격발시험방법 순서
• 기동용기 솔레노이드밸브에 부착되어 있는 수동 조작버튼 작동(즉시 격발)
• 수동조작함 기동스위치 누름
• 교차회로(A,B) 감지기 동작
• 제어반 수동조작 스위치 동작

• 3. 경보설비

72 자동화재탐지설비 중 수신기의 설치기준으로 옳지 않은 것은?

① 4층 이상의 소방대상물은 발신기와 전화통화가 가능한 수신기를 설치할 것
② 수신기의 조작스위치 높이는 바닥으로부터 0.8m 이상 1.5m 이하
③ 수위실 등 상시 사람이 근무하고 있는 장소에 설치
④ 층마다 설치하되, 하나의 수신기까지의 수평거리가 25m 이하가 되도록 설치

🔍 수신기의 설치기준
• 4층 이상의 소방대상물은 발신기와 전화통화가 가능한 수신기를 설치할 것
• 수신기의 조작스위치 높이 : 바닥으로부터의 높이가 0.8m 이상 1.5m 이하
• 수위실 등 상시 사람이 근무하고 있는 장소에 설치

73 다음 중 자동화재탐지설비의 주요 구성요소가 아닌 것은?

① 감지기
② 수신기
③ 발신기
④ 자동폐쇄장치

🔍 자동화재탐지설비의 구성요소 : 감지기, 수신기, 발신기, 음향장치, 전원, 배선, 시각경보기, 중계기 등

74 다음 ( ) 안에 들어 갈 알맞은 것은?

> 자동화재탐지설비의 1회선(회로)이 화재의 발생을 유효하고 효율적으로 감지할 수 있도록 적당한 범위를 정한 구역을 ( )이라 한다.

① 지정구역
② 수신구역
③ 발신구역
④ 경계구역

🔍 경계구역이란 자동화재탐지설비의 1회선(회로)이 화재의 발생을 유효하고 효율적으로 감지할 수 있도록 적당한 범위를 정한 구역을 말한다.

75 자동화재탐지설비에서 일반적으로 사용되는 수신기로 각 회로별 경계구역을 표시하는 지구표시등이 설치되어 있는 것은?

① P형 수신기
② M형 수신기
③ R형 수신기
④ T형 수신기

🔍 자동화재탐지설비 수신기의 종류
• P형 수신기 : 일반적으로 사용되며 각 회로별 경계구역을 표시하는 지구표시등이 설치되어 있다.
• R형 수신기 : 고유의 신호를 수신하는 것으로 동일구내에 다수동이나 초고층빌딩 등에 회선수가 매우 많은 대상물에 설치한다.

76 자동화재탐지설비 중 수신기의 경계구역에 대한 설명으로 옳지 않은 것은?

① 하나의 경계구역이 2개 이상의 건축물에 미치지 않도록 한다.
② 하나의 경계구역이 2개 이상의 층에 미치지 않도록 한다.
③ 하나의 경계구역이 면적은 $600m^2$ 이하로 하고, 한 변의 길이는 50m 이하로 한다.
④ 특정소방대상물의 주된 출입구에서 그내부 전체가 보이는 것에 있어서는 한 변의 길이가 50m 범위내에서 $2,000m^2$ 이하로 할 수 있다.

🔍 경계구역
• 하나의 경계구역이 2개 이상의 건축물에 미치지 아니하도록 할 것
• 하나의 경계구역이 2개 이상의 층에 미치지 아니하도록 할 것. 다만, $500m^2$ 이하의 범위 안에서는 2개의 층을 하나의 경계구역으로 할 수 있다.
• 하나의 경계구역의 면적은 $600m^2$ 이하로 하고 한 변의 길이는 50m 이하로 할 것. 다만, 해당 소방대상물의 주된 출입구에서 그 내부 전체가 보이는 것에 있어서는 한 변의 길이가 50m 범위 내에 $1,000m^2$ 이하로 할 수 있다.

77 자동화재탐지설비 중 P형 수신기 점검방법이 아닌 것은?

① 동작시험
② 회로도통시험
③ 예비전원시험
④ 퓨즈(Fuse) 단선 점검

🔍 P형 수신기 점검 방법 : 동작시험, 회로도통시험, 예비전원시험이 있으며, 각 시험마다 로터리방식과, 버튼방식이 있다.

78 자동화재탐지설비인 발신기의 종류가 아닌 것은?

① R형 발신기
② P형 발신기
③ T형 발신기
④ M형 발신기

🔍 발신기는 화재발견자가 수동으로 누름 버튼을 눌러 수신기에 신호를 보내기 위한 것으로 P형, T형, M형으로 구분된다.

79 자동화재탐지설비인 발신기의 스위치는 바닥으로부터 얼마의 높이에 설치해야 하는가?

① 0.5~1.0m의 높이에 설치
② 0.8~1.5m의 높이에 설치
③ 1.0~1.8m의 높이에 설치
④ 1.5~2.0m의 높이에 설치

🔍 발신기의 설치기준
• 스위치는 바닥으로부터 0.8m 이상 1.5m 이하의 높이에 설치
• 층마다 설치하되, 하나의 발신기까지의 수평거리는 25m 이하가 되도록 설치

정답 74 ④ 75 ① 76 ④ 77 ④ 78 ① 79 ②

80 다음 중 화재로 인하여 발생되는 열, 연기 또는 불꽃 등을 감지하여 자동적으로 화재 신호를 수신기에 전달하는 역할을 하는 것은?

① 수신기
② 발신기
③ 감지기
④ 무전기

🔍
- 수신기 : 감지기 또는 발신기로부터의 신호를 직접 또는 중계기를 거쳐 수신하여 화재의 발생을 해당 건물 관계자에게 표시하고 음향장치로 알려 주는 것
- 발신기 : 화재발견자가 수동으로 누름버튼을 눌러 수신기에 신호를 보내는 것
- 감지기 : 화재로 인하여 발생되는 열이나 연기 또는 불꽃 등을 감지하여 자동적으로 화재신호를 수신기에 전달하는 장치

🔍 열감지기의 종류

종류	형식	비고
차동식	분포형, 스포트형	주위 온도가 일정상승률 이상이 되는 경우에 작동(거실, 사무실 등)
정온식	감지선형, 스포트형	주위 온도가 일정온도 이상이 되었을 때 작동(보일러실, 주방 등)
보상식	–	–

81 자동화재탐지설비인 감지기의 종류로 볼 수 없는 것은?

① 차동식 스포트형 감지기
② 정온식 스포트형 감지기
③ 연기 감지기
④ 적외선 감지기

🔍 감지기의 종류와 특징
- 차동식 스포트형 감지기 : 주위 온도가 일정상승률 이상이 되는 경우에 작동(거실, 사무실 등)
- 정온식 스포트형 감지기 : 주위 온도가 일정온도 이상이 되었을 때 작동(보일러실, 주방 등)
- 연기 감지기 : 이온화식, 광전식으로 구분(계단, 복도 등)

82 주위 온도가 일정상승률 이상이 되는 경우에 작동하며, 거실, 사무실 등에 설치되는 감지기는?

① 차동식 스포트형 감지기
② 정온식 스포트형 감지기
③ 이온화식 스포트형 감지기
④ 광전식 스포트형 감지기

83 연기감지기에 대한 설명으로 맞지 않는 것은?

① 이온화식 감지기의 동작원리는 이온전류의 감소로 작동한다.
② 이온화식 감지기의 적응성은 B급화재 등 불꽃화재이다.
③ 광전식 감지기의 동작원리는 이온전류의 감소 또는 증가로 작동한다.
④ 광전식 감지기의 적응성은 A급화재 등 훈소화재이다.

🔍 이온화식과 광전식 감지기의 차이점

구분	이온화식	광전식
동작원리	이온전류의 감소	광량의 감소 또는 증가
연기입자	작은 연기입자(0.01~0.3μm)에 유리	큰 연기입자(0.2~1μm)에 유리
연기의 색상	색상 무관	검은색보다 엷은 회색 연기가 감도에 유리
적응성	B급화재 등 불꽃화재	A급화재 등 훈소화재

적중예상문제

84 자동화재탐지설비인 음향장치의 설치기준으로 맞지 않는 것은?

① 층마다 설치한다.
② 수평거리 25m 이하가 되도록 설치한다.
③ 음향크기는 1m 떨어진 곳에서 90dB 이상이어야 한다.
④ 지구음향장치는 수신기 내부 또는 직근에 설치한다.

🔍 음향장치
- 주음향장치 : 수신기 내부 또는 직근에 설치한다.
- 지구음향장치 : 각 경계구역에 설치한다.

85 자동화재탐지설비인 음향장치의 설치기준으로 맞는 것은?

① 층마다 설치하되 수평거리 15m 이하가 되도록 설치한다.
② 층마다 설치하되 수평거리 20m 이하가 되도록 설치한다.
③ 층마다 설치하되 수평거리 25m 이하가 되도록 설치한다.
④ 층마다 설치하되 수평거리 30m 이하가 되도록 설치한다.

🔍 음향장치 설치기준
- 층마다 설치하되 수평거리 25m 이하가 되도록 설치한다.
- 음향크기는 1m 떨어진 곳에서 90dB 이상이어야 한다.

86 지하 2층, 지상 20층인 특정소방대상물에 자동화재탐지설비를 설치하였다. 지상 1층에서 화재가 발생한 경우 우선적으로 경보를 하여야 하는 층은?

① 지상 1층 및 모든 지하층
② 지상 1, 2, 3층 및 지하 1층
③ 지상 1, 2, 3, 4, 5층 및 모든 지하층
④ 건물 내 모든 층에 동시 경보

🔍 층수가 11층(공동주택의 경우에는 16층) 이상의 특정소방대상물은 다음에 따라 경보를 발할 수 있도록 하여야 한다.
- 2층 이상의 층에서 발화한 때 : 발화층 및 그 직상 4개층
- 1층에서 발화한 때 : 발화층 · 그 직상 4개층 및 지하층
- 지하층에서 발화한 때 : 발화층 · 그 직상층 및 그 밖의 지하층

87 자동화재설비장치 중 청각장애인용 시각경보장치 설치기준으로 맞지 않는 것은?

① 복도 · 통로를 제외한 청각장애인용 객실 및 로비, 회의실, 식당, 휴게실에 설치
② 공연장 · 집회장 · 관람장 또는 이와 유사한 장소에 설치하는 경우에는 시선이 집중되는 무대부 부분 등에 설치
③ 설치높이는 바닥으로부터 2m 이상 2.5m 이하의 장소에 설치
④ 천장의 높이가 2m 이하인 경우에는 천장으로부터 0.15m 이내의 장소에 설치하여야 한다.

🔍 시각경보장치(청각장애인용) 설치기준
- 복도 · 통로 · 청각장애인용 객실 및 공용으로 사용되는 거실(로비, 회의실, 강의실, 식당, 휴게실, 오락실, 대기실, 체력단련실, 접객실, 안내실, 전시실, 기타 이와 유사한 장소)에 설치하며, 각 부분으로부터 유효하게 경보를 발할 수 있는 위치에 설치할 것
- 공연장 · 집회장 · 관람장 또는 이와 유사한 장소에 설치하는 경우에는 시선이 집중되는 무대부 부분 등에 설치할 것
- 설치 높이는 바닥으로부터 2m 이상 2.5m 이하의 장소에 설치할 것. 다만, 천장의 높이가 2m 이하인 경우에는 천장으로부터 0.15m 이내의 장소에 설치

88 건축물 천장의 높이가 2m 이하인 경우 청각장애인용 시각경보장치의 설치기준은?

① 천장으로부터 0.10m 이내의 장소
② 천장으로부터 0.15m 이내의 장소
③ 천장으로부터 0.20m 이내의 장소
④ 천장으로부터 0.25m 이내의 장소

🔍 천장의 높이가 2m 이하인 경우에는 천장으로부터 0.15m 이내의 장소에 설치하여야 한다.

89 자동화재설비장치 중 감지기 사이를 연결하는 회로 배선 방식은?

① 송배전식
② 매립식 배선
③ 노출식 배선
④ 병렬식 배선

🔍 감지기 사이의 회로 배선은 도통시험(선로의 정상연결 유무를 확인하기 위한 시험)을 원활히 하기 위한 배선방식인 송배전식으로 한다.

정답 84 ④ 85 ③ 86 ③ 87 ① 88 ② 89 ①

90 자동화재탐지설비 중 스피커 설치기준으로 틀린 것은?

① 음성입력은 실내는 1W 이상

② 실외 또는 일반적인 장소의 음성입력은 5W 이상

③ 각 층마다 설치하되 하나의 스피커까지는 수평거리 25m 이하가 되도록 할 것

④ 경보방식응 자동화재탐지설비 경보방식 준용한다.

🔍 스피커 설치기준
  • 음성입력 : 실내는 1W 이상이고, 실외 또는 일반적인 장소는 3W 이상
  • 각 층마다 설치하되 하나의 스피커까지는 수평거리 25m 이하가 되도록 할 것
  • 경보방식은 자동화재탐지설비 경보방식

91 다음 중 수신기와 감지기 회로의 단선유무와 기기 등의 접속 상황을 확인하기 위한 시험은?

① 예비전원시험　　② 회로도통시험

③ 동시작동시험　　④ 비상전원시험

🔍 회로 도통시험
  ㉮ 수신기에서 감지기 사이 회로의 단선 유무와 기기등의 접속 상황을 확인하기 위한 시험
  ㉯ 적부판정방법
    ㉠ 전압계가 있는 경우
      • 정상 : 4 ~ 8[V]
      • 단선 : 0[V]
    ㉡ 도통시험 확인등이 있는 경우
      • 정상 : 정상 확인등 점등(녹색)
      • 단선 : 단선 확인등 점등(적색)

92 다음 [보기]는 무엇을 설명한 것인가?

> 화재에 의한 열, 연기 또는 불꽃 이외의 요인에 의하여 자동화재탐지설비가 작동하거나, 자동화재탐지설비가 정상적으로 작동하였다 하더라도 화재가 아닌 경우의 경보를 말한다.

① 동작시험　　② 오작동

③ 이온화식 감지기　　④ 비화재보(非火災報)

🔍 비화재보(非火災報)란 화재에 의한 열, 연기 또는 불꽃 이외의 요인에 의하여 자동화재탐지설비가 작동하여 화재경보를 발하는 것이다. 즉, 자동화재탐지설비가 정상적으로 작동하였다 하더라도 화재가 아닌 경우의 경보를 말한다.

93 다음 중 비화재보(非火災報)의 원인으로 볼 수 없는 것은?

① 주방에 '비적응성 감지기'가 설치된 경우

② '장마철 공기 중 습도 증가'에 의한 감지기 오작동

③ '천장형 온풍기'에 감지기가 먼 거리에 설치된 경우

④ '담배연기'로 인한 연기감지기 작동

🔍 비화재보의 주요 원인
  • 주방에 '비적응성 감지기'가 설치된 경우
  • '천장형 온풍기'에 밀접하게 설치된 경우
  • '장마철 공기 중 습도 증가'에 의한 감지기 오동작
  • '청소불량(먼지 · 분진)에 의한 감지기 오동작
  • '건축물 누수'로 인한 감지기 오동작
  • '담배연기'로 인한 연기감지기 오동작
  • '발신기'를 장난으로 눌러 발신기 동작

94 비화재보(非火災報)시 대처 방법으로 제1단계에 해당하는 것은?

① 수신기 확인

② 실제 화재 여부 확인

③ 음향장치 정지

④ 비화재 원인 제거

🔍 비화재보(非火災報)시 대처 방법
  • 1단계 : 수신기 확인
  • 2단계 : 실제 화재 여부 확인
  • 3단계 : 음향장치 정지
  • 4단계 : 비화재보 원인 제거
  • 5단계 : 수신기 복구
  • 6단계 : 음향장치 복구
  • 7단계 : 스위치주의등 확인

4. 피난구조설비

95 화재가 발생하였을 때 소방대상물에 거주하는 사람들이 안전한 장소로 피난할 때 사용하는 기구를 통칭하는 말은?

① 피난기구
② 구조대
③ 완강기
④ 미끄럼대

🔍 • 피난기구 : 화재가 발생하였을 때 소방대상물에 거주하는 사람들이 안전한 장소로 피난할 때 사용하는 기구
 • 구조대 : 화재 시 건물의 창, 발코니 등에서 지상까지 포대를 사용하여 활강하는 피난기구
 • 완강기 : 사용자의 몸무게에 의해 자동으로 내려올 수 있는 기구 중 연속적으로 사용할 수 있는 것
 • 미끄럼대 : 지상으로 피난할 수 있도록 제조된 피난기구로 장애인 복지시설, 노약자 수용시설 및 병원 등에 적합

96 다음 중 피난기구의 종류로 볼 수 없는 것은?

① 구조대 ② 완강기
③ 피난사다리 ④ 소화기

🔍 피난기구의 종류

종류	내용
구조대	화재 시 건물의 창, 발코니 등에서 지상까지 포대를 사용하여 활강하는 피난기구
완강기	사용자의 몸무게에 의해 자동으로 내려올 수 있는 기구 중 연속적으로 사용할 수 있는 것
간이 완강기	완강기 중 사용자가 교대하여 연속적으로 사용할 수 없는 일회용의 것
피난 사다리	안전한 장소로 피난하기 위해 건축물의 개구부에 설치하는 기구로 고정식, 올림식, 내림식으로 구분
미끄럼대	지상으로 피난할 수 있도록 제조된 피난기구로 장애인 복지시설, 노약자 수용시설 및 병원 등에 적합
다수인 피난장비	화재 시 2인 이상의 피난자가 동시에 해당층에서 지상 또는 피난층으로 하강하는 피난기구
기타 기구	피난용트랩, 공기안전매트 등

97 비상 시 건물의 창, 발코니 등에서 지상까지 포지 등을 사용하여 자루형태로 만든 피난기구는?

① 구조대
② 피난사다리
③ 공기안전매트
④ 미끄럼대

🔍 구조대 : 비상 시 건물의 창, 발코니 등에서 지상까지 포지 등을 사용하여 자루형태로 만든 것으로, 화재발생 시 사용자가 그 내부에 들어가서 내려옴으로써 대피할 수 있는 피난기구

98 화재 시 사용자의 몸무게에 의하여 자동적으로 내려올 수 있는 기구 중 사용자가 연속적으로 사용할 수 있는 피난기구는?

① 구조대
② 완강기
③ 피난사다리
④ 미끄럼대

🔍 완강기는 사용자의 몸무게에 의하여 자동적으로 내려올 수 있는 기구 중 사용자가 연속적으로 사용할 수 있는 것을 말하며, 조속기 · 조속기의 연결부 · 로프 · 연결금속구 · 벨트로 구성되어 있다.

99 피난기구 중 완강기 사용 시 주의사항으로 맞지 않는 것은?

① 완강기 후크를 고리에 걸고 지지대와 연결 후 나사를 조인다.
② 창밖으로 릴을 놓는다.
③ 몸이 벽에 부딪히지 않도록 벽을 가볍게 손으로 밀면서 내려온다.
④ 두 팔을 위로 높이 든다.

🔍 완강기 사용 시 주의사항
 • 두 팔을 위로 들지 말 것
 • 사용 전 지지대를 흔들어 볼 것

정답 **95** ① **96** ④ **97** ① **98** ② **99** ④

100 다음 중 '피난기구를 설치하는 개구부 조건'으로 옳지 않은 것은?

① 개구부 크기 : 가로 0.5m 이상 세로 1m 이상
② 바닥에서 개구부 하단까지의 거리 : 1.2m 미만(1.2m 이상이면 발판 등을 설치)
③ 밀폐된 창문 : 쉽게 파괴할 수 있는 파괴장치 비치
④ 피난기구를 설치하는 개구부는 서로 동일직선상에 있을 것

🔍 피난기구 설치위치
• 피난 또는 소화활동상 유효한 개구부가 있는 곳
• 피난기구를 설치하는 개구부 조건
  – 개구부 크기 : 가로 0.5m 이상 세로 1m 이상
  – 바닥에서 개구부 하단까지의 거리 : 1.2m 미만(1.2m 이상이면 발판 등을 설치)
  – 밀폐된 창문 : 쉽게 파괴할 수 있는 파괴장치 비치

101 화재 시 안전한 피난을 위한 인명구조기구의 종류가 아닌 것은?

① 방열복   ② 공기호흡기
③ 완강기   ④ 인공소생기

🔍 인명구조기구

종류	내용
방열복	고온의 복사열에 가까이 접근하여 소방활동을 수행할 수 있는 내열피복
공기 호흡기	화재로 인한 각종 유독가스 중에서 일정시간 사용할 수 있도록 제조된 압축공기식 개인호흡 장비
인공 소생기	호흡부전상태인 사람에게 인공호흡을 시켜 환자를 보호하거나 구급하는 기구
방화복	화재 진압 등의 소방활동을 수행할 수 있는 피복

102 화재 시 안전한 장소로 피난할 수 있도록 설치하는 비상조명등의 조도는?

① 각 부분의 바닥에서 1럭스(lx) 이상
② 각 부분의 바닥에서 2럭스(lx) 이상
③ 각 부분의 바닥에서 3럭스(lx) 이상
④ 각 부분의 바닥에서 4럭스(lx) 이상

🔍 비상조명등, 유도등
• 조도 : 각 부분의 바닥에서 1럭스(lx) 이상
• 유효작동시간 : 20분 이상(지하층을 제외한 층수가 11층 이상의 층, 지하층, 또는 지하층 무창층으로서 용도가 도매시장·소매시장·여객자동차터미널·지하역사 또는 지하상가의 경우는 60분 이상)

103 다음 중 휴대용 비상조명등의 설치기준으로 옳지 않은 것은?

① 다중이용업소 및 숙박시설은 건전지 및 충전식 배터리의 용량이 30분 이상 유효하게 사용할 수 있도록 설치한다.
② 어둠 속에서 위치를 확인할 수 있고, 사용 시 자동으로 점등되는 구조여야 한다.
③ 건전지를 사용하는 경우 방전방지조치를 하여야 한다.
④ 충전식 배터리의 경우 상시 충전되는 구조여야 한다.

🔍 다중이용업소 및 숙박시설은 건전지 및 충전식 배터리의 용량이 20분 이상 유효하게 사용할 수 있는 휴대용 비상조명등을 설치한다.

104 화재 시 피난을 유도하기 위한 유도등은 정상상태에서 상용전원으로 점등되고, 정전되었을 때는 비상전원으로 자동절환되어 몇 분 이상 작동할 수 있어야 하는가?

① 10분
② 20분
③ 30분
④ 40분

🔍 유도등의 작동 기준
• 정상 상태에서는 상용전원으로 점등
• 정전 시에는 비상전원으로 자동절환되어 20분 이상(지하층을 제외한 층수가 11층 이상의 층, 지하층 또는 무창층으로서 용도가 도매시장·소매시장·여객자동차터미널·지하역사·지하상가의 경우는 60분 이상) 작동

105 다음 중 유도등을 의무적으로 설치하지 않아도 되는 곳은?

① 공연장 · 집회장
② 의료시설 · 장례식장
③ 복합건축물과 아파트의 주택의 세대 내
④ 유흥주점 영업시설

🔍 복합건축물과 아파트의 경우, 주택의 세대 내에는 유도등을 설치하지 아니할 수 있다.

106 다음 〈보기〉의 그림은 무엇인가?

① 피난구유도등   ② 통로유도등
③ 객석유도등   ④ 비상구유도등

🔍 유도등의 종류

피난구유도등	통로유도등	객석유도등

107 피난구유도등은 피난구의 바닥으로부터 높이 몇 m 이상으로 출입구에 인접하도록 설치하여야 하는가?

① 1.0m 이상   ② 1.2m 이상
③ 1.5m 이상   ④ 1.8m 이상

🔍 피난구유도등은 피난구 또는 피난경로로 사용되는 출입구를 표시하여 피난을 유도하는 등으로 피난구의 바닥으로부터 높이 1.5m 이상으로 출입구에 인접하도록 설치하여야 한다.

108 피난구유도등의 설치장소로 맞지 않는 것은?

① 옥외로부터 거실로 통하는 출입구 및 그 부속실의 출입구
② 직통계단 · 직통계단의 계단실 및 그 부속실의 출입구
③ 직통계단이나 옥내로부터 직접 지상으로 통하는 출입구에 이르는 복도 또는 통로로 통하는 출입구
④ 안전구획된 거실로 통하는 출입구

🔍 피난구유도등의 설치 위치
• 옥내로부터 직접 지상으로 통하는 출입구 및 그 부속실의 출입구
• 직통계단 · 직통계단의 계단실 및 그 부속실의 출입구
• 출입구에 이르는 복도 또는 통로로 통하는 출입구
• 안전구획된 거실로 통하는 출입구

109 공연장 객석 통로의 길이가 45m인 경우, 객석 유도등은 몇 개를 설치하여야 하는가?

① 7개   ② 8개
③ 10개   ④ 11개

🔍 객석 유도등 설치개수 $= \dfrac{\text{객석통로의 직선부분의 길이(m)}}{4} - 1$

$= \dfrac{45}{4} - 1 = 10.25 ≒ 11개$

※소수점 이하의 수는 1로 본다.

110 피난구유도등 및 통로유도등의 설치 간격은 몇 m 이하인가?

① 10m 이하
② 20m 이하
③ 30m 이하
④ 40m 이하

🔍 • 피난구유도등 및 통로유도등 설치 간격 : 20m 이하
• 통로유도표지 설치 간격 : 15m 이하

정답 **105** ③ **106** ② **107** ③ **108** ① **109** ④ **110** ②

111 피난구조설비 중 '대형피난구유도등 설치대상'으로 틀린 것은?

① 숙박시설
② 공연장
③ 운동시설
④ 관람장

🔍 대형피난구유도등 설치장소
• 공연장, 집회장(종교집회장 포함), 관람장, 운동시설 등
• 유흥주점영업시설, 위락시설, 판매시설, 운수시설, 의료시설, 장례식장, 전시장, 지하상가, 지하철역사 등

112 다음 중 '유도등 설치기준'으로 옳은 것은?

① 피난구유도등 – 피난구의 바닥으로부터 높이 1.5m 이상으로서 출입구에 인접하도록 설치
② 복도통로유도등 – 구부러진 모퉁이 및 보행 거리 15m마다 설치(높이 1m 이하)
③ 거실통로유도등 – 구부러진 모퉁이 및 보행 거리 20m마다 설치(높이 1m 이상)
④ 계단통로유도등 – 각층의 경사로 참 또는 계단참마다 설치할 것(높 1.2m 이하)

🔍 유도등의 설치
• 복도통로유도등 : 피난구의 방향을 명시하는 통로유도등으로 바닥으로부터 높이 1m 이하의 위치에 설치
• 거실통로유도등 : 거실의 통로에 피난구의 방향을 명시하는 유도등으로 거실, 주차장 등의 거실통로에 설치하며 바닥으로부터 높이 1.5m 이상의 위치에 설치
• 계단통로유도등 : 바닥면 및 디딤 바닥면을 비추는 통로유도등으로 피난통로가 되는 계단참이나 경사로참에 설치하며 바닥으로부터 높이 1m 이하의 위치에 설치
• 피난구유도등 : 피난구 또는 피난 경로로 사용되는 출입구를 표시하여 피난을 유도하는 등으로 피난구의 바닥으로부터 높이 1.5m 이상으로서 출입구에 인접하도록 설치

113 유도등 설치 및 점검에 관한 설명으로 옳지 않은 것은?

① 유도등은 2선식 공사를 하는 것이 원칙이다.
② 소방대상물 또는 그 부분에 사람이 없을 시 3선식 공사가 가능하다.
③ 2선식 유도등은 평상시는 점등되지 않는다.
④ 통로 유도등 설치 간격은 20m 이하이다.

🔍 유도등은 항상 점등상태를 유지하는 2선식 공사를 하는 것이 원칙이다.

114 '유도등의 3선식 배선 시 자동으로 점등'되는 경우가 아닌 것은?

① 비상경보설비의 발신기가 작동되는 때
② 방재업무를 통제하는 곳 또는 전기실의 배전반에서 수동으로 점등하는 때
③ 옥내소화전 충압펌프가 동작되는 때
④ 상용전원이 정전되거나 전원선이 단선되는 때

🔍 유도등의 3선식 배선 시 자동으로 점등되는 경우
• 자동화재탐지설비의 감지기 또는 발신기가 작동되는 때
• 비상경보설비의 발신기가 작동되는 때
• 상용전원이 정전되거나 전원선이 단선되는 때
• 방재업무를 통제하는 곳 또는 전기실의 배전반에서 수동으로 점등하는 때
• 자동소화설비가 작동하는 때

115 다음 중 '축광방식의 피난유도선 설치기준'으로 틀린 것은?

① 구획된 각 실로부터 주출입구 또는 비상구까지 설치할 것
② 바닥으로부터 높이 1.5m 이하의 위치 또는 바닥면에 설치할 것
③ 피난유도 표시부는 50cm 이내의 간격으로 연속되도록 설치할 것
④ 부착대에 의하여 견고하게 설치할 것

🔍 축광방식의 피난유도선 설치기준
• 구획된 각 실로부터 주출입구 또는 비상구까지 설치할 것
• 바닥으로부터 높이 50cm 이하의 위치 또는 바닥면에 설치할 것
• 피난유도 표시부는 50cm 이내의 간격으로 연속되도록 설치할 것
• 부착대에 의하여 견고하게 설치할 것
• 외부의 빛 또는 조명장치에 의하여 상시 조명이 제공되거나 비상조명등에 의한 조명이 제공되도록 설치할 것

정답 **111** ① **112** ① **113** ③ **114** ③ **115** ②

• 5. 소화용수설비 · 소화활동설비

116 상수도소화용수설비의 '배관경'에 대한 설명으로 맞는 것은?

① 호칭지름 25mm 이상의 수도배관에 50mm 이상의 소화전을 접속한다.
② 호칭지름 50mm 이상의 수도배관에 50mm 이상의 소화전을 접속한다.
③ 호칭지름 75mm 이상의 수도배관에 100mm 이상의 소화전을 접속한다.
④ 호칭지름 100mm 이상의 수도배관에 100mm 이상의 소화전을 접속한다.

상수도소화용수설비
• 배관경 : 호칭지름 75mm 이상의 수도배관에 100mm 이상의 소화전을 접속
• 소화전 설치위치 : 소방자동차 등의 진입이 쉬운 도로변 또는 공지에 설치
• 소화전 설치 수평거리 : 특정소방대상물의 수평투영면의 각 부분으로부터 140m 이하가 되도록 설치할 것

117 소화수조의 채수구는 소방차가 몇 m 이내의 지점까지 접근할 수 있는 위치에 설치하여야 하는가?

① 1m
② 2m
③ 3m
④ 4m

소화용수설비인 소화수조의 채수구 : 소방차가 2m 이내의 지점까지 접근할 수 있는 위치에 설치

118 소화수조 또는 저수조가 지표면으로부터의 깊이가 몇 m 이상인 지하에 있는 경우 가압송수장치를 설치하여야 하는가?

① 1.0m
② 1.5m
③ 3.0m
④ 4.5m

소화수조 또는 저수조가 지표면으로부터의 깊이가 4.5m 이상인 지하에 있는 경우 가압송수장치을 설치하여야 한다.

119 높이 35m인 10층 건축물로서 바닥면적이 30,000m² 인 경우, 소화수조를 설치하는데 필요한 수원의 양은?

① 60m³
② 80m³
③ 100m³
④ 200m³

소화수조의 수원의 양
바닥면적이 30,000m² 이상인 건축물(바닥면적 15,000m² 이상인 건축물은 기준면적 = 7,500m² 이므로)은 30,000 ÷ 7,500 = 4 이다.
∴ 소화수조의 수원의 양 : $4 \times 20m^3 = 80[m^3]$ 이다.

120 건축물의 1층 및 2층 바닥면적의 합계가 12,500m² 인 특정소방대상물의 소화수조 저수량은?

① 10m³
② 20m³
③ 30m³
④ 40m³

바닥면적 합계가 12,500m²인 건축물(바닥면적 15,000m² 미만인 건축물은 기준면적 = 12,500m² 이므로)은 12,500 ÷ 12,500 = 1 이다.
∴ 소화수조의 저수량 = $1 \times 20m^3 = 20[m^3]$이 된다.

121 소화용수설비 중 '소화수조'에 대한 설명으로 옳지 않은 것은?

① 소화수조는 소방차가 2m 이내의 지점까지 접근할 수 있는 위치에 설치할 것
② 소화수조 또는 저수조가 지표면으로부터의 깊이가 4.5m 이상인 지하에 있는 경우 가압송수장치를 설치할 것
③ 흡수관 투입구는 한 변 또는 직경이 0.6m 이상인 것으로 소요수량 60m³ 미만인 것에 있어서는 1개 이상 설치할 것
④ 흡수관 투입구는 소요수량 80m³ 이상인 것에 있어서는 2개 이상 설치할 것

정답 116 ③ 117 ② 118 ④ 119 ② 120 ② 121 ③

🔍 소화수조에 관한 기준
- 소화수조는 소방차가 2m 이내의 지점까지 접근할 수 있는 위치에 설치할 것
- 소화수조 또는 저수조가 지표면으로부터의 깊이가 4.5m 이상인 지하에 있는 경우 가압송수장치를 설치할 것
- 흡수관 투입구는 한 변 또는 직경이 0.6m 이상인 것으로
  - 소요수량 80m³ 미만인 것에 있어서는 1개 이상
  - 80m³ 이상인 것에 있어서는 2개 이상 설치할 것

122 지하에 설치하는 소화용수설비의 소요수량이 60m³ 일 경우, 채수구는 몇 개 설치하여야 하는가?

① 1개　　　　　② 2개
③ 3개　　　　　④ 4개

🔍 채수구의 설치개수

소요수량	채수구의 수
20m³ 이상 40m³ 미만	1개
40m³ 이상 100m³ 미만	2개
100m³ 이상	3개

123 소화수조의 소요수량이 80m³ 일 때 지하에 설치하는 소화용수설비의 흡수관 투입구와 소화용수설비에 설치하는 채수구는 각각 몇 개를 설치하는가?

① 흡수관 투입구 : 1개 이상, 채수구 : 1개
② 흡수관 투입구 : 1개 이상, 채수구 : 2개
③ 흡수관 투입구 : 2개 이상, 채수구 : 2개
④ 흡수관 투입구 : 3개 이상, 채수구 : 3개

🔍 흡수관 투입구는 80m³ 미만인 것은 1개 이상, 80m³ 이상인 것은 2개 이상을 설치하며, 채수구는 소요수량이 40m³ 이상 100m³ 미만인 경우 2개를 설치하여야 한다.

124 소화수조의 '채수구'에 대한 설명으로 옳지 않은 것은?

① 채수구는 지면으로부터의 높이가 1.0m 이상 2.0m 이하에 설치한다.
② 소화수조가 옥상 또는 옥탑의 부분에 설치된 경우에는 지상에 설치된 채수구의 압력이 0.15MPa 이상이 되도록 하여야 한다.

③ 소요수량 20m³ 이상 40m³ 미만일 때는 채수구를 1개 설치한다.
④ 소요수량 100m³ 이상일 때는 채수구를 3개 설치한다.

🔍 소화수조인 채수구 설치기준
- 채수구는 지면으로 부터의 높이가 0.5m 이상 1m 이하에 설치
- 소화수조가 옥상 또는 옥탑의 부분에 설치된 경우에는 지상에 설치된 채수구의 압력이 0.15MPa 이상
- 채수구의 설치개수 : 122번 문제 해설 참조

125 소화활동설비 중 '연결송수관설비의 구성요소'로 볼 수 없는 것은?

① 송수구　　　　　② 방수구
③ 배관　　　　　　④ 배수구

🔍 소화활동설비 중 연결송수관설비의 구성요소 : 송수구, 방수구, 방수기구함, 배관 등

126 다음 연결송수관설비 중 '건식 연결송수관설비'의 설명으로 옳은 것은?

① 평상 시 연결송수관 배관 내부에 물이 충전된 상태로 유지된다.
② 높이 31m 이상인 특정소방대상물에 설치한다.
③ 지상 11층 이상인 특정소방대상물에 설치한다.
④ 평상 시 연결송수관 배관 내부가 비어 있는 상태로 관리한다.

🔍 연결송수관설비의 종류
- 건식 연결송수관설비 : 평상 시에 연결송수관 배관 내부가 비어 있는 상태로 관리하며, 지면으로부터 높이가 31m 미만인 특정소방대상물 또는 지상 11층 미만인 특정소방대상물에만 설치
- 습식 연결송수관설비 : 건식에 비하여 습식은 관로 내부에 상시 물이 충전된 상태로 유지되며, 지면으로부터 높이가 31m 이상인 특정소방대상물 또는 지상 11층 이상인 특정소방대상물에 설치

127 다음 중 '연결살수설비'에 대한 설명으로 틀린 것은?

① 연결살수설비는 판매시설 및 영업시설의 경우 바닥면적의 합계 2,000m² 이상인 곳에 설치한다.
② 연결살수설비는 지하층으로서 바닥면적의 합계 150m² 이상인 곳에 설치한다.
③ 소방대가 현장에 도착하여 송수구를 통하여 물을 송수하여 화재를 진압하는 설비이다.
④ 연결살수설비의 구성요소로는 송수구, 배관, 살수헤드 등이 있다.

🔍 연결살수설비
• 연결살수설비는 판매시설 및 영업시설의 경우 바닥면적 합계 1,000m² 이상, 지하층으로 바닥면적 합계 150m² 이상인 곳에 설치
• 연결살수용 송수구를 통한 소방펌프차의 송수 또는 펌프 등의 가압수를 공급받아 사용하도록 되어 있으며, 소방대가 현장에 도착하여 송수구를 통하여 물을 송수하여 화재를 진압하는 소화활동설비
• 연결살수설비의 구성요소 : 송수구, 배관, 살수헤드 등

128 연결살수설비의 한쪽 가지배관에 설치되는 헤드의 개수는 몇 개 이하로 하여야 하는가?

① 4개
② 6개
③ 8개
④ 10개

🔍 연결살수설비의 구성요소인 배관
• 가지배관의 배열은 토너먼트 방식이 아니어야 함
• 한쪽 가지배관에 설치되는 헤드의 개수는 8개 이하

129 다음 중 '제연설비'의 설치 목적이 아닌 것은?

① 연기에 의한 질식방지로 피난자의 안전 도모
② 화재 시 비상피난통로 역할
③ 소화활동을 위한 공간 확보
④ 계단부속실을 가압하여 연기의 유입을 방지

🔍 제연설비의 설치 목적
• 연기에 의한 질식방지로 피난자의 안전 도모
• 연기를 배출시켜 화재실의 연기농도를 낮추거나 청결층을 유지(거실제연설비)
• 부속실을 가압하여 연기유입을 제한(부속실 급기가압제연설비)
• 소화활동을 위한 공간 확보

130 '제연설비'에 대한 설명 중 옳지 않은 것은?

① 거실제연설비는 수평피난, 인명안전, 소화활동을 목적으로 한다.
② 거실제연설비는 급기·배기방식을 사용한다.
③ 부속실제연설비는 수평피난, 연기유입 제한, 소화활동을 목적으로 한다.
④ 부속실제연설비는 급기가압방식을 사용한다.

🔍 제연설비의 구분

구분	거실제연설비	부속실(급기가압)제연설비
목적	인명안전, 수평피난, 소화활동	인명안전, 수직피난, 소화활동
적용	화재실(거실)	피난로(부속실, 비상용승강기의 승강장, 계단실)
방식	급·배기방식	급기가압방식

131 다음 중 '제연구역의 선정' 기준으로 옳지 않은 것은?

① 부속실만 단독으로 제연하는 것
② 계단실 단독으로 제연하는 것
③ 계단실 및 부속실을 동시에 제연하는 것
④ 건축물 전체를 제연하는 것

🔍 제연구역의 선정
• 계단실 및 부속실을 동시에 제연하는 것
• 부속실만을 제연하는 것
• 계단실을 단독제연하는 것
• 비상용승강기 승강장을 단독제연하는 것

정답 **127** ① **128** ③ **129** ② **130** ③ **131** ④

132 '제연구역의 구획기준'으로 옳지 않은 것은?

① 하나의 제연구역의 면적은 $1,500m^2$ 이내로 할 것
② 거실과 통로는 상호 제연구획할 것
③ 통로상의 제연구역은 보행 중심선으로 길이가 60m를 초과하지 아니할 것
④ 하나의 제연구역은 직경 60m 원 내에 들어갈 수 있을 것

🔍 제연구역의 구획기준
  • 하나의 제연구역의 면적은 $1,000m^2$ 이내로 할 것
  • 거실과 통로(복도를 포함)는 상호제연구획할 것
  • 통로상의 제연구역은 보행 중심선으로 길이가 60m를 초과하지 아니할 것
  • 하나의 제연구역은 직경 60m 원 내에 들어갈 수 있을 것
  • 하나의 제연구역은 2개 이상 층에 미치지 아니 하도록 할 것. 다만, 층의 구분이 불분명한 부분은 그 부분을 다른 부분과 별도로 제연구획 하여야 한다.

133 화재 시 연기유입을 막기 위해 제연구역과 옥내와의 사이에 유지하여야 하는 최소 차압은?(단, 스프링클러설비를 설치하지 않은 경우)

① 10Pa 이상
② 20Pa 이상
③ 30Pa 이상
④ 40Pa 이상

🔍 차압 : 계단으로의 연기유입을 막기 위해 제연구역과 옥내와의 사이에 유지하여야 하는 일정한 기압의 차이(평상 시 개념)
  • 최소 차압 : 40Pa 이상(스프링클러설비가 설치된 경우 12.5Pa 이상)
  • 출입문의 개방력 : 110N 이하

134 특별피난계단의 제연구역 선정과 제연설비의 차압에 관한 기준으로 옳지 않은 것은?

① 계단실 및 부속실을 동시에 제연구역으로 선정
② 비상용승강기 승강장 단독 제연구역으로 선정
③ 제연구역과 옥내와의 사이에 유지해야 할 최소 차압은 40Pa 이상을 해야 한다.
④ 제연구역의 출입문의 개방력은 200N 이하 이어야 한다.

• 특별피난계단의 제연구역 선정
  − 계단실 및 부속실을 동시에 제연하는 것
  − 부속실만 단독으로 제연하는 것
  − 계단실만 단독으로 제연하는 것
  − 비상용승강기 승강장만을 단독으로 제연하는 것
• 제연설비의 차압
  − 제연구역과 옥내와의 사이에 유지해야 할 최소 차압은 40Pa 이상(옥내에 스프링클러가 설치된 경우에는 12.5Pa 이상)
  − 제연설비가 가동 되었을 경우 출입문 개방에 필요한 힘은 110N 이하

135 계단실 및 그 부속실을 동시에 제연하는 경우 또는 계단실만 단독으로 제연하는 경우에 방연풍속은 몇 m/sec 이상으로 하여야 하는가?

① 0.1m/sec
② 0.3m/sec
③ 0.5m/sec
④ 1.0m/sec

🔍 방연풍속 : 옥내로부터 제연구역 내로 연기의 유입을 유효하게 방지할 수 있는 풍속

제연구역		방연풍속
계단실 및 그 부속실을 동시에 제연하는 것 또는 계단실만 단독으로 제연하는 것		0.5m/s 이상
부속실만을 단독으로 제연하는 것	부속실이 면하는 옥내가 거실인 경우	0.7m/s 이상
	부속실이 면하는 옥내가 복도로서 그 구조가 방화구조(내화시간이 30분 이상인 구조를 포함)인 것	0.5m/s 이상

136 비상콘센트설비의 규격으로 옳지 않은 것은?

① 사용전류 : 직류
② 전압 : 220V
③ 용량 : 1.5kVA
④ 극수 : 2극

🔍 비상콘센트설비의 규격
  • 구분 : 단상교류
  • 전압 : 220V
  • 용량 : 1.5kVA
  • 극수 : 2극

137 다음 중 '비상콘센트설비'의 설치기준 중 옳지 않은 것은?

① 바닥으로부터 높이 0.8m 이상 1.5m 이하에 설치

② 아파트 또는 바닥면적 100m² 미만인 층은 계단의 출입구로부터 3m 이내에 설치

③ 바닥면적 1,000m² 이상인 층(아파트 제외)은 각 계단의 출입구 또는 계단부속실의 출입구로부터 5m 이내에 설치

④ 각 층에서부터 하나의 비상콘센트까지의 수평거리 50m 이하마다 설치

> 🔍 비상콘센트설비의 설치기준
> • 바닥으로부터 높이 0.8m~1.5m 이하에 설치
> • 아파트 또는 바닥면적 1,000m² 미만인 층 : 계단의 출입구로부터 5m 이내에 설치
> • 바닥면적 1,000m² 이상인 층(아파트 제외) : 각 계단의 출입구 또는 계단부속실의 출입구로부터 5m 이내에 설치
> • 설치 개수는 각 층으로부터 하나의 비상콘센트까지의 수평거리 50m 이하마다 설치(단, 지하상가 또는 지하층의 바닥면적의 합계가 3,000m² 이상은 수평거리 25m 이하마다 설치)
> • 비상콘센트의 규격 : 구분 – 단상교류, 전압 – 220V, 용량 – 1.5KVA, 극수 – 2극

138 전력, 통신용의 전선 등이 설치된 지하구의 화재발생 대비 설치된 '연소방지설비'의 구성요소'로 볼 수 없는 것은?

① 방수구
② 송수구
③ 배관
④ 방수헤드

> 🔍 연소방지설비 구성요소 : 송수구, 배관, 방수헤드(연소방지설비 전용헤드 또는 스프링클러헤드)

소방계획 수립

STEP 01 소방계획의 개념 및 이해

1. 소방계획의 개념

소방계획은 소방안전관리대상물의 화재로 인한 재난발생을 사전에 예방·대비하고 화재 시 신속하고 효율적으로 대응·복구함으로써 인명 및 재산피해를 최소화하기 위해 작성·운영하고 유지·관리하는 위험관리 계획을 의미한다.

2. 소방계획의 주요 내용

① 소방안전관리대상물의 위치·구조·연면적·용도 및 수용인원 등 일반 현황
② 소방안전관리대상물에 설치한 소방시설, 방화시설, 전기시설, 가스시설 및 위험물시설의 현황
③ 화재 예방을 위한 자체점검계획 및 대응대책
④ 소방시설·피난시설 및 방화시설의 점검·정비계획
⑤ 피난층 및 피난시설의 위치와 피난경로의 설정, 화재안전취약자(어린이, 노인, 장애인 등 화재의 예방 및 안전관리에 취약한 자)의 피난계획 등을 포함한 피난계획
⑥ 방화구획, 제연구획, 건축물의 내부 마감재료 및 방염대상물품의 사용 현황과 그 밖의 방화구조 및 설비의 유지·관리계획
⑦ 관리의 권원이 분리된 특정소방대상물의 소방안전관리에 관한 사항
⑧ 소방훈련·교육에 관한 계획
⑨ 소방안전관리대상물의 근무자 및 거주자의 자위소방대 조직과 대원의 임무(화재안전취약자의 피난 보조 임무를 포함)에 관한 사항
⑩ 화기 취급 작업에 대한 사전 안전조치 및 감독 등 공사 중 소방안전관리에 관한 사항
⑪ 소화에 관한 사항과 연소 방지에 관한 사항
⑫ 위험물의 저장·취급에 관한 사항(예방규정을 정하는 제조소등은 제외)
⑬ 소방안전관리에 대한 업무수행에 관한 기록 및 유지에 관한 사항
⑭ 화재발생 시 화재경보, 초기소화 및 피난유도 등 초기대응에 관한 사항
⑮ 그 밖에 소방본부장 또는 소방서장이 소방안전관리대상물의 위치·구조·설비 또는 관리 상황 등을 고려하여 소방안전관리에 필요하여 요청하는 사항

3. 소방계획의 주요 원리

소방계획은 종합적 안전관리, 통합적 안전관리, 지속적 발전모델 등을 기본원리로 구성된다.

주요 원리	주요 내용
종합적 안전관리	• 모든 형태의 위험을 포괄함 • 재난의 전주기적(예방 · 대비 → 대응 → 복구) 단계의 위험성을 평가
통합적 안전관리	• 외부 : 거버넌스(정부 – 대상처 – 전문기관) 및 안전관리 네트워크 구축 • 내부 : 협력 및 파트너십 구축, 전원참여
지속적 발전모델	• PDCA 사이클(Plan : 계획, Do : 이행 · 운영, Check : 모니터링, Act : 개선)

(02) 소방계획의 작성원칙 및 수립절차

STEP

1. 소방계획의 작성원칙

① 실현가능한 계획 : 소방계획 작성에서 가장 핵심적인 위험요인의 관리는 반드시 실현가능한 계획으로 구성되어야 한다.
② 관계인의 참여 : 관계인(소유자, 점유자, 관리자) 및 재실자(상시거주자, 근무자), 방문자 등 전원이 참여하도록 수립하여야 한다.
③ 계획수립의 구조화 : 작성 – 검토 – 승인의 3단계의 구조화된 절차를 거쳐야 한다.
④ 실행우선 : 교육훈련 및 평가 등 이행의 과정이 있어야 완성된다.

2. 소방계획의 수립시기

① 특정소방대상물의 소방안전관리자는 소방계획서를 매년 12월 31일까지 작성하고 시행하여야 한다.
② 1분기부터 3분기까지는 소방계획 내 수립된 이행계획을 실시하고 3분기에는 교육훈련 및 자체평가 등을 통해 이행사항에 대한 측정 및 평가를 통해 감독을 실시하고 개선조치사항을 파악한다.
③ 파악된 개선조치 요구사항 등은 위원회 등 의견수렴 체계를 거쳐 4분기에 실시하는 차기연도 소방계획 수립 시 반영토록 한다.

3. 소방계획의 수립절차

① 1단계(사전기획) : 작성준비 → 요구사항 검토 → 작성계획 수립
② 2단계(위험환경 분석) : 위험환경 식별 → 위험환경 분석 · 평가 → 위험경감대책 수립
③ 3단계(설계·개발) : 목표 · 전략 수립 → 실행계획 설계 및 개발
④ 4단계(시행·유지관리) : 수립 · 시행 → 운영 · 유지관리

 소방계획의 작성방법
• 장의 구성 : 일반사항(표지부와 내용부), 관리계획(예방과 대비), 대응계획(대응과 복구) 및 부록으로 구분
• 절의 구성 : 장 안에 포함되는 절은 번호체계를 부여하고, 관리 및 대응계획은 세부 실행계획을 표준서식을 이용하여 작성

자위소방대 및 초기대응 체계 구성 · 운영

(01) 자위소방대 기본 개념 및 이해

1. 자위소방대 개요

① 자위소방대는 소방안전관리대상물에서 화재 등 재난발생 시 비상연락, 초기소화, 피난유도 및 인명 · 재산피해 최소화를 위해 편성된 자율안전관리조직으로 소방시설법에서 관계인과 소방안전관리대상물의 소방안전관리자로 하여금 자위소방대를 구성하고 운영하도록 규정하고 있다.

② 자위소방대는 소방안전관리대상물의 화재 시 초기소화, 조기피난 및 응급처치 등에 필요한 골든타임(화재 시 5분, 심폐소생술은 4~6분 이내) 확보를 위해 필수적이다.

③ 관계법령

㉮ 「화재의 예방 및 안전관리에 관한 법률」에 따라 자위소방대의 구성, 운영 및 교육에 필요한 세부사항을 행정안전부령으로 정하도록 명시

㉯ 소방안전관리대상물의 소방안전관리자는 연 1회 이상 자위소방조직을 소집하여 편성상 태를 확인하고 교육 · 훈련을 실시해야 하고, 소방교육 실시결과를 기록부에 작성하고 2년간 보관해야 함

2. 자위소방활동

자위소방활동은 화재 시 소방안전관리대상물 및 재실자의 화재안전 확보를 위한 필수요소들을 포함하고 있다. 자위소방활동의 주요 업무는 화재 발생 시간(Time)에 따라 필요한 기능(Function)적 특성을 포괄적으로 제시하고 있다고 보면 된다.

구분	업무특성
비상연락	화재 시 상황전파, 화재신고(119) 및 통보연락 업무
초기소화	초기소화설비를 이용한 조기 화재 진압
피난유도	재실자, 방문자의 피난유도 및 화재안전취약자에 대한 피난보조 활동
응급구조	응급상황 발생 시 응급조치 및 응급의료소 설치 · 지원
방호안전	화재확산방지, 위험물 시설에 대한 제어 및 비상반출

1. 대상처의 규모, 소방시설 및 편성대원에 따른 조직 편성기준

구분	편성대상	편성기준	
TYPE-I	• 특급 • 1급(연면적 30,000m² 이상 포함, 공동주택 제외)	지휘통제	지휘통제팀
		현장대응 (본부대)	비상연락팀, 초기소화팀, 피난유도팀, 응급구조팀, 방호안전팀(필요시 팀 가감 편성)
		현장대응 (지구대n)	각 구역(Zone)별 현장대응팀(구역별 규모, 인력에 따라 편성)
TYPE-II	• 1급(연면적 30,000m² 이상의 경우 TYPE-I 참고 및 적용, 공동주택 제외) • 2급(상시 근무인원 50명 이상)	지휘통제	지휘통제팀
		현장대응	비상연락팀, 초기소화팀, 피난유도팀, 응급구조팀, 방호안전팀(필요시 팀 가감 편성)
TYPE-III	• 2·3급(상시 근무인원 50명 이상의 경우 TYPE-II 참고 및 적용)	지휘통제	지휘통제팀
		현장대응	• 10인 미만 : 현장대응팀(개별 팀 구분 없음) • 10인 이상 : 비상연락팀, 초기소화팀, 피난유도팀(필요시 팀 가감 편성)
초기 대응체계	• 상시 근무 또는 거주인원	초기대응	초기대응팀(휴일야간 포함)

[비고]
1) 지휘통제팀은 수신반, 방재실 등을 거점으로 화재상황의 모니터링, 지휘통제 임무 수행, 현장대응팀은 화재 등 재난현장에서 비상연락, 초기소화, 피난유도 등의 임무를 수행
2) 대원편성은 상주, 거주 인원 중 자위소방활동이 가능한 인력을 기준으로 조직 구성
3) 초기대응체계는 특정소방대상물의 이용시간 동안 운영

참고 **지구대 설정 시 고려할 수 있는 구역(Zone) 설정 기준**

구분	적용기준	구역설정
수직구역	대상물의 층(floor)	단일 층 또는 일부 층(5층 이내)을 하나의 구역으로 설정
수평구역	대상물의 면적(area)	하나의 층이 1,000m² 초과 시 구역을 추가 설정하거나 대상물의 방화구획 기준으로 구분
임차구역	대상구역의 관리권원	구역 내 관리권원(임차권)별로 분할하거나 다수의 관리권원을 통합해 설정
용도구역	대상구역의 용도	비거주용도(주차장, 공장, 강등 등)는 구역설정에서 제외

2. 자위소방대 인력편성

① 팀별 인원편성

㉮ 자위소방대원은 대상물 내 상시 근무자나 거주하는 인원 중 자위소방활동이 가능한 인력으로 편성

㉯ 각 팀별 최소편성 인원은 2명 이상으로 하고, 각 팀별 책임자(팀장)를 지정하여 운영

         ⒟ 각 팀별 구성인원이 부족한 경우 팀별 기능을 통합하여 팀 조직을 가감하거나 현장대응 팀으로 구성하여 운영

    ② 대장 및 부대장 지정

        ㉮ 자위소방대장 : 소방안전관리대상물의 소유주, 법인의 대표 또는 관리기관의 책임자

        ㉯ 부대장 : 소방안전관리자

    ③ 대리자 지정 : 소방안전관리대상물의 대장 또는 부대장이 대상물에 부재하는 경우 업무를 대리하기 위한 대리자를 지정 운영

    ④ 초기대응체계의 인원편성

        ㉮ 소방안전관리보조자, 경비(보안)근무자 또는 대상물 관리인 등 상시 근무자를 중심으로 구성함

        ㉯ 소방안전관리대상물의 근무자의 근무위치, 근무인원 등을 고려하여 편성

        ㉰ 초기대응체계 편성 시 1명 이상은 수신반(또는 종합방재실)에 근무해야 하며 화재상황에 대한 모니터링 또는 지휘통제가 가능해야 함

        ㉱ 휴일 및 야간에 무인경비시스템을 통해 감시하는 경우에는 무인경비회사와 비상연락체계를 구축할 수 있음

3. 관리의 권원이 분리된 소방안전관리대상물의 구성

① 특정소방대상물의 그 관리의 권원이 분리되어 있는 것 가운데 소방본부장이나 소방서장이 지정하는 특정소방대상물은 해당 대상물의 자위소방대가 유기적으로 연계되어 운영될 수 있도록 편성한다.

② 관리의 권원이 분리된 소방안전관리대상물의 관계인은 자위소방대 구성을 위해 필요한 경우에는 자위소방대 운영협의회를 운영할 수 있다.

4. 다수 소방대상물의 구성

① 하나의 권리권원인 대상처 내에 다수의 소방대상물이 있는 경우, 각 대상물의 자위소방대가 유기적으로 연계되어 운영될 수 있도록 편성한다.

② 다수의 소방대상물 중 급수(특급, 1급, 2급, 3급)가 가장 높은 대상물을 본부대로 편성하고 그 밖의 대상물은 지구대로 구성할 수 있다.

> **참고 다수 소방대상물 적용기준**
> 소방안전관리자를 두어야 하는 특정소방대상물이 둘 이상 있고, 그 관리에 관한 권원을 가진 자가 동일인인 경우에는 이를 하나의 특정소방대상물로 보되, 그 중에서 급수가 높은 특정소방대상물로 본다.(단, 건축물대장의 건축물현황도에 표시된 대지경계선 안의 지역 또는 인접한 2개 이상의 대지에 있을 때)

1. 교육 및 훈련계획의 수립

① 자위소방대장은 자위소방대의 연간 교육·훈련계획을 수립하여 시행한다.

② 자위소방대 교육·훈련의 대상자는 자위소방대원, 대상물의 재실자, 종업원, 방문자 등을 포함할 수 있다.

③ 자위소방대장은 대상물의 화재안전관리체계 확립을 위해 종업원에 대한 교육 및 훈련계획을 별도로 작성할 수 있다.

2. 훈련실시 및 내용

자위소방대장은 대상물의 규모, 인원 및 이용형태 등을 이용하여 대상물에 적합한 훈련대상 및 훈련방법을 결정해야 한다. 이 경우 다음의 훈련방법 및 내용을 참고할 수 있다.

훈련종류		참여인력	주요내용	시기
기본훈련		자위소방대	개별·팀별임무숙지	3, 9월
피난훈련	주간	자위소방대 + 재실자	피난(유도·보조)훈련 피난안전구역 집결훈련	4월
	야간		재집결지 집결훈련	10월
종합훈련		자위소방대 + 재실자	기본훈련 + 피난훈련	10월
합동훈련		종합훈련참가자 + 소방관서	종합훈련 + 소방관서 공동훈련	11월

 훈련실시결과 기록
기록결과는 2년간 보관하여야 한다.(「화재의 예방 및 안전관리에 관한 법률 시행규칙」의 서식 활용)

3. 소방훈련 자체평가 및 개선

① 자체평가

㉮ 자위소방대장은 자위소방대 조직편성 및 훈련 결과를 자체적으로 평가하고 미비점이 도출된 경우 개선한다.

㉯ 자위소방대장은 자체평가를 위한 체크리스트를 작성하여 활용할 수 있으며 자체평가를 실시한 후에는 관련기록을 작성하고 2년간 보관한다.

② 재검토 : 자위소방대장은 운영계획 수립 시 재검토 기한을 설정하고 재검토한다.

STEP
01 화재대응 및 피난

1. 화재대응

화재전파 및 접수 → 화재신고(119) → 비상방송 → 대원소집 및 임무부여 → 관계기관 통보 · 연락 → 초기소화

2. 화재 시 일반적 피난행동

① 엘리베이터는 절대 이용하지 않도록 하며 계단을 이용해 옥외로 대피한다.
② 아래층으로 대피가 불가능한 때에는 옥상으로 대피한다.
③ 아파트의 경우 세대 밖으로 나가기 어려울 경우 세대 사이에 설치된 경량칸막이를 통해 옆 세대로 대피하거나 세대 내 대피공간으로 대피한다.
④ 낮은 자세로 유도등, 유도표지를 따라 대피한다.
⑤ 연기 발생 시 최대한 낮은 자세로 이동하고, 코와 입을 젖은 수건 등으로 막아 연기를 마시지 않도록 한다.
⑥ 출입문을 열기 전 출입문의 손잡이가 뜨거우면 문을 열지 말고 다른 길을 찾는다.
⑦ 옷에 불이 붙었을 때는 눈과 입을 가리고 바닥에서 뒹군다.
⑧ 탈출한 경우에는 절대로 다시 화재 건물로 들어가지 않는다.

3. 피난실패 시 행동요령

① 건물 밖으로 대피하지 못한 경우에는 밖으로 통하는 창문이 있는 방으로 들어간다.
② 이후 방안으로 연기가 들어오지 못하도록 문틈을 커튼 등으로 막고, 내부 물건 등을 활용하여 자신의 위치를 알리고 구조를 기다린다.

4. 일반적 피난계획 수립

① 사전 피난준비 → ② 피난개시 명령 → ③ 피난유도 → ④ 피난안전구역의 활용 → ⑤ 집결 → ⑥ 피난계획수립 예시

STEP (02) 피난약자의 피난계획 수립

1. 일반 원칙

① 피난약자의 재배치 또는 수직피난 등 화재상황에 적합한 피난전략을 고려하여 시행한다.

② 피난유도 시 피난약자를 우선 피난대상으로 지정하여 피난을 유도하고 보조를 요청하도록 한다.

③ 피난약자의 피난을 위해 사전에 지정된 피난보조자를 배치하거나 현장에서 피난보조자를 지정할 수 있다.

2. 공통사항(피난약자, 전 거주자)

① 건물에 대한 이해

② 피난약자에 대한 현황파악과 피난보조요령 등 숙지

③ 적절한 설비 설치

④ 소방안전교육 및 훈련 실시

⑤ 효과적인 피난시스템 구축

3. 장애유형별 피난보조 예시

① 지체장애인 : 불가피한 경우를 제외하고는 2인 이상 1조가 되어 피난을 보조하고 장애 정도에 따라 보조기구를 적극 활용하며 계단 및 경사로에서의 균형에 주의를 요한다.

② 청각장애인 : 시각적인 전달을 위해 표정이나 제스처를 사용하고 조명(손전등 및 전등)을 적극 활용하며 메모를 이용한 대화도 효과적이다.

③ 시각장애인 : 평상시와 같이 지팡이를 이용하여 피난토록 하며 피난보조자는 팔과 어깨에 살며시 기대도록 하여 안내하며 계단, 장애물 등을 미리 명확한 표현으로 알려준다. 여러 명의 시각장애인이 동시에 대피하는 경우 서로 손을 잡고 질서있게 피난토록 한다.

④ 지적장애인 : 공황상태에 빠질 수 있으므로 차분하고 느린 어조로 도움을 주러 왔음을 밝히고 피난을 보조한다. 특히, 인격을 고려한 친절한 말투 사용이 요구된다.

⑤ 노약자 : 장애인에 준하여 피난보조를 실시한다.

> **참고 화재안전취약자와 피난약자**
> • 화재안전취약자 : 어린이, 노인, 장애인 등 화재의 예방 및 안전관리에 취약한 자를 말하며, 「화재의 예방 및 안전관리에 관한 법률」 제23조에 근거한다.
> • 피난약자 : 장애인, 노인, 임산부, 영유아 및 어린이 등 이동이 어려운 사람을 말하여, 「화재의 예방 및 안전관리에 관한 법률 시행규칙」 제11조 ②항에 근거한다.

• 1. 소방계획의 수립

01 다음 ( ) 안에 들어 갈 알맞은 것은?

> ( )은 소방안전관리대상물의 화재로 인한 재난 발생을 사전에 예방·대비하고 화재 시 신속하고 효율적으로 대응·복구함으로써 인명 및 재산피해를 최소화하기 위해 작성·운영하고 유지·관리하는 위험관리계획을 의미한다.

① 소방업무계획
② 소방계획
③ 소방시설관리계획
④ 화재예방계획

🔍 소방계획의 개념에 설명으로 소방계획은 종합적 안전관리, 통합적 안전관리, 지속적 발전 모델 등을 기본원리로 구성된다.

02 다음 중 소방계획 수립 시 가장 핵심적인 측면은?

① 위험관리
② 안전관리
③ 화재예방
④ 소방시설관리

🔍 소방계획은 소방안전관리대상물의 화재로 인한 재난발생을 사전에 예방·대비하고 화재 시 신속하고 효율적으로 대응·복구함으로써 인명 및 재산피해를 최소화하기 위해 작성·운영하고 유지·관리하는 위험관리 계획을 의미한다.

03 소방계획 수립 시 주요 내용으로 볼 수 없는 것은?

① 소방안전관리대상물의 위치·구조·연면적·용도 및 수용인원 등 일반현황
② 화재예방을 위한 자체점검계획 및 진압대책
③ 소방시설·피난시설 및 방화시설의 점검·정비계획

④ 특정소방대상물의 근무자 및 거주자의 연락처 관리에 관한 사항

🔍 소방계획의 주요 내용
- 소방안전관리대상물의 위치·구조·연면적·용도 및 수용인원 등 일반 현황
- 소방안전관리대상물에 설치한 소방시설, 방화시설, 전기시설, 가스시설 및 위험물시설의 현황
- 화재 예방을 위한 자체점검계획 및 대응대책
- 소방시설·피난시설 및 방화시설의 점검·정비계획
- 피난층 및 피난시설의 위치와 피난경로의 설정, 화재안전취약자의 피난계획 등을 포함한 피난계획·
- 방화구획, 제연구획, 건축물의 내부 마감재료 및 방염대상물품의 사용 현황과 그 밖의 방화구조 및 설비의 유지·관리계획
- 관리의 권원이 분리된 특정소방대상물의 소방안전관리에 관한 사항
- 소방훈련·교육에 관한 계획
- 소방안전관리대상물의 근무자 및 거주자의 자위소방대 조직과 대원의 임무(화재안전취약자의 피난 보조 임무를 포함)에 관한 사항
- 화기 취급 작업에 대한 사전 안전조치 및 감독 등 공사 중 소방안전관리에 관한 사항
- 소화에 관한 사항과 연소 방지에 관한 사항
- 위험물의 저장·취급에 관한 사항(예방규정을 정하는 제조소 등은 제외)
- 소방안전관리에 대한 업무수행에 관한 기록 및 유지에 관한 사항
- 화재발생 시 화재경보, 초기소화 및 피난유도 등 초기대응에 관한 사항
- 그 밖에 소방본부장 또는 소방서장이 소방안전관리대상물의 위치·구조·설비 또는 관리 상황 등을 고려하여 소방안전관리에 필요하여 요청하는 사항

04 소방계획수립 시 소방관련법령상 주요 내용으로 볼 수 없는 것은?

① 소방안전관리대상물에 설치한 소방시설·방화시설(防火施設), 전기시설·가스시설 및 위험시설의 현황
② 소방훈련 및 교육에 관한 계획
③ 위험물의 저장·취급에 관한 사항(단, 소화와 연소방지에 관한 사항은 제외)
④ 화재 발생 시 화재경보, 초기소화 및 피난유도 등 초기대응에 관한 사항

🔍 소화와 연소방지에 관한 사항도 소방계획 수립 시 주요 내용으로 포함된다.

정답 **01** ② **02** ① **03** ④ **04** ③

05 다음 중 소방계획의 주요원리로 볼 수 없는 것은?

① 종합적 위험관리
② 통합적 안전관리
③ 개별적 위험관리
④ 지속적 발전모델

🔎 소방계획은 종합적 안전관리, 통합적 안전관리, 지속적 발전 모델 등을 주요 원리로 구성된다.

06 소방계획의 주요원리 중 PDCA Cycle을 주요 내용으로 하는 기본원리는?

① 종합적 위험관리
② 통합적 안전관리
③ 지속적 발전모델
④ 개별적 안전관리

🔎 소방계획의 주요원리

주요원리	주요 내용
종합적 안전관리	• 모든 형태의 위험을 포괄함 • 재난의 전주기적(예방 · 대비 → 대응 → 복구) 단계의 위험성을 평가
통합적 안전관리	• 외부 : 거버넌스(정부 – 대상처 – 전문기관) 및 안전관리 네트워크 구축 • 내부 : 협력 및 파트너십 구축, 전원참여
지속적 발전모델	• PDCA 사이클 • Plan : 계획, Do : 이행 · 운영, Check : 모니터링, Act : 개선

07 소방계획의 주요원리 중 PDCA 사이클(cycle)의 내용으로 옳지 않은 것은?

① Plan : 계획
② Do : 이행 · 운영
③ Change : 변화
④ Act : 개선

🔎 PDCA 사이클 : Plan(계획), Do(이행 · 운영), Check(모니터링), Act(개선)

08 다음 중 소방계획의 작성원칙에 해당되지 않는 것은?

① 계획수립의 문서화
② 관계인의 참여
③ 계획수립의 구조화
④ 실행우선

🔎 소방계획의 작성원칙
• 실현가능한 계획
• 관계인의 참여
• 계획수립의 구조화(작성 – 검토 – 승인)
• 실행우선

09 소방계획을 수립하여 가장 바람직한 시행 시기는?

① 차기연도 1월 1일부터 시행
② 소방계획 수립과 동시 시행
③ 소방계획 수립 후 다음 분기
④ 소방계획 수립 후 3/4분기

🔎 소방계획의 수립에 대한 작성 시점은 특별히 소방관계법령에서 정하고 있지는 않지만 매년 4/4분기에 차기연도 소방계획에 대한 작성, 검토 및 승인을 거쳐 1월 1일부터 시행하는 것이 바람직하다.

10 소방계획의 4단계로 구성된 수립절차로 옳은 것은?

① 사전기획 → 설계 및 개발 → 위험환경 분석 → 시행 및 유지관리
② 사전기획 → 위험환경 분석 → 설계 및 개발 → 시행 및 유지관리
③ 사전기획 → 설계 및 개발 → 시행 및 유지관리 → 위험환경 분석
④ 사전기획 → 위험환경 분석 → 시행 및 유지관리 → 설계 및 개발

🔎 소방계획의 수립절차
• 1단계 : 사전기획
• 2단계 : 위험환경 분석
• 3단계 : 설계 · 개발
• 4단계 : 시행 · 유지관리

11 소방안전관리대상물 소방계획의 작성방법 중 "장의 구성"에 해당하지 않는 것은?

① 일반사항
② 관리계획
③ 대응계획
④ 피난계획

🔍 소방계획의 작성방법
- 장의 구성 : 일반사항, 관리계획, 대응계획 및 부록으로 구분
- 절의 구성 : 장 안에 포함되는 절은 번호체계를 부여하고, 관리 및 대응계획은 세부 실행계획을 표준서식을 이용하여 작성

---

2. 자위소방대 및 초기대응체계 구성·운영

12 소방안전관리대상물에서 화재 등 재난발생 시 비상연락, 초기소화, 피난유도 및 인명·재산피해 최소화를 위해 편성된 자율안전관리조직은?

① 의무소방대
② 방공단
③ 자위소방대
④ 직장소방반

🔍 자위소방대는 소방안전관리대상물에서 화재 등 재난발생 시 비상연락, 초기소화, 피난유도 및 인명·재산피해 최소화를 위해 편성된 자율관리조직으로 소방시설법에서 관계인과 소방안전관리대상물의 소방안전관리자로 하여금 자위소방대를 구성하고 운영하도록 규정하고 있다.

13 자위소방대는 소방안전관리대상물의 화재 시 초기소화, 조기피난 및 응급처치 등에 필요한 골든타임 확보를 위해 필수적이다. 화재 시 골든타임은 몇 분 이내인가?

① 3분 이내　　② 5분 이내
③ 10분 이내　　④ 15분 이내

🔍 골든타임
- 화재 시 : 5분 이내
- 심폐소생술(CPR) 시 : 4~6분 이내

14 소방관련법령상 소방안전관리대상물의 소방안전관리자가 하여야 할 업무와 관련된 설명으로 틀린 것은?

① 연 1회 이상 자위소방조직을 소집하여 편성상태를 확인하여야 한다.
② 편성상태 확인 후 교육·훈련을 실시해야 한다.
③ 교육·훈련 실시 후 실시결과를 기록부에 작성해야 한다.
④ 소방교육 실시 결과 작성한 기록부는 1년간 보관해야 한다.

🔍 교육·훈련의 실시결과는 소방시설법에 따라 그 기록결과를 2년간 보관하여야 한다.

15 화재 시 자위소방대 자위소방활동의 주요업무와 그 내용이 잘못 연결된 것은?

① 비상연락 – 화재 시 상황전파, 화재신고 및 통보연락 업무
② 초기소화 – 초기소화설비를 이용한 조기 화재 진압
③ 응급구조 – 응급상황 발생 시 응급조치 및 응급의료소 설치·지원
④ 방호안전 – 화재 발생 건축물 붕괴방지 및 안전 조치

🔍 자위소방활동

구분	업무특성
비상연락	화재 시 상황전파, 화재신고 및 통보연락 업무
초기소화	초기소화설비를 이용한 조기 화재 진압
응급구조	응급상황 발생 시 응급조치 및 응급의료소 설치·지원
방호안전	화재확산방지, 위험물 시설에 대한 제어 및 비상반출
피난유도	재실자, 방문자의 피난유도 및 재해약자에 대한 피난보조 활동

16 다음은 어느 소방안전관리대상물의 소방시설 및 편성가능 인원을 나타낸 것이다. 적합한 자위소방대의 유형은?

> 가. 2급 소방안전관리대상물이다.
> 나. 편성가능한 인원은 8명이다.
> 다. 소방시설은 자동화재탐지설비와 소화기가 설치되어 있다.

① TYPE-Ⅰ
② TYPE-Ⅱ
③ TYPE-Ⅲ
④ TYPE-Ⅰ~Ⅲ에 모두 해당

🔍 TYPE-Ⅲ

구분	편성대상	편성기준	
		지휘통제	지휘통제팀
TYPE-Ⅲ	2급·3급 (상시 근무 인원 50명 이상의 경우 TYPE-Ⅱ 참고 및 적용)	현장대응	• 10인 미만 : 현장대응팀(개별 팀 구분 없음) • 10인 이상 : 비상연락팀, 초기소화팀, 피난유도팀(필요시 팀 가감 편성)

17 대상처의 규모, 소방시설 및 편성대원에 따른 자위소방대 조직 편성기준에 따라 'TYPE-Ⅱ' 조직으로 구성해야 하는 편성대상은?

① 특급 소방안전관리대상물
② 지하층 제외 37층 아파트
③ 지하층 제외 50층 아파트
④ 3급 소방안전관리대상물

🔍 TYPE-Ⅱ

구분	편성대상	편성기준	
		지휘통제	지휘통제팀
TYPE-Ⅱ	• 1급(연면적 30,000m² 이상의 경우 TYPE-Ⅰ 참고 및 적용, 공동주택 제외) • 2급(상시 근무인원 50명 이상)	현장대응	비상연락팀, 초기소화팀, 피난유도팀, 응급구조팀, 방호안전팀 (필요시 팀 가감 편성)

18 다음 중 초기대응체계의 구성에 대한 설명으로 틀린 것은?

① 자위소방대에 포함하여 편성하도록 한다.
② 화재발생 초기 신속하게 대응할 수 있도록 구성한다.
③ 소방안전관리대상물이 이용되는 기간 동안에는 일시적으로 운영되어야 한다.
④ 화재 초기 비상연락, 초기소화 및 피난유도 등의 기본기능과 대상물 특성을 반영한 특수기능을 수행할 수 있도록 구역별 소규모팀으로 편성한다.

🔍 소방안전관리대상물이 이용되는 기간 동안에는 상시적으로 운영되어야 한다.

19 자위소방대 구성에서 지구대 설정 시 고려할 수 있는 구역과 적용기준으로 맞지 않는 것은?

① 수직구역 – 대상물의 층(Floor)
② 수평구역 – 대상물의 면적(Area)
③ 임차구역 – 대상구역의 건물주(Land lord)
④ 용도구역 – 대상구역의 용도(Occupancy)

🔍 임차구역의 적용기준은 대상구역의 관리권원(Tenancy)이다.

20 자위소방대의 인력편성에서 초기대응체계의 인원편성에 대한 내용으로 옳지 않은 것은?

① 소방안전관리보조자, 경비(보안)근무자 등 상시근무자를 중심으로 구성한다.
② 소방안전관리대상물의 근무자의 근무위치, 근무인원 등을 고려하여 편성한다.
③ 초기대응체계 편성 시 2명 이상은 수신반(또는 종합방재실)에 근무해야 한다.
④ 휴일 및 야간에 무인경비시스템을 통해 감시하는 경우에는 무인경비회사와 비상연락체계를 구축할 수 있다.

🔍 초기대응체계 편성 시 1명 이상은 수신반(또는 종합방재실)에 근무해야 하며 화재상황에 대한 모니터링 또는 지휘 통제가 가능해야 한다.

21 자위소방대의 교육 및 훈련계획에 대한 내용으로 틀린 것은?

① 자위소방대장은 자위소방대의 연간 교육 · 훈련계획을 수립하여 시행한다.
② 자위소방대 교육 · 훈련의 대상자는 자위소방대원, 대상물의 재실자를 포함하며, 종업원이나 방문자 등은 제외하여야 한다.
③ 자위소방대장은 교육 · 훈련 계획에 따라 교육대상, 교육방법을 정하고 교육자료를 준비한다.
④ 자위소방대장은 교육 실시 전 교육내용 등에 대한 수요조사를 실시할 수 있다.

🔍 자위소방대 교육 · 훈련의 대상자는 자위소방대원, 대상물의 재실자, 종업원, 방문자 등을 포함할 수 있다.

22 자위소방대의 훈련방법 및 내용과 관련하여 기본훈련에 속하는 것은?

① 개별 · 팀별임무숙지
② 피난(유도 · 보조)훈련
③ 피난안전구역 집결훈련
④ 재집결지 집결훈련

🔍 훈련방법 및 내용

훈련종류		참여인력	주요내용
기본훈련		자위소방대	개별 · 팀별임무숙지
피난 훈련	주간	자위소방대 + 재실자	피난(유도 · 보조)훈련 피난안전구역 집결훈련 재집결지 집결훈련
	야간		
종합훈련		자위소방대 + 재실자	기본훈련 + 피난훈련
합동훈련		종합훈련참가자 + 소방관서	종합훈련 + 소방관서 공동훈련

● 3. 화재대응 및 피난

23 장애유형별 피난보조 시 '조명(손전등 및 전등)을 활용하거나 메모를 이용한 대화'가 효과적인 장애유형은?

① 청각장애인
② 지체장애인
③ 지적장애인
④ 시각장애인

🔍 장애유형별 피난보조 예시
• 청각장애인 : 시각적인 전달을 위해 표정이나 제스처를 사용하고 조명(손전등 및 전등)을 적극 활용하거나 메모를 이용한 대화도 효과적이다.
• 노약자 : 장애인에 준하여 피난보조를 실시한다.

24 화재 발생 후 피난실패 시 행동요령으로 옳은 것은?

① 엘리베이터가 있는 장소로 이동한다.
② 건물 밖으로 대피하지 못한 경우에는 밖으로 통하는 창문이 있는 방으로 들어간다.
③ 옷에 불이 붙었을 때에는 수돗물로 신속하게 불을 끈다.
④ 연기 발생 시 높은 자세를 유지하여 연기를 피한다.

🔍 피난 실패 시 건물 밖으로 대피하지 못한 경우
밖으로 통하는 창문이 있는 방으로 들어간 후 방 안으로 연기가 들어오지 못하도록 문틈을 커튼으로 막고, 내부 물건 등을 활용하여 자신의 위치를 알리고 구조를 기다린다.

소방안전
교육 및 훈련

Section 01 소방안전교육 및 훈련

소방안전교육 및 훈련

STEP 01 소방교육 및 훈련의 정의

소방교육 및 훈련은 "화재를 비롯한 사고와 재난으로부터 인간의 안전을 지키기 위해 안전의식을 고취하고, 이를 실천하여 위험에 적절히 대응할 수 있는 행동능력을 기르기 위해 의도적이고 계획적으로 지식과 기능을 학습시키는 교육"이라고 정의할 수 있다.

STEP 02 소방교육 및 훈련의 실시원칙

1. 학습자 중심(피교육자 중심)의 원칙

① 한 번에 한 가지씩 습득 가능한 분량을 교육 및 훈련시킨다.
② 쉬운 것에서 어려운 것으로 교육을 실시하되 기능적 이해에 비중을 둔다.
③ 학습자에게 감동이 있는 교육이 되어야 한다.

2. 동기부여의 원칙

① 교육의 중요성을 전달해야 한다.
② 학습을 위해 적절한 스케줄을 적절히 배정해야 한다.
③ 교육은 시기적절하게(Just-in-time) 이루어져야 한다.
④ 핵심사항에 교육의 포커스를 맞추어야 한다.
⑤ 학습에 대한 보상을 제공해야 한다.
⑥ 교육에 재미를 부여해야 한다.
⑦ 교육에 있어 다양성을 활용해야 한다.
⑧ 사회적 상호작용(social interaction)을 제공해야 한다.
⑨ 전문성을 공유해야 한다.
⑩ 초기성공에 대해 격려해야 한다.

3. 목적의 원칙

① 어떠한 기술을 어느 정도까지 익혀야 하는가를 명확하게 제시한다.
② 습득하여야 할 기술이 활동 전체에서 어느 위치에 있는가를 인식하도록 한다.

4. 현실성의 원칙

학습자의 능력을 고려하지 않은 훈련은 비현실적이고 불완전하다.

5. 실습의 원칙

① 실습을 통해 지식을 습득한다.
② 목적을 생각하고, 적절한 방법으로 정확하게 하도록 한다.

6. 경험의 원칙

경험을 했던 사례를 현실감 있게 하도록 한다.

7. 관련성의 원칙

모든 교육 및 훈련 내용은 실무적인 접목과 현장성이 있어야 한다.

STEP 03 소방교육 및 훈련의 실제

1. 소방교육 및 훈련계획 과정

① 계획수립(Plan) : 훈련을 실시하며 평가하는데 필요한 토대를 구축하며 훈련을 설계하고 실시계획을 수립하는 단계
② 훈련실행(Do) : 화재 시 대응능력을 습득하기 위해 평가관이나 통제관의 입회하에 모의훈련을 실시하는 단계(소방시설 사용법 훈련, 종합훈련 등)
③ 평가(Check) : 훈련 시 평가체크리스트를 활용할 수 있으며 훈련 종료 후 현장평가회의를 통해 강점과 개선점에 대해 필요부분을 문서화하는 단계
④ 개선(Action) : 도출된 개선사항을 구체적 시기 등을 명기하여 계획하고 향후 추진정도를 평가하는 단계

2. 소방교육의 교수기법

① 강의법 : 강사가 학습내용을 구두로 전달하는 가장 보편적인 교수법
② 시범 · 실습 : 수업시간에 시범과 실습을 통하여 이미 알려진 지식을 객관적으로 예증하거나 기능을 숙달하기 위한 교수방법
③ 시뮬레이션 : 실제 화재 상황이나 이와 유사한 상황을 인위적으로 결정하여, 시뮬레이션을 통하여 유사시 재난대처 능력을 강화하고 안전의식을 고취하는 방법

④ 토의법 : 특정 주제에 대해 강사와 학습자 또는 학습자 상호 간에 언어를 매체로 하여 서로 의견과 사실, 정보 등을 교환하는 교수방법

⑤ 사례연구 : 실제 일어났던 상황을 기술한 사례를 정독한 후 해당 사례 및 상황에 대한 문제점과 해결방안을 도출하고, 이에 대한 토의를 통해 대응능력을 신장시키는 교수방법

3. 합동소방훈련의 실시

① 합동소방훈련 : 소방안전관리대상물과 소방관에서 함께 실시하는 훈련으로, 소방서장은 특급 및 1급 소방안전관리대상물의 관계인으로 하여금 합동소방훈련을 실시하게 할 수 있다.

② 합동소방훈련의 실시 목적

    ㉮ 자위소방대의 초동조치 능력배양

    ㉯ 신속한 상황전파 및 개인별 임무분담체계 확립

    ㉰ 대상물 특성에 맞는 종합적인 방화대책 수립

    ㉱ 소방관서, 유관기관과의 역할분담 및 협조체계 구축

③ 합동소방 본 훈련의 절차

    화재발생 → 발견 · 전파 → 자체진화 → 인명대피 → 부상자구호 → 물품반출 → 소방대출동 → 소방활동 → 훈련종료 · 강평 → 현장정리

④ 본 훈련 시 행동요령

상황	행동 요령	담당
훈련예고	• 전 직원에게 소방훈련 시작의 안내방송	
훈련시작	• 가상 화재발생 메시지 전달	
화재발생	• 연막탄 점화(건물 앞면 · 발화층)	
발견 · 전파	• 직원이 화재를 발견하고 육성으로 건물 내 화재발생 전파 • 소방서 화재신고(주소, 건물정보, 재실자 규모, 화재종류 등) • 비상연락팀은 비상벨경보 및 비상방송	비상연락팀
자체진화	• 초기소화팀이 출동하여 자체 보유 소화기 · 옥내소화전을 이용 진화작업	초기소화팀
인명대피	• 피난유도팀은 비상구를 개방하고 관람객과 직원을 비상구 및 건물 밖으로 신속히 대피 유도 • 연소확대방지를 위해 방호안전팀이 건물 전기 · 가스공급 차단	피난유도팀 방호안전팀
부상자구호	• 응급구조팀이 부상자를 양쪽에서 부축하여 건물 밖으로 옮겨 응급조치를 실시하고 119구급차 대기	응급구조팀
물품반출	• 방호안전팀이 사무실에서 중요서류와 물품을 안전한 장소로 긴급반출	방호안전팀
소방대출동	• 화재현장에 진입하는 소방차를 순차 유도(깃발 · 수신호를 이용하여 정문에서 화재현장까지)	관할소방서
소방활동	• 현장에 도착한 소방대의 화재진압, 환자이송 및 인명구조활동	관할소방서
종료 · 강평	• 소방활동 완료 후 집합 및 강평	

01 다음 중 '소방교육 및 훈련의 실시원칙'으로 옳지 않은 것은?

① 현실성의 원칙
② 실습의 원칙
③ 경험의 원칙
④ 교육자 중심의 원칙

○ 소방교육 및 훈련의 실시원칙
  • 학습자 중심(피교육자 중심)의 원칙
  • 동기부여의 원칙
  • 목적의 원칙
  • 현실성의 원칙
  • 실습의 원칙
  • 경험의 원칙
  • 관련성의 원칙

02 소방교육 및 훈련의 원칙 중 동기부여 원칙으로 볼 수 없는 것은?

① 필요성을 제시한다.
② 책임감을 느끼게 한다.
③ 단순한 지식, 관련기술의 이해에서 부과적인 효과를 도출한다.
④ 처음부터 실수가 없도록 한다.

○ 동기부여의 원칙
  • 필요성을 제시한다.(활용사례 등)
  • 책임감을 느끼도록 한다.(대원 자신이 훈련)
  • 흥미를 느끼게 한다.(사례나 도표 활용)
  • 처음부터 실수가 없도록 한다.(자신감)
  • 확인하게 한다.(평가 확인)

03 소방교육 및 훈련의 원칙 중 [보기]의 내용으로 맞는 것은?

> • 한 번에 한 가지씩 습득 가능한 분량을 교육 및 훈련을 시킨다.
> • 쉬운 것에서 어려운 것으로 교육을 실시하되 기능적 이해에 비중을 둔다.

① 현실성의 원칙
② 피교육자 중심의 원칙
③ 실습의 원칙
④ 경험의 원칙

○ 피교육자 중심의 원칙에 대한 내용이다.

04 소방교육 및 훈련계획 과정은 PDCA 사이클의 4단계로 이루어진다. 다음 중 PDCA 사이클의 4단계를 잘못 나타낸 것은?

① P : Plan
② D : Do
③ C : Check
④ A : Analysis

○ 소방교육 및 훈련계획 과정
  • P : Plan(계획수립)
  • D : Do(훈련실행)
  • C : Check(평가)
  • A : Action(개선)

05 소방교육의 교수법 중 가장 보편적인 교수방법으로 강사가 학습내용을 구두로 전달하는 방법은?

① 사례연구법
② 시범 · 실습
③ 토의법
④ 강의법

○ • 사례연구법 : 실제 일어났던 상황을 기술한 사례를 정독한 후 해당 사례 및 상황에 대한 문제점과 해결방안을 도출하고, 이에 대한 토의를 통해 대응능력을 신장시키는 교수방법
  • 시범 · 실습 : 수업시간에 시범과 실습을 통하여 이미 알려진 지식을 객관적으로 예증하거나 기능을 숙달하기 위한 교수방법
  • 토의법 : 특정 주제에 대해 강사와 학습자 또는 학습자 상호 간에 언어를 매체로 하여 서로 의견과 사실, 정보 등을 교환하는 교수방법

06 기존의 시나리오 소방훈련방식에서 벗어나 화재발생을 가정해 '119신고부터 초기진단, 인명구조 등 일련의 과정을 스스로 판단해 진행하는 소방훈련방식'은?

① 합동소방훈련
② 실화재 연기거동 관전교육
③ 무각본소방훈련
④ 모의화재 피난 체험훈련

> 🔍 **무각본소방훈련**
> 기존의 시나리오에 의한 소방훈련 틀에서 벗어나 화재발생을 가정해 119신고부터 상황전파, 초기진화, 인명구조, 소방차유도 등 일련의 과정을 스스로 판단해 진행하는 훈련방식이다.

07 '합동소방훈련에서 중점적으로 실시하여야 할 사항'이 아닌 것은?

① 화재발생 시 119신고 및 전파 훈련
② 자체소방시설을 활용한 자위소방대의 초기 화재진압 훈련
③ 인명대피, 대피유도 및 응급처치 훈련
④ 소방활동 완료 후 집합 및 강평

> 🔍 **합동소방훈련에서 중점적으로 실시하여야 할 사항**
> • 화재발생 시 119신고 및 전파 훈련
> • 자체소방시설을 활용한 자위소방대의 초기 화재진압 훈련
> • 인명대피, 대피유도 및 응급처치 훈련
> • 중요물품 반출 및 소방대 유도 훈련

08 합동소방 본 훈련절차 중 '물품반출 담당'으로 옳은 팀은?

① 방호안전팀
② 초기소화팀
③ 비상연락팀
④ 피난유도팀

> 🔍 **합동소방 본 훈련 시 행동요령**
> • 발견 · 전파 – 비상연락팀
> • 자체진화 – 초기소화팀
> • 인명대피 – 피난유도팀, 방호안전팀
> • 부상자구호 – 응급구조팀
> • 물품반출 – 방호안전팀 등

정답 **06** ③ **07** ④ **08** ①

작동점검표 작성

01 작동점검표 작성

STEP 01 작동검검표 작성 주요내용

특정소방대상물에 설치되어 있는 소방시설등에 대하여 실시한 자체점검 결과를 체계적 · 효율적으로 관리하기 위해, 점검항목을 통합한 소방시설등 자체점검 실시결과 보고서로 서식을 통일하여 작성 · 제출하도록 일원화하였다.

STEP 02 작동점검 전 준비 및 현황확인

1. 작동점검표 구성

작동점검표는 소방시설등 점검표, 소방시설등 세부현황, 소방시설별 점검표로 구성

2. 점검 전 준비사항

① 협의나 협조 받을 건물 관계인 등 연락처를 사전 확보
② 점검의 목적과 필요성에 대하여 건물 관계인에게 사전 안내
③ 음향장치 및 각 실별 방문점검을 미리 공지

3. 현황확인

① 건축물대장을 이용하여 건물개요 확인
② 도면 등을 이용하여 설비의 개요 및 설치위치 등을 파악
③ 점검사항을 토대로 점검순서를 계획하고 점검장비 및 공구를 준비
④ 기존의 점검자료 및 조치결과가 있다면 점검 전 참고
⑤ 점검과 관련된 각종 법규 및 기준을 준비하고 숙지

4. 점검표 작성을 위한 준비물

① 소방시설등 자체검사 실시결과 보고서
② 소방시설등(작동, 종합(최초점검, 그 밖의 점검)) 점검표
③ 건축물대장
④ 소방도면 및 소방시설 현황
⑤ 소방계획서 등

01 소방시설등 '자체점검 전 준비사항'으로 옳지 않은 것은?

① 소방시설등 세부현황 숙지
② 협의나 협조받을 건물 관계인 등 연락처를 사전 확보
③ 점검의 목적과 필요성에 대하여 건물 관계인에게 사전 안내
④ 음향장치 및 각 실별 방문점검을 미리 공지

🔍 소방시설등 자체점검 전 준비사항
• 협의나 협조받을 건물 관계인 등 연락처를 사전 확보
• 점검의 목적과 필요성에 대하여 건물 관계인에게 사전 안내
• 음향장치 및 각 실별 방문점검을 미리 공지

02 다음 중 소방시설등 '자체점검표 작성을 위한 준비물'로 볼 수 없는 것은?

① 소방시설등 자체검사 실시결과 보고서
② 건축물설계도면
③ 건축물대장
④ 소방도면 및 소방시설 현황

🔍 자체점검표 작성을 위한 준비물
• 소방시설등 자체검사 실시결과 보고서
• 소방시설등(작동, 종합(최초점검, 그 밖의 점검)) 점검표
• 건축물대장
• 소방도면 및 소방시설 현황
· 소방계획서 등

03 소방시설등 자체점검 실시결과 보고서는 점검이 끝난 날부터 얼마간 자체 보관하여야 하는가?

① 1개월
② 6개월
③ 1년
④ 2년

🔍 건축물의 관계인은 소방시설등 자체점검 실시 결과보고서를 소방본부장 또는 소방서장에 점검이 끝난 날부터 15일 이내 보고하고, 2년간 자체 보관하여야 한다.

CHAPTER

12

°실전모의고사

01 다음 중 '소방안전관리제도와 책임'으로 볼 수 없는 것은?

① 각종 재난 등으로부터 국민의 안전을 수호하는 것
② 각종 재난 등으로 인한 피해는 사회·국가적인 피해가 유발될 수 있다는 점
③ 각종 재난 등의 안전관리는 고도의 전문적인 기술력이 요구되는 특성을 지닌다는 점
④ 소방안전관리자의 역량이 높아질수록 화재 및 재난 등의 위험이 낮아진다는 점

🔍 소방안전관리제도의 책임과 이유
 • 화재 및 재난 등으로부터 국민의 안전을 수호하는 것을 국가의 의무라는 점
 • 화재 및 재난 등으로 인한 피해는 개인의 문제를 넘어 사회·국가적인 피해가 유발될 수 있다는 점
 • 화재 및 재난 등은 개인의 예방활동만으로는 위험을 배제할 수 없고 대형 피해의 위험성이 계속 증가한다는 점
 • 민간의 화재 및 재난 등에 대한 투자가 소극적이거나 피동적일 수 있어 안전관리의 사각지대가 발생할 수 있다는 점
 • 화재 및 재난 등의 안전관리는 기본적인 소양 외에 고도의 전문적인 기술력이 요구되는 특성을 지닌다는 점
 • 소방안전관리자의 역량이 높아질수록 화재 및 재난 등의 위험에서 국민의 안전확보는 강화되며, 국가 소방력 업무의 한계를 극복한다는 점

02 소방기본법상 '소방대상물의 관계인'에 해당되지 않는 사람은?

① 소방대상물의 저당권자
② 소유자
③ 관리자
④ 소방대상물의 점유자

🔍 소방기본법상 관계인이라 소방대상물의 소유자, 관리자 또는 점유자를 말한다.

03 다음 중 소방기본법상 5년 이하의 징역 또는 5천만원 이하의 벌금에 해당되는 벌칙 사항은?

① 정당한 사유 없이 소방용수시설 또는 비상소화장치를 사용하거나 그 정당한 사용을 방해한 사람
② 화재가 발생하거나 불이 번질 우려가 있는 소방대상물 또는 토지의 강제처분을 방해한 자
③ 피난명령을 위반한 자
④ 정당한 사유 없이 물의 사용이나 수도의 개폐장치의 사용 또는 조작을 하지 못하게 하거나 방해한 자

🔍 • ①항 : 5년 이하의 징역 또는 5천만원 이하의 벌금(소방기본법 제50조)
 • ②항 : 3년 이하의 징역 또는 3천만원 이하의 벌금(소방기본법 제51조)
 • ③항 : 100만원 이하의 벌금(소방기본법 제54조)
 • ④항 : 100만원 이하의 벌금(소방기본법 제54조)

04 다음 중 '화재안전조사'의 명령권자가 아닌 사람은?

① 소방청장
② 소방관리대장
③ 소방본부장
④ 소방서장

🔍 화재안전조사는 소방관서장(소방청장, 소방본부장 또는 소방서장)이 소방대상물, 관계지역 또는 관계인에 대하여 소방시설등이 소방관계법령에 적합하게 설치·관리되고 있는지, 소방대상물에 화재발생 위험이 있는지 등을 확인하기 위하여 실시하는 현장조사·문서열람·보고요구 등을 하는 활동이다.

05 소방안전관리대상물의 '소방안전관리자 업무'로 볼 수 없는 것은?

① 피난계획, 소방계획서의 작성 및 시행
② 피난시설, 방화구획 및 방화시설의 유지 · 관리
③ 소방훈련 및 교육
④ 자율소방대 구성 · 운영

🔍 소방안전관리대상물의 소방안전관리자 업무
- 피난계획, 소방계획서의 작성 및 시행
- 자위소방대 및 초기대응체계의 구성, 운영 및 교육
- 피난시설, 방화구획 및 방화시설의 유지 · 관리
- 소방시설이나 그 밖의 소방관련 시설의 관리
- 소방훈련 및 교육
- 화기(火氣)취급의 감독
- 소방안전관리에 관한 업무수행에 관한 기록 · 유지
- 화재발생 시 초기대응
- 그 밖에 소방안전관리에 필요한 업무

06 건축물의 '건축허가 등의 동의절차'에 관한 사항으로 옳지 않은 것은?

① 동의권자는 소방본부장 · 소방서장이다.
② 건축허가 및 사용승인 동의기간은 5일 이내(특급 소방안전관리대상물인 경우 10일 이내)
③ 허가청에서 허가 등의 취소 시 3일 이내 취소 통보
④ 동의 요구서 및 첨부서류의 보완이 필요한 경우 4일 이내 보완을 요구할 수 있다.

🔍 건축물의 건축허가 등의 동의절차
- 동의권자 : 소방본부장, 소방서장
- 동의대상 : 건축물의 신축 · 증축 · 개축 · 재축 · 이전 · 용도변경 또는 대수선의 허가 · 협의 및 사용승인의 허가신청 건축물
- 건축허가 및 사용승인 동의기간 : 5일 이내(특급 소방안전관리대상물인 경우 10일 이내)
- 건축허가청에서 허가 취소된 경우 : 7일 이내 소방서장 또는 소방본부장에게 통보
- 건축 허가등의 확인행정 : 소방시설의 완공검사필증 교부
- 동의요구서 및 첨부서류의 보완이 필요한 경우 : 4일 이내의 기간을 정하여 보완을 요구할 수 있다.

07 다중이용업소의 안전관리에 관한 법에 따른 '실내장식물'로 볼 수 없는 것은?

① 합판, 목재
② 합성수지류 또는 섬유류를 주원료로 한 물품
③ 두께가 2mm 미만인 종이류
④ 공간을 구획하기 위하여 설치하는 간이 칸막이

🔍 다중이용업소의 안전관리에 관한 법에 따른 실내장식물의 종류
- 종이류(두께 2mm 이상인 것) · 합성수지류 또는 섬유류를 주원료로 한 물품
- 합판, 목재
- 공간을 구획하기 위하여 설치하는 간이 칸막이(접이식 등 이동가능한 벽체나 천장 또는 반자가 실내에 접하는 부분까지 구획하지 아니하는 벽체를 말한다.)
- 흡음(吸音)이나 방음(防音)을 위하여 설치하는 흡음재(흡음용 커튼을 포함) 또는 방음재(방음용 커튼을 포함)

08 다음 건물의 용적률과 건폐율로 옳은 것은?(단, 건축면적은 1층의 바닥면적과 동일하다.)

① 용적률 : 150%, 건폐율 : 100%
② 용적률 : 100%, 건폐율 : 150%
③ 용적률 : 150%, 건폐율 : 50%
④ 용적률 : 50%, 건폐율 : 150%

🔍
- 용적률 : 대지면적(각 층 바닥면적의 총합)에 대한 연면적의 비율

$$용적률 = \frac{연면적}{대지면적} \times 100(\%)$$

$$\therefore 용적률 = \frac{1200}{800} \times 100 = 150\%$$

- 건폐율 : 대지면적에 대한 건축면적의 비율

$$건폐율 = \frac{건축면적}{대지면적} \times 100(\%)$$

$$\therefore 건폐율 = \frac{400}{800} \times 100(\%) = 50\%$$

09 재난유형별 대응체계에서 '징후활동이 비교적 활발하고 국가위기로 발전할 수 있는 일정 수준의 경향성이 나타나는 상태'의 단계는?

① 주의(Yellow)

② 관심(Blue)

③ 경계(Orange)

④ 심각(Red)

🔍 재난유형별 대응체계(단계와 내용)
- 관심(Blue) : 징후가 있으나, 그 활동이 낮으며 가까운 기간 내에 국가위기로 발전할 가능성이 비교적 낮은 상태
- 주의(Yellow) : 징후활동이 비교적 활발하고 국가위기로 발전할 수 있는 일정 수준의 경향성이 나타나는 상태
- 경계(Orange) : 징후활동이 매우 활발하고 전개속도, 경향성 등이 현저한 수준으로서 국가위기로 발전 가능성이 농후한 상태
- 심각(Red) : 징후활동이 매우 활발하고 전개속도, 경향성 등이 심각한 수준으로 국가위기가 확실시되는 상태

10 건축관계법령상 '하나의 건축물 각 층의 바닥면적의 합계'를 무엇이라 하는가?

① 바닥면적

② 건폐율

③ 연면적

④ 용적률

🔍 연면적은 하나의 건축물 각 층의 바닥면적의 합계를 말한다.(단, 용적률을 산정할 때 다음에 해당하는 면적은 제외)
- 지하층의 면적
- 지상층의 주차용(해당 건축물의 부속용도인 경우만 해당)으로 쓰는 면적
- 초고층 건축물과 준초고층 건축물에 설치하는 피난안전구역의 면적
- 건축물의 경사지붕 아래에 설치하는 대피공간의 면적

11 6층 이상 건축물로 '거실에 배연설비를 설치해야 하는 건축물'이 아닌 것은?

① 공연장(제2종 근린생활시설 중)

② 문화 및 집회시설

③ 유스호스텔

④ 노인요양시설

🔍 배연설비(배연창, 배연구) 설치대상
- 제2종 근린생활시설 중 공연장, 종교집회장, 인터넷컴퓨터게임시설제공업소 및 다중생활시설
- 문화 및 집회시설, 종교시설, 판매시설, 운수시설, 운동시설, 업무시설, 숙박시설, 위락시설, 관광휴게시설, 장례시설 등
- 의료시설(요양병원 및 정신병원은 제외), 교육연구시설 중 연구소
- 노유자시설 중 아동관련 시설, 노인복지시설(노인요양시설은 제외)
- 수련시설 중 유스호스텔

12 다음 중 가연물질의 구비조건으로 볼 수 없는 것은?

① 화학반응을 일으킬 때 필요한 활성화에너지값이 작아야 한다.

② 산소와 결합할 때 발열량이 커야 한다.

③ 열의 축적이 용이하도록 열전도의 값이 커야 한다.

④ 연쇄반응을 일으킬 수 있는 물질이어야 한다.

🔍 가연물질의 구비조건
- 화학반응을 일으킬 때 필요한 활성화 에너지(최소 점화에너지)의 값이 작아야 한다.
- 일반적으로 산화되기 쉬운 물질로서 산소와 결합할 때 발열량이 커야 한다.
- 열의 축적이 용이하도록 열전도의 값이 작아야 한다.
- 지연성(조연성) 가스인 산소·염소와의 친화력이 강해야 한다.
- 산소와 접촉할 수 있는 표면적이 큰 물질이어야 한다.(기체 〉 액체 〉 고체)
- 연쇄반응을 일으킬 수 있는 물질이어야 한다.

13 다음 중 고체 가연성물질의 연소형태가 아닌 것은?

① 분해연소

② 증발연소

③ 표면연소

④ 확산연소

🔍 가연성물질의 연소형태
- 고체의 연소형태 : 분해연소, 증발연소, 표면연소(작열연소, 무염연소), 자기연소
- 액체의 연소형태 : 증발연소, 분해연소
- 기체의 연소형태 : 확산연소, 예혼합연소

14 상온에서 액체상태로 존재하는 유류가 가연물이 되는 화재는?

① A급 화재 ② B급 화재
③ C급 화재 ④ D급 화재

🔍 화재의 분류
• A급 화재 : 일반화재
• B급 화재 : 유류화재
• C급 화재 : 전기화재
• D급 화재 : 금속화재
• K급 화재 : 주방화재

15 화재 시 발생하는 불완전연소생성물이 인체에 미치는 영향으로 맞지 않는 것은?

① 시야를 감퇴하며 피난행동 및 소화활동을 저해한다.
② 연기성분 중 유독가스 발생으로 생명이 위험하다.
③ 최근 방염(난염)처리된 물질을 사용하여 유독가스 발생은 없다.
④ 정신적으로 긴장 또는 패닉현상에 빠지게 되는 2차적 재해의 우려가 있다.

🔍 최근 건물화재의 특징은 방염(난염)처리된 물질을 사용하여 연소 그 자체는 억제되고 있지만 다량의 연기입자 및 유독가스를 발생하는 특징이 있다.

16 소화약제 중 '분말 소화약제의 소화효과'로 맞는 것은?

① 냉각효과, 질식효과
② 질식효과, 억제(부촉매)효과, 냉각효과
③ 질식효과, 냉각효과
④ 질식효과, 억제(부촉매)효과

🔍 소화약제의 종류와 소화효과
• 물 소화약제 : 냉각효과, 질식효과
• 포 소화약제 : 질식효과, 냉각효과
• 분말 소화약제 : 질식효과, 억제(부촉매)효과
• 이산화탄소(CO_2) 소화약제 : 질식효과, 냉각효과
• 할로겐화합물 소화효과 : 질식효과, 억제(부촉매)효과, 냉각효과

17 다음 중 '제거소화방법'으로 볼 수 없는 것은?

① 가스밸브의 폐쇄
② 산림화재시 화염이 진행하는 반대방향의 나무 등 가연물 제거
③ 가연물 직접제거 및 파괴
④ 촛불을 입으로 불어 가연성증기를 순간적으로 날려 보내는 방법

🔍 제거소화방법
• 가스밸브의 폐쇄
• 가연물 직접제거 및 파괴
• 촛불을 입으로 불어 가연성증기를 순간적으로 날려 보내는 방법
• 산림화재 시 화염이 진행하는 방향의 나무 등 가연물 제거

18 고체가 계면에서 산소와 직접 반응하여 적열되면서 화염 없이 연소하는 형태인 '표면연소'에 해당하지 않는 것은?

① 숯
② 코크스
③ 금속(마그네슘 등)
④ 고체파라핀(양초)

🔍 표면연소(작열연소, 무염연소)는 열분해에 의해 증기가 될 수 있는 성분이 없는 고체의 경우 고체가 계면에서 산소와 직접 반응하여 적열되면서 화염 없이 연소하는 형태이다.

19 다음 중 '제1류 위험물의 특성'으로 볼 수 없는 것은?

① 강산화제로서 다량의 산소를 함유하고 있다.
② 산화성 고체이다.
③ 비중은 1보다 작다.
④ 다른 가연물의 연소를 돕는다.

🔍 제1류 위험물의 특성
• 무색결정 또는 백색분말의 무기화합물로 산화성고체이다.
• 강산화성물질로 다량의 산소를 함유하고 있다.
• 가열, 충격, 마찰 등에 의해 분해하여 산소를 방출한다.
• 비중은 1보다 크며, 물에 녹는 것도 있다.

20 다음 중 '전기화재의 점화원'으로 맞는 것은?

① 방전불꽃
② 자연발화
③ 화염
④ 단열압축

🔍 전기화재는 전기에너지의 직접·간접적 공급에 의해 물체를 착화시켜 화재에 도달한 현상으로, 전기화재의 점화원으로 줄열(Joule's Heat)과 방전불꽃 등이 있다.

21 액화석유가스(LPG)와 액화천연가스(LNG)의 특성 중 잘못된 것은?

① LPG의 주성분은 프로판(C_3H_8), 부탄(C_4H_{10})이다.
② LNG의 주성분은 벤젠(C_6H_6)이다.
③ LPG의 용도는 가정용·공업용·자동차연료용이고, LNG의 용도는 도시가스이다.
④ LPG의 비중은 1.5~2(누출 시 낮은 곳 체류)이고, LNG의 비중은 0.6(누출 시 천장 쪽에 체류)이다.

🔍 연료가스의 종류와 특성

구분	액화석유가스(LPG)	액화천연가스(LNG)
주성분	프로판(C_3H_8), 부탄(C_4H_{10})	메탄(CH_4)
용도	가정용, 공업용, 자동차 연료용	도시가스
비중	1.5~2 (누출 시 낮은 곳 체류)	0.6 (누출 시 높은 곳에 체류)
폭발 범위	프로판 2.1~9.5%, 부탄 1.8~8.4%	5~15%

22 종합방재실은 1층 또는 피난층에 설치되며, 2층 또는 지하층에 설치하려는 경우 특별피난계단 출입구로부터 몇 m 이내 이어야 하는가?

① 2m 이내　　② 3m 이내
③ 4m 이내　　④ 5m 이내

🔍 종합방재실의 설치 위치
• 원칙 : 1층 또는 피난층
• 2층 또는 지하 1층 : 초고층 건축물등에 특별피난계단이 설치되어 있고, 특별피난계단 출입구로부터 5m 이내에 종합방재실을 설치하려는 경우
• 공동주택의 경우 : 관리사무소 내

23 특정소방대상물(건축물)의 소방안전관리의 수행 및 공사현장에 설치하는 임시소방시설의 유지·관리를 의무화한 주요내용이 아닌 것은?

① 피난시설 및 방화시설의 관리
② 소방시설이나 그 밖의 소방 관련 시설의 관리
③ 화기취급의 감독
④ 소방안전관리자 자격 취득

🔍 특정소방대상물(건축물)의 소방안전관리의 수행 및 공사현장에 설치하는 임시소방시설의 유지·관리를 의무화한 주요내용
• 피난시설 및 방화시설의 관리
• 소방시설이나 그 밖의 소방 관련 시설의 관리
• 화기취급의 감독
• 그 밖의 소방안전관리상 필요한 업무

24 소방시설의 종류 중 '경보설비'에 해당하지 않는 것은?

① 시각경보기
② 자동화재탐지설비
③ 자동화재속보설비
④ 비상콘센트설비

🔍 경보설비 : 화재발생 사실을 통보하는 기계, 기구 또는 설비
• 단독경보형 감지기
• 비상경보설비 : 비상벨설비 및 자동식사이렌설비
• 시각경보기
• 자동화재탐지설비
• 화재알림설비
• 비상방송설비
• 자동화재속보설비
• 통합감시시설
• 누전경보기
• 가스누설경보기

25 소화설비 중 자동소화장치로 볼 수 없는 것은?

① 가스자동소화장치
② 상업용 주방자동소화장치
③ 분말자동소화장치
④ 호스릴 옥내소화전설비

26 다음 중 소화기의 설치기준으로 맞는 것은?

① 소화기는 고층일 경우 홀수층만 설치한다.

② 특정소방대상물의 각 부분으로부터 1개의 소화기까지의 보행거리가 소형소화기의 경우 50m 이내가 되도록 배치한다.

③ 특정소방대상물의 각 부분으로부터 1개의 소화기까지의 보행거리가 소형소화기의 경우 70m 이내가 되도록 배치한다.

④ 특정소방대상물의 각 층이 2 이상의 거실로 구획된 경우에는 각 층마다 설치하는 것 외에 바닥면적 33m² 이상으로 구획된 각 거실에도 배치한다.

28 분말소화기 약제 중 '제3종 분말소화약제와 화학반응식'으로 맞는 것은?

① $NH_4H_2PO_4$(제1인산암모늄) $\rightarrow$ HPO_3 + NH_3 + H_2O

② $2KHCO_3$(탄산수소칼륨) $\rightarrow$ K_2CO_3 + CO_2 + H_2O

③ $2NaHCO_3$(탄산수소나트륨) $\rightarrow$ Na_2CO_3 + CO_2 + H_2O

④ $2KHCO_3$ + $(NH_2)_2CO$(탄산수소칼륨 + 요소) $\rightarrow$ K_2CO_3 + $2NH_3$ + $2CO_2$

27 소화기구의 설치기준에 따른 소방대상물 중 공연장 · 의료시설의 소화기구의 능력단위 기준은?

① 해당 용도의 바닥면적 20m²마다 능력단위 1단위 이상

② 해당 용도의 바닥면적 30m²마다 능력단위 1단위 이상

③ 해당 용도의 바닥면적 50m²마다 능력단위 1단위 이상

④ 해당 용도의 바닥면적 100m²마다 능력단위 1단위 이상

29 다음 중 '분말소화기 내용연수'로 맞는 것은?

① 내용연수 경과 후 10년 미만 : 5년

② 내용연수 경과 후 10년 미만 : 3년

③ 내용연수 경과 후 10년 이상 : 2년

④ 내용연수 경과 후 10년 이상 : 사용할 수 없다.

30 옥내소화전설비 중 방수구는 바닥으로부터 높이 몇 m 이하의 위치에 설치하여야 하는가?

① 1.0m 이하   ② 1.5m 이하
③ 1.8m 이하   ④ 2.0m 이하

🔍 방수구는 층마다 설치하되 소방대상물의 각 부분으로부터 1개의 옥내소화전 방수구까지의 수평거리는 25m 이하가 되도록 하고, 바닥으로부터 높이가 1.5m 이하의 위치에 설치한다.

31 10층 건물에서 옥내소화전이 1~5층까지 2개, 6~9층까지 3개, 10층에 5개가 설치되어 있다. 옥내소화전설비의 저수량은 최소 몇 m³ 이상이어야 하는가?

① 1.3   ② 2.6
③ 5.2   ④ 13

🔍 옥내소화전설비의 저수량
수원의 저수량은 옥내소화전의 설치갯수가 가장 많은 층의 설치개수 N(2개 이상 설치된 경우 2개, 고층건축물의 경우 최대 5개)에 2.6m³(호스릴옥내소화전설비 포함)를 곱한 양 이상이 되도록 한다.
단, 30~49층 : N × 5.2m³ 이상,
  50층 이상인 건축물 : N × 7.8m³를 곱한 양 이상이 되도록 한다.
∴옥내소화전설비의 최소 저수량은 2 × 2.6m³ = 5.2m³이다.

32 옥내소화전설비 중 펌프성능을 판단하는 '체절운전(무부하 시험)'에 대한 설명으로 틀린 것은?

① 펌프토출측밸브와 성능시험배관의 유량조절밸브를 잠근상태에서 펌프를 기동한다.
② 체절압력이 정격토출압력의 140% 이하인지 확인한다.
③ 체절운전 시 체절압력 이하에서 릴리프밸브가 작동하는지 확인한다.
④ 압력계의 압력이 정격압력 이상이 되는지 확인한다.

🔍 체절운전(무부하 시험, No Flow Condition)
• 펌프토출측밸브와 성능시험배관의 유량조절밸브를 잠근상태에서 펌프를 기동한다.
• 체절압력이 정격토출압력의 140% 이하인지 확인한다.
• 체절운전 시 체절압력 이하에서 릴리프밸브가 작동하는지 확인한다.

33 다음 중 '스프링클러설비의 주요 구성요소'가 아닌 것은?

① 헤드   ② 유수검지장치
③ 배관   ④ 방수구

🔍 스프링클러설비의 주요 구성요소
헤드, 수원, 가압송수장치, 배관, 음향장치 및 기동장치, 송수구, 유수검지장치 등

34 화재발생 시 1, 2차 측 배관이 소화수로 유지되어 열에 의해 헤드가 개방되고 가압수가 즉시 살수되어 소화하는 방식의 스프링클러설비는?

① 습식 스프링클러설비
② 건식 스프링클러설비
③ 준비작동식 스프링클러설비
④ 일제살수식 스프링클러설비

🔍 스프링클러설비의 종류

구분		작동
폐쇄형 헤드	습식	화재 시 열에 의해 헤드가 개방되고 가압수가 즉시 살수 · 소화
	건식	화재 시 헤드가 개방되면 2차측 압축공기가 유출되어 압력 저하가 생기고 1차측 가압수가 2차측으로 유입되어 소화
	준비작동식	화재 시 감지기가 작동하여 준비작동밸브를 개방하고 2차측에 가압수가 유입되어 대기상태에 있다가 헤드가 열에 의해 개방되는 즉시 살수 · 소화
	부압식	화재 시 감지기 동작에 의해 준비작동밸브가 개방되고 2차측이 가압수로 전환되며, 헤드가 열에 의해 개방되면 즉시 살수
개방형 헤드	일제 살수식	화재감지기 동작으로 일제개방밸브가 개방되고 담당구역에 설치된 개방형 헤드를 통해 일제히 살수 · 소화

35 소화설비 중 옥외소화전 설치기준으로 맞지 않는 것은?

① 옥외소화전마다 그로부터 10m 이내에 소화전함을 설치하여야 한다.
② 호스의 구경은 65mm이다.
③ 가압송수장치의 조작부에는 적색등을 설치하여야 한다.

④ 호스접결구는 지면으로부터 0.5m 이상 1.0m 이하에 설치하여야 한다.

🔍 옥외소화전설비에는 옥외소화전마다 그로부터 5m 이내의 장소에 소화전함을 설치하여야 한다.

36 소화설비 중 이산화탄소소화설비의 장점으로 볼 수 없는 것은?

① 심부화재에 적합하다.
② 화재 진화 후 깨끗하다.
③ 피연소물에 피해가 적다.
④ 전도성이므로 일반화재에 좋다.

🔍 이산화탄소 소화설비의 장점
• 심부화재에 적합하다.
• 화재진화 후 깨끗하다.
• 피연소물에 피해가 적다.
• 비전도성이므로 전기화재에 좋다.

37 가스계소화설비의 점검 중 '기동용기 솔레노이드밸브 격발시험방법'으로 틀린 것은?

① 수동 조작버튼 작동(즉시 격발)
② 자동조작함 작동
③ 교차회로(A,B) 감지기 동작
④ 제어반 수동조작 스위치 동작

🔍 기동용기 솔레노이드 격발시험방법 순서
• 기동용기 솔레노이드밸브에 부착되어 있는 수동 조작버튼 작동(즉시 격발)
• 수동조작함 기동스위치 누름
• 교차회로(A,B) 감지기 동작
• 제어반 수동조작 스위치 동작

38 특정소방대상물의 바닥면적이 각각 1층 800m², 2층 600m², 3층 400m², 4층 300m², 5층 200m² 일 때, 이 특정소방대상물의 최소 경계구역 수는?(단, 경계구역은 면적기준만을 적용하는 것으로 한다.)

① 5개   ② 6개
③ 7개   ④ 8개

🔍 특정소방대상물의 경계구역 수
㉠ 하나의 경계구역의 면적은 600m² 이하로 하여야 하므로, 각 층 바닥면적을 600m²로 나누어 주면
건축물 1층 : 800m²/600m² = 1.333 ≒ 2개
건축물 2층 : 600m²/600m² = 1개
건축물 3층 : 400m²/600m² = 0.666 ≒ 1개(단, 소수점이하는 절상한다)
㉡ 500m² 이하의 범위 안에서는 2개 층을 하나의 경계구역으로 할 수 있으므로, 2개 층의 합이 500m² 이하일 때는 500m²로 나누어 주면 되므로 건축물 4~5층 : (300 + 200)m²/500m² = 1개이다
∴ 최소 경계구역 수 = ㉠ + ㉡ = (2개 +1개 + 1개) + 1개
= 5개

39 다음 중 '수신기의 설치기준'으로 틀린 것은?

① 수신기가 설치된 장소에는 경계구역 일람도를 비치할 것
② 수신기의 조작스위치 높이는 바닥으로부터 높이 0.8m 이상 1.5m 이하
③ 층마다 설치할 것
④ 수위실 등 상시 사람이 근무하고 있는 장소에 설치

🔍 수신기의 설치기준
• 수신기가 설치된 장소에는 경계구역 일람도를 비치할 것
• 수신기의 조작스위치 높이는 바닥으로부터 높이 0.8m 이상 1.5m 이하
• 수위실 등 상시 사람이 근무하고 있는 장소에 설치

40 P형 수신기 기능시험 중 '예비전원시험의 적부판정방법'으로 맞는 것은?

① 전압계인 경우 정상 : 19~29[V]
② 전압계가 있는 경우 : 정상 4~8[V]
③ 전압계가 있는 경우 : 단선 0[V]
④ 램프방식인 경우 정상 : 적색

🔍 예비전원시험의 적부판정방법
• 로터리방식과 버튼방식이 있다
• 적부판정방법
– 전압계인 경우 정상 : 19~29[V]
– 램프방식인 경우 정상 : 녹색
– 예비전원의 전압 및 상화자동절환이 정상인지 확인

41 자동화재탐지설비인 'P형 수신기'를 점검하는 시험이 아닌 것은?

① 동작시험
② 회로도통시험
③ 예비전원시험
④ 시스템자동복구시험

🔍 자동화재탐지설비 P형 수신기 점검방법
• 동작시험 : 수신기에 화재신호를 수동으로 입력하여 수신기가 정상적으로 동작하는지를 확인하기 위한 시험
• 회로도통시험 : 수신기에서 감지기 사이 회로의 단선 유무와 기기등의 접속 상황을 확인하기 위한 시험
• 예비전원시험 : 상용전원이 정전되었을 때 화재가 발생하여도 수신기가 정상적으로 동작할 수 있는 전압을 가지고 있는지를 확인하는 시험

42 다음 중 '피난기구를 설치하는 개구부 조건'으로 옳지 않은 것은?

① 개구부 크기는 가로 0.5m 이상 세로 1m 이상이다.
② 바닥에서 개구부 하단까지의 거리는 1.2m 미만(1.2m 이상이면 발판 등을 설치)이다.
③ 밀폐된 창문은 쉽게 파괴할 수 있는 파괴장치를 비치해야 한다.
④ 피난기구를 설치하는 개구부는 서로 동일직선상에 있어야 한다.

🔍 피난기구 설치 위치
• 피난 또는 소화활동상 유효한 개구부가 있는 곳
• 피난기구를 설치하는 개구부 조건
 – 개구부 크기 : 가로 0.5m 이상 세로 1m 이상
 – 바닥에서 개구부 하단까지의 거리 : 1.2m 미만(1.2m 이상이면 발판 등을 설치)
 – 밀폐된 창문 : 쉽게 파괴할 수 있는 파괴장치 비치

43 다음 중 '유도등 설치기준'으로 옳은 것은?

① 피난구유도등 – 피난구의 바닥으로부터 높이 1.5m 이상으로서 출입구에 인접하도록 설치
② 복도통로유도등 – 구부러진 모퉁이 및 보행거리 15m마다 설치(높이 1.5m 이하)
③ 거실통로유도등 – 구부러진 모퉁이 및 보행거리 20m마다 설치(높이 1m 이상)

④ 계단통로유도등 – 각층의 경사로 참 또는 계단참마다 설치할 것(높이 1.5m 이하)

🔍 유도등 설치기준
• 피난구유도등 : 피난구의 바닥으로부터 높이 1.5m 이상으로서 출입구에 인접하도록 설치
• 복도통로유도등 : 구부러진 모퉁이 및 보행거리 20m마다 설치(높이 1m 이하)
• 거실통로유도등 : 구부러진 모퉁이 및 보행거리 20m마다 설치(높이 1.5m 이상)
• 계단통로유도등 : 각층의 경사로 참 또는 계단참마다 설치할 것(높이 1m 이하)

44 소화용수설비 중 수화수조의 '채수구 설치위치'는 소방차가 몇 m 이내의 지점까지 접근할 수 있는 위치에 설치하는가?

① 1m ② 2m
③ 3m ④ 5m

🔍 • 채수구 설치위치 : 소방차가 2m 이내의 지점까지 접근할 수 있는 위치에 설치
• 채수구 설치수
 – 20m³ 이상 40m³ 미만 : 1개
 – 40m³ 이상 100m³ 미만 : 2개
 – 100m³ 이상 : 3개

45 넓은 면적의 고층 또는 지하 건축물에 설치하는 '연결송수관설비의 구성요소'가 아닌 것은?

① 송수구 ② 방수구
③ 송수기구함 ④ 배관

🔍 연결송수관설비는 넓은 면적의 고층 또는 지하 건축물에 설치하며, 화재발생 시 소방관이 소화하는데 사용하는 설비로 송수구, 방수구, 방수기구함, 배관 등으로 구성되어 있다.

46 화재발생 후 '피난실패 시 행동요령'으로 옳은 것은?

① 계단은 절대 이용하지 않는다.
② 방안으로 연기가 들어오지 못하도록 문틈을 커튼 등으로 막는다.
③ 옷에 불이 붙었을 때는 재빨리 탈의한다.
④ 아래층으로 대피가 어려울 때는 옥상으로 대피한다.

🔍 피난실패 시 행동요령
- 건물 밖으로 대피하지 못한 경우에는 밖으로 통하는 창문이 있는 방으로 들어간다.
- 이후 방안으로 연기가 들어오지 못하도록 문틈을 커튼 등으로 막고, 내부 물건 등을 활용하여 자신의 위치를 알리고 구조를 기다린다.

47 소방계획수립 시 '소방계획의 작성원칙'에 해당되지 않는 것은?

① 실현가능한 계획　　② 관계인의 참여
③ 계획수립의 구조화　④ 계획우선

🔍 소방계획의 작성원칙
- 실현가능한 계획 : 위험관리가 핵심
- 관계인의 참여 : 관계인 전원이 참여
- 계획수립의 구조화 : 작성 – 검토 – 승인의 3단계의 구조화
- 실행우선 : 교육훈련 및 평가 등 이행과정 필요

48 다음 중 응급처치의 중요성으로 볼 수 없는 것은?

① 긴급한 환자의 생명을 유지
② 환자의 고통을 경감
③ 위급한 부상부위의 응급처치로 신속한 완치
④ 현장처치의 원활화로 의료비 절감

🔍 응급처치의 중요성
- 긴급한 환자의 생명을 유지
- 환자의 고통을 경감
- 위급한 부상부위의 응급처치로 치료기간을 단축
- 현장처치의 원활화로 의료비 절감

49 다음 중 자동심장충격기(AED) 패드의 부착 위치(2개)로 바르게 짝지어진 것은?

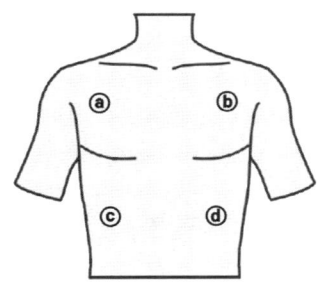

① a – b　　　　　② a – c
③ a – d　　　　　④ c – d

🔍 패드 부착 위치
- 패드 1 : 오른쪽 빗장뼈 아래(a 부위)
- 패드 2 : 왼쪽 젖꼭지 아래의 중간겨드랑선(d 부위)

50 다음 중 '소방교육 및 훈련의 실시원칙'으로 볼 수 없는 것은?

① 현실성의 원칙
② 실습의 원칙
③ 이론중심의 원칙
④ 피교육자 중심의 원칙

🔍 소방교육 및 훈련의 실시원칙
- 학습자 중심(피교육자 중심)의 원칙
- 동기부여의 원칙
- 목적의 원칙
- 현실성의 원칙
- 실습의 원칙
- 경험의 원칙
- 관련성의 원칙

정답 **실전모의고사 1회**

01 ④	02 ①	03 ①	04 ②	05 ④
06 ③	07 ③	08 ③	09 ①	10 ③
11 ④	12 ③	13 ④	14 ②	15 ③
16 ④	17 ②	18 ④	19 ③	20 ①
21 ②	22 ④	23 ④	24 ④	25 ④
26 ④	27 ③	28 ①	29 ②	30 ②
31 ③	32 ④	33 ④	34 ①	35 ①
36 ④	37 ②	38 ①	39 ③	40 ①
41 ④	42 ④	43 ①	44 ②	45 ③
46 ②	47 ④	48 ③	49 ③	50 ③

01 다음 중 '1급 소방안전관리대상물'은?

① 지상으로부터 100m 이상인 아파트
② 가연성가스를 1천톤 이상 저장·취급하는 시설
③ 지하구
④ 보물 또는 국보로 지정된 목조건축물

🔍 1급 소방안전관리대상물
• 지하층 제외한 30층 이상 건축물
• 지상으로부터 높이 120m 이상인 아파트
• 연면적 15,000㎡ 이상인 특정소방대상물(아파트와 연립주택 제외)
• 아파트를 제외한 지상층 층수가 11층 이상인 건축물
• 가연성가스를 1천톤 이상 저장·취급하는 시설

02 화재발생 등 위급한 상황이 발생하였을 때 일정한 구역을 정하여 '피난명령'을 내릴 수 있는 명령권자가 아닌 사람은?

① 소방대장   ② 소방서장
③ 소방본부장   ④ 소방청장

🔍 소방기본법상 소방본부장, 소방서장 또는 소방대장은 화재, 재난·재해, 그 밖의 위급한 상황이 발생하여 사람의 생명을 위험하게 할 것으로 인정할 때에는 일정한 구역을 지정하여 그 구역에 있는 사람에게 그 구역 밖으로 피난할 것을 명할 수 있다.(또한, 필요하다면 관할 경찰서장 또는 자치경찰단장에게 협조를 요청할 수 있다.)

03 다음 중 소방기본법상 100만원 이하의 벌금에 해당되지 않은 것은?

① 가스·전기 또는 유류 등의 시설에 대하여 위험물질의 공급을 차단하는 긴급조치를 정당한 사유 없이 방해한 자
② 정당한 사유 없이 소방대의 생활안전활동을 방해한 자
③ 피난명령을 위반한 자
④ 소방용수시설, 소화기구 및 설비 등의 설치명령을 위반한 자

🔍 100만원 이하의 벌금(소방기본법 제54조)
• 정당한 사유 없이 소방대의 생활안전활동을 방해한 자
• 정당한 사유 없이 소방대가 현장에 도착할 때까지 사람을 구출하는 조치 또는 불을 끄거나 불이 번지지 아니하도록 하는 조치를 하지 아니한 소방대상물 관계인
• 화재, 재난·재해, 그 밖의 긴급한 상황에 따른 피난 명령을 위반한 자
• 정당한 사유 없이 물의 사용이나 수도의 개폐장치의 사용 또는 조작을 하지 못하게 하거나 방해한 자
• 가스·전기 또는 유류 등의 시설에 대하여 위험물질의 공급을 차단하는 긴급조치를 정당한 사유 없이 방해한 자

04 소방관련법령상 '화재예방강화지구'를 지정하는 사람은?

① 시·도지사
② 소방청장
③ 소방본부장
④ 소방서장

🔍 화재예방지구 : 특별시장·광역시장·특별자치시장·도지사가 화재발생 우려가 크거나 화재가 발생할 경우 피해가 클 것으로 예상되는 지역에 대하여 화재의 예방 및 안전관리를 강화하기 위해 지정·관리하는 지역이다.

05 화재의 예방 및 안전관리에 관한 법률상 '3년 이하의 징역 또는 3천만원 이하 벌금'형에 해당하는 경우는?

① 화재예방안전진단을 받지 아니한 자
② 화재안전조사 결과에 따른 조치명령을 정당한 사유 없이 위반한 자
③ 소방안전관리자를 선임하지 아니한 자
④ 소방훈련 및 교육을 하지 아니한 자

🔍 3년 이하의 징역 또는 3천만원 이하 벌금(법 제50조)
• 화재안전조사 결과에 따른 조치명령을 정당한 사유 없이 위반한 자
• 화재예방안전진단 결과에 따른 보수·보강 등의 조치명령을 정당한 사유 없이 위반한 자

06 다음 중 무창층의 설명으로 가장 옳은 것은?

① 곧바로 지상으로 갈 수 있는 출입구가 있는 층
② 벽이 없고 기둥만 있는 층
③ 지하층의 명칭
④ 지상층 중 개구부의 요건을 모두 갖춘 개구부의 면적합계가 해당층 바닥면적의 1/30 이하가 되는 층

🔍 무창층(無窓層)이란 지상층 중 다음의 요건을 모두 갖춘 개구부(건축물에서 채광·환기·통풍 또는 출입 등을 위하여 만든 창·출입구, 그 밖에 이와 비슷한 것을 말한다)의 면적의 합계가 해당 층의 바닥면적의 30분의 1 이하가 되는 층을 말한다.
  • 크기는 지름 50cm 이상의 원이 통과할 수 있을 것
  • 해당 층의 바닥면으로부터 개구부 밑부분까지의 높이가 1.2m 이내일 것
  • 도로 또는 차량이 진입할 수 있는 빈터를 향할 것
  • 화재 시 건축물로부터 쉽게 피난할 수 있도록 창살이나 그 밖의 장애물이 설치되지 않을 것
  • 내부 또는 외부에서 쉽게 부수거나 열 수 있을 것

07 다중이용업소의 '소방안전교육'에 대해 틀린 것은?

① 교육실시권자는 소방청장·소방본부장 또는 소방서장이다.
② 교육대상자는 다중이용업주, 종업원, 다중이용업을 하려는 자이다.
③ 보수교육은 직전 보수교육 받은 달부터 2년에 1회 이상이다.
④ 교육시간은 1시간 이내이다.

🔍 다중이용업소 소방안전교육
  • 교육실시권자는 소방청장·소방본부장 또는 소방서장이다.
  • 교육대상자는 다중이용업주, 종업원, 다중이용업을 하려는 자이다.
  • 보수교육은 신규교육 또는 직전의 보수교육을 받은 날이 속하는 달의 마지막 날부터 2년에 1회 이상이다.
  • 교육시간은 4시간 이내이다.

08 건축법에서 정하고 있는 방화구획과 관련된 설명으로 옳지 않은 것은?

① 주요구조부가 내화구조 또는 불연재료로 된 건축물로서 연면적이 $1,000m^2$를 넘는 것은 방화구획 설치대상에 해당한다.
② 60분+ 방화문은 연기 및 불꽃을 차단할 수 있는 시간이 60분 이상이고, 열을 차단할 수 있는 시간이 90분 이상인 방화문을 말한다.
③ 자동방화셔터는 피난이 가능한 60분+ 방화문 또는 60분 방화문으로부터 3m 이내에 별도로 설치하여야 한다.
④ 방화구획과 외벽 사이에 접합부가 생기는 경우 그 부분을 내화시간 이상 견딜 수 있는 내화채움성능이 인정된 구조로 메우도록 한다.

🔍 방화문의 구분
  • 60분+ 방화문 : 연기 및 불꽃을 차단할 수 있는 시간이 60분 이상이고, 열을 차단할 수 있는 시간이 30분 이상인 방화문
  • 60분 방화문 : 연기 및 불꽃을 차단할 수 있는 시간이 60분 이상인 방화문
  • 30분 방화문 : 연기 및 불꽃을 차단할 수 있는 시간이 30분 이상 60분 미만인 방화문

09 위험물안전관리법상 '중요기준보다 적은 영향을 미치거나 그 기준을 위반하는 경우 간접적으로 화재를 일으킬 수 있는 기준 및 위험물안전관리에 필요한 표시와 서류·기구 등의 비치에 관한 기준'을 무엇이라 하는가?

① 표준기준
② 일반기준
③ 중요기준
④ 세부기준

🔍 위험물의 저장 또는 취급 기준과 벌칙사항
  • 중요기준 : 화재 등 위해의 예방과 응급조치에 있어서 큰 영향을 미치거나 그 기준을 위반하는 경우 직접적으로 화재를 일으킬 가능성이 큰 기준(위반 시 1,500만원 이하 벌금)
  • 세부기준 : 중요기준보다 적은 영향을 미치거나 그 기준을 위반하는 경우 간접적으로 화재를 일으킬 수 있는 기준 및 위험물안전관리에 필요한 표시와 서류·기구 등의 비치에 관한 기준(위반 시 500만원 이하 과태료)

10 소방안전관리자로 선임된 경우 선임된 날부터 얼마 이내에 실무교육을 받아야 하는가?

① 3개월   ② 6개월
③ 9개월   ④ 1년

🔍 실무교육은 소방안전관리자로 선임된 날부터 6개월 이내, 그 후에는 2년마다(최초 실무교육을 받은 날을 기준일로 하여 매 2년이 되는 해의 기준일과 같은 날 전까지를 말함) 1회 이상 받아야 한다.

11 건축관계법령상 '대수선의 범위'로 옳지 않은 것은?

① 내력벽을 증설 또는 해체하거나 그 벽면적을 30m² 이상 수선 또는 변경하는 것
② 기둥을 증설 또는 해체하거나 1개 이상 수선 또는 변경하는 것
③ 방화벽 또는 방화구획을 위한 바닥 또는 벽을 증설 또는 해체하거나 수선 또는 변경하는 것
④ 미관지구에서 건축물의 외부형태(담장을 포함)를 변경하는 것

🔍 건축관계법령상 대수선의 범위
- 내력벽을 증설 또는 해체하거나 그 벽면적을 30m² 이상 수선 또는 변경하는 것
- 기둥이나 보를 증설 또는 해체하거나 3개 이상 수선 또는 변경하는 것
- 지붕틀(한옥의 경우 지붕틀의 범위에서 서까래는 제외)을 증설 또는 해체하거나 3개 이상 수선 또는 변경하는 것
- 방화벽 또는 방화구획을 위한 바닥 또는 벽을 증설 또는 해체하거나 수선 또는 변경하는 것
- 주계단, 피난계단 또는 특별피난계단을 증설 또는 해체하거나 수선 또는 변경하는 것
- 미관지구에서 건축물의 외부형태(담장 포함)를 변경하는 것
- 다가구주택의 가구 간 경계벽 또는 다세대주택의 세대 간 경계벽을 증설 또는 해체하거나 수선 또는 변경하는 것
- 건축물의 외벽에 사용하는 마감재료(법 제52조 제2항)를 증설 또는 해체하거나 벽면적 30m² 이상 수선 또는 변경하는 것

12 다음 중 '소방관 진입창의 설치기준'으로 맞는 것은?

① 대피공간을 설치한 아파트
② 비상용승강기를 설치한 아파트
③ 건축물의 11층 이하의 층에는 소방관이 진입할 수 있는 창을 설치
④ 건축물의 12층 이상의 층에는 소방관이 진입할 수 있는 창을 설치

🔍 소방관 진입창 설치기준
건축물의 11층 이하의 층에는 소방관이 진입할 수 있는 창을 설치하고, 외부에서 주야간에 식별할 수 있는 표시를 해야 함(단, 대피공간 등을 설치한 아파트 또는 비상용승강기를 설치한 아파트는 제외)

13 다음 중 '연소의 특성'으로 볼 수 없는 것은?

① 인화점은 연소범위에서 외부의 직접적인 점화원에 의해 인화될 수 있는 최저온도이다.
② 인화점이 낮을수록 안전하다.
③ 연소범위가 넓을수록 위험하다.
④ 연소점은 인화점보다 5~10℃ 높다.

🔍 연소의 특성
- 인화점이 낮을수록 위험하다.
- 인화점은 연소범위에서 외부의 직접적인 점화원에 의해 인화될 수 있는 최저온도. 즉 공기 중에서 가연물 가까이 점화원을 투여하였을 때 착화되는 최저의 온도이다.
- 연소범위가 넓을수록 위험하다.
- 연소점은 인화점보다 5~10℃ 높다.

14 점화에너지의 한 형태인 '자연발화의 원인별 종류'를 잘못 짝지은 것은?

① 산화열 : 석탄, 건성유
② 발효열 : 퇴비
③ 흡착열 : 목탄, 활성탄
④ 중합열 : 셀룰로이드와 니트로셀룰로오스

🔍 자연발화 : 물질이 외부로부터 에너지를 공급받지 않는 가운데 자체적으로 온도가 상승하여 발화하는 현상
- 자연발화의 종류
  - 분해열 : 셀룰로이드, 니트로셀룰로오스
  - 산화열 : 석탄, 건성유
  - 발효열 : 퇴비
  - 흡착열 : 목탄, 활성탄
  - 중합열 : 시안화수소, 산화에틸렌
- 자연발화 예방법
  - 통풍을 한다.
  - 주위의 온도를 낮춘다.
  - 습도를 낮게 유지하여, 열축적을 억제시켜 자연발화를 예방한다.

15 열전달 방법 중 기체 혹은 액체와 같은 유체의 흐름에 의하여 열이 전달되는 것은?

① 전도
② 굴절
③ 복사
④ 대류

🔍 열전달
- 전도(Conduction) : 화재 시 하나의 물체가 다른 물체와 직접 접촉하여 전달되는 것
- 대류(Convection) : 기체 혹은 액체와 같은 유체의 흐름에 의하여 열이 전달되는 것
- 복사(Radiation) : 화염의 접촉없이 연소가 확산되는 현상으로 화재 시 열의 이동에 가장 크게 작용하는 열이동 방식

16 건물 화재의 성상단계와 관련하여 실내 전체에 화염이 충만한 단계로 내화구조의 경우 20~30분, 목조건물의 경우 약 10분 정도가 소요되는 단계는?

① 초기
② 성장기
③ 최성기
④ 감쇠기

🔍 화재성상 단계
- 초기 : 화재 발생
- 성장기 : 내장재에 옮겨붙음
- 최성기 : 연소가 최고조에 달함
- 감쇠기 : 화재가 줄어듦

17 화재 소화 시 소화약제와 효과가 잘못 연결된 것은?

① 물소화약제 – 냉각, 질식효과
② 분말소화약제 – 질식, 부촉매 효과
③ 할로겐화합물소화약제 – 질식, 부촉매, 냉각효과
④ 이산화탄소(CO_2)소화약제 – 부촉매, 냉각효과

🔍 소화약제의 종류
- 물소화약제 : 냉각, 질식효과
- 포소화약제 : 질식, 냉각효과
- 분말소화약제 : 질식, 억제(부촉매) 효과
- 이산화탄소(CO_2) 소화약제 : 질식, 냉각효과
- 할로겐화합물 소화약제 : 질식, 억제(부촉매), 냉각효과

18 화재발생 시 '가연물의 열을 뺏어 연소물을 착화온도 이하로 내려서 소화하는 방법'은?

① 억제소화
② 냉각소화

③ 질식소화
④ 제거소화

🔍 소화방법
- 제거소화 : 연소반응에 관계된 가연물이나 그 주위의 가연물을 제거하여 소화하는 방법
- 질식소화 : 산소공급원을 차단하여 소화하는 방법(공기 중 산소농도를 15% 이하로 억제)
- 냉각소화 : 연소하고 있는 가연물로부터 열을 뺏어 연소물을 착화온도 이하로 내려 소화하는 방법
- 억제소화 : 산화반응(연쇄반응)을 약화시켜 소화하는 방법(화학적 작용에 의한 소화방법)

19 다음 중 '제2류 위험물의 특성'으로 볼 수 없는 것은?

① 고온착화하는 가연성고체이다.
② 비중은 1보다 크다.
③ 물에 녹지 않는다.
④ 연소 시 연소열이 크고, 유독가스가 발생한다.

🔍 제2류 위험물의 특성
- 비교적 낮은 온도에서 착화하기 쉬운 가연성고체이며 환원성 물질이다.
- 비중은 1보다 크고, 물에는 녹지 않는다.
- 연소 시 연소열이 크고, 유독가스가 발생한다.

20 다음 중 '발화형태에 의한 전기화재의 종류'로 볼 수 없는 것은?

① 전선의 단락(합선)에 의한 발화
② 과전압에 의한 발화
③ 과부하에 의한 발화
④ 방전, 정전기, 은이동, 낙뢰, 차량화재 등에 의한 발화

🔍 발화형태에 의한 전기화재의 종류
- 전선의 단락(합선)에 의한 발화
  – 전선에 외력이 가해져 절연피복이 파손되어 단락(1차 용융흔)
  – 접촉불량 등 국부발열에 의해 절연열화가 진행되어 단락(1차 용융흔)
  – 화재 등 외부열에 의해 절연 파괴되어 단락(2차 용융흔)
- 과부하(과전류)에 의한 발화
  – 전선의 과부하
  – 전기부품 및 기기의 과부하
  – 누전에 의한 발화
- 기타 반단선, 트래킹 및 흑연화, 접촉불량(아산화동증식 발열현상), 방전, 정전기, 은이동, 낙뢰, 차량화재 등에 의한 발화

21 가스화재의 주요원인 중 '사용자 원인'으로 볼 수 없는 것은?

① 실내에 용기보관 중 가스누설
② 가스사용 중 장시간 자리이탈
③ 용기밸브의 오조작
④ 인화성물질(연탄 등) 동시 사용

🔍 **가스화재의 사용자 원인**
- 실내에 용기보관 중 가스누설
- 점화 미확인으로 인한 누설폭발
- 환기불량에 의한 질식사
- 가스사용 중 장시간 자리이탈
- 성냥불로 누설확인 중 폭발
- 호스접속 불량방지
- 조정기 분해 오조작
- 콕크 조작 미숙
- 인화성물질(연탄 등) 동시 사용

22 다음 중 'LNG(액화천연가스)의 탐지기' 설치위치로 옳은 것은?

① 탐지기의 하단은 천장면의 하방 30cm 이내의 위치에 설치
② 연소기로부터 수평거리 10m 이상의 위치에 설치
③ 탐지기의 상단은 바닥면적의 30cm 이내의 위치에 설치
④ 연소기 또는 관통부로부터 수평거리 4m 이내의 위치에 설치

🔍 **가스누설경보기의 설치위치**
- LNG(비중) : 증기비중이 1보다 작은 가스의 경우
  - 연소기로부터 수평거리 8m 이내의 위치에 설치
  - 탐지기의 하단은 천장면의 하방 30cm 이내의 위치에 설치
- LPG(비중 : 1.5~2.0) : 증기비중 1보다 큰 가스의 경우
  - 연소기 또는 관통부로부터 수평거리 4m 이내의 위치에 설치
  - 탐지기의 상단은 바닥면의 30cm 이내의 위치에 설치

23 다음 중 '종합방재실의 위치 조건'으로 틀린 것은?

① 최상층
② 공동주택의 경우에는 관리사무소 내에 설치 가능
③ 비상용 승강장, 피난 전용 승강장 및 특별피난계단으로 이동하기 쉬운 곳
④ 소방대가 쉽게 도달할 수 있는 곳

🔍 **종합방재실의 설치장소**
- 설치위치
  - 원칙 : 1층 또는 피난층
  - 2층 또는 지하 1층 : 초고층 건축물등에 특별피난계단이 설치되어 있고, 특별피난계단 출입구로부터 5m 이내에 종합방재실을 설치하려는 경우
  - 공동주택의 경우 : 관리사무소 내
- 비상용 승강장, 피난 전용 승강장 및 특별피난계단으로 이동하기 쉬운 곳
- 재난정보 수집 및 제공, 방재활동의 거점(據點) 역할을 할 수 있는 곳

24 건축물 '공사현장 내 화재유형 및 특징'으로 볼 수 없는 것은?

① 전기화재
② 방화
③ 작업자 부주의
④ 현장관리자 부재

🔍 **특정소방대상물(건축물)의 공사현장 내 화재유형 및 특징**
- 전기화재 : 국내 공사 화재원인 중 전기적 원인이 가장 큰 비중을 차지
- 방화
- 현장사무소 등 가설건축물 화재
- 작업자 부주의 : 공사 중 용접작업의 불티로 인한 화재와 담뱃불의 화재가 대표적이다.

25 다음은 소방설비의 적정 압력에 대한 설명이다. 틀린 것은?

① 축압식 분말소화기의 사용 가능한 적정 압력 기준은 0.7~0.98MPa이다.
② 옥내소화전설비의 각 소화전 노즐에서 방수압력은 0.17MPa 이상 0.7MPa 이하의 성능이 요구된다.
③ 옥외소화전설비는 2개의 소화전을 동시에 사용할 경우 각 노즐선단 방수압력이 0.25MPa 이상 0.7MPa 이하여야 한다.
④ 스프링클러설비의 방수압력은 기준개수의 모든 헤드로부터 1.0MPa 이상 1.2MPa 이하여야 한다.

🔍 스프링클러설비는 기준개수의 모든 헤드로부터 방수압력은 0.1MPa 이상 1.2MPa 이하, 방수량은 80L/min 이상이어야 한다.

26 할로겐화합물소화기 중 할론1301 소화기의 특성으로 맞는 것은?

① 저압가스로 가스자체의 압력으로 방사할 수 없다.
② 용기 내 지시압력계가 부착되어 있다.
③ 할론소화약제 중 가장 소화능력이 좋다.
④ 독성과 냄새는 좀 있는 편이다.

🔍 할론1301 소화기
· 고압가스로서 가스 자체의 압력(증기압)으로 방사한다.
· 지시압력계는 부착되어 있지 않다.
· 할론소화약제 중 소화능력이 가장 좋고, 독성이 적다.

27 소화기구의 능력단위 기준상 '해당 용도의 바닥면적 100m² 마다 능력단위 1단위 이상'인 특정소방대상물은?

① 위락시설
② 공연장 및 집회장
③ 근린생활시설
④ 장례식장 및 의료시설

🔍 특정소방대상물별 소화기구의 능력단위 기준

소방대상물	소화기구의 능력단위
위락시설	해당 용도의 바닥면적 30m² 마다 능력단위 1단위 이상
공연장 · 집회장 · 관람장 · 문화재 · 장례시설 및 의료시설	해당 용도의 바닥면적 50m² 마다 능력단위 1단위 이상
근린생활시설 · 판매시설 · 운수시설 · 숙박시설 · 노유자시설 · 전시장 · 공동주택 · 업무시설 · 방송통신시설 · 공장 · 창고시설 · 항공기 및 자동차 관련시설 및 관광휴게시설	해당 용도의 바닥면적 100m² 마다 능력단위 1단위 이상
그 밖의 것	해당 용도의 바닥면적 200m² 마다 능력단위 1단위 이상

28 다음 중 소화기의 설치기준으로 틀린 것은?

① 소화기는 바닥으로부터 높이 1m 이하의 곳에 비치한다.
② 소형소화기의 비치거리는 20m 이내이다.
③ 대형소화기의 비치거리는 30m 이내이다.
④ 각 층마다 비치한다.

🔍 소화기의 설치기준
· 각 층마다 설치하되, 특정소방대상물의 각 부분으로부터 1개의 소화기까지의 보행거리가
  – 소형소화기의 경우 20m 이내
  – 대형소화기의 경우 30m 이내
· 특정소방대상물의 각 층이 2이상의 거실로 구획된 경우에는 각 층마다 설치하는 것 외에 바닥면적 33m² 이상으로 구획된 각 거실(아파트는 각 세대)에도 비치한다.
· 소화기는 바닥으로부터 높이 1.5m 이하의 곳에 비치한다.

29 다음 [보기]에서 화재 시 소화기 사용방법의 순서로 맞는 것은?

> ㉠ 소화기를 불이 난 곳으로 옮긴다.
> ㉡ 손잡이를 눌러 골고루 발사한다.
> ㉢ 안전핀을 뽑는다.
> ㉣ 호스를 불 쪽으로 향한다.

① ㉠ → ㉢ → ㉣ → ㉡
② ㉢ → ㉣ → ㉠ → ㉡
③ ㉠ → ㉣ → ㉢ → ㉡
④ ㉢ → ㉠ → ㉣ → ㉡

🔍 소화기 사용방법(순서)
· 소화기를 불이 난 곳으로 옮긴다.
· 소화기를 바닥에 내려놓은 후 한 손은 소화기 몸통을 잡고 다른 한 손은 안전핀을 잡아 당긴다.
· 한 손은 손잡이를, 다른 한 손은 노즐을 잡고 화점을 향하게 한다.
· 완전히 소화가 될 때까지 약제를 화점을 향해 골고루 방사한다.

30 옥내소화전설비의 수원 작동기능 점검 시 규정에 적합하지 않은 것은?

① 방수시간 측정 시 방수시간 3분 이상
② 방수압력 측정 시 0.17MPa 이상
③ 방수거리 측정 시 5m 이상
④ 최상 소화전 개방 시 소화펌프자동기동 및 기동 표시등 확인

🔍 옥내소화전 작동기능 점검 시 최상층 소화전을 이용한 방수상태 확인점검
· 방수시간 3분, 방사거리 측정 시 8m 이상
· 방수압력 측정 시 0.17MPa 이상
· 최상층 소화전 개방 시 소화펌프 자동기동 및 기동 표시등 확인

31 옥내소화전설비의 가압송수장치로 일반적으로 가장 많이 쓰이는 방식은?

① 펌프방식
② 고가수조방식
③ 압력수조방식
④ 가압수조방식

🔍 옥내소화전설비의 가압송수장치 종류
• 펌프방식 : 전동기 또는 내연기관(엔진)에 연결된 펌프를 이용하여 가압송수하는 방식. 단, 30층 이상 건축물에는 스프링클러설비와 펌프 겸용 불가
• 고가수조방식 : 고가수조로부터 자연낙차압을 이용하는 방식. 일반 건물에는 거의 사용 불가
• 압력수조방식 : 압력수조 내 물을 압입하고 압축된 공기를 충전하여 송수하는 방식
• 가압수조방식 : 별도의 압력탱크에 가압원인 압축공기 또는 불연성 고압기체에 의해 소방용수를 가압하여 송수하는 방식. 전원 필요 없음

32 소화설비 중 옥외소화전설비의 성능으로 맞는 것은?

① 방수량은 350L/min 이상이 되도록 한다.
② 방수압력은 각 노즐당 0.17MPa 이하이다.
③ 옥내소화전설비 구조와 소화전함, 방수구의 규격 등이 유사하다.
④ 수원의 용량은 소화전 설치개수에 $10m^3$를 곱한 양 이상이어야 한다.

🔍 옥외소화전설비의 성능
• 방수량 350L/min 이상
• 방수압력 0.25~0.7MPa(각 노즐 당)
• 수원의 용량은 소화전 설치개수에 $7m^3$를 곱한 양 이상일 것
• 구조는 옥내소화전설비와 유사하나, 소화전함·방수구의 규격 등은 다르다.

33 다음 중 '스프링클러설비의 단점'이 아닌 것은?

① 초기 시설비가 많이 든다.
② 소화 후 복구가 용이하다.
③ 시공 시 다른 시설보다 복잡하다.
④ 물로 인한 피해가 심하다.

🔍 스프링클러설비의 단점
• 초기 시설비가 많이 든다.
• 시공 시 다른 시설보다 복잡하다.
• 물로 인한 피해가 심하다.

34 스프링클러설비 중 '개방형 헤드'를 사용하는 방식은?

① 습식 스프링클러설비
② 건식 스프링클러설비
③ 준비작동식 스프링클러설비
④ 일제살수식 스프링클러설비

🔍 스프링클러설비의 종류
• 폐쇄형 헤드방식 스프링클러설비
  – 습식 스프링클러설비
  – 건식 스프링클러설비
  – 준비작동식 스프링클러설비
  – 부압식 스프링클러설비
• 개방형 헤드방식 스프링클러설비 : 일제살수식 스프링클러설비

35 가스계소화설비 중 '화재신호에 의해 작동하여 파괴침이 기동용기밸브의 동판을 파괴하고 기동용 가스를 방출시키는 역할'을 하는 것은?

① 솔레노이드밸브
② 선택밸브
③ 방출헤드
④ 압력스위치

🔍 솔레노이드밸브 : 화재신호에 의해 솔레노이드밸브가 작동하면 파괴침이 기도용기밸브의 동판을 파괴하고 기동용 가스를 방출시키는 역할을 한다.
• 전기적인 신호로 자동격발되는 자동방식
• 수동조작버튼을 눌러서 격발하는 수동방식

36 가스계소화설비의 '점검 및 동작확인' 사항이 아닌 것은?

① 제어반에서 화재표시 확인
② 압력스위치 버튼 확인
③ 경보발령 여부 확인
④ 솔레노이드밸브 작동여부 확인

🔍 가스계소화설비의 점검 및 동작확인 사항
• 제어반에서 화재표시 확인
• 경보발령 여부 확인
• 지연장치의 지연시간 체크 확인
• 솔레노이드밸브 작동여부 확인
• 자동폐쇄장치 작동 및 환기장치 정지여부 확인

37 자동화재탐지설비인 '이온화식 연기감지기'의 특성에 대한 설명으로 틀린 것은?

① 동작원리는 이온전류의 감소이다.

② 연기입자는 작은 연기입자(0.01~0.3μm)에 유리하다.

③ 연기의 색상은 무관하다.

④ 적응성은 A급화재 등 훈소화재이다.

🔍 이온화식 연기감지기의 특성
- 동작원리 : 이온전류의 감소
- 연기입자 : 작은 연기입자(0.01~0.3μm)에 유리
- 연기의 색상 : 이온에 연기입자가 흡착되는 것과 관계되므로 색상 무관
- 적응성 : B급화재 등 불꽃화재

38 자동화재탐지설비인 수신기에서 감지기 사이 회로의 단선유무와 기기 등의 접속상황을 확인하기 위한 회로도통시험 중 적부판정방법으로 틀린 것은?

① 전압계가 있는 경우 정상은 4~8[V]이다.

② 전압계가 있는 경우 단선은 0~3[V]이다.

③ 도통시험 확인등이 있는 경우 정상은 정상확인등이 녹색점등한다.

④ 도통시험 확인등이 있는 경우 단선은 단선확인등이 적색점등한다.

🔍 자동화재탐지설비의 도통시험 적부판정방법
- 전압계가 있는 경우 정상은 4~8[V]이다.
- 전압계가 있는 단선은 0[V]이다.
- 도통시험 확인등이 있는 경우 정상은 정상확인등이 녹색점등한다.
- 도통시험 확인등이 있는 경우 단선은 정상확인등이 적색점등한다.

39 자동화재탐지설비인 '감지기 작동점검(단계별 절차)'에 대한 설명으로 틀린 것은?

① 1단계 : 감지기 동작시험은 감지기 시험기, 연기스프레이 등 이용한다.

② 2단계 : LED 미점등 시 감지기 회로 전압확인하여 정격정압의 80% 이상이면, 감지기가 불량이므로 교체한다.

③ 2단계 : LED 미점등 시 감지기 회로 전압확인하여 정격정압이 0[V]이면, 회로가 단선이므로 회로를 교체한다.

④ 3단계 : 감지기 동작시험 재실시

🔍 감지기 작동점검(단계별 절차)
- 1단계 : 감지기 동작시험 실시 – 감지기 시험기, 연기스프레이 등 이용
- 2단계 : LED 미점등 시 감지기 회로 전압확인
  – 정격정압의 80% 이상이면, 감지기가 불량이므로 교체한다.
  – 정압이 0[V]이면, 회로가 단선이므로 회로를 보수한다.
- 3단계 : 감지기 동작시험 재실시

40 피난구조설비 중 '인명구조기구'의 종류가 아닌 것은?

① 구급차(엠블런스)

② 방열복

③ 공기호흡기

④ 인공소생기

🔍 인명구조기구의 종류
- 방열복 : 고온의 복사열에 가까이 접근하여 소방활동을 수행할 수 있는 내열피복
- 방화복 : 화재 진압 등의 소방활동을 수행할 수 있는 기구
- 공기호흡기 : 소화활동 시에 화재로 인하여 발생하는 각종 유독가스 중에서 일정시간 사용할 수 있도록 제조된 압축공기식 개인호흡장비(보조마스크 포함)
- 인공소생기 : 호흡 부전상태인 사람에게 인공호흡을 시켜 환자를 보호하거나 구급하는 기구

41 공연장 객석통로의 길이가 48m인 경우 객석유도등의 설치개수는?

① 8개

② 10개

③ 11개

④ 12개

🔍 객석 유도등 설치개수 = $\dfrac{\text{객석통로의 직선부분의 길이(m)}}{4} - 1$

$= \dfrac{48}{4} - 1 = 11$개

42 다음 중 연결송수관설비의 설치와 관련하여 건식 시스템의 설치대상 건축물로 옳은 것은?

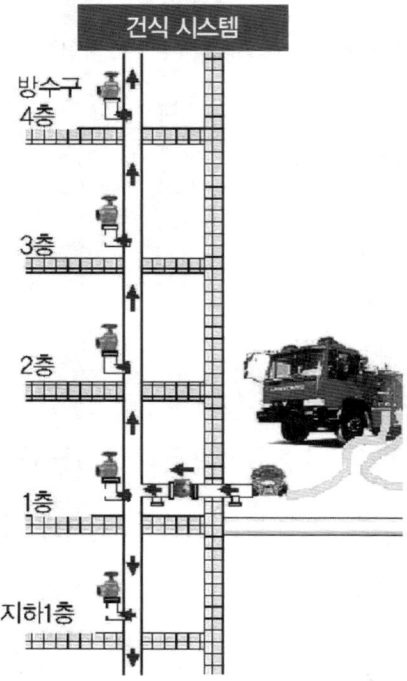

① 지면으로부터 높이가 21m 미만인 특정소방대상물 또는 지상 11층 미만인 특정소방대상물에 설치

② 지면으로부터 높이가 31m 미만인 특정소방대상물 또는 지상 11층 미만인 특정소방대상물에 설치

③ 지면으로부터 높이가 21m 이상인 특정소방대상물 또는 지상 11층 이상인 특정소방대상물에만 설치

④ 지면으로부터 높이가 31m 이상인 특정소방대상물 또는 지상 11층 이상인 특정소방대상물에만 설치

🔍 소화활동설비 중 연결송수관설비의 종류
• 건식 시스템
  – 평상시 연결송수관 배관내부가 비어있는 상태로 관리
  – 건식은 지면으로부터 높이가 31m 미만인 특정소방대상물 또는 11층 미만인 특정소방대상물에 설치
• 습식 시스템
  – 습식은 관로 내부에 상시 물이 충전된 상태로 유지
  – 지면으로부터 높이가 31m 이상인 특정소방대상물 또는 11층 이상인 특정소방대상물에만 설치

43 소화활동설비 중 '거실제연설비'의 작동상태 확인할 내용으로 옳지 않은 것은?

① 화재경보가 발생하는지 확인한다.

② 제연커튼이 설치된 장소에는 제연커튼이 작동(올라 가는지)되는지 확인한다.

③ 배기 · 급기댐퍼가 작동하여 폐쇄되는지 확인한다.

④ 배풍기(배기팬) · 송풍기(급기팬)이 작동하여 송풍 및 배풍이 정상적으로 되는지 확인한다.

🔍 거실제연설비 점검방법
• 감지기를 작동시킨다.(또는 수동기동장치의 스위치를 작동시킨다.)
• 작동상태의 확인할 내용
  – 화재경보가 발생하는지 확인한다.
  – 제연커튼이 설치된 장소에는 제연커튼이 작동(내려오는지)되는지 확인한다.
  – 배기 · 급기댐퍼가 작동하여 폐쇄되는지 확인한다.
  – 배풍기(배기팬) · 송풍기(급기팬)이 작동하여 송풍 및 배풍이 정상적으로 되는지 확인한다.

44 화재발생 시 소방대의 조명장치, 파괴기구 등을 접속하여 사용하는 비상전원설비인 '비상콘센트 설비의 규격'으로 틀린 것은?

① 구분 : 단상교류

② 전압 : 110[V]

③ 용량 : 1.5[kVA] 이상

④ 극수 : 2극

🔍 비상콘센트의 규격
• 구분 : 단상교류
• 전압 : 220[V]
• 용량 : 1.5[kVA] 이상
• 극수 : 2극

45 전력, 통신용의 전선 등이 설치된 지하구의 화재발생 대비 설치된 '연소방지설비의 구성요소'로 볼 수 없는 것은?

① 방수구   ② 송수구

③ 배관   ④ 방수헤드

🔍 연소방지설비 구성요소 : 송수구, 배관, 방수헤드(연소방지설비 전용헤드 또는 스프링클러헤드)

46 소방안전관리자의 '소방안전관리업무 수행에 관한 기록 작성요령'으로 틀린 것은?

① 소방안전관리자는 매일 소방안전관리업무를 작성한다.

② 당해연도 소방계획서를 참고하여 작성한다.

③ 소방안전관리대상물의 특성에 따라 기타사항에 추가항목을 작성한다.

④ 경보설비를 중점적으로 확인하여 작성한다.

🔍 소방안전관리업무 수행에 관한 기록 작성요령
• 소방안전관리대상물의 소방안전관리자는 소방안전관리업무를 수행한 날을 포함하여 월 1회 이상 작성한다.
• 당해연도 소방계획서 및 소방시설등 점검표에 따른 점검항목을 참고하여 작성한다.
• 소방안전관리대상물의 특성에 따라 기타사항에 추가항목을 작성한다.
• 경보설비의 수신기, 소화설비의 제어반 및 가압송수장치(펌프 등)를 중점적으로 확인하여 작성한다.

47 화재 시 일반적 피난행동으로 옳지 못한 것은?

① 엘리베이터는 절대 이용하지 않도록 하며 계단을 이용해 옥외로 대피한다.

② 아래층으로 대피가 불가능한 때에는 옥상으로 대피한다.

③ 유도등, 유도표지를 따라 대피한다.

④ 연기 발생 시 최대한 높은 자세로 이동한다.

🔍 화재 시 일반적 피난행동
• 엘리베이터는 절대 이용하지 않도록 하며 계단을 이용해 옥외로 대피한다.
• 아래층으로 대피가 불가능한 때에는 옥상으로 대피한다.
• 아파트의 경우 세대 밖으로 나가기 어려울 경우 세대 사이에 설치된 경량칸막이를 통해 옆세대로 대피하거나 세대 내 대피공간으로 대피한다.
• 유도등, 유도표지를 따라 대피한다.
• 연기발생 시 최대한 낮은 자세로 이동하고, 코와 입을 젖은 수건 등으로 막아 연기를 마시지 않도록 한다.
• 출입문을 열기 전 문 손잡이가 뜨거우면 문을 열지 말고 다른 길을 찾는다.
• 옷에 불이 붙었을 때에는 눈과 입을 가리고 바닥에서 뒹군다.
• 탈출한 경우에는 절대로 다시 화재 건물로 들어가지 않는다.

48 의식 없는 환자의 심폐소생술 진행 시 가슴압박과 인공호흡의 실시 횟수는?

① 20회, 2회 시행

② 30회, 2회 시행

③ 20회, 3회 시행

④ 30회, 3회 시행

🔍 심폐소생술
• 30회의 가슴압박과 2회의 인공호흡을 119 구급대원이 현장에 도착할 때까지 반복해서 시행한다.
• 가슴압박은 성인 기준 분당 100~120회의 속도로 시행하며 약 5cm의 깊이(소아의 경우 4~5cm)로 강하고 빠르게 30회 시행한다.

49 화재로 인한 화상으로 진피의 모세혈관이 손상되며 물집이 터져 진물이 나고 감염의 위험이 있는 화상의 분류는?

① 1도 화상

② 2도 화상

③ 3도 화상

④ 4도 화상

🔍 2도 화상(부분층 화상) : 피부의 두 번째 층까지 화상으로 손상되어 심한 통증과 발적, 수포가 발생하므로 표피가 얼룩얼룩하게 되고 진피의 모세혈관이 손상되며 물집이 터져 진물이 나고 감염의 위험이 있다.

50 합동소방훈련의 실시절차 중 훈련 시 행동요령으로 '상황의 발견 · 전파를 담당'하는 팀은?

① 방호안전팀

② 초기소화팀

③ 비상연락팀

④ 피난유도팀

🔍 합동소방 실시절차 중 본 훈련 시 행동요령
• 발견 · 전파 – 비상연락팀
• 자체진화 – 초기소화팀
• 인명대피 – 피난유도팀, 방호안전팀
• 부상자구호 – 응급구조팀
• 물품반출 – 방호안전팀 등

정답 **실전모의고사 2회**

01 ②	02 ④	03 ④	04 ①	05 ②
06 ④	07 ④	08 ②	09 ④	10 ②
11 ②	12 ③	13 ②	14 ④	15 ④
16 ③	17 ④	18 ②	19 ①	20 ②
21 ③	22 ①	23 ①	24 ④	25 ④
26 ③	27 ③	28 ①	29 ①	30 ②
31 ①	32 ①	33 ②	34 ④	35 ①
36 ①	37 ④	38 ②	39 ③	40 ①
41 ①	42 ②	43 ②	44 ②	45 ①
46 ①	47 ④	48 ②	49 ②	50 ③

01 소방기본법상 '소방대(消防隊)'에 해당되지 않은 것은?

① 자치소방대원
② 소방공무원
③ 의무소방원
④ 의용소방대원

🔍 소방대(消防隊)란 화재를 진압하고 화재, 재난·재해, 그 밖의 위급한 상황에서의 구조·구급활동 등을 하기 위한 조직체로 소방공무원, 의무소방원, 의용소방대원으로 구성된다.

02 다음 중 '소방안전관리보조자를 선임'하여야 하는 선임대상물은?

① 300세대 미만인 아파트
② 연면적 10,000m² 이상인 연립주택
③ 노유자시설
④ 공동주택

🔍 모든 소방안전관리보조자를 선임하여야 하는 선임대상물
• 300세대 이상인 아파트
• 연면적이 15,000m² 이상인 특정소방대상물(아파트와 연립주택 제외)
• 기숙사(공동주택 중), 의료시설, 노유자시설, 수련시설, 숙박시설(숙박시설로 사용되는 바닥면적의 합계가 1,500m² 미만이고 관계인이 24시간 상시근무하고 있는 숙박시설은 제외)

03 소방기본법상 위력(威力)을 사용하여 출동한 소방대의 화재진압·인명구조 또는 구급활동을 방해하는 행위를 한 경우 벌칙으로 맞는 경우는?

① 200만원 이하의 벌금
② 300만원 이하의 벌금
③ 3년 이하의 징역 또는 3천만원 이하의 벌금형
④ 5년 이하의 징역 또는 5천만원 이하의 벌금형

🔍 5년 이하의 징역 또는 5천만원 이하의 벌금
• 위력(威力)을 사용하여 출동한 소방대의 화재진압·인명구조 또는 구급활동을 방해하는 행위를 한 사람
• 소방대가 화재진압·인명구조 또는 구급활동을 위하여 현장에 출동하거나 현장에 출입하는 것을 고의로 방해하는 행위를 한 사람
• 출동한 소방대원에게 폭행 또는 협박을 행사하여 화재진압·인명구조 또는 구급활동을 방해하는 행위를 한 사람
• 출동한 소방대의 소방장비를 파손하거나 그 효용을 해하여 화재진압·인명구조 또는 구급활동을 방해하는 행위를 한 사람
• 소방자동차의 출동을 방해한 사람
• 사람을 구출하는 일 또는 불을 끄거나 불이 번지지 아니하도록 하는 일을 방해한 사람
• 정당한 사유 없이 소방용수시설 또는 비상소화장치를 사용하거나 소방용수시설 또는 비상소화장치의 효용을 해치거나 그 정당한 사용을 방해한 사람

04 소방관련법령상 '화재안전조사 결과에 따른 조치명령권자'는?

① 시·도지사
② 소방청장
③ 행정안전부장관
④ 국무총리

🔍 화재안전조사 결과에 따른 조치명령권자 : 소방청장, 소방본부장 또는 소방서장

05 화재의 예방 및 안전관리에 관한 법률상 '1년 이하의 징역 또는 1천만원 이하의 벌금'형에 해당되는 경우는?

① 소방안전관리자 자격증을 다른 사람에게 빌려준 사람
② 화재안전조사를 정당한 사유 없이 거부한 사람
③ 소방안전관리자에게 불이익한 처우를 한 관계인
④ 피난유도 안내정보를 제공하지 아니한 사람

🔍 1년 이하의 징역 또는 1천만원 이하의 벌금(법 제50조)
• 소방안전관리자 자격증을 다른 사람에게 빌려 주거나 빌리거나 이를 알선한 자
• 화재예방안전진단을 받지 아니한 자

06 소방시설등의 자체점검 실시 결과서를 보고한 관계인은 그 점검결과를 점검이 끝난 날부터 몇 년간 자체 보관해야 하는가?

① 1년
② 2년
③ 3년
④ 5년

🔍 자체점검 결과의 조치
• 관계인은 점검이 끝난 날부터 15일 이내에 소방시설등 자체점검 실시결과 보고서에 소방시설등의 자체점검결과 이행계획서를 첨부하여 서면 또는 전산망을 통하여 소방본부장 또는 소방서장에게 보고하여야 한다.
• 자체점검 실시 결과보고서를 보고한 관계인은 그 점검결과를 점검이 끝난 날부터 2년간 자체 보관해야 한다.

07 다음 중 방염성능기준 이상의 실내장식물 등을 설치하여야 할 장소가 아닌 것은?

① 11층 이상인 아파트
② 숙박시설 및 체력단련장
③ 종합병원
④ 노유자시설

🔍 방염성능기준 이상의 실내장식물 등을 설치하여야 할 장소
• 근린생활시설 중 의원, 체력단련장, 공연장 및 종교집회장
• 건축물의 옥내에 있는 시설로서 문화 및 집회시설, 종교시설, 운동시설(수영장은 제외)
• 의료시설
• 교육연구시설 중 합숙소
• 노유자시설
• 숙박이 가능한 수련시설
• 숙박시설
• 방송통신시설 중 방송국 및 촬영소
• 다중이용업소
• 건축물의 층수가 11층 이상인 것(아파트는 제외)

08 다중이용업소 '소방안전교육 교육과정'에 속하지 않는 것은?

① 소방시설 및 방화시설(放火施設)의 구입 및 설치방법
② 화재안전과 관련된 법령 및 제도
③ 심폐소생술 등 응급처치 요령
④ 다중이용업소에서 화재가 발생한 경우 초기대응 및 대피요령

🔍 소방안전교육 교육과정
• 화재안전과 관련된 법령 및 제도
• 다중이용업소에서 화재가 발생한 경우 초기대응 및 대피요령
• 소방시설 및 방화시설(放火施設)의 유지·관리 및 사용방법
• 심폐소생술 등 응급처치 요령

09 초고층 및 지하연계 복합건축물 재난관리에 관한 특별법상 '초고층 건축물'에 해당되는 건축물은?

① 40층 아파트
② 50층인 빌딩
③ 높이 150m인 건축물
④ 층수가 11층 이상 지하연계 복합건축물

🔍 초고층 건축물의 기준은 층수가 50층 이상 또는 높이가 200m 이상인 건축물을 말한다.

10 같은 장소에서 취급하는 위험물의 양이 휘발유 120L, 경유 500L일 때 지정수량 이상의 위험물임을 확인하는 계산상 수치는 얼마인가?

① 1.1
② 1.2
③ 1.3
④ 1.4

🔍 지정수량 환산
같은 장소에서 취급하는 위험물 휘발유 120L이고, 경유 500L일 때
ⓐ 휘발유(제1석유류, 지정수량 200L)
  160L/지정수량 = 120L/200L = 지정수량의 0.6배
ⓑ 경유(제2석유류, 지정수량 1,000L)
  500L/지정수량 = 500L/1,000L = 0.5배 이므로
∴ ⓐ + ⓑ = 0.6 + 0.5 = 1.1 이므로, 1 이상이 되어 지정수량 이상의 위험물을 취급하는 경우이다.

11

다음은 어느 업무시설에서 소화기를 설치하기 위해 작성한 평면도이다. 의무적으로 설치하여야 하는 소화기의 최소 수량은 몇 개인가?(단, 비치된 소화기는 모두 3단위 소화기이다.)

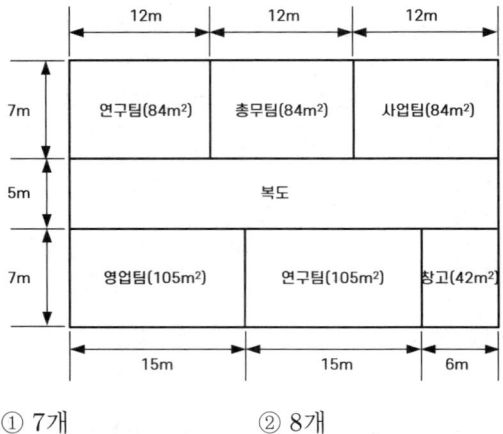

① 7개
② 8개
③ 9개
④ 10개

🔍 소화기 설치 기준
• 각 층마다 설치하되, 특정소방대상물의 각 부분으로부터 1개의 소화기까지의 보행거리가 소형소화기의 경우 20m 이내, 대형소화기의 경우 30m 이내가 되도록 배치한다.
• 특정소방대상물의 각 층이 2 이상의 거실로 구획된 경우 각 층마다 설치하는 것 외에 바닥면적이 33m² 이상으로 구획된 각 거실에 배치(아파트인 경우 각 세대를 말함)도 배치한다.
※3단위 소화기는 소형소화기에 해당하므로 보행거리 20m 마다 설치 → 복도에 2개 설치, 33m² 이상으로 구획된 실마다 1개씩 설치 → 6개 설치해야 하므로 총 8개이다.

12

방화구획 설치기준 중 '면적별 구획기준'으로 틀린 것은?

① 10층 이하의 층은 바닥면적 1,000m² 이내마다 구획
② 11층 이상의 층은 바닥면적 200m² 이내마다 구획
③ 벽 및 반자의 실내마감을 불연재료로 한 경우에는 바닥면적 500m² 이내마다 구획
④ 스프링클러설비 등 자동식 소화설비를 설치한 경우 상기면적 5배 이내마다 구획

🔍 방화구획 설치기준

구분	구획 단위
면적별 구획	• 10층 이하의 층은 바닥면적 1,000m² 이내마다 구획 • 11층 이상의 층은 바닥면적 200m²(벽 및 반자의 실내마감을 불연재료로 한 경우에는 500m²)이내마다 구획 ※스프링클러설비 등 자동식 소화설비를 설치한 경우에는 상기 면적의 3배 이내마다 구획
층별 구획	매층마다 구획(다만, 지하 1층에서 지상으로 직접 연결하는 경사로 부위는 제외)
필로티 등	필로티 등(벽면적의 2분의 1 이상이 그 층의 바닥면에서 위층 바닥 아래면까지 공간으로 된 것)의 부분을 주차장으로 사용하는 경우 그 부분은 건축물의 다른 부분과 구획할 것

13

다음 중 가연성이 좋은 물질의 특성으로 옳은 것은?

① 산소와 친화력이 크다.
② 활성화에너지가 크다.
③ 열전도율이 크다.
④ 비표면적이 작다.

🔍 가연성물질의 특성
• 산소와 친화력이 크다.
• 활성화에너지가 적다.
• 열전도율이 작다.
• 연소열이 크다.
• 비표면적이 크다.
• 건조도가 높다.

14

점화원 중 하나인 '정전기불꽃'을 일으키는 정전기방지를 위한 예방책으로 틀린 것은?

① 정전기발생이 우려되는 장소에 접지시설 설치한다.
② 실내공기를 이온화한다.
③ 전기저항이 큰 물질은 전도체물질을 사용한다.
④ 습도와 압력을 낮춘다.

🔍 정전기방지 예방대책
- 정전기발생이 우려되는 장소에 접지시설 설치한다.
- 실내공기를 이온화하여 정전기발생을 예방한다.
- 정전기는 습도가 낮거나, 압력이 높을 때 발생하므로 습도 70% 이상으로 한다.
- 전기저항이 큰 물질은 대전이 용이하므로 전도체물질을 사용한다.

15 다음 중 '금속화재'의 설명으로 옳지 않은 것은?

① 가연성 금속류가 가연물이 되는 화재이다.
② 화재 시 수계소화약제를 사용한다.
③ 물과 반응하여 강한 수소를 발생시키는 것이 대부분이다.
④ 과상보다는 분말상으로 존재할 때 가연성이 현저히 증가한다.

🔍 금속화재(D급화재)
가연성 금속류는 물과 반응하여 폭발성이 강한 수소를 발생시키는 것이 대부분이므로 화재발생 시 수계소화약제(물, 포, 강화액 등)를 사용해서는 안 된다.

16 화재 시 소화활동이나 피난을 위해 화재실의 문을 개방할 때 신선한 공기가 유입되어 실내에 축적되었던 가연성가스가 단시간에 폭발적으로 연소함으로써 화염이 폭풍을 동반하여 실외로 분출되는 현상은?

① 플래시오버(flash over)
② 백드래프트(back draft)
③ 롤오버(roll over)
④ 플레임오버(frame over)

🔍 실내화재의 양상
- 플래시오버(flash over) : 실재화재 발생 시 발화로부터 출화를 거쳐 화염이 천장 전면으로 확산되면 화염에서 발생한 복사열에 의해 가구 등이 일시에 화화점에 이르러 가연성 가스가 축적되면서 일순간에 폭발적으로 전체가 화염에 휩싸이는 현상
- 롤오버(roll over) : 화염이 연소되지 않은 가연성가스를 통해 전파되는 현상으로 플레임오버(frame over)라고도 함

17 화재 시 연기가 인체에 미치는 영향으로 가장 거리가 먼 것은?

① 시야를 감퇴하며 피난행동 및 소화활동을 저해한다.
② 연기의 성분 그 자체로서는 인체에 심각한 피해를 초래하지 않는다.
③ 정신적으로 긴장 또는 패닉현상에 빠지게 되는 2차적 재해의 우려가 있다.
④ 방염(난연) 처리된 물질의 화재 시 다량의 연기 입자 및 유독가스가 발생한다.

🔍 연기성분 중 일산화탄소(CO), 포스겐(COCl$_2$) 등의 유독물은 인체에 치명적이다.

18 소화방법 중 화학적 작용에 의한 소화방법에 해당하는 것은?

① 제거소화　　② 질식소화
③ 억제소화　　④ 냉각소화

🔍 억제소화
- 산화반응(연쇄반응)을 약화시켜 소화하는 방법(화학적 작용에 의한 소화방법)
- 할로겐화합물, 청정소화약제에 의한 억제(부촉매) 작용, 분말 소화약제에 의한 억제(부촉매) 작용

19 다음 중 '제3류 위험물의 특성'으로 볼 수 없는 것은?

① 금수성물질이다.
② 물과 반응하거나 자연발화에 의해 가연성가스를 발생한다.
③ 저장용기는 공기와 수분과의 접촉을 피한다.
④ 대부분 유기화합물이다.

🔍 제3류 위험물의 특성
- 자연발화성물질 및 금수성물질이다.
- 대부분 무기화합물이며, 고체이고 일부는 액체이다.
- 물과 반응하거나 자연발화에 의해 발열·가연성가스를 발생한다.
- 저장용기는 공기와 수분과의 접촉을 피하며, 용기 파손 또는 누출에 주의한다.

20 위험물안전관리 중 '유류(油類)취급 시 주의사항'으로 틀린 것은?

① 기름을 주입할 때에는 난로불을 끈 후 연료를 주입한다.
② 이동식 석유난로는 넘어지기 쉽고 화재위험이 많으므로 이용 시 고정하여 사용한다.
③ 불이 붙은 상태에서 석유난로는 조심해서 이동한다.
④ 식물 조리 중에는 전화를 받는 등 자리를 떠나지 않는다.

○ 유류(油類)취급 시 주의사항
• 기름을 주입할 때에는 반드시 난로불을 끈 후 연료를 주입하고 기름이 넘치지 않도록 한다.
• 이동식 석유난로는 넘어지기 쉽고 화재위험이 많으므로 이용 시 고정하여 사용한다.
• 난로는 가연물로부터 충분히 거리를 띄우고 불씨가 있는 부근에는 가연물질을 방치하지 않는다.
• 불이 붙은 상태에서 석유난로를 이동하지 않는다.
• 불을 켜둔 상태에서 장시간 자리를 비우지 않는다.
• 음식물 조리 중에는 전화를 받는 등 자리를 떠나지 않는다.
• 유류가 들어있던 빈 드럼통을 사용하기 위해 절단할 때에는 빈 드럼통 속에 남아있던 유증기는 완전히 배출 후 작업한다.
• 유류통의 연료량을 확인하기 위해 라이터나 성냥을 사용하지 말고 반드시 손전등을 사용하며, 실내에서 페인트, 시너 등의 도색작업 시 충분한 환기를 시킨다.

21 전기화재의 원인 중 '과부하(과전류)에 의한 발화'로 볼 수 없는 것은?

① 반단선
② 전선의 과부하
③ 전기부품 및 기기의 과부하
④ 누전에 의한 발화

○ 전기화재 중 과부하(과전류)에 의한 발화의 종류
• 전선의 과부하
• 전기부품 및 기기의 과부하
• 누전에 의한 발화

22 연료가스 중 '액화천연가스(LNG)'의 주성분은?

① C_3H_8(프로판) ② C_4H_{10}(부탄)
③ CH_4(메탄) ④ C_2H_6(에탄)

○ • 액화천연가스(LNG)의 주성분 : CH_4(메탄)
• 액화석유가스(LPG)의 주성분 : C_3H_8(프로판), C_4H_{10}((부탄)

23 '종합방재실의 구조 및 면적'에 대한 설명으로 맞는 것은?

① 인력의 대기 및 휴식 등을 위하여 종합방재실과 방화구획 되지 않은 부속실을 설치
② 면적은 $15m^2$ 이상으로 할 것
③ 다른 부분과 방화구획으로 설치할 것
④ 소방관출입이 용이하게 별도 통제하지 않을 것

○ 종합방재실의 구조 및 면적
• 구조 : 다른 부분과 방화구획(放火區劃)으로 설치
• 면적 : 20m² 이상
• 상주 인력 : 3명 이상

24 다음 중 '용접(용단)작업 시 불티의 특성'으로 볼 수 없는 것은?

① 수천개의 비산된 불티 발생
② 비산불티는 작업높이, 철판두께, 풍향, 풍속 등에 따라 비산거리 동일
③ 비산불티는 약 1,600℃ 이상의 고온체
④ 발화원이 될 수 있는 비산불티 크기의 직경은 약 0.3~3mm

○ 용접(용단)작업 시 비산 불티의 특성
• 용접(용단)작업 시 수천개의 비산된 불티 발생
• 비산불티는 작업높이, 철판두께, 풍향, 풍속 등에 따라 비산거리 상이
• 비산불티는 약 1,600℃ 이상의 고온체
• 발화원이 될 수 있는 비산불티 크기의 직경은 약 0.3~3mm
• 비산 불티는 짧게는 작업과 동시에부터 수 분 사이, 길게는 수 시간 이후에도 화재 가능성 있음

25 물 및 그 밖의 소화약제를 사용하여 소화하는 기계·기구 또는 설비를 무엇이라 하는가?

① 소화설비 ② 경보설비
③ 피난설비 ④ 소화활동설비

○ • 소화설비 : 물 및 그 밖의 소화약제를 사용하여 소화하는 기계·기구 또는 설비
• 경보설비 : 화재발생 사실을 통보하는 기계·기구 또는 설비
• 피난설비 : 화재가 발생할 경우 피난하기 위하여 사용하는 기구 또는 설비
• 소화활동설비 : 화재를 진압하거나 인명구조 활동을 위하여 사용하는 설비

26 적응화재 ABC급 분말소화기의 설명으로 옳지 않은 것은?

① 주성분 : 제1인산암모늄($NH_4H_2PO_4$)

② 약제의 색 : 담홍색

③ 소화효과 : 질식, 부촉매(억제)

④ 소화기의 내용연수 : 20년

🔍 분말소화기의 종류

적응화재	주성분	약제의 색	소화효과	구조
ABC급	제1인산암모늄 ($NH_4H_2PO_4$)	담홍색	질식, 억제 (부촉매)	가압식, 축압식
BC급	탄산수소나트륨 ($NaHCO_3$)	백색		
	탄산수소칼륨 ($KHCO_3$)	담회색		
	탄소수소칼륨 ($KHCO_3$) + 요소$[(NH_2)_2CO]$	회색		

※소화기의 내용연수는 10년으로 하고 내용연수가 지난 제품은 교체 또는 성능확인 받아야 하며, 성능확인을 받은 수동식 분말소화기는 1회에 한하여 3년 연장 가능

27 다음 중 옥내소화전설비에서 노즐의 방수압과 방수량을 바르게 짝지어진 것은?

① 방수압 0.1MPa 이상 0.7MPa 이하 – 방수량 100L/min 이상

② 방수압 0.1MPa 이상 0.7MPa 이하 – 방수량 130L/min 이상

③ 방수압 0.17MPa 이상 0.7MPa 이하 – 방수량 100L/min 이상

④ 방수압 0.17MPa 이상 0.7MPa 이하 – 방수량 130L/min 이상

🔍 옥내소화전설비의 성능
소방대상물의 어느 층이나 해당 층의 옥내소화전(2개 이상인 경우 2개)을 동시에 방수할 경우 각 소화전 노즐에서 방수량 130L/min 이상, 방수압 : 0.17MPa 이상 0.7MPa 이하를 갖추어야 함

28 방수압력이 0.36MPa인 옥내소화전의 분당 방수량은 얼마인가?(단, 옥내소화전인 경우 노즐의 구경은 13mm이다.)

① 180L/min ② 210L/min

③ 250L/min ④ 300L/min

🔍 분당 방수량
$Q = 2.065 \times D^2 \times \sqrt{P}$ [Q : 분당방수량(L/min), D : 관경 또는 노즐의 구경(mm), p : 방수압력(MPa)]
$= 2.065 \times 13^2 \times \sqrt{0.36} = 2.065 \times 169 \times 0.6$
$= 209.39 \fallingdotseq 210(L/min)$

29 옥내소화전설비 중 펌프의 배관압력이 설정된 압력 이상이 되면 스프링이 밀려 올라가 열리면서 체절압력 이하에서 개방, 과압을 방출하여 펌프 내의 체절운전 시 공회전에 의한 수온상승을 방지하는 설비는?

① 개폐밸브 ② 체크밸브

③ 릴리프밸브 ④ 풋밸브

🔍 릴리프밸브 : 펌프의 배관압력이 설정된 압력 이상이 되면 밸브 캡을 지지하고 있는 스프링이 밀려 올라가 열리면서 체절압력 이하에서 개방, 과압을 방출하여 펌프 내의 체절운전 시 공회전에 의한 수온상승을 방지하는 설비이다.

30 다음 중 '옥외소화전 방수방법'에 대한 설명으로 틀린 것은?

① 최소 1인 1조로 사용한다.

② 소방호스와 관창 체결 후 화점으로 이동한다.

③ 옥외소화전에서 소화렌치를 사용하여 밸브를 개방한다.

④ 화점에 방수하여 소화를 실시한다.

🔍 옥외소화전 방수 방법
• 최소 2인 1조로 사용한다(방수압력에 따라 3인 1조 사용).
• 소방호스와 관창 체결 후 화점으로 이동한다.
• 옥외소화전에서 소화렌치를 사용하여 밸브를 개방한다.
• 화점에 방수하여 소화를 실시한다.
• 옥외소화전 사용이 끝나면 밸브를 폐쇄한다(자동정지가 안될 시 소화펌프 수동정지).
• 소방호스를 정리한다.

31 다음과 같은 작동순서를 갖는 스프링클러설비는?

[작동순서]
㉠ 화재발생
㉡ 헤드 개방 및 방수
㉢ 2차측 배관 압력 저하
㉣ 1차측 압력에 의해 유수검지장치의 클래퍼개방
㉤ 유수검지장치의 압력스위치 작동 → 사이렌 경보
㉥ 배관 내 압력저하로 기동용수압개폐장치의 압력스위치 작동 → 펌프기동

① 건식 스프링클러설비
② 습식 스프링클러설비
③ 준비작동식 스프링클서설비
④ 부압식 스프링클러설비

🔍 습식 스프링클러설비 : 습식 유수검지장치(알람밸브)를 중심으로 1, 2차측 배관이 가압수로 유지되어 있다가 화재 시 열에 의해 헤드 개방으로 배관 내의 유수가 발생하여 소화하는 방식

32 스프링클러설비에서 비화재 시 알람밸브의 경보로 인한 혼선방지를 위한 장치는?

① 릴리프밸브
② 솔레노이드
③ 리타딩챔버
④ 디플렉터

🔍 비화재 시 경보로 인한 혼선방지를 위한 장치
• 구형 : 리타딩 챔버(Retarding Chamber) 설치
• 신형 : 압력스위치 내부에 지연회로 설치(약 4~7초간 지연) 또는 일부 제품의 경우 지연시간 조절이 가능한 타입

33 물분무등소화설비 중 이산화탄소소화설비의 장점에 해당하지 않은 것은?

① 화재진화 후 깨끗하다.
② 심부화재에 적합하다.
③ 비전도성이므로 전기화재에 좋다.
④ 설비가 고압으로 주의와 관리가 편하다.

🔍 이산화탄소소화설비의 장·단점
• 장점
  – 가연물 내부에서 연소하는 화재(심부화재)에 적합하다.
  – 화재진화 후 깨끗하다.
  – 피연소물에 피해가 적다.
  – 비전도성이므로 전기화재에 좋다.
• 단점
  – 사람에게 질식의 우려가 있다.
  – 방사 시 동상의 우려와 소음이 크다.
  – 설비가 고압으로 특별한 주의와 관리가 필요하다.

34 가스계소화설비의 약제방출방식에 적합하지 않은 것은?

① 전역방출방식
② 국소방출방식
③ 호스릴방식
④ 확산분사방식

🔍 약제방출방식에 의한 분류
• 전역방출방식 : 고정식 소화약제 공급장치에 배관 및 분사헤드를 고정설치하여 밀폐 방호구역 내에 소화약제를 방출하는 설비
• 국소방출방식 : 고정식 소화약제 공급장치에 배관 및 분사헤드를 설치하여 직접화점에 소화약제를 방출하는 설비로 화재 발생부분에만 집중적으로 소화약제를 방출하도록 설치하는 방식
• 호스릴방식 : 분사헤드가 배관에 고정되어 있지 않고 소화약제 저장용기에 호스를 연결하여 사람이 직접화점에 소화약제를 방출하는 이동식소화설비

35 자동화재탐지설비의 1회선이 화재의 발생을 효율적으로 감지할 수 있도록 적당한 범위를 정한 구역을 의미하는 것은?

① 안전구역
② 경계구역
③ 보안구역
④ 경비구역

🔍 경계구역이란 자동화재탐지설비의 1회선(회로)이 화재의 발생을 효율적으로 감지할 수 있도록 적당한 범위를 정한 구역을 말하며, 다음과 같은 기준에 따라 나눈다.
• 하나의 경계구역이 2개 이상의 건축물에 미치지 아니하도록 할 것
• 하나의 경계구역이 2개 이상의 층에 미치지 아니하도록 할 것. 다만, 500m² 이하의 범위 안에서는 2개의 층을 하나의 경계구역으로 할 수 있다.
• 하나의 경계구역의 면적은 600m² 이하로 하고 한 변의 길이는 50m 이하로 할 것. 다만, 해당 소방대상물의 주된 출입구에서 그 내부 전체가 보이는 것에 있어서는 한 변의 길이가 50m의 범위 내에서 1,000m² 이하로 할 수 있다.

36 다음은 로터리 방식의 P형 수신기를 나타낸 것이다. 동작시험 순서의 스위치 조작 순서로 옳은 것은?

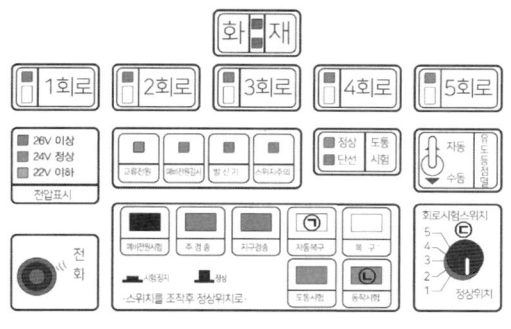

① ㉠ → ㉡ → ㉢
② ㉡ → ㉠ → ㉢
③ ㉢ → ㉡ → ㉠
④ ㉡ → ㉢ → ㉠

🔍 로터리 방식의 P형 수신기
 • 동작시험 순서 : 동작시험스위치 누름 → 자동복구스위치 누름 → 회로시험스위치 돌림
 • 동작시험 복구순서 : 회로시험스위치 돌림 → 동작스위치 누름 → 자동복구스위치 누름
 • 도통시험 : 도통시험스위치 누름 → 회로시험스위치 돌림
 • 예비전원시험 : 예비전원시험스위치 누름 → 전압표시부에서 전압 적정여부 확인

37 지하 3층, 지상 16층인 특정소방대상물에 자동화재탐지설비를 설치하였다. 지하 2층에서 화재가 발생한 경우 우선적으로 경보를 하여야 하는 층은?

① 지하 1, 2, 3층
② 지하 1, 2층
③ 지하, 1, 2층 및 지상 1층
④ 건물 내 모든 층에 동시 경보

🔍 층수가 11층(공동주택의 경우에는 16층) 이상의 특정소방대상물은 다음에 따라 경보를 발할 수 있도록 하여야 한다.
 • 2층 이상의 층에서 발화한 때 : 발화층 및 그 직상 4개층
 • 1층에서 발화한 때 : 발화층·그 직상 4개층 및 지하층
 • 지하층에서 발화한 때 : 발화층·그 직상층 및 그 밖의 지하층

38 자동화재탐지설비에서 감지기 사이의 회로배선 방식은?

① 직렬배선식
② 병렬배선식
③ 송배전식
④ 트위스트배선식

🔍 감지기 사이 배선
 • 감지기 사이의 회로배선은 송배전식으로 한다.
 • 송배전식이란 도통시험(선로의 정상연결 여부확인)을 원활히 하기 위한 배선방식이다.

39 자동화재탐지설비가 오작동하여 경보를 울리는 '비화재보의 원인'으로 볼 수 없는 것은?

① 장마철 공기 중 습도증가
② 청소불량(먼지, 분진)
③ 담배연기
④ 주방에 '적응식 감지기'가 설치된 경우

🔍 비화재보 주요 원인
 • 주방에 '비적응성 감지기'가 설치된 경우
 • '천장형온풍기'에 밀접하게 설치된 경우
 • '장마철 공기 중 습도증가'에 의한 감지기 오작동
 • '청소불량(먼지, 분진)'에 의한 감지기 오작동
 • '건축물 누수'로 인한 감지기 오작동
 • '담배연기'로 인한 연기감지기 오작동
 • '발신기'를 장난으로 눌러 발신기 동작

40 비상방송설비인 '스피커 설치기준'으로 틀린 것은?

① 실내 음성입력은 1W 이상이다.
② 실외 음성입력은 5W 이상이다.
③ 각 층마다 설치한다.
④ 하나의 스피커까지는 수평거리 25m 이하가 되도록 한다.

🔍 스피커 설치기준
 • 음성입력
  – 실내 : 1W 이상
  – 실외 또는 일반적인 장소 : 3W 이상
 • 각 층마다 설치하되, 하나의 스피커까지는 수평거리 25m 이하가 되도록 할 것
 • 경보방식 : 자동화재탐지설비 경보방식 준용

41 화재발생 시 신속하게 지상으로 피난할 수 있도록 제조된 피난기구로 장애인복지시설, 노약자 수용시설 및 병원에 적합한 피난기구는?

① 구조대
② 피난사다리
③ 공기안전매트
④ 미끄럼대

🔍 미끄럼대는 화재발생 시 신속하게 지상으로 피난할 수 있도록 제조된 피난기구로 장애인복지시설, 노약자 수용시설 및 병원에 적합한 피난기구이다.

42 '유도등의 3선식 배선 시 자동으로 점등되는 경우'가 아닌 것은?

① 비상경보설비의 발신기가 작동되는 때
② 방재업무를 통제하는 곳 또는 전기실의 배전반에서 수동으로 점등하는 때
③ 옥내소화전 충압펌프가 동작되는 때
④ 상용전원이 정전되거나 전원선이 단선되는 때

🔍 유도등의 3선식 배선 시 자동으로 점등되는 경우
• 자동화재탐지설비의 감지기 또는 발신기가 작동하는 때
• 비상경보설비의 발신기가 작동되는 때
• 상용전원이 정전되거나 전원선이 단선되는 때
• 방재업무를 통제하는 곳 또는 전기실의 배전반에서 수동으로 점등하는 때
• 자동소화설비가 작동하는 때

43 넓은 대지를 갖는 대규모 건축물이나 대형 고층건물에 설치하여 화재 시 소방대가 소화용수로 사용할 수 있게 만든 설비는?

① 연결살수설비
② 소화용수설비
③ 제연설비
④ 비상콘센트설비

🔍 소화용수설비
• 대규모 건축물이나 대형 고층건물에 설치
• 상수도소화용수설비의
 – 배관경 : 호칭지름 75mm 이상의 수도배관에 100mm 이상의 소화전을 접속
 – 소화전 설치 수평거리 : 특정소방대상물의 수평투영면의 각 부분으로부터 140m 이하가 되도록 설치할 것

44 소화용수설비인 소화수조에서 지하에 설치하는 소화용수설비의 흡수관 투입구와 채수구는 소화수조의 소요수량이 100m² 이상일 때 각각 몇 개를 설치하여야 하는가?

① 흡수관 투입구 : 1개 이상, 채수구 : 2개
② 흡수관 투입구 : 1개 이상, 채수구 : 3개
③ 흡수관 투입구 : 2개 이상, 채수구 : 2개
④ 흡수관 투입구 : 2개 이상, 채수구 : 3개

🔍 소화용수설비인 소화수조에 설치하는 흡수관 투입구와 채수구
• 흡수관투입구 설치 수 : 한 변 또는 직경이 0.6m 이상인 것
 – 소요수량 80m³ 미만인 것 : 1개 이상
 – 소요수량 80m³ 이상인 것 : 2개 이상 설치
• 채수구 설치 수
 – 소요수량 20m³ 이상 40m³ 미만일 때 : 1개
 – 소요수량 40m³ 이상 100m³ 미만 : 2개
 – 소요수량 100m³ 이상일 때 : 3개 설치

45 화재발생 시 소화활동을 원활하게 보조하는 소화활동설비인 '제연설비 설치 목적'과 거리가 먼 것은?

① 연기를 배출시켜 화재실의 연기농도를 높이거나 청결층을 유지
② 부속실을 가압하여 연기유입을 제한
③ 연기에 의한 질식방지로 피난자의 안전 도모
④ 소화활동을 위한 안전공간 확보

🔍 제연설비 설치 목적
• 연기를 배출시켜 화재실의 연기농도를 낮추거나 청결층을 유지(거제제연설비)
• 부속실을 가압하여 연기유입을 제한(부속실 급기가압제연설비)
• 연기에 의한 질식방지로 피난자의 안전 도모
• 소화활동을 위한 안전공간 확보

46 특정소방대상물의 소방시설등에 대한 자체점검을 위한 '작동점검표 구성내용'으로 틀린 것은?

① 소방시설등 점검표
② 소방시설등 세부현황
③ 소방시설별 점검표
④ 소발시설등 개선계획

47 장애유형별 피난보조 시 '인격을 고려한 친절한 말투 사용'이 효과적인 장애유형은?

① 청각장애인　　　　② 시각장애인
③ 지적장애인　　　　④ 지체장애인

🔍 지적장애인 : 공황상태에 빠질 수 있으므로 차분하고 느린 어조로 도움을 주러 왔음을 밝히고 피난을 보조한다. 특히, 인격을 고려한 친절한 말투 사용이 요구된다.

48 호흡과 심장이 멎고 몇 분이 경과하면 산소부족으로 뇌가 손상되어 원상회복되지 않으므로 즉시 심폐소생술을 실시해야 한다. 심폐소생술을 몇 분 이내에 실시해야 하는가?

① 0～3분　　　　② 4～6분
③ 7～10분　　　　④ 10분 이상

🔍 심폐소생술 : 호흡과 심장이 멎고 4～6분이 경과하면 산소부족으로 뇌가 손상되어 원상회복되지 않으므로 호흡이 없으면 즉시 심폐소생술을 실시해야 한다.

49 다음 중 부상으로 인한 '출혈의 증상'이 아닌 것은?

① 반사작용이 민감해진다.
② 탈수현상이 나타난다.
③ 구토가 발생한다.
④ 혈압이 점차 낮아진다.

🔍 출혈의 증상
• 호흡과 맥박이 빠르고 약하고 불규칙하며, 체온이 떨어지고 호흡곤란도 나타난다.
• 반사작용이 둔해진다.
• 탈수현상이 나타나며 갈증을 호소한다.
• 혈압이 점차 저하되며, 피부가 창백해지고 차고 축축해진다.
• 구토가 발생한다.

50 4층(層) 건축물의 바닥면적이 각각 1층 900m², 2층 600m², 3층 300m², 4층 200m² 일 때, 이 건축물의 '최소 경계구역 수'는 얼마인가?

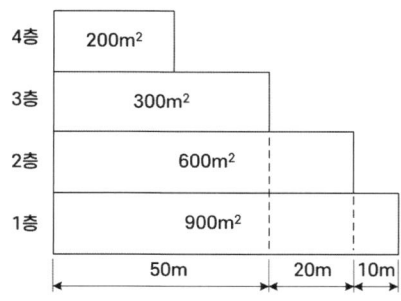

① 3개　　　　② 4개
③ 5개　　　　④ 6개

🔍 특정소방대상물의 경계구역
• 하나의 경계구역이 2개 이상의 건축물에 미치지 아니하도록 할 것
• 하나의 경계구역이 2개 이상의 층에 미치지 아니하도록 할 것. 다만, 500m² 이하의 범위 안에서는 2개의 층을 하나의 경계구역으로 할 수 있다.
• 하나의 경계구역의 면적은 600m² 이하로 하고 한 변의 길이는 50m 이하로 할 것. 다만, 해당 소방대상물의 주된 출입구에서 그 내부 전체가 보이는 것에 있어서는 한 변의 길이가 50m의 범위 내에서 1,000m² 이하로 할 수 있다.
[풀이]
• 하나의 경계구역의 면적은 600m² 이하로 하여야 하므로
  - 1층 경계구역 : 900m² ÷ 600m² = 1.5(소수점 절상) ≒ 2개
  - 2층 경계구역 : 바닥면적은 600m² 이하이지만, 한 변의 길이가 50m를 초과하므로 2개로 나눈다.
• 바닥면적이 500m² 이하는 2개 층을 하나의 경계구역으로 할 수 있으므로
  - (3～4)층 경계구역: (300 + 200)m² ÷ 500m² = 1개
∴ 최소 경계구역 수 = 2 + 2 + 1 = 5개

01 다음 중 '1급 소방안전관리대상물의 소방안전관리자 선임자격'이 있는 사람은?

① 소방설비기사 자격이 있는 사람
② 소방설비산업기사의 자격이 있는 사람으로 1급 소방안전관리자 자격증을 받은 사람
③ 소방공무원으로 5년 이상 근무한 경력이 있는 사람
④ 소방청장이 실시하는 1급 소방안전관리대상물의 소방안전관리에 관한 강습을 수료한 사람

> 1급 소방안전관리대상물의 소방안전관리자 선임자격
> 아래 어느 하나에 해당하는 사람으로서 1급 소방안전관리자 자격증을 발급 받은 사람 또는 특급 소방안전관리자 자격증을 발급받은 사람
> • 소방설비기사 또는 소방설비산업기사의 자격이 있는 사람
> • 소방공무원으로 7년 이상 근무한 경력이 있는 사람
> • 소방청장이 실시하는 1급 소방안전관리대상물의 소방안전관리에 관한 시험에 합격한 사람

02 소방기본법상 소방활동 등을 위하여 '강제처분 대상'으로 볼 수 없는 것은?

① 화재가 발생한 소방대상물 및 토지
② 소방활동에 방해가 되는 주차된 차량
③ 불이 번질 우려가 있는 소방대상물
④ 선박

> 소방기본법상 소방활동 등을 위한 강제처분 대상
> • 화재가 발생한 소방대상물 및 토지
> • 불이 번질 우려가 있는 소방대상물 또는 그 소방대상물이 있는 토지
> • 상기 외의 소방대상물 또는 토지
> • 소방자동차의 통행 및 소방활동에 방해가 되는 주차 또는 정차된 차량 및 물건

03 소방기본법상 3년 이하의 징역 또는 3천만원 이하의 벌금형에 처해지는 경우는?

① 소방자동차의 출동을 방해한 사람
② 소방자동차의 출동에 지장을 준 자
③ 화재발생이나 불이 번질 우려가 있는 소방대상물 또는 토지의 강제처분을 방해한 자
④ 정당한 사유 없이 소방대의 생활안전활동을 방해한 자

> • 3년 이하의 징역 또는 3천만원 이하의 벌금형 부과대상(소방기본법 제51조) : 화재가 발생하거나 불이 번질 우려가 있는 소방대상물 또는 토지의 강제처분을 방해한 자 또는 정당한 사유 없이 그 처분에 따르지 아니한 자
> • ①항 : 5년 이하의 징역 또는 5천만원 이하의 벌금 부과대상
> • ②항 : 200만원 이하의 과태료 부과대상
> • ④항 : 100만원 이하의 벌금 부과대상

04 소방관련법령상 '화재예방강화지구'를 지정하는 사람은?

① 시 · 도지사
② 소방청장
③ 소방본부장
④ 소방서장

> 화재예방강화지구 : 특별시장 · 광역시장 · 특별자치시장 · 도지사가 화재발생 우려가 크거나 화재가 발생할 경우 피해가 클 것으로 예상되는 지역에 대하여 화재의 예방 및 안전관리를 강화하기 위해 지정 · 관리하는 지역이다.

05 화재의 예방 및 안전관리에 관한 법률상 '300만원 이하의 벌금'형에 해당하지 않은 사람은?

① 화재안전조사를 정당한 사유 없이 거부 · 방해 또는 기피한 자
② 화재예방안전진단을 받지 아니한 자
③ 화재예방조치 조치명령을 정당한 사유 없이 따르지 아니한 자
④ 소방안전관리보조자를 선임하지 아니한 자

🔍 300만원 이하의 벌금(법 제50조)
- 화재안전조사를 정당한 사유 없이 거부·방해 또는 기피한 자
- 화재예방조치 조치명령을 정당한 사유 없이 따르지 아니하거나 방해한 자
- 소방안전관리자, 총괄안전관리자, 소방안전관리보조자를 선임하지 아니한 자
- 소방시설·피난시설·방화시설 및 방화구획 등이 법령에 위반된 것을 발견하였음에도 필요한 조치를 할 것을 요구하지 아니한 소장안전관리자
- 소방안전관리자에게 불이익한 처우를 한 관계인

06 다음 중 '단독주택 및 공동주택'에 설치하여야 하는 소방시설은?

① 옥내소화전설비
② 스프링클러설비
③ 물분무등소화설비
④ 소화기 및 단독경보형 감지기

🔍 단독주택 및 공동주택(아파트 및 기숙사 제외)의 소유자는 소화기 및 단독경보형 감지기를 설치하여야 한다.

07 다중이용업소의 '피난안내도'에 대한 설명으로 틀린 것은?

① 비치대상은 모든 다중이용업소이다.
② 피난안내도의 크기는 B4(257mm × 364mm) 이상이다.
③ 재질은 코팅되지 않은 종이로 제작한다.
④ 피난안내도는 한글 및 1개 이상의 외국어를 사용하여 작성하여야 한다.

🔍 다중이용업소의 피난안내도
- 비치대상은 모든 다중이용업소이다.
- 피난안내도의 크기는 B4(257mm × 364mm) 이상
- 재질은 코팅처리된 종이, 아크릴, 강판 등 쉽게 훼손 또는 변형되지 않는 것
- 피난안내도는 한글 및 1개 이상의 외국어를 사용하여 작성하여야 한다.

08 총괄재난관리자가 총괄·관리하는 업무로 틀린 것은?

① 교육 및 훈련에 관한 사항
② 홍보계획의 수립·시행에 관한 사항
③ 심폐소생술 등 응급처치 요령
④ 피난안전구역 설치·운영에 관한 사항

🔍 초고층 건축물 총괄재난관리자의 업무
- 재난 및 안전관리 계획의 수립에 관한 사항
- 재난예방 및 피해경감계획의 수립·시행에 관한 사항
- 통합안전점검 실시에 관한 사항
- 교육 및 훈련에 관한 사항
- 홍보계획의 수립·시행에 관한 사항
- 종합방재실의 설치·운영에 관한 사항
- 종합재난관리체계의 구축·운영에 관한 사항
- 피난안전구역 설치·운영에 관한 사항
- 유해·위험물질의 관리 등에 관한 사항
- 초기대응대의 구성·운영에 관한 사항
- 대피 및 피난유도에 관한 사항
- 그 밖에 행정안전부령으로 정한
  - 초고층 건축물등의 유지·관리 및 점검, 보수 등에 관한 사항
  - 방범, 보안, 테러 대비·대응 계획의 수립 및 시행에 관한 사항

09 위험물안전관리법상 '정기점검을 실시해야 하는 대상'이 아닌 것은?

① 지정수량의 10배 이상의 위험물을 취급하는 제조소
② 지정수량의 150배 이상의 위험물을 저장하는 옥내저장소
③ 지정수량의 150배 이상의 위험물을 저장하는 옥외저장소
④ 지정수량의 200배 이상의 위험물을 저장하는 옥외탱크저장소

🔍 위험물 제조소등의 정기점검 대상
- 지정수량의 10배 이상의 위험물을 취급하는 제조소
- 지정수량의 100배 이상의 위험물을 저장하는 옥외저장소
- 지정수량의 150배 이상의 위험물을 저장하는 옥내저장소
- 지정수량의 200배 이상의 위험물을 저장하는 옥외탱크저장소

10 '건축물 내부에서 피난계단실로 통하는 출입구의 설치기준'으로 틀린 것은?

① 30분 방화문을 설치
② 유효너비 : 0.9m 이상
③ 피난의 방향으로 열 수 있을 것
④ 언제나 닫힌 상태를 유지할 것

🔍 건축물 내부에 설치하는 피난계단의 구조
- 60분+ 방화문 또는 60분 방화문을 설치
- 유효너비 : 0.9m 이상
- 피난의 방향으로 열 수 있을 것
- 언제나 닫힌 상태를 유지하거나 화재로 인한 연기 또는 불꽃을 감지하여 자동적으로 닫히는 구조

11 다음 중 '12층 건축물로 연면적 1,300m²'인 경우, 최소 몇 m² 이내마다 방화구획을 하여야 하는가?
(단, 내장마감재는 불연재료이고 스프링클러설비가 설치되어 있음)

① 500m²
② 1,000m²
③ 1,500m²
④ 2,000m²

🔍 11층 이상이고, 마감재가 불연재료이면서 스프링클러가 설치되어 있으므로, 바닥면적 500m²의 3배인 1,500m²마다 구획한다.

12 화재 시 일정시간 동안 형태나 강도 등이 크게 변하지 않는 구조를 무엇이라 하는가?

① 불연재료
② 난연재료
③ 내화구조
④ 방화구조

🔍 구조
- 내화구조 : 화재에 견딜 수 있는 성능을 가진 철근콘크리트조·연와조 기타 이와 유사한 구조로서 화재 시 일정시간 동안 형태나 강도 등이 크게 변하지 않는 구조
- 방화구조 : 철망모르타르 바르기·회반죽 바르기 등 화염의 확산을 막을 수 있는 성능을 가진 구조

13 연소의 3요소인 '산소공급원'으로 볼 수 없는 것은?

① 공기
② 산화성 물질
③ 자기반응성 물질
④ 유기화합물

🔍 산소공급원
- 공기 : 산소(O_2) 농도 약 21%
- 산화성 물질 : 제1류 위험물(염소산염류, 과염소산염류, 무기과산화물, 질산염류, 과망가니즈산염류, 다이크로뮴산염류 등), 제6류 위험물(과염소산, 과산화수소, 질산 등)
- 자기반응성 물질 : 제5류 위험물(나이트로글리세린, 셀룰로이드, 트라이나이트로톨루엔 등)

14 다음 중 '가연성 증기의 연소범위'가 가장 넓은 것은?

① 수소
② 아세틸렌
③ 중유
④ 암모니아

🔍 연소범위

종류	연소범위	종류	연소범위
아세틸렌	2.5~81	수소	4.1~75
중유	1~5	암모니아	15~25

15 '외부의 직접적인 점화원 없이 가열된 열의 축척에 의하여 발화에 이르는 최저의 온도'를 무엇이라 하는가?

① 인화점
② 발화점
③ 연소점
④ 인화온도

🔍 연소 용어
- 인화점(인화온도) : 연소범위에서 외부의 직접적인 점화원에 의해 인화될 수 있는 최저 온도
- 발화점(착화점, 발화온도) : 외부의 직접적인 점화원 없이 가열된 열의 축적에 의하여 발화에 이르는 최저의 온도, 즉 점화원이 없는 상태에서 가연성 물질을 공기 또는 산소 중에서 가열함으로써 발화되는 최저 온도
- 연소점 : 연소상태가 계속될 수 있는 온도를 말하며 일반적으로 인화점보다 약 10℃ 정도 높은 온도로서 연소상태가 5초 이상 유지될 수 있는 온도

16 화재의 분류 중 '소화방법으로 비누화 작용 및 냉각 작용이 동시에 필요한 화재'는?

① 유류화재(B급화재)　② 전기화재(C급화재)

③ 금속화재(D급화재)　④ 주방화재(K급화재)

🔍 화재의 분류

분류	내용	소화방법
일반화재 (A급화재)	• 면화류, 고무, 석탄, 목재, 종이, 천 등 보통 가연물의 화재이다. • 화재 발생건수 가장 많으며 연소 후 재를 남긴다.	다량의 물 또는 수용액 (냉각소화)
유류화재 (B급화재)	• 상온에서 액체상태로 존재하는 유류가 가연물이 되는 화재이다. • 연소 후 재를 남기지 않으며, 연소열이 크고 연소성이 좋아 일반화재보다 위험하다.	포 등을 이용 (질식·냉각 소화)
전기화재 (C급화재)	• 전기를 취급하고(변압기, 배전반, 전열기, 전기장판 등) 있는 장소에서의 화재이다. • 물을 사용하면 감전 위험이 있으며, 전체 화재 건수 중 많은 비율을 차지한다.	가스소화 약제 이용 (질식소화)
금속화재 (D급화재)	• 가연성 금속류가 가연물이 되는 화재로 칼륨(K), 나트륨(Na), 마그네슘(Mg), 알루미늄(Al) 등이 대표적이며, 분말상으로 존재할 때 가연성이 현저히 증가한다. • 물과 반응하여 폭발성이 강한 수소를 발생시키므로 수계소화약제(물, 포, 강화액 등)를 사용해서는 안 된다.	마른모래 및 특수분말 이용 (질식소화)
주방화재 (K급화재)	• 식용유, 식물성·동물성 유지 등의 음식 조리용 기름에서 발생하는 화재이다. • 연소물의 표면을 차단하는 비누화 작용 및 식용유 자체의 온도를 발화점 이하로 빠르게 하강시켜주는 냉각작용이 동시에 필요하다.	비누화작용 및 냉각작용

17 건물화재 성상단계 중 최성기에 이르는 시간으로 옳은 것은?

① 내화구조 : 5~10분, 목조건물 : 약 3분

② 내화구조 : 10~15분, 목조건물 : 약 5분

③ 내화구조 : 15~20분, 목조건물 : 약 5분

④ 내화구조 : 20~30분, 목조건물 : 약 10분

🔍 실내전체에 화염이 충만하여 연소가 최고조에 달하는 최성기에 이르는 시간은 내화구조의 경우 20~30분, 목조건물의 경우는 약 10분이 소요된다.

18 다음 중 화염이 발생하는 연소반응을 주도하는 '라디칼(Radical)'을 제거하여 연쇄반응을 중단시키는 소화방법'은?

① 제거소화　② 질식소화

③ 억제소화　④ 냉각소화

🔍 억제소화는 연속적인 산화반응, 즉 연쇄반응을 약화시켜 연소가 계속되는 것을 불가능하게 하여 소화하는 소화방법이다.(화학적 작용에 의한 소화방법)
• 할론, 할로겐화합물 및 불활성기체소화약제에 의한 억제(부촉매)작용
• 분말소화약제에 의한 억제(부촉매)작용

19 다음 중 '제4류 위험물의 특성'으로 볼 수 없는 것은?

① 인화성액체로 인화가 어렵다.

② 대부분 물보다 가볍다.

③ 증기는 공기보다 무겁다.

④ 주수소화 불가능한 것이 대부분이다.

🔍 제4류 위험물 유류의 공통적인 성질
• 인화하기 쉽다.
• 증기는 대부분 공기보다 무겁다.
• 증기는 공기와 혼합되어 연소·폭발한다.
• 착화온도가 낮은 것은 위험하다.
• 물보다 가볍고 대부분 물에 녹지 않는다.

20 다음 중 LNG(액화천연가스)의 특성으로 옳지 않은 것은?

① 주성분은 메탄(CH_4)이다.

② 용도는 도시가스이다.

③ 비중은 1.5~2이며, 누출 시 낮은 곳에 체류한다.

④ 폭발범위는 5~15%이다.

🔍 연료가스의 종류와 특성

구분	액화석유가스(LPG)	액화천연가스(LNG)
주성분	프로판(C_3H_8), 부탄(C_4H_{10})	메탄(CH_4)
용도	가정용, 공업용, 자동차 연료용	도시가스
비중	1.5~5 (누출 시 낮은 곳 체류)	0.6 (누출 시 천장쪽에 체류)
폭발범위	• 프로판 : 2.1~9.5% • 부탄 : 1.8~8.4%	메탄 : 5~15%

21 다음 중 가스화재 시 '공급자의 원인'으로 볼 수 없는 것은?

① 용기밸브의 오조작
② 점화 미확인으로 인한 누설폭발
③ 용기교체 작업 중 누설화재
④ 잔량가스처리 및 취급 미숙

🔍 가스화재의 공급자 원인
• 용기밸브의 오조작
• 용기교체 작업 중 누설화재
• 잔량가스처리 및 취급 미숙
• 고압가스 운반기준 미이행
• 가스충전 작업 중 누설폭발
• 배관 내의 공기치환작업 미숙
• 용기보관실 점화원(성냥 등)사용
• 배달원의 안전의식 결여

22 다음 중 '종합방재실의 설치대상'으로 틀린 것은?

① 층수가 50층 이상
② 높이가 200m 이상인 건축물
③ 층수가 10층 이상이거나 1일 수용인원이 5천명 이상인 건축물로서 지하부분이 지하역사 또는 지하도상가와 연결된 건축물
④ 건축물 안에 종합병원과 요양시설 용도의 시설이 하나 이상 있는 지하연계 복합건축물

🔍 종합방재실의 설치대상
• 설치자 : 관리주체(소유자, 관리자)
• 설치대상
  – 초고층 건축물 : 층수가 50층 이상 또는 높이가 200m 이상인 건축물
  – 지하연계 복합건축물(ⓐ항과 ⓑ항 요건을 모두 갖춘 것)
    ⓐ 층수가 11층 이상이거나 1일 수용인원이 5천명 이상인 건축물로서 지하부분이 지하역사 또는 지하도상가와 연결된 건축물
    ⓑ 건축물 안에 유원시설업(遊園施設業)의 시설 또는 종합병원과 요양시설 용도의 시설이 하나 이상 있는 건축물

23 용접(용단)작업 시 '화재에 대한 근원적 대책'으로 볼 수 없는 것은?

① 불꽃받이나 방염시트를 사용한다.
② 불꽃비산구역 내 가연물을 제거한다.
③ 소화기를 비치한다.
④ 외부에 가스가 없는 것을 확인한다.

🔍 용접(용단)작업 시 화재에 대한 근원적 대책
• 불꽃받이나 방염시트를 사용한다.
• 불꽃비산구역 내 가연물을 제거하고 정리 · 정돈한다.
• 소화기를 비치한다.
• 가스누설이 없는 토치나 호스를 사용한다.
• 내부에 가스나 증기가 없는 것을 확인한다.

24 다음 중 화재발생 시 이상 고온을 감지하여 자동적으로 방수하는 소화설비는?

① 스프링클러설비
② 가스자동소화장치
③ 분말자동소화장치
④ 물분무소화설비

🔍 스프링클러설비는 물을 소화약제로 하는 자동식소화설비로 화재발생 시 소방대상물의 천장, 벽 등에 설치되어 있는 스프링클러헤드를 통하여 자동으로 물이 방사되어 화재를 진압할 수 있는 소화설비이다.

25 다음 중 '소화기구'가 아닌 것은?

① 소화기
② 자동확산소화기
③ 분말자동소화장치
④ 간이소화용구

🔍 소화기구의 종류
• 소화기 : 소화약제를 압력에 따라 방사하는 기구로 수동으로 조작하여 작동
• 자동확산소화기 : 화재를 감지하여 자동으로 소화약제를 방출 · 확산시켜 국소적으로 소화하는 소화기
• 간이소화용구 : 수동으로 압력에 의하여 방사하는 능력단위 1단위 미만의 소화기구

26 현재 시중에 판매되는 '대부분의 분말소화기의 적응화재'는?

① ABC급   ② BC급
③ AB급   ④ AC급

🔍 분말소화기는 ABC급과 BC급으로 구분되며, 현재 시중에 판매되는 대부분의 분말소화기의 적응화재는 ABC급이다.

27 다음 중 '대형소화기 소화약제의 양'으로 맞는 것은?

① 포소화기 30L 이상
② 강화액 소화기 30L 이상
③ 물소화기 80L 이상
④ 분말소화기 50kg 이상

🔍 대형소화기에 충전하는 소화약제의 양
• 포소화기 : 20L 이상
• 강화액 소화기 : 60L 이상
• 물소화기 : 80L 이상
• 분말소화기 : 20kg 이상
• 할로겐화물소화기 : 30kg 이상
• 이산화탄소소화기 : 50kg 이상

28 '주거용 주방자동소화장치의 설치기준(가스용 주방자동소화장치을 사용하는 경우)'으로 틀린 것은?

① 소화약제 방출구는 환기구의 청소부분과 분리되어 있어야 한다.
② 탐지부는 수신부와 분리하여 설치한다.
③ 공기보다 가벼운 가스를 사용하는 경우 천장면으로부터 30cm 이하의 위치에 설치한다.
④ 공기보다 무거운 가스를 사용하는 장소에는 바닥면으로부터 30cm 이상의 위치에 설치한다.

🔍 주거용 주방자동소화장치의 설치기준
• 소화약제 방출구는 환기구의 청소부분과 분리되어 있어야 함
• 차단장치(가스 또는 전기)는 상시 확인 및 점검이 가능하도록 설치할 것
• 가스용 주방자동소화장치를 사용하는 경우 탐지부는 수신부와 분리하여 설치하되,
  – 공기보다 가벼운 가스를 사용하는 경우 천장면으로부터 30cm 이하의 위치에 설치할 것
  – 공기보다 무거운 가스를 사용하는 장소에는 바닥면으로부터 30cm 이하의 위치에 설치할 것

29 옥내소화전설비의 구성요소 중 '방수구의 설치기준'으로 틀린 것은?

① 층마다 설치한다.
② 바닥으로부터 높이가 1m 이하가 되도록할 것
③ 호스 구경은 40mm 이상
④ 해당 특정소방대상물의 각 부분으로부터 하나의 옥내소화전 방수구까지의 수평거리가 25m 이하가 되도록 할 것

🔍 옥내소화전설비 방수구 설치기준
• 층마다 설치하되, 해당 특정소방대상물의 각 부분으로부터 하나의 옥내소화전 방수구까지의 수평거리가 25m 이하가 되도록 할 것
• 바닥으로부터 높이가 1.5m 이하가 되도록 할 것
• 호스 구경은 40mm 이상(호스릴 옥내소화전설비의 경우 25mm)

30 옥내소화전설비의 '펌프성능시험 시 주의사항'으로 틀린 것은?

① 유량계에 작은 기포가 통과하여서는 안 된다.
② 개폐밸브의 급격한 개폐를 금지한다.
③ 펌프 · 모터의 회전축 근처에 있지 않아야 한다.
④ 배수밸브를 완전히 개방한 후 점검하도록 한다.

🔍 펌프성능시험 시 주의사항
• 성능시험 시 유량계에 작은 기포가 통과하여서는 안 된다.
• 개폐밸브의 급격한 개폐금지
• 배수처리 관계에 유의
• 펌프 · 모터의 회전축 근처에 있지 말 것
• 제어반과 현장측과의 의사전달을 확실히 할 것
• 펌프성능시험 시 토출측 개폐밸브를 완전히 폐쇄한 후 점검에 임할 것

31 다음 펌프성능시험 중 [그림] 중 '유량조절밸브'는?

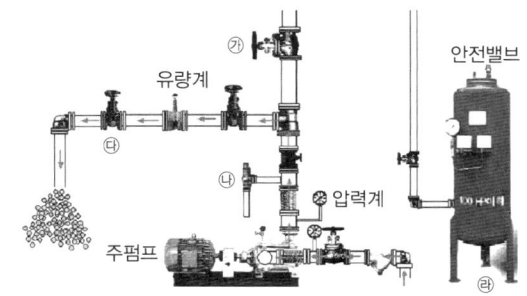

① ㉮
② ㉯
③ ㉰
④ ㉱

🔍 옥내소화전설비인 펌프성능시험
• ㉮ : 개폐표시형개폐밸브
• ㉯ : 릴리프밸브
• ㉰ : 유량조절밸브
• ㉱ : 배수밸브

32 옥외소화전은 소방대상물의 각 부분으로부터 호스접결구까지의 수평거리는 몇 m 이하가 되도록 설치하여야 하는가?

① 10m ② 20m
③ 30m ④ 40m

> **옥외소화전 설치기준**
> • 소방대상물의 각 부분으로부터 호스접결구까지의 수평거리가 40m 이하가 되도록 설치
> • 호스의 구경 : 65mm(호스접결구 높이는 지면으로부터 0.5m 이상 1m 이하에 설치)
> • 옥외소화전의 토출구(방수구) 안지름은 63.5mm로 65mm 호스와 연결하여 사용(지상용과 지하용 동일)

33 다음 중 '아파트'에 설치된 스프링클러설비의 헤드의 기준개수는?

① 10개 ② 20개
③ 30개 ④ 40개

> **스프링클러설비의 헤드의 기준개수**
> • 아파트 : 10개
> • 층수가 10층 이하인 건축물(지하층 제외)
>   – 특수가연물을 저장 · 취급하는 공장 또는 창고 : 30개
>   – 그 밖의 공장 또는 창고 : 20개
>   – 판매시설 · 근린생활시설 또는 복합건축물 : 30개
> • 층수가 11층 이상인 건축물(지하층 제외, 아파트제외) · 지하가 또는 지하역사 : 30개

34 스프링클러설비의 배관 중 교차배관에서 분기되는 지점을 기준으로 한쪽 가지배관에 설치되는 헤드의 개수는?

① 2개 이하 ② 4개 이하
③ 6개 이하 ④ 8개 이하

> **스프링클러설비의 배관**
> • 종류 : 가지배관, 교차배관, 주배관 등
> • 가지배관 : 스프링클러헤드가 설치되어 있는 배관
>   – 토너먼트방식이 아닐 것
>   – 교차배관에서 분기되는 지점을 기준으로 한쪽 가지배관에 설치되는 헤드의 개수 : 8개 이하
> • 교차배관 : 직접 또는 수직배관을 통하여 가지배관에 급수하는 배관
>   – 위치 : 가지배관과 수평 또는 밑에 설치
>   – 교차배관 끝에 청소구를 설치하고 나사보호용의 캡으로 마감

35 평상시 습식 스프링클러설비 감시제어반의 각 스위치 및 표시등의 정상상태를 잘못 표시한 것을 모두 고르면?

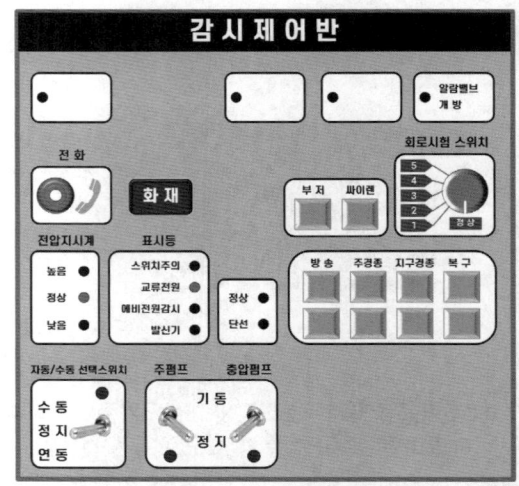

설비명칭	작동상태
알람밸브개방등	점등 (ㄱ)
화재표시등	소등 (ㄴ)
전압지시계 표시등 위치	정상 (ㄷ)
표시등 위치	발신기 (ㄹ)
자동/수동 선택스위치 위치	정지 (ㅁ)
주 · 충압펌프 스위치 위치	정지 (ㅂ)

① (ㄱ), (ㄹ), (ㅁ)
② (ㄱ), (ㄷ), (ㅂ)
③ (ㄴ), (ㄹ), (ㅂ)
④ (ㄷ), (ㄹ), (ㅁ)

> **평상시 습식 스프링클러설비 감시제어반의 각 스위치 및 표시등의 정상상태**
>
> | 설비명칭 | 작동상태 |
> |---|---|
> | 알람밸브개방등 | 소등 |
> | 화재표시등 | 소등 |
> | 전압지시계 표시등 위치 | 정상 |
> | 표시등 위치 | 교류전원 |
> | 자동/수동 선택스위치 위치 | 연동 |
> | 주 · 충압펌프 스위치 위치 | 정지 |

36 다음 중 '가스계소화설비의 주요 구성요소'가 아닌 것은?

① 기동용 가스용기
② 솔레노이드밸브
③ 압력스위치
④ 지구표시등

🔍 **가스계소화설비의 주요 구성요소**
저장용기, 기동용 가스용기, 솔레노이드밸브, 선택밸브, 압력스위치, 방출표시등, 수동조작함(수동식기동장치), 방출헤드 등

37 자동화재탐지설비인 발신기에 대한 설명으로 틀린 것은?

① 발신기는 화재 발견자가 수동으로 누름버튼을 눌러 수신기에 신호를 보내는 것이다.
② 발신기는 P형·T형·M형으로 구분된다.
③ 발신기에서 스위치의 높이는 0.5~1.0m 높이에 설치한다.
④ 하나의 발신기까지의 수평거리가 25m 이하가 되도록 설치한다.

🔍 **발신기 설치기준**
• 스위치는 바닥으로부터 0.8m 이상 1.5m 이하의 높이에 설치
• 층마다 설치하되, 하나의 발신기까지의 수평거리가 25m 이하가 되도록 설치

38 자동화재탐지설비인 감지기 중 '연기감지기'는?

① 차동식 스포트형 감지기
② 광전식 스포트형 감지기
③ 정온식 스포트형 감지기
④ 보상식 감지기

🔍 **감지기의 종류**
• 열감지기
  − 차동식 스포트형 감지기 : 거실, 사무실 등
  − 정온식 스포트형 감지기 : 보일러실, 주방 등
  − 보상식 감지기
• 연기감지기
  − 이온화식 스포트형 연기감지기
  − 광전식 스포트형 연기감지기 : 계단, 복도 등

39 화재발생 시 경보를 발하는 '경보방식의 기준'으로 볼 때 틀린 것은?

① 3층에서 발화하였을 때 3층에서 7층까지 경보를 발해야 한다.
② 2층에서 발화한 때에는 발화층 및 그 직상 4개 층에만 경보를 발하면 된다.
③ 1층에서 발화할 때에는 발화층·그 직상 4개 층에 경보를 발해야 한다.
④ 지하층에서 발화한 때에는 발화층·그 직상층 및 기타의 지하층에 경보를 발해야 한다.

🔍 **경보방식 기준** : 층수가 11층(공동주택의 경우 16층) 이상의 특정소방대상물은 다음의 기준에 따라 경보를 발할 수 있도록 해야 한다.
• 2층 이상의 층에서 발화한 때에는 발화층 및 그 직상 4개 층에 경보를 발할 것
• 1층에서 발화할 때에는 발화층·그 직상 4개 층 및 지하층에 경보를 발할 것
• 지하층에서 발화한 때에는 발화층·그 직상층 및 기타의 지하층에 경보를 발할 것

40 수신기에서 감지기 사이 '회로의 단선 유무와 기기 등의 접속 상황'을 확인하기 위한 시험은?

① 동작시험
② 회로 도통시험
③ 회로 선택시험
④ 예비전원시험

🔍 **회로 도통시험**
• 로터리방식과 버튼방식이 있다.
• 로터리 방식의 적부판정방법
  − 전압계가 있는 경우 : 정상 4~8[V], 단선 0[V]
  − 도통시험 확인등이 있는 경우 : 정상 − 녹색점등, 단선 − 적색점등
• 버튼방식 적부판정방법
  − 정상 : 도통시험 단선확인등 녹색점등
  − 단선 : 도통시험 단선확인등 적색점등

41 P형 발신기 작동점검 중 '단계별 점검절차'로 틀린 것은?

① 1단계 – 발신기 누름버튼 누름
② 2단계 – 수신기에서 발신기 응답램프 점등 확인
③ 3단계 – 주경종, 지구경종, 비상방송 등 연동 설비 확인
④ 4단계 – 수신기의 누름버튼을 복구(빼냄), 결합

🔍 P형 발신기 단계별 점검절차
- 1단계 – 발신기 누름버튼 누름
- 2단계 – 수신기에서 발신기등 및 발신기 응답램프 점등확인
- 3단계 – 주경종, 지구경종, 비상방송 등 연동설비 확인
- 4단계 – 발신기의 누름버튼을 복구(빼냄), 결합
- 5단계 – 수신기에서 화재신호 복구

42 피난기구 중 '피난기구의 적응성과 설치장소'가 바르게 연결된 것은?

① 피난용트랩 – 노유자시설
② 간이완강기 – 숙박시설의 3층 이상에 있는 객실
③ 공기안전매트 – 영업장 위치가 4층 이하인 다중이용업소
④ 완강기 – 의료시설

🔍 간이완강기의 적응성은 숙박시설의 3층 이상에 있는 객실에, 공기안전매트의 적응성은 공동주택에 추가로 설치하는 경우에 한한다.

43 피난구조설비 중 '대형피난구유도등 설치대상'으로 틀린 것은?

① 오피스텔
② 공연장
③ 운수시설
④ 관람장

🔍 대형피난구유도등 설치장소
- 공연장, 집회장(종교집회장 포함), 관람장, 운동시설 등
- 유흥주점영업시설 중 카바레
- 나이트클럽, 위락시설, 판매시설, 운수시설, 의료시설, 장례식장, 전시장, 지하상가, 방송통신시설, 지하철역사 등

44 소화활동설비 중 전실 제연설비의 점검방법으로 옳지 않은 것은?

① 옥내의 감지기를 작동시킨다.
② 화재경보 발생 및 댐퍼가 개방되는지 확인한다.
③ 송풍기가 작동하여 계단실 및 부속실에 바람이 들어오는지 확인한다.
④ 전실 내의 차압을 측정한다. (적정한 차압은 10Pa 이상)

🔍 전실(특별피난계단 또는 비상용승강기의 승강장) 제연설비의 점검방법
- 옥내의 감지기를 작동시킨다.
- 화재경보 발생 및 댐퍼가 개방되는지 확인한다.
- 송풍기가 작동하여 계단실 및 부속실에 바람이 들어오는지 확인한다.
- 전실 내의 차압을 측정한다. 적절한 차압은 40파스칼(Pa) 이상 되어야 한다.
- 계단실, 부속실의 방연풍속을 측정한다.(방연풍속 : 장소에 따라 0.5m/sec 또는 0.7m/sec 이상)
- 전실 내에서 과압이 발생할 경우 과압배출장치가 작동하는지 확인한다.
- 확인한 후에는 수신기에서 복구시킨다.

45 소화활동설비 중 비상콘센트설비의 설치기준으로 옳지 않은 것은?

① 비상콘센트의 규격은 단상교류 110V 전압을 사용한다.
② 비상콘센트의 설치높이는 0.8~1.5m 이하이다.
③ 아파트 또는 바닥면적 1,000m² 미만인 층에서는 계단의 출입구로부터 5m 이내에 설치한다.
④ 바닥면적 1,000m² 이상인 층에서는 각 계단의 출입구 또는 각 부속실의 출입구로부터 5m 이내에 설치한다.

🔍 비상콘센트설비의 설치기준
- 비상콘센트의 규격
  - 구분 : 단상교류
  - 전압 : 220V
  - 용량 : 1.5kVA
  - 극수 : 2극
- 설치 위치
  - 바닥으로부터 0.8m 이상 1.5m 이하
  - 아파트 또는 바닥면적 1,000m² 미만인 층 : 계단의 출입구로부터 5m 이내에 설치
  - 바닥면적 1,000m² 이상인 층(아파트 제외) : 각 계단의 출입구 또는 각 부속실의 출입구로부터 5m 이내에 설치

46 특정소방대상물의 관계인은 소방시설등 자체점검 실시 결과보고서를 점검이 끝난 날부터 며칠 이내에 소방본부장에게 보고하여야 하는가?

① 7일 ② 10일
③ 15일 ④ 30일

특정소방대상물의 관계인은 소방시설등 자체점검 실시 결과보고서를 소방본부장 또는 소방서장에 점검이 끝난 날부터 15일 이내 보고하고, 2년간 자체 보관하여야 한다.

47 자위소방대 및 초기대응체계 교육 · 훈련 후 '실시결과 기록의 보존기간'은 몇 년 이상인가?

① 1년 ② 2년
③ 3년 ④ 4년

· 자위소방조직의 교육 · 훈련 횟수 : 연 1회 이상
· 소방교육 실시결과 : 기록부에 작성하고 2년간 보관

48 '응급처치의 구명단계'로 옳은 것은?

① 상처보호 → 기도확보(유지) → 지혈처리 → 쇼크예방
② 쇼크예방 → 기도확보(유지) → 지혈처리 → 상처보호
③ 기도확보(유지) → 지혈처리 → 쇼크예방 → 상처보호
④ 기도확보(유지) → 쇼크예방 → 지혈처리 → 상처보호

응급처치의 구명단계 : 기도확보(유지) → 지혈처리 → 쇼크예방 → 상처보호 순서로 응급처치를 한다.

49 다음 중 '심폐소생술의 기본 순서'로 맞는 것은?

㉮ 인공호흡 2회
㉯ 가슴압박 30회
㉰ 119신고
㉱ 가슴압박과 인공호흡의 반복
㉲ 심정지 확인
㉳ 회복자세

① ㉰ → ㉲ → ㉮ → ㉯ → ㉱ → ㉳
② ㉰ → ㉲ → ㉯ → ㉮ → ㉱ → ㉳
③ ㉲ → ㉰ → ㉮ → ㉯ → ㉱ → ㉳
④ ㉲ → ㉰ → ㉯ → ㉮ → ㉱ → ㉳

50 기존의 소방훈련방식에서 벗어나 화재발생을 가정해 119신고부터 초기진단, 인명구조 등 일련의 과정을 스스로 판단해 진행하는 '무각본 소방훈련'의 설명으로 틀린 것은?

① 예측할 수 없는 다양한 화재상황에 대비할 수 있는 훈련이다.
② 각본 없이 진행되므로 개개인 업무에 대한 학습효과를 기대할 수 있다.
③ 훈련 주관부서는 진행 상황을 미리 계획하고 숙지하여야 한다.
④ 스토리보드 즉, 훈련진행을 위한 시나리오는 필요 없다.

무각본 소방훈련
· 예측할 수 없는 다양한 화재상황에 대비할 수 있는 훈련이다.
· 각본 없이 진행되므로 개개인 업무에 대한 학습효과를 기대할 수 있다.
· 훈련 주관부서는 진행 상황을 미리 계획하고 숙지하여야 한다.
· 스토리보드 즉, 훈련진행을 위한 시나리오는 반드시 필요하다.

정답 **실전모의고사 4회**

01 ②	02 ④	03 ③	04 ①	05 ②
06 ④	07 ③	08 ③	09 ③	10 ①
11 ③	12 ③	13 ④	14 ②	15 ②
16 ④	17 ④	18 ③	19 ①	20 ③
21 ②	22 ④	23 ④	24 ①	25 ③
26 ①	27 ③	28 ④	29 ②	30 ④
31 ③	32 ④	33 ①	34 ④	35 ①
36 ④	37 ③	38 ②	39 ③	40 ②
41 ④	42 ②	43 ①	44 ④	45 ①
46 ③	47 ②	48 ③	49 ④	50 ④

실전모의고사

01 다음 중 '소방안전관리보조자 선임자격'으로 틀린 것은?

① 소방안전관리대상물에서 소방안전 관련 업무에 1년 이상 근무한 경력이 있는 사람
② 특급 · 1급 · 2급 · 3급 소방안전관리대상물의 소방안전관리자 자격이 있는 사람
③ 특급 · 1급 · 2급 · 3급 소방안전관리대상물의 소방안전관리에 대한 강습교육을 수료한 사람
④ 공공기관 소방안전관리자 강습교육을 수료한 사람

🔍 **소방안전관리보조자 선임자격**
- 특급 · 1급 · 2급 · 3급 소방안전관리대상물의 소방안전관리자 자격이 있는 사람
- 건축, 기계제작, 기계장비설비 · 설치, 화공, 위험물, 전기, 전자 및 안전관리에 해당하는 국가기술자격이 있는 사람
- 공공기관 소방안전관리자 강습교육을 수료한 사람
- 특급 · 1급 · 2급 · 3급 소방안전관리대상물의 소방안전관리에 대한 강습교육을 수료한 사람
- 소방안전관리대상물에서 소방안전 관련 업무에 2년 이상 근무한 경력이 있는 사람

02 소방기본법상 '소방활동구역 출입자'로 불가한 사람은?

① 수사업무에 종사하는 사람
② 화재보험회사 직원
③ 보도업무에 종사하는 사람
④ 해당구역 건물 관리자

🔍 **소방기본법상 소방활동구역의 출입자**
- 소방활동구역 안에 있는 소방대상물의 소유자 · 관리자 또는 점유자
- 전기 · 가스 · 수도 · 통신 · 교통의 업무에 종사하는 사람으로 원활한 소방활동을 위하여 필요한 사람
- 의사 · 간호사 그 밖의 구조 · 구급업무에 종사하는 사람
- 취재인력 등 보도업무에 종사하는 사람
- 수사업무에 종사하는 사람
- 그 밖에 소방대장이 소방활동을 위하여 출입을 허가한 사람

03 소방기본법상 '200만원 이하의 과태료' 부과대상이 아닌 것은?

① 소방자동차의 출동에 지장을 준 사람
② 소방활동구역을 출입한 사람
③ 한국소방안전원 또는 이와 유사한 명칭을 사용한 사람
④ 소방자동차의 출동을 방해한 사람

🔍 **소방기본법상 200만원 이하의 과태료 부과대상**
- 소방자동차의 출동에 지장을 준 사람
- 소방활동구역을 출입한 사람
- 한국소방안전원 또는 이와 유사한 명칭을 사용한 사람

04 다음 중 소방관련법령상 '화재예방강화지구'가 아닌 것은?

① 아파트와 주변상가 지역
② 시장지역
③ 공장 · 창고가 밀집한 지역
④ 위험물의 저장 및 처리시설이 밀집한 지역

🔍 **화재예방강화지구**
- 시장지역
- 공장 · 창고가 밀집한 지역
- 목조건물이 밀집한 지역
- 노후 · 불량건축물이 밀집한 지역
- 위험물의 저장 및 처리 시설이 밀집한 지역
- 석유화학제품을 생산하는 공장이 있는 지역
- 「산업입지 및 개발에 관한 법률」에 따른 산업단지
- 소방시설 · 소방용수시설 또는 소방출동로가 없는 지역
- 「물류시설의 개발 및 운영에 관한 법률」에 따른 물류단지
- 그 밖에 위에 열거된 지역에 준하는 지역으로서 소방관서장이 화재예방강화지구로 지정할 필요가 있다고 인정하는 지역

05 다음 중 방염성능기준 이상의 실내장식물 등을 설치해야 하는 특정소방대상물에 해당되지 않는 것은?

① 숙박시설
② 수영장
③ 다중이용업의 영업장
④ 노유자시설 및 숙박이 가능한 수련시설

06 소방관계법령상 '자체점검 결과 중대위반사항이 발견된 경우 필요한 조치를 하지 않은 관계인'에게 부과되는 벌금은?

① 5년 이하의 징역 또는 5천만원 이하의 벌금
② 3년 이하의 징역 또는 3천만원 이하의 벌금
③ 1년 이하의 징역 또는 1천만원 이하의 벌금
④ 300만원 이하의 벌금

🔍 300만원 이하의 벌금(법 제59조)
자체점검 결과 중대위반사항이 발견된 경우 필요한 조치를 하지 않은 관계인 또는 관계인에게 중대위반사항을 알리지 아니한 관리업자 등

07 다중이용업소의 '피난안내 영상물에 포함되어야 할 내용'으로 틀린 것은?

① 화재발생 시 대피할 수 있는 비상구 위치
② 소방시설의 점검방법
③ 구획된 실(室) 등에서 비상구 및 출입구까지의 피난동선
④ 피난 및 대처방법

🔍 피난안내 영상물에 포함되어야 할 내용
- 화재발생 시 대피할 수 있는 비상구 위치
- 구획된 실(室) 등에서 비상구 및 출입구까지의 피난동선
- 소화기, 옥내소화전 등 소방시설의 위치 및 사용방법
- 피난 및 대처방법

08 초고층 및 지하연계 복합건축물 재난관리에 관한 특별법상 '피난안전구역 설치대상' 건축물이 아닌 것은?

① 50층 이상 초고층 건축물
② 30층 이상 49층 이하인 지하연계 복합건축물
③ 16층 이상 29층 이하인 지하연계 복합건축물
④ 지하역사

🔍 피난안전구역 설치대상 건축물
- 초고층 건축물 : 피난층 또는 지상으로 통하는 직통계단과 직접 연결되는 피난안전구역을 지상층으로부터 최대 30개 층마다 1개소 이상 설치할 것
- 30층 이상 49층 이하인 지하연계복합건축물 : 피난층 또는 지상으로 통하는 직통계단과 직접 연결되는 피난안전구역을 해당 건축물 전체 층수의 2분의 1에 해당하는 층으로부터 상하 5개 층 이내에 1개소 이상 설치할 것
- 16층 이상 29층 이하인 지하연계 복합건축물 : 지상층별 거주밀도 m²당 1.5명을 초과하는 층은 해당 층의 사용형태별 면적의 합 10분의 1에 해당하는 면적을 피난안전구역으로 설치할 것
- 초고층 건축물 등의 지하층이 문화 및 집회시설, 판매시설, 운수시설, 업무시설, 숙박시설, 위락시설 중 유원시설업의 시설 등의 용도로 사용되는 경우 : 해당 지하층에 피난안전구역 면적 산정기준에 따라 피난안전구역이나 선큰을 설치할 것

09 재난 및 안전관리 기본법상 '안전관리계획의 구분과 작성 및 책임자'가 잘못 연결된 것은?

① 국가안전관리 기본계획(국가단위) – 대통령
② 국가안전관리 기본계획(부처단위) – 중앙행정기관의 장
③ 시 · 도 안전관리계획 – 시 · 도지사
④ 시 · 군 · 구 안전관리계획 – 시장 · 군수 · 구청장

🔍 안전관리계획의 구분 및 작성책임

안전관리계획의 구분 및 분류	작성 및 책임자
국가안전관리 기본계획(국가단위)	국무총리
국가안전관리 기본계획(부처단위)	중앙행정기관의 장
시 · 도 안전관리계획	시 · 도지사
시 · 군 · 구 안전관리계획	시장 · 군수 · 구청장

10 다음 중 '옥상광장 설치대상'에서 제외된 건축물은?

① 전시장
② 문화 및 집회시설
③ 종교시설
④ 판매시설

> 옥상광장은 5층 이상인 층이 다음의 용도로 쓰이는 경우 피난 용도를 위해 설치한다.
> • 제2종 근린생활시설 중 공연장·종교집회장·인터넷컴퓨터 게임시설제공업소(해당용도로 쓰는 바닥면적의 합계가 각각 300㎡ 이상인 경우만 해당)
> • 문화 및 집회시설(전시장 및 동·식물원은 제외), 종교시설, 판매시설, 위락시설 중 주점영업 또는 장례시설

11 다음 중 '방화구조 적용대상'인 건축물은?

① 연면적이 100㎡ 이상인 목조의 건축물의 외벽
② 연면적이 500㎡ 이상인 목조의 건축물의 외벽
③ 연면적이 1,000㎡ 이상인 목조의 건축물의 외벽
④ 연면적이 1,500㎡ 이상인 목조의 건축물의 내벽

> 방화구조 적용대상 건축물
> 연면적이 1,000㎡ 이상인 목조의 건축물은 그 외벽 및 처마밑의 연소할 우려가 있는 부분을 방화구조로 하되, 그 지붕은 불연재료로 하여야 한다.

12 산소공급원의 설명으로 적절치 않은 것은?

① 일반적으로 공기 중의 산소의 농도는 약 21%이다.
② 산소의 농도가 높을수록 연소는 잘 일어난다.
③ 일반가연물인 경우 산소농도가 15% 이하에서 연소가 잘된다.
④ 자기반응성물질은 분자내의 가연물과 산소를 충분히 함유하고 있는 제5류 위험물로 연소속도가 빠르고 폭발을 일으킬 수 있는 물질이다.

> 일반가연물인 경우 산소농도가 15% 이하에서는 연소가 어렵다.

13 다음 가연물질 중 발화점이 가장 낮은 것은?

① 등유
② 휘발유
③ 중유
④ 암모니아

> 가연물질의 발화점(착화점, 발화온도)

물질	발화점(℃)	물질	발화점(℃)
등유	210℃	메틸알코올	464℃
휘발유	280~456℃	아세톤	465℃
중유	400℃ 이상	암모니아	651℃

14 실내화재의 현상 중 플래시오버(flash over)는 통상 내화건축물인 경우 출화 후 몇 분 이내에 발생하는가?

① 3~5분
② 5~10분
③ 10~20분
④ 30분 이상

> 플래시오버(flash over) : 실내 화재발생 시 발화로부터 출화를 거쳐 화염이 천장 전면으로 확산되면 화염에서 발생한 복사열에 의해 가구 등이 일시에 발화점에 이르러 폭발적으로 전체가 화염에 휩싸이는 현상으로 통상 내화건축물인 경우 출화 후 5~10분 이내에 발생하는 것이다.

15 다음 중 '건물화재의 특징'으로 볼 수 없는 것은?

① 건물화재는 불이 가연물에 착화 후 서서히 진행된다.
② 가연물에 착화 후 수직으로 있는 가연물에 착화하는 것으로부터 시작한다.
③ 불이 천장으로 타들어가는 것에 의해 본격적인 화재가 된다.
④ 확산된 화재는 옆방으로 옮겨 연소한 후 자연 소화한다.

> 화재가 확대되면 옆방으로 연소하여 건물 전체의 화재로 되며, 때로는 인접 건물까지도 연소시키게 된다.

16 화재발생 시 '연기가 인체에 미치는 영향'으로 볼 수 없는 것은?

① 육체적으로는 긴장되나 정신적으로는 영향을 받지 않는다.
② 시야를 감퇴하며 피난행동 및 소화활동을 저해한다.
③ 연기성분 중 유독물의 발생으로 생명이 위험하다.
④ 최근 건물화재의 특징은 방염(난연)처리된 물질을 사용하여 연소 그 자체는 억제되고 있지만 다량의 연기입자 및 유독가스를 발생하므로 인체에 치명적일 수도 있다.

🔍 연기는 정신적으로 긴장 또는 패닉현상에 빠지게 되는 2차적 재해의 우려가 있다.

17 화재 시 산소공급원을 차단하여 공기 중 산소농도를 15% 이하로 억제함으로써 소화하는 방법은?

① 제거소화   ② 질식소화
③ 냉각소화   ④ 억제소화

🔍 소화방법
• 제거소화 : 연소반응에 관계된 가연물이나 그 주위의 가연물을 제거
• 질식소화 : 산소공급원을 차단하여 소화하는 방법(공기 중 산소농도를 15% 이하로 억제)
• 냉각소화 : 연소하고 있는 가연물로부터 열을 뺏어 연소물을 착화온도 이하로 내리는 방법
• 억제소화 : 산화반응(연쇄반응)을 약화시켜 소화하는 방법(화학적 작용에 의한 소화방법)

18 다음 중 '제5류 위험물의 특성'으로 볼 수 없는 것은?

① 자기반응성물질이다.
② 가열, 충격, 마찰 등에 의해 착화한다.
③ 연소속도가 빠르지만 소화는 비교적 잘된다.
④ 폭발의 위험이 있다.

🔍 제5류 위험물의 특성
• 가연성으로 산소를 함유하여 자기연소하는 자기반응성물질이다.
• 가열, 충격, 마찰 등에 의해 착화, 폭발의 위험이 있다.
• 연소속도가 매우 빨라서 소화가 곤란하다.

19 '전기에 의한 주요 화재원인'으로 볼 수 없는 것은?

① 누전에 의한 발화
② 전선의 합선(단락)에 의한 발화
③ 고압전류에 의한 발화
④ 과전류(과부하)에 의한 발화

🔍 전기화재의 주요 원인
• 전선의 합선(단락)에 의한 발화
• 누전에 의한 발화
• 과전류(과부하)에 의한 발화
• 배선 및 전기기계기구 등의 절연불량
• 정전기로부터의 불꽃
• 기타 규격미달의 전선 또는 전기기계 · 기구 등의 과열

20 다음 중 LPG와 LNG에 대한 설명으로 옳지 않은 것은?

① LPG의 주성분은 프로판과 부탄이고, LNG의 주성분은 메탄이다.
② LPG는 가정용, 자동차연료용이고, LNG는 도시가스이다.
③ LPG는 누출 시 높은 곳에 체류하고, LNG는 누출 시 낮은 곳에 체류한다.
④ LPG의 비중은 1.5~2.0이고, LNG의 비중은 0.6이다.

🔍 LPG와 LNG의 비교
• 비중 : LPG 1.5~2.00|고, LNG 0.6이다.
• LPG는 공기보다 무거워서, 누출 시 낮은 곳에 체류한다.
• LNG는 공기보다 가벼워서, 누출 시 높은 곳에 체류한다.

21 가스누설경보기의 설치위치로 올바른 것은?

① 증기비중이 1보다 작은 가스의 경우, 연소기로부터 수평거리 8m 이내의 위치에 설치
② 증기비중이 1보다 작은 가스의 경우, 탐지기의 하단은 바닥면의 상방 30cm 이내의 위치에 설치
③ 증기비중이 1보다 큰 가스의 경우, 연소기 또는 관통부로부터 수평거리 8m 이내의 위치에 설치
④ 증기비중이 1보다 큰 가스의 경우, 탐지기의 상단은 천장면 하방 30cm 이내의 위치에 설치

> 가스누설경보기의 설치위치
> • 증기비중이 1보다 작은 가스의 경우(LNG 비중 0.6)
> – 연소기로부터 수평거리 8m 이내의 위치에 설치
> – 탐지기의 하단은 천장면의 하방 30cm 이내의 위치에 설치
> • 증기비중이 1보다 큰 가스의 경우(LPG 비중 1.5~2.0)
> – 연소기 또는 관통부로부터 수평거리 4m 이내의 위치에 설치
> – 탐지기의 상단은 바닥면의 상방 30cm 이내의 위치에 설치

22 다음 중 종합방재실의 구축효과가 아닌 것은?

① 화재피해 최소화
② 화재 시 신속한 대응
③ 시스템 안전성 향상
④ 유지관리비용 미발생

> 종합방재실의 구축효과
> • 화재피해 최소화
> – 신속한 화재탐지로 인명을 최우선으로 보호
> – 재산피해 최소화 및 신속한 피난유도
> • 화재 시 신속한 대응
> – 화재의 입체적 감시, 제어
> – 중앙화재 감시로 신속대응
> – 가스누출사고 신속대응
> • 시스템 안전성 향상
> – 비화재보 억제
> – 고장 및 장애 상황 신속처리
> – 시스템 신뢰성 확보
> • 유지관리 비용절감
> – 유지보수 비용절감 및 운영인력 비용절감
> – 작동상황 기록관리 편의성

23 화기작업 시작 전 화재안전 감독자(감독관)이 작업현장의 화재안전조치 상태 및 예방책을 확인할 때 '주요 확인사항'으로 볼 수 없는 것은?

① 소화기 및 방화수 배치
② 작업현장 주변 가연물 재배치
③ 불꽃방지포 설치
④ 전기를 이용한 화기작업 시 전기인입 상태

> 화재안전 감독자(감독관)이 화기작업 시작 전 주요 확인사항
> 소화기 및 방화수 배치, 불꽃방지포 설치, 작업현장 주변 가연물 및 위험물 이격상태, 전기를 이용한 화기작업 시 전기인입 상태 등

24 다음 중 '피난구조설비'가 아닌 것은?

① 피난기구
② 비상방송설비
③ 인명구조기구
④ 유도등

> 피난구조설비 : 화재가 발생할 경우 피난하기 위하여 사용하는 기구 또는 설비로 피난기구, 인명구조기구, 유도등, 비상조명 및 휴대용비상조명등 등이 있다.

25 소화기구 중 간이소화용구가 아닌 것은?

① 에어로졸식 소화용구
② 투척용 소화용구
③ 스프레이형 간이소화용구
④ 자동확산소화기

> 소화기구의 종류
> • 소화기 : 소화약제를 압력에 따라 방사하는 기구로 사람이 수동으로 조작하여 작동
> • 간이소화용구 : 에어로졸식소화용구, 투척용소화용구 및 소화약제 외의 것을 이용한 간이소화용구
> • 자동확산소화기 : 화재 시 화염이나 열에 따라 소화약제가 확산하여 국소적으로 소화하는 소화장치

26 소화기의 적응화재로 잘못 연결된 것은?

① A급 화재 : 일반화재
② B급 화재 : 유류화재
③ C급 화재 : 전기화재
④ D급 화재 : 주방화재

🔍 소화기의 적응화재
• A급화재(일반화재) : 일반 가연물이 타고 나서 재가 넘는 화재. 소화기의 적응화재별 표시는 'A'
• B급화재(유류화재) : 유류와 같이 타고 나서 재가 남지 않는 화재. 소화기의 적응화재별 표시는 'B'
• C급화재(전기화재) : 전류가 흐르고 있는 전기기기, 배선과 관련된 화재. 소화기의 적응화재별 표시는 'C'
• K급화재(주방화재) : 주방에서 동식물유를 취급하는 조리기구에서 일어나는 화재. 소화기의 적응화재별 표시는 'K'

27 다음 중 '이산화탄소(CO_2)소화기'의 특성으로 옳지 않은 것은?

① 주성분은 이산화탄소 일명 액화탄산(CO_2)가스이다.
② 이산화탄소소화기 밸브 본체에는 안전밸브가 장치되어 있지 않다.
③ 적응화재는 BC급이다.
④ 소화효과는 질식, 냉각소화이다.

🔍 이산화탄소소화기 구조 : 본체 용기에 충전된 이산화탄소가 레버식 밸브(대형소화기는 핸들식)의 개폐에 의해 방사되므로 방사를 중지할 수 있다. 또한 밸브 본체에는 일정한 압력 하에서 작동하는 안전밸브가 장치되어 있다.

28 다음의 조건에 따라 설치해야 하는 소화기의 능력단위와 적정 소화기 설치 수량으로 옳은 것은?

| • 근린생활시설 용도로 바닥면적은 1,200m²인 소방대상물이다. |
| • 건축물의 주요구조부는 내화구조이다. |
| • 벽 및 반자의 실내에 면하는 부분은 불연재료 · 준불연재료 또는 난연재료가 아니다. |
| • 소화기는 ABC 분말소화기(4단위)를 설치한다. |

① 40단위, 10개   ② 24단위, 6개
③ 12단위, 3개   ④ 6단위, 2개

🔍 • 근린생활시설의 경우 소화기구의 능력단위는 해당 용도의 바닥면적 100m²마다 능력단위 1단위 이상이 요구된다.
• 주요구조부는 내화구조이지만, 벽 및 반자의 실내에 면하는 부분은 불연재료 · 준불연재료 또는 난연재료가 아니므로 100m²마다 능력단위 1단위를 그대로 적용한다.
• 따라서, 다음과 같이 산출할 수 있다.

$$\frac{1,200m^2}{100m^2} = 12단위, \quad \frac{12단위}{4단위} = 3개$$

29 다음 중 소화기와 소화효과가 잘못 연결된 것은?

① 분말소화기(ABC급) – 질식, 냉각효과
② 분말소화기(BC급) – 질식, 억제(부촉매)효과
③ 이산화탄소(CO_2)소화기(BC급) – 질식, 냉각효과
④ 할로겐화합물소화기(ABC급) – 질식, 억제(부촉매)효과

🔍 분말소화기(ABC급)의 소화효과는 질식, 억제(부촉매) 소화효과이다.

30 다음 중 옥내소화전설비에 대한 설명으로 틀린 것은?

① 방수량은 100L/min 이하이어야 한다.
② 방수압력은 0.17MPa 이상 0.7MPa 이하를 갖추어야 한다.
③ 옥내소화전설비의 수원을 수조로 설치하는 경우에는 소방설비의 전용수조로 하여야 한다.
④ 가압송수장치로는 펌프방식이 일반적으로 가장 많이 사용된다.

🔍 옥내소화전설비
• 방수량 : 130L/min 이상
• 방수압력 : 0.17MPa 이상 0.7MPa 이하
• 옥내소화전설비의 수원을 수조로 설치하는 경우에는 소방설비의 전용수조로 하여야 한다.
• 가압송수장치로는 펌프방식, 고가수조방식, 압력수조방식, 가압수조방식 등이 있으며, 일반적으로 펌프방식이 가장 많이 사용된다.

31 옥내소화전설비 중 옥상수조는 몇 층 이상인 건축물에 설치하여야 하는가?

① 11층 이상
② 30층 이상
③ 40층 이상
④ 50층 이상

🔍 옥내소화전설비 중 옥상수조의 의무설치 대상은 30층 이상 건축물이다.

32 옥내소화전설비(A)와 옥외소화전설비(B)의 호스의 구경호칭으로 옳은 것은?

① A − 20mm, B − 45mm
② A − 30mm, B − 55mm
③ A − 40mm, B − 65mm
④ A − 50mm, B − 75mm

🔍 • 옥내소화전설비의 호스구경 : 40mm
• 옥외소화전설비의 호스구경 : 65mm

33 자동식 소화설비인 스프링클러설비(기준 개수의 모든 헤드로부터)의 방수량과 방수압력은?

① 50L/min − (0.05~0.5)MPa
② 60L/min − (0.05~1.0)MPa
③ 70L/min − (0.12~1.0)MPa
④ 80L/min − (0.10~1.2)MPa

🔍 스프링클러설비의 성능(기준 개수의 모든 헤드로부터)
• 방수량 : 분당 80L/min 이상
• 방수압력 : 0.1MPa 이상 1.2MPa 이하

34 다음과 같은 작동순서를 갖는 스프링클러설비는?

> [작동순서]
> • 화재발생
> • 헤드 개방, 압축공기 등 방출
> • 2차측 공기압 저하
> • 클래퍼 개방(급속개방기구 작동)
> • 1차측 물의 2차측 유수
>   − 헤드로 방수
>   − 유수검지장치의 압력스위치 작동 → 사이렌 경보, 감시제어반의 화재표시등, 밸브개방표시등 점등
> • 배관 내 압력저하로 기동용 수압개폐장치의 압력스위치 작동 → 펌프 기동

① 습식 스프링클러설비
② 건식 스프링클러설비
③ 준비작동식 스프링클러설비
④ 일제살수식 스프링클러설비

🔍 건식 스프링클러설비 : 건식 유수검지장치(건식밸브)를 중심으로 1차측 배관은 가압수로, 2차측 배관은 압축공기 또는 축압된 질소가스 상태로 유지되어 있다가, 화재 시 열에 의한 헤드 개방 후 압축공기 또는 가압가스의 방출로 인한 배관의 압력차 발생으로 배관 내의 유수가 발생하여 소화하는 방식

35 다음 중 이산화탄소소화설비의 단점에 해당하지 않은 것은?

① 전도성이므로 전기화재에 좋지 않다.
② 사람에게 질식의 우려가 있다.
③ 방사 시 동상의 우려와 소음이 크다.
④ 설비가 고압으로 특별한 주의와 관리가 필요하다.

🔍 이산화탄소소화설비의 장점과 단점
• 장점
  − 심부화재에 적합하다.
  − 화재진화 후 깨끗하다.
  − 피연소물에 피해가 적다.
  − 비전도성이므로 전기화재가 좋다.
• 단점
  − 사람에게 질식의 우려가 있다.
  − 방사 시 동상의 우려와 소음이 크다.
  − 설비가 고압으로 특별한 주의와 관리가 필요하다.

36 가스계소화설비 중 고정식 소화약제 공급장치에 배관 및 분사헤드를 고정 설치하여 밀폐 방호구역 내에 소화약제를 방출하는 설비는?

① 국소방출방식
② 호스릴방식
③ 전역방출방식
④ 전방위방출방식

🔍 가스계소화설비 약제방출방식
- 국소방출방식 : 고정식 소화약제 공급장치에 배관 및 분사헤드를 설치하여 직접화점에 집중적으로 소화약제를 방출하는 방식
- 호스릴방식 : 분사헤드가 배관에 고정되어 있지 않고 소화약제 저장용기에 호스를 연결하여 사람이 직접화점에 소화약제를 방출하는 이동식소화설비

37 자동화재탐지설비 중 '수신기의 종류와 설치기준'으로 옳지 않은 것은?

① 수신기 조작스위치의 높이는 0.8m~1.5m 이다.
② 수신기의 종류에는 P형, T형, M형이 있다.
③ 4층 이상의 소방대상물은 발신기와 전화통화가 가능한 수신기를 설치하여야 한다.
④ 수신기 설치장소는 수위실 등 상시 사람이 근무하고 있는 장소에 설치하여야 한다.

🔍 수신기의 종류와 설치기준
- P형 수신기와 R형 수신기가 있다.
- 4층 이상의 소방대상물은 발신기와 전화통화 가능한 수신기를 설치할 것
- 수신기의 조작 스위치 높이는 0.8m 이상 1.5m 이하
- 수위실 등 상시 사람이 근무하고 있는 장소에 설치할 것

38 피난구조설비 중 비상조명등의 설치기준으로 틀린 것은?

① 조도는 각 부분의 바닥에서 3럭스(lux) 이상
② 유효작동시간은 20분 이상
③ 층수가 11층 이상의 층(지하층 제외) 건축물은 60분 이상
④ 지하층 또는 무창층으로서 용도가 도매시장·지하역사 등은 60분 이상

🔍 비상조명등 설치기준
- 조도 : 각 부분의 바닥에서 1럭스(lux) 이상
- 유효작동시간
  - 20분
  - 60분 이상(지하층을 제외한 층수가 11층 이상이거나 지하층 또는 무창층으로 용도가 도매시장·소매시장·여객자동차터미널·지하역사 또는 지하상가인 경우)

39 연기감지기인 '이온화식감지기와 광전식감지기의 차이점'에 대한 설명으로 옳지 않은 것은?

① 이온화식감지기의 동작원리는 이온전류의 증가로 작동한다.
② 이온화식감지기의 적응성은 B급화재 등 불꽃화재이다.
③ 광전식감지기의 작동원리는 광량의 감소 또는 증가로 작동한다.
④ 광전식감지기의 적응성은 A급화재 등 훈소화재이다.

🔍 이온화식과 광전식 감지기의 차이점

구분	이온화식	광전식
동작원리	이온전류의 감소	광량의 감소 또는 증가
연기입자	작은 연기입자(0.01~0.3μm)에 유리	큰 연기입자(0.2~1μm)에 유리
연기의 색상	색상 무관	검은색보다 엷은 회색 연기가 감도에 유리
적응성	B급화재 등 불꽃화재	A급화재 등 훈소화재

40 자동화재탐지설비는 음향장치 외에 청각장애인용 시각경보장치를 설치하여야 한다. 천장 높이가 2m 이하인 경우의 설치기준으로 옳은 것은?

① 바닥으로부터 0.15m 이내의 장소에 설치
② 바닥으로부터 0.45m 이내의 장소에 설치
③ 천장으로부터 0.45m 이내의 장소에 설치
④ 천장으로부터 0.15m 이내의 장소에 설치

🔍 시각경보장치(청각장애인용) 설치기준
• 복도 · 통로 · 청각장애인용 객실 및 공용으로 사용되는 거실(로비, 회의실, 강의실, 식당, 휴게실, 오락실, 대기실, 체력단련실, 접객실, 안내실, 전시실, 기타 이와 유사한 장소)에 설치하며, 각 부분으로부터 유효하게 경보를 발할 수 있는 위치에 설치할 것
• 공연장 · 집회장 · 관람장 또는 이와 유사한 장소에 설치하는 경우에는 시선이 집중되는 무대부 부분 등에 설치할 것
• 설치 높이는 바닥으로부터 2m 이상 2.5m 이하의 장소에 설치할 것. 다만, 천장의 높이가 2m 이하인 경우에는 천장으로부터 0.15m 이내의 장소에 설치

41 '화재에 의한 열, 연기 또는 불꽃 이외의 요인에 의하여 자동화재탐지설비가 작동하여 화재경보를 발하는 것'을 무엇이라 하는가?

① 오작동
② 비화재보(非火災報)
③ 감지기 오동작
④ 발신기 오동작

🔍 비화재보(非火災報)란 화재에 의한 열, 연기 또는 불꽃 이외의 요인에 의하여 자동화재탐지설비가 작동하여 화재경보를 발하는 것이다. 즉, 자동화재탐지설비가 정상적으로 작동하였다 하더라도 화재가 아닌 경우의 경보를 말한다.

42 화재발생 시 인명구조기구 중 호흡부전상태인 사람에게 인공호흡을 시켜 환자를 보호하거나 구급하는 기구는?

① 방열복
② 공기호흡기
③ 인공소생기
④ 방화복

🔍 인명구조기구

종류	내용
방열복	고온의 복사열에 가까이 접근하여 소방활동을 수행할 수 있는 내열피복
공기호흡기	화재로 인한 각종 유독가스 중에서 일정시간 사용할 수 있도록 제조된 압축공기식 개인호흡장비
인공소생기	호흡부전상태인 사람에게 인공호흡을 시켜 환자를 보호하거나 구급하는 기구
방화복	화재 진압 등의 소방활동을 수행할 수 있는 피복

43 자동화재탐지설비인 '수신기의 경계구역'에 대한 설명으로 옳지 않은 것은?

① 하나의 경계구역이 3개 이상의 건축물에 미치지 아니하도록 할 것
② 하나의 경계구역이 2개 이상의 층에 미치지 아니하도록 할 것
③ 하나의 경계구역의 면적은 $600m^2$ 이하로 하고 한 변의 길이는 50m 이하로 할 것
④ 다만, 해당 소방대상물의 주된 출입구에서 그 내부 전체가 보이는 것에 있어서는 한 변의 길이가 50m 범위 내에서 $1,000m^2$ 이하로 할 수 있다.

🔍 경계구역
• 하나의 경계구역이 2개 이상의 건축물에 미치지 아니하도록 할 것
• 하나의 경계구역이 2개 이상의 층에 미치지 아니하도록 할 것. 다만, $500m^2$ 이하의 범위 안에서는 2개의 층을 하나의 경계구역으로 할 수 있다.
• 하나의 경계구역의 면적은 $600m^2$ 이하로 하고 한 변의 길이는 50m 이하로 할 것. 다만, 해당 소방대상물의 주된 출입구에서 그 내부 전체가 보이는 것에 있어서는 한 변의 길이가 50m 범위 내에서 $1,000m^2$ 이하로 할 수 있다.

44 공연장 객석 내 통로의 직선 부분의 길이가 55m이다. 객석유도등을 몇 개 설치하여야 하는가?

① 9개
② 11개
③ 13개
④ 15개

🔍 객석유도등 산정
$$객석유도등\ 설치개수 = \frac{객석통로의\ 직선부분의\ 길이(m)}{4} - 1$$
$$= \frac{55}{4} - 1 ≒ 13(개)$$

45 소화용수설비 중 소화수조의 소요수량이 90m³일 때 채수구의 수는?

① 1개 ② 2개
③ 3개 ④ 4개

🔍 소화수조의 소요수량과 채수구 수
- 소요수량 20~40m³ 미만일 때 , 채수구 수 : 1개
- 소요수량 40~100m³ 미만일 때, 채수구 수 : 2개
- 소요수량 100m³ 이상일 때, 채수구 수 : 3개

46 피난약자의 피난계획수립 시 '일반원칙'으로 볼 수 없는 것은?

① 피난보조자 3인이 1조가 되어 피난을 보조한다.
② 피난약자의 재배치 등 화재상황에 적합한 피난전략을 고려하여 시행한다.
③ 피난약자를 우선 피난대상으로 지정하여 피난을 유도한다.
④ 피난약자의 피난을 위해 사전에 지정된 피난보조자를 배치한다.

🔍 피난약자의 피난계획 수립 시 일반원칙
- 피난약자의 재배치 또는 수직피난 등 화재상황에 적합한 피난전략을 고려하여 시행한다.
- 피난유도 시 피난약자를 우선 피난대상으로 지정하여 피난을 유도하고 보조를 요청하도록 한다.
- 피난약자의 피난을 위해 사전에 지정된 피난보조자를 배치하거나 현장에서 피난보조자를 지정할 수 있다.

47 자위소방대의 초기대응체계의 인원편성에 대한 설명으로 옳지 않은 것은?

① 소방안전관리보조자, 대상물관리인 등 상시근무자를 중심으로 구성한다.
② 소방안전관리대상물의 근무인원, 근무위치 등을 고려하여 편성한다.
③ 초기대응체계 편성 시 3명 이상은 수신반에 근무해야 한다.
④ 휴일 및 야간에 무인경비시스템을 통해 감시하는 경우에는 무인경비회사와 비상연락체계를 구성할 수 있다.

🔍 자위소방대 초기대응체계의 인원편성
- 소방안전관리보조자, 경비(보안)근무자 또는 대상물관리인 등 상시 근무자를 중심으로 구성한다.
- 소방안전관리대상물의 근무인원, 근무위치 등을 고려하여 편성한다. 이 경우 소방안전관리보조자를 운영책임자로 지정
- 초기대응체계 편성 시 1명 이상은 수신반(또는 종합방재실)에 근무해야 하며, 화재상황에 대한 모니터링 또는 지휘통제가 가능해야 한다.
- 휴일 및 야간에 무인경비시스템을 통해 감시하는 경우에는 무인경비회사와 비상연락체계를 구성할 수 있다.

48 다음 중 화상환자의 이동 전 응급조치로 옳지 않은 것은?

① 화상부분의 오염 우려 시 소독거즈가 있을 경우 화상부위를 덮어주면 좋다.
② 부분층화상일 경우 수포(물집)상태의 감염 우려가 있으므로 터트리지 말아야 한다.
③ 1도, 2도 화상은 화상부위를 흐르는 물에 식혀준다.
④ 착용한 옷가지가 피부조직에 붙어 있는 경우 옷을 깔끔하게 잘라 준다.

🔍 화상환자 이동 전 응급조치
- 화상환자가 착용한 옷가지가 피부조직에 붙어 있을 때는 옷을 잘라내지 말고, 수건 등으로 닦거나 접촉되는 일이 없도록 한다.
- 1도, 2도 화상은 화상부위를 흐르는 물로 식혀준다.(물의 온도는 실온, 수압은 약하게)
- 화상부분의 오염 우려 시 소독거즈가 있을 경우 화상부위를 덮어주면 좋다.
- 화상환자가 부분층화상일 경우 수포(물집)상태의 감염 우려가 있으니 터트리지 말아야 한다.

49 화재발생 시 초기소화, 조기피난 및 응급처치 등에 필요한 골든타임 확보가 우선적이다. '화재 시와 심폐소생술(CPR)의 골든타임'으로 맞는 것은?

① 화재 시 3분, CPR은 3분
② 화재 시 3분, CPR은 4~6분
③ 화재 시 5분, CPR은 3분
④ 화재 시 5분, CPR은 4~6분

🔍 골든타임
- 화재 시 : 5분
- 심폐소생술(CPR) : 4~6분

50 다음 중 '소방훈련과정의 4가지 단계'로 틀린 것은?

① 계획수립(Plan)
② 시뮬레이션(Simulation)
③ 평가(Check)
④ 개선(Action)

> 소방교육 및 훈련계획과정에서 성공적인 훈련결과를 도출하기 위해 체계적인 과정이 정립되어져야 하는데, 훈련과정은 "계획수립(Plan) → 훈련실행(Do) → 평가(Check) → 개선(Action)"으로 이루어진다.

01 ①	02 ②	03 ④	04 ①	05 ②
06 ④	07 ②	08 ④	09 ①	10 ①
11 ③	12 ③	13 ①	14 ②	15 ④
16 ①	17 ②	18 ③	19 ③	20 ④
21 ①	22 ④	23 ②	24 ②	25 ④
26 ④	27 ②	28 ③	29 ①	30 ①
31 ②	32 ③	33 ④	34 ②	35 ①
36 ③	37 ②	38 ①	39 ①	40 ④
41 ②	42 ③	43 ①	44 ③	45 ②
46 ①	47 ③	48 ④	49 ④	50 ②

실전모의고사

01 소방기본법상 '소방대상물'으로 볼 수 없는 것은?

① 건축물

② 차량

③ 항해 중인 선박

④ 선박건조구조물

🔍 소방법상 소방대상물은 차량, 선박(선박법에 따른 선박으로 항구에 매어둔 선박만 해당), 선박건조 구조물, 산림 그 밖의 인공구조물 또는 물건을 의미한다.

02 다음 중 '소방안전관리보조자 선임인원'에 대하여 옳은 것은?

① 500세대 아파트 : 1명

② 1,000세대인 아파트 : 2명

③ 연면적 20,000m²인 특정소방대상물(아파트와 연립주택 제외) : 2명

④ 의료시설과 노유자시설 : 2명

🔍 소방안전관리보조자 최소 선임인원
• 300세대 이상인 아파트 : 1명, 단 초과되는 300세대마다 1명 추가로 선임
• 연면적 15,000m² 이상인 특정소방대상물(아파트와 연립주택 제외) : 1명, 단, 초과되는 15,000m²마다 1명 추가로 선임
• 기숙사(공동주택 중), 의료시설, 노유자시설, 수련시설, 숙박시설(숙박시설로 사용되는 바닥면적의 합계가 1,500m² 미만이고 관계인이 24시간 상시근무하고 있는 숙박시설은 제외) : 1명

03 소방기본법상 화재로 오인할 만한 우려가 있는 불을 피우거나 연막소독을 하려는 자는 관할 소방본부장 또는 소방서장에게 신고하여야 한다. 신고 지역에 해당하지 않는 곳은?(단, 시·도의 조례로 정하는 지역 또는 장소가 아닌 경우이다.)

① 시장지역

② 공장·창고가 밀집한 지역

③ 주택이 밀집한 지역

④ 목조건물이 밀집한 지역

🔍 다음 지역 또는 장소에서 화재로 오인할 만한 우려가 있는 불을 피우거나 연막소독을 하려는 자는 관할 소방본부장 또는 소방서장에게 신고하여야 한다.(신고를 하지 않아 소방자동차를 출동하게 한 경우 20만원의 과태료 부과)
• 시장지역
• 공장, 창고가 밀집한 지역
• 목조건물이 밀집한 지역
• 위험물의 저장 및 처리시설이 밀집한 지역
• 석유화학제품을 생산하는 공장이 있는 지역
• 그밖에 시·도의 조례로 정하는 지역 또는 장소

04 소방안전관리자를 선임한 경우 선임한 날부터 며칠 이내에 신고하여야 하는가?

① 7일   ② 10일

③ 14일   ④ 30일

🔍 특정소방대상물 관계자는 소방안전관리자 또는 소방안전관리보조자를 선임할 경우에는 행정안전부령으로 정하는 바에 따라 선임한 날부터 14일 이내에 소방본부장 또는 소방서장에게 신고하여야 한다.

05 다음 중 소방안전관리 업무의 대행을 할 수 없는 특정소방대상물은?

① 연면적 15,000m² 이상인 특정소방대상물(아파트는 제외)

② 1급 소방안전관리대상물 중 11층 이상이고, 연면적 15,000m² 미만인 특정소방대상물(아파트는 제외)

③ 2급 소방안전관리대상물

④ 3급 소방안전관리대상물

🔍 소방안전관리 업무의 대행
• 대통령령으로 정하는 소방안전관리대상물
  – 1급 소방안전관리대상물 중 연면적 15,000m² 미만인 특정소방대상물로서 지상층의 층수가 11층 이상인 특정특정소방대상물(아파트는 제외)
  – 2급, 3급 소방안전관리대상물
• 대통령령이 정하는 업무
  – 피난시설, 방화구획 및 방화시설의 관리
  – 소방시설이나 그 밖의 소방관련 시설의 관리

06 소방시설등의 자체점검 중 종합점검 대상이 아닌 특정소방대상물은?

① 스프링클러설비가 설치된 특정소방대상물
② 물분무등소화설비가 설치된 연면적 5,000m² 이상인 특정소방대상물
③ 연면적 5,000m² 이상이고 층수가 11층 미만인 아파트
④ 제연설비가 설치된 터널

🔍 종합점검 대상 특정소방대상물
• 스프링클러설비가 설치된 특정소방대상물
• 물분무등소화설비(호스릴방식의 물분무등소화설비만을 설치한 경우는 제외)가 설치된 연면적 5,000m² 이상인 특정소방대상물(위험물제조소등 제외)
• 단란주점영업, 유흥주점영업, 영화상영관, 비디오물 감상실업, 노래연습장업, 산후조리업, 고시원업, 안마시술소의 다중이용업의 영업장이 설치된 특정소방대상물로서 연면적이 2,000m² 이상인 것
• 제연설비가 설치된 터널
• 공공기관 중 연면적이 1,000m² 이상인 것으로서 옥내소화전설비 또는 자동화재탐지설비가 설치된 것

07 다중이용업소의 안전관리에 관한 특별법에 따른 '300만원 과태료' 부과대상으로 틀린 것은?

① 소방안전교육을 받지 아니하거나 종업원에 대하여 소방안전교육을 받도록 하지 아니한 다중이용업주
② 안전시설등을 기준에 따라 설치·유지하지 아니한 자
③ 소방안전관리 업무를 하지 아니한 자
④ 소방시설에 폐쇄·차단 등의 행위를 한 자

🔍 300만원 이하의 과태료 부과대상
• 소방안전교육을 받지 아니하거나 종업원에 대하여 소방안전교육을 받도록 하지 아니한 다중이용업주
• 안전시설 등을 기준에 따라 설치·유지하지 아니한 자
• 설치신고를 하지 아니하고 안전시설 등을 설치하거나 영업장 내부구조를 변경한 자 또는 안전시설 등의 공사를 마친 후 신고를 하지 아니한 자
• 피난시설, 방화구획 또는 방화시설에 대하여 폐쇄·변경 등의 행위를 한 자
• 피난안내도를 갖추어 두지 아니하거나 피난안내에 관한 영상물을 상영하지 아니한 자
• 소방안전관리 업무를 하지 아니한 자
• 다중이용업주의 안전시설 등에 대한 정기점검 등을 위반하여 다음의 어느 하나에 해당하는 자
  - 안전시설등을 점검(위탁하여 실시하는 경우를 포함)하지 아니한 자
  - 정기점검결과서를 작성하지 아니하거나 거짓으로 작성한 자
  - 정기점검결과서를 보관하지 아니한 자

08 재난 및 안전관리 기본법상 '국가재난관리기준에 포함되어야 할 사항'으로 틀린 것은?

① 재난분야 용어정의 및 표준체계 정립
② 국가재난 대응체계에 대한 원칙
③ 재난경감·상황관리·유지관리 등에 관한 일반적 기준
④ 재난상황의 비밀유지

🔍 국가재난관리기준에 포함되어야 할 사항
• 재난분야 용어정의 및 표준체계 정립
• 국가재난 대응체계에 대한 원칙
• 재난경감·상황관리·유지관리 등에 관한 일반적 기준
• 재난에 관한 예보·경보의 발령 기준
• 재난상황의 전파
• 재난발생 시 효과적인 지휘·통제 체제 마련
• 재난관리를 효과적으로 수행하기 위한 관계기관 간 상호협력 방안
• 재난관리체계에 대한 평가 기준이나 방법
• 그 밖에 재난관리를 효율적으로 수행하기 위하여 행정안전부장관이 필요하다고 인정하는 사항

09 위험물안전관리법상 '저장소 또는 제조소등이 아닌 장소에서 지정수량 이상의 위험물을 저장 또는 취급한 자'에게 부과되는 벌칙은?

① 5년 이하의 징역 또는 5천만원 이하의 벌금
② 3년 이하의 징역 또는 3천만원 이하의 벌금
③ 1년 이하의 징역 또는 1천만원 이하의 벌금
④ 1천5백만원 이하의 벌금

10 다음 중 '방화구획 설치대상'인 건축물은?

① 연면적이 $500m^2$를 넘는 주요구조부가 내화구조로 된 건축물
② 연면적이 $1,000m^2$를 넘는 주요구조부가 불연재료로 된 건축물
③ 연면적이 $1,500m^2$를 넘는 주요구조부가 내화구조로 된 건축물
④ 연면적이 $2,000m^2$를 넘는 주요구조부가 불연재료로 된 건축물

🔍 방화구획 설치대상
주요구조부가 내화구조 또는 불연재료로 된 건축물로서 연면적이 $1,000m^2$를 넘는 것은 다음의 구조물로 구획해야 한다.
• 내화구조로 된 바닥 및 벽
• 60분+ 방화문, 60분 방화문 또는 자동방화셔터

11 다음 중 '건축물 층수산정의 원칙'에 대한 설명으로 틀린 것은?

① 건축물의 지상층만 층수에 산입한다.
② 건축물의 부분에 따라 층수를 달리하는 경우에는 그 중에서 가장 많은 층수를 그 건축물의 층수로 본다.
③ 지하층도 층수에 산입한다.
④ 층의 구분이 명확하지 아니한 건축물은 높이 4m마다 하나의 층으로 산정한다.

🔍 층수산정의 원칙
• 건축물의 지상층만 층수에 산입하며, 건축물의 부분에 따라 층수를 달리하는 경우에는 그 중에서 가장 많은 층수를 그 건축물의 층수로 본다.
• 층의 구분이 명확하지 아니한 건축물은 높이 4m마다 하나의 층으로 산정한다.
• 층수산정에서 제외되는 부분
  – 지하층
  – 옥상부분 등의 바닥면적이 해당건축물 건축면적의 1/8 이하일 때

12 '가연성 물질의 연소범위'에 대한 설명으로 옳은 것은?

① 하한계가 낮을수록, 상한계가 높을수록 위험하다.
② 연소범위가 좁을수록 위험하다.
③ 온도가 낮을수록 위험하다.
④ 압력이 낮을수록 위험하다.

🔍 가연성 물질의 연소범위
• 하한계가 낮을수록, 상한계가 높을수록 위험하다.
• 연소범위가 넓을수록 위험하다.
• 온도나 압력이 높을수록 위험하다.

13 외부로부터 에너지를 공급받지 않고 자체적으로 온도가 상승하여 발화하는 '자연발화의 예방법'으로 틀린 것은?

① 통풍을 잘 시킨다.
② 주위의 온도를 낮춘다.
③ 열축적을 억제한다.
④ 습도를 높게 유지한다.

🔍 자연발화의 예방법
• 통풍을 잘 시킨다.
• 주위의 온도를 낮춘다.
• 습도를 낮게 유지한다.
• 열축적을 억제한다.

14 연소점은 일반적으로 인화점보다 대략 몇 ℃ 정도 높은가?

① $0 \sim 5℃$
② $5 \sim 10℃$
③ $10 \sim 15℃$
④ $15℃$ 이상

🔍 연소점(fire point)과 인화점(flash point)
• 인화점 : 점화에너지에 의해 화염이 발생하기 시작하는 온도
• 연소점 : 발생한 화염이 꺼지지 않고 지속되는 온도로 점화에너지를 제거하여도 5초 이상 연소상태가 유지되는 온도로 일반적으로 인화점보다 $5 \sim 10℃$ 정도 높다.

15 건물화재 시 연기의 유동 및 확산은 벽 및 천장을 따라 진행하는데 일반적으로 연기의 수직방향 이동속도는 몇 m/sec 인가?

① 1.0~2.0m/sec
② 2.0~3.0m/sec
③ 3.0~5.0m/sec
④ 5.0m/sec 이상

🔍 연기의 이동속도
• 수평방향 이동속도 : 0.5~ 1.0m/sec
• 수직방향 이동속도 : 2~3m/sec
• 계단실 내의 수직이동속도 : 3~5m/sec

16 화염이 연소되지 않은 가연성가스를 통해 전파되는 실내화재의 현상은?

① 플래시 오버(flash over)
② 백드래프트(back draft)
③ 롤오버(over)
④ 전도(conduction)

🔍 롤오버(over)
• 화염이 연소되지 않은 가연성가스를 통해 전파되는 현상이다.
• 화재가 완전히 성장하지 않은 단계에서 발생한 가연성증기가 화재구획에서 빠져나갈 때 발생한다.
• 화재가 발생한 가연성 증기층이 형성되면 천장면을 따라 파도같이 빠른 속도로 화염의 확산이 이루어지는 현상이다.

17 연소의 4요소의 제거요소별 소화법으로 잘못 연결된 것은?

① 가연물 : 제거소화
② 산소 : 질식소화
③ 에너지원(점화원) : 분말소화
④ 연쇄반응 : 억제소화

🔍 연소의 조건에 따른 제어분류
• 연소가 일어나기 위해서는 가연물·산소·에너지원(점화에너지)·연쇄반응의 4요소가 구비되어야 하므로 이 요소들 중 하나 이상을 제거하면 연소현상이 제어된다.
• 제거요소별 소화법

제거요소	소화법	제거요소	소화법
가연물	제거소화	산소	질식소화
에너지원	냉각소화	연쇄반응	억제소화

18 다음 중 '제6류 위험물의 특성'으로 볼 수 없는 것은?

① 강산성 무색투명한 조연성액체이다.
② 물에 잘 녹지 않는다.
③ 비중은 1보다 크다.
④ 증기는 유독하며, 피부와 접촉 시 점막을 부식시킨다.

🔍 제6류 위험물의 특성
• 강산으로 산소를 발생하는 무색, 투명한 조연성액체(자체는 불연)이다.
• 비중은 1보다 크고, 물에 녹기 쉽다.
• 일부는 물과 접촉하면 심하게 발열한다.
• 증기는 유독하며, 피부와 접촉 시 점막을 부식시킨다.

19 전기화재 예방요령으로 옳지 않은 것은?

① 하나의 콘센트에 여러 가지 전기기구를 꽂아서 사용하지 않는다.
② 사용하지 않는 전기기구는 전원을 끄고 플러그를 뽑아 둔다.
③ 과전류 차단장치를 설치한다.
④ 비닐장판이나 양탄자 밑으로 전선이 보이지 않게 덮는다.

🔍 전기화재 예방요령
• 과전류 차단장치를 설치한다.
• 누전차단기를 설치하고 월 1~2회 동작여부를 확인한다.
• 전선은 묶거나 꼬이지 않도록 한다.
• 전기담요는 접힌 부분에 열이 발생하므로 밟거나 접어서 사용하지 않는다.
• 비닐장판이나 양탄자 밑으로 전선이 지나가지 않도록 한다.

20 가스화재의 주요원인 중 사용자측 원인이 아닌 것은?

① 실내에 용기보관 중 가스누설
② 용기밸브의 오조작
③ 점화 미확인으로 인한 누설폭발
④ 환기불량에 의한 질식사

🔍 가스화재의 주요원인
- 공급자측 원인
  - 용기밸브의 오조작
  - 용기교체 작업 중 누설화재
  - 잔량가스 처리 및 취급미숙
  - 가스충전 작업 중 누설폭발
  - 배관 내의 공기치환작업 미숙
  - 용기보관실 점화원(성냥 등) 사용
  - 배달원의 안전의식 결여
- 사용자측 원인
  - 실내에 용기보관 중 가스누설
  - 점화 미확인으로 인한 누설폭발
  - 환기불량에 의한 질식사
  - 가스사용 중 장시간 자리이탈
  - 호스접속 불량방지
  - 조정기 분해 오조작
  - 콕크 조작미숙
  - 인화성물질(연탄 등) 동시사용

21 다음 중 액화석유가스(LPG)의 특성으로 옳지 않은 것은?

① 주성분은 메탄(CH_4)이다.
② 용도는 가정용 · 자동차연료용이다.
③ 비중은 $1.5 \sim 2$으로 누출 시 낮은 곳에 체류한다.
④ 폭발범위는 프로판가스 $2.1 \sim 9.5\%$, 부탄가스 $1.8 \sim 8.4\%$이다.

🔍 액화석유가스(LPG)의 주성분은 프로판(C_3H_8)과 부탄(C_4H_{10})이고, 액화천연가스(LNG)의 주성분은 메탄(CH_4)이다.

22 다음 중 종합방재실을 추가로 설치하여야 하는 건축물은?

① 50층 이상 초고층건축물
② 70층 이상 초고층건축물
③ 80층 이상 초고층건축물
④ 100층 이상 초고층건축물

🔍 종합방재실의 설치기준에 따른 종합방재실 개수
- 1개.
- 다만, 100층 이상인 초고층건축물의 관리주체는 종합방재실이 그 기능을 상실하는 경우에 대비하여 종합방재실을 추가로 설치하거나, 관계지역 내 다른 종합방재실에 보조 종합재난관리체제를 구축하여 재난관리 업무가 중단되지 아니하도록 하여야 한다.

23 공사현장 내 화기작업을 동일작업 대체방법인 비화기(cool-work)작업의 예시로 틀린 것은?

① 톱을 이용한 절단작업 → 수동수압절단
② 방사 톱 → 왕복 톱
③ 용접 → 나사, 플랜지 이음
④ 토치 및 방사톱 절단 → 기계적 파이프 절단기

🔍 비화기(cool-work) 예시
- 톱, 토치를 이용한 절단작업 → 수동수압절단
- 용접 → 기계적 볼팅, 이음쇠 사용
- 납땜 → 나사, 플랜지 이음
- 방사 톱 → 왕복 톱
- 토치 및 방사톱 절단 → 기계적 파이프 절단기
- 토치 및 가열작업이 적용된 방식 배제

24 소화시설의 종류 중 '소화활동설비'가 아닌 것은?

① 제연설비
② 옥내소화전설비
③ 연결송수관설비
④ 연소방지설비

🔍 소화활동설비 : 화재를 진압하거나 인명구조활동을 위하여 사용하는 설비
- 제연설비
- 연결송수관설비
- 연결살수설비
- 비상콘센트설비
- 무선통신보조설비
- 연소방지설비

25 침대가 없는 숙박시설의 수용인원을 산정할 때 종사자의 수에 숙박시설의 바닥면적 합계를 몇 m^2으로 나누어 얻은 수를 합하는가?

① $0.45m^2$ ② $1.9m^2$
③ $3m^2$ ④ $4.6m^2$

🔍 숙박시설이 있는 특정소방대상물의 수용인원 산정방법
- 침대가 있는 숙박시설 : 해당 특정소방대상물의 종사자의 수에 침대의 수(2인용 침대는 2인으로 산정)를 합한 수
- 침대가 없는 숙박시설 : 해당 특정소방대상물의 종사자의 수에 숙박시설의 바닥면적의 합계를 $3m^2$로 나누어 얻은 수를 합한 수

26 대형소화기에서 A급화재의 소화능력 단위는?

① 5단위 이상
② 10단위 이상
③ 15단위 이상
④ 20단위 이상

> 🔍 대형소화기는 화재발생 시 사람이 운반할 수 있도록 운반대와 바퀴가 설치되어 있고, 소화능력 단위는 A급화재 10단위 이상, B급화재 20단위 이상이다.

27 '분말소화기'에 대한 설명으로 옳지 않은 것은?

① 분말소화기 적응화재는 ABC급과 BC급으로 구분된다.
② 적응화재 ABC급의 주성분은 제1인산암모늄($NH_4H_2PO_4$)이다.
③ 분말소화기의 주된 소화효과는 냉각소화이다.
④ 분말소화기는 구조에 따라 가압식과 축압식소화기가 있다.

> 🔍 분말소화기의 종류
>
> | 적응화재 | 주성분 | 약제의 색 | 소화효과 | 구조 |
> |---|---|---|---|---|
> | ABC급 | 제1인산암모늄 ($NH_4H_2PO_4$) | 담홍색 | 질식, 억제 (부촉매) | 가압식, 축압식 |
> | BC급 | 탄산수소나트륨 ($NaHCO_3$) | 백색 | | |
> | | 탄산수소칼륨 ($KHCO_3$) | 담회색 | | |
> | | 탄소수소칼륨 ($KHCO_3$) + 요소[$(NH_2)_2CO$] | 회색 | | |

28 옥내소화전설비는 고층건축물인 경우 최대 5개의 옥내소화전을 설치할 수 있다. 고층건물의 기준으로 맞는 것은?

① 20층 이상이거나 높이 100m 이상인 건축물
② 30층 이상이거나 높이 100m 이상인 건축물
③ 30층 이상이거나 높이 120m 이상인 건축물
④ 50층 이상이거나 높이 150m 이상인 건축물

> 🔍 옥내소화전설비의 성능
> 특정소방대상물의 어느 층에 있어서도 해당 층의 옥내소화전(2개 이상인 경우 2개, 고층건축물의 경우 최대 5개)을 동시에 방수할 경우 각 소화전 노즐에서 방수량 130L/min 이상, 방수압력 0.17MPa 이하 성능이 요구된다. 단, 고층건축물은 30층 이상이거나 높이 120m 이상인 건축물이다.

29 호스릴 옥내소화전설비에서 물이 유효하게 뿌려질 수 있으려면 호스구경은 몇 mm 이상의 것으로 설치하여야 하는가?

① 20mm 이상
② 25mm 이상
③ 35mm 이상
④ 40mm 이상

> 🔍 옥내소화전설비의 호스구경
> • 일반호스 옥내소화전설비 : 40mm 이상
> • 호스릴 옥내소화전설비 : 25mm 이상

30 옥외소화전설비의 구조에 대한 설명으로 옳지 않은 것은?

① 옥내소화전설비의 구조와 같다.
② 방수량은 350L/min 이상이 되도록 설치한다.
③ 방수압력은 각 노즐선단 0.25~0.7MPa이다.
④ 수원의 용량은 소화전 설치개수(2개 이상일 때는 2개)에 $7m^3$을 곱한 양 이상이어야 한다.

> 🔍 옥외소화전설비의 구조는 옥내소화전설비의 구조와 유사하지만 소화전함 · 방수구의 규격 등은 다르다.

31 평상시 습식 스프링클러설비 동력제어반의 각 스위치 및 표시등의 정상상태를 잘못 표시한 것은?

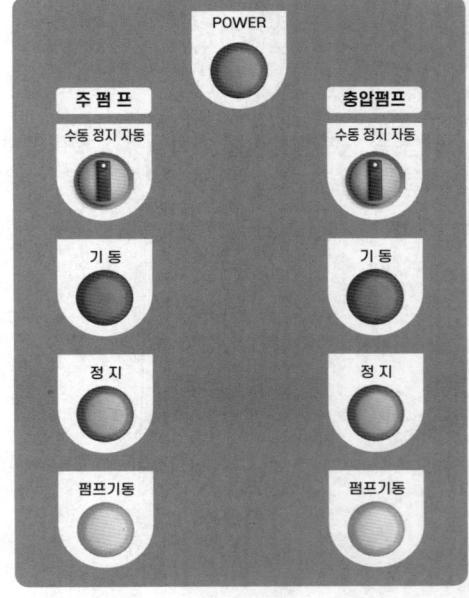

① 주펌프 및 충압펌프 스위치 : 정지
② 주펌프 및 충압펌프 기동 표시등 : 소등
③ 주펌프 및 충압펌프 정지 표시등 : 점등
④ 펌프기동 표시등 : 소등

🔍 평상시 습식 스프링클러설비 동력제어반의 각 스위치 및 표시등의 정상상태
 • 전원표시등 : 점등
 • 주펌프·충압펌프 스위치 : 자동
 • 주펌프·충압펌프 기동 표시등 : 소등
 • 주펌프·충압펌프 정지 표시등 : 점등
 • 펌프기동 표시등 : 소등

32 다음 중 스프링클러설비의 배관의 종류가 아닌 것은?

① 가지배관
② 교차배관
③ 주배관
④ 소화배관

🔍 스프링클러설비의 배관
 • 가지배관 : 스프링클러헤드가 설치되어 있는 배관
  – 토너먼트방식이 아닐 것
  – 교차배관에서 분기되는 지점을 기준으로 한 쪽 가지배관에 설치되는 헤드의 개수 : 8개 이하
 • 교차배관 : 직접 또는 수직배관을 통하여 가지배관에 급수하는 배관
  – 위치 : 가지배관과 수평 또는 밑에 설치
  – 교차배관 끝에 청소구를 설치하고 나나보호용의 캡으로 마감
 • 주배관 : 배관부속품, 물올림장치, 순환배관, 펌프성능배관은 옥내소화전설비 준용

33 스프링클러설비의 펌프성능시험 중 펌프의 성능곡선 그래프에서 (　　) 안에 들어갈 내용은?

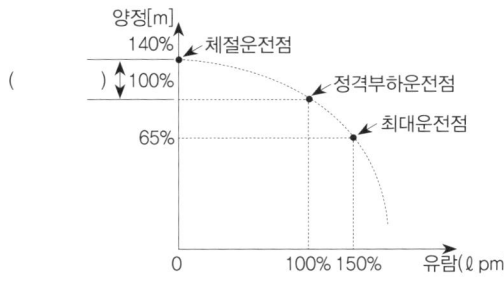

① 릴리프밸브 개방범위
② 유량조절밸브의 개방범위
③ 충압펌프의 개방범위
④ 펌프토출측밸브의 개방범위

🔍 펌프의 성능곡선
체절운전점, 정격부하운전점, 최대운전점, 릴리프밸브의 개방범위를 유량(ℓpm)과 양정(m)사이의 그래프로 펌프의 성능을 표시한 곡선

34 자동화재탐지설비에서 고유의 신호를 수신하는 것으로 동일구내 다수동이나 초고층빌딩 등에 회전수가 매우 많은 대상물에 설치하는 수신기는?

① P형 수신기
② 직접변환 수신기
③ R형 수신기
④ 동조무선주파수 수신기

🔍 자동화재탐지설비 수신기의 종류
 • P형 수신기 : 일반적으로 사용되며 각 회로별 경계구역을 표시하는 지구표시등이 설치되어 있다.
 • R형 수신기 : 고유의 신호를 수신하는 것으로 동일구내에 다수동이나 초고층빌딩 등에 회선수가 매우 많은 대상물에 설치한다.

35 자동화재탐지설비인 '발신기의 종류와 설치기준'으로 맞지 않은 것은?

① 발신기의 종류는 P형, T형, M형이 있다.
② 발신기의 스위치의 높이는 0.8∼1.5m 높이에 설치한다.
③ 발신기는 건물의 각 층마다 설치한다.
④ 발신기와 발신기의 간격은 수평거리가 50m 이하가 되도록 설치한다.

🔍 발신기는 화재 발견자가 수동으로 누름버튼을 눌러 수신기에 신호를 보내기 위한 것으로 P형·T형·M형으로 구분되며, 스위치의 높이는 0.8∼1.5m 높이에 설치하고, 건물의 각 층마다 설치하되, 하나의 발신기까지의 수평거리는 25m 이하가 되도록 설치한다.

36 수신기에서 감지기 사이 회로의 단선유무와 기기 등의 접속 상황을 확인하기 위한 시험은?

① 회로 도통시험　　② 예비전원시험
③ 동작시험　　　　④ 감지기작동시험

- 회로 도통시험 : 수신기에서 감지기 사이 회로의 단선유무와 기기 등의 접속 상황을 확인하기 위한 시험
- 동작시험 : 수신기에서 화재신호를 수동으로 입력하여 수신기가 정상적으로 동작되는지를 확인하기 위한 시험
- 예비전원시험
  - 상용전원이 사고 등으로 정전된 경우 자동적으로 예비전원으로 절환이 되며 또한 복구 시에는 자동적으로 사용전원으로 절환되는지 여부
  - 상용전원이 정전되었을 때 화재가 발생하여도 수신기가 정상적으로 동작할 수 있는 전압을 가지고 있는지를 확인하는 시험

37 자동화재탐지설비인 '음향장치의 종류와 설치기준'으로 맞지 않은 것은?

① 주음향장치와 지구음향장치가 있다.
② 수평거리 40m 이하가 되도록 설치한다.
③ 건물의 각 층마다 설치한다.
④ 음향크기는 1m 떨어진 곳에서 90dB 이상이어야 한다.

음향장치
- 종류 : 주음향장치와 지구음향장치
- 설치기준 : 건물의 각 층마다 설치, 수평거리 25m 이하가 되도록 설치, 음향 크기는 1m 떨어진 곳에서 90dB 이상

38 시각경보장치(청각장애인용)의 설치기준으로 올바른 것은?

① 설치높이는 바닥으로부터 0.5m 이상 1.0m 이하인 장소에 설치
② 설치높이는 바닥으로부터 1.0m 이상 1.5m 이하인 장소에 설치
③ 설치높이는 바닥으로부터 1.5m 이상 2.0m 이하인 장소에 설치
④ 설치높이는 바닥으로부터 2.0m 이상 2.5m 이하인 장소에 설치

시각경보장치(청각장애인용) 설치기준
- 복도 · 통로 · 청각장애인용 객실 및 공용으로 사용되는 거실(로비, 회의실, 강의실, 식당, 휴게실, 오락실, 대기실, 체력단련실, 접객실, 안내실, 전시실, 기타 이와 유사한 장소)에 설치하며, 각 부분으로부터 유효하게 경보를 발할 수 있는 위치에 설치할 것
- 공연장 · 집회장 · 관람장 또는 이와 유사한 장소에 설치하는 경우에는 시선이 집중되는 무대부 부분 등에 설치할 것
- 설치 높이는 바닥으로부터 2m 이상 2.5m 이하의 장소에 설치할 것. 다만, 천장의 높이가 2m 이하인 경우에는 천장으로부터 0.15m 이내의 장소에 설치

39 비상방송설비에 대한 설명으로 틀린 것은?

① 구성은 기동장치, 비상전화, 스피커, 증폭기 및 조작장치 등으로 되어 있다.
② 스피커의 음성입력은 실내 3W 이상
③ 각 층마다 설치하되 하나의 스피커까지는 수평거리 25m 이하가 되도록 할 것
④ 방송개시 시간은 기동장치에 의한 화재신고를 수신한 후 필요한 음량으로 10초 이하일 것

비상방송설비
- 구성 : 기동장치, 비상전화, 스피커, 증폭기 및 조작장치 등
- 스피커 음성입력 : 실내는 1W 이상, 실외 또는 일반적인 장소는 3W 이상
- 경보방식 : 자동화재탐지설비 경보방식 준용
- 방송개시 시간은 기동장치에 의한 화재신고를 수신한 필요한 음량으로 10초 이하

40 사용자의 몸무게에 의하여 자동적으로 내려올 수 있는 피난기구는?

① 완강기
② 구조대
③ 미끄럼대
④ 다수인피난장비

완강기의 특성
- 사용자의 몸무게에 의하여 자동적으로 내려올 수 있는 기구
- 사용자가 연속적으로 사용할 수 있는 것
- 구성요소 : 조속기(속도조절기), 조속기의 연결부, 로프, 연결금속구, 벨트 등으로 구성

41 다음 중 피난구유도등의 설치위치는?

① 피난구의 바닥으로부터 높이 0.8m 이상
② 피난구의 바닥으로부터 높이 1.0m 이상
③ 피난구의 바닥으로부터 높이 1.5m 이상
④ 피난구의 바닥으로부터 높이 2.0m 이상

🔍 피난구유도등은 피난구 또는 피난 경로로 사용되는 출입구를 표시하여 피난을 유도하는 등으로 피난구의 바닥으로부터 높이 1.5m 이상으로 출입구에 인접하도록 설치하여야 한다.

42 비상콘센트설비의 설치기준으로 맞는 것은?

① 바닥으로부터 높이 1.0m 이상 2.0m 이하에 설치
② 아파트에는 계단의 출입구로부터 2m 이내에 설치
③ 바닥면적 1,000m² 이상인 층에는 각 계단의 출입구로부터 5m 이내 설치
④ 각 층에서부터 하나의 비상콘센트까지의 수평거리 100m 이하마다 설치

🔍 비상콘센트설비 설치기준
• 설치위치 : 바닥으로부터 높이 0.8m 이상 1.5m 이하
• 아파트 또는 바닥면적 1,000m² 미만인 층 : 계단의 출입구로부터 5m 이내
• 바닥면적 1,000m² 이상인 층(아파트 제외) : 각 계단의 출입구 또는 계단부속실의 출입구로부터 5m 이내
• 설치 수
  – 각 층에서부터 하나의 비상콘센트까지의 수평거리 50m 이하마다 설치
  – 단, 지하상가 또는 지하층의 바닥면적의 합계가 3,000m² 이상은 수평거리 25m 이하마다 설치

43 소화용수설비 중 소화수조에 대한 설명으로 틀린 것은?

① 소방차가 5m 이내의 지점까지 접근할 수 있는 위치에 설치
② 소화수조 또는 저수조가 지표면으로부터 깊이 4.5m 이상인 지하에 있는 경우 가압송수장치 설치
③ 저수량은 소방대상물의 연면적을 기준면적으로 나눈 후 20m³를 곱한 양 이상
④ 흡수관투입구는 한 변 또는 직경이 0.6m 이상인 것으로 설치

🔍 소화주조 설치기준
• 설치위치 : 소방차가 2m 이내의 지점까지 접근할 수 있는 위치에 설치
• 소화수조 또는 저수조가 지표면으로부터 깊이 4.5m 이상인 지하에 있는 경우 가압송수장치 설치
• 저수량은 소방대상물의 연면적을 기준면적으로 나눈 후 20m³를 곱한 양 이상
• 흡수관투입구 : 한 변 또는 직경이 0.6m 이상인 것으로 설치
• 채수구 설치 수 : 소요수량에 따라 설치

44 아래 [그림]은 연결송수관설비의 습식 시스템이다. 다음 중 습식 시스템에 대한 설명으로 틀린 것은?

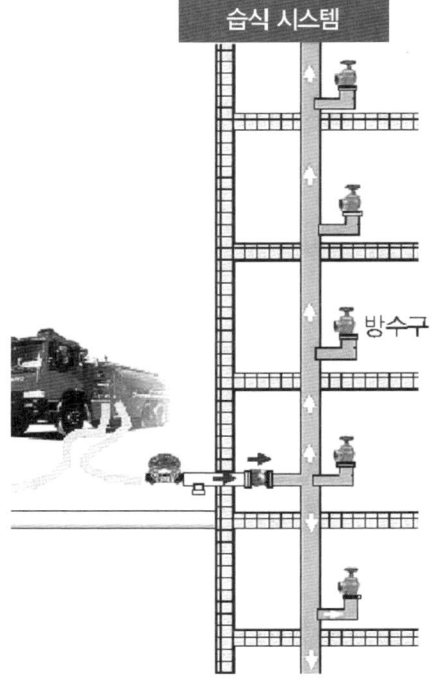

① 건식 시스템에 비하여 습식은 관로 내부에 상시 물이 충전된 상태이다.
② 지면으로부터 높이 31m 이상인 특정소방대상물에 설치한다.
③ 지상 11층 이상인 특정소방대상물에 설치한다.
④ 지면으로부터 높이 31m 미만 또는 지상 11층 미만인 특정소방대상물에 설치한다.

45 다음 중 제연설비와 배연설비의 설치 목적으로 틀린 것은?

① 제연설비는 화재 시 건물내부에 차 있는 연기를 강제적으로 배출하기 위한 설비
② 제연설비는 연기에 의한 질식 방지로 피난자의 안전 도모를 위한 설비
③ 배연설비는 6층 이상 건축물에 설치
④ 배연설비는 대상물에 배연구를 설치하여 연기를 배출하기 위한 설비

46 자위소방대 조직구성 시 '구분과 편성대상'이 맞는 것은?

① TYPE I – 특급 · 1급 · 2급 · 3급 소방관리대상물
② TYPE I – 특급, 1급(공동주택 제외한 연면적 30,000m² 이상 포함) 소방관리대상물
③ TYPE II – 특급 · 1급 소방관리대상물
④ TYPE III – 1 · 2 · 3급 소방관리대상물

47 다음 중 화재발생 시 '일반적인 피난행동'이 아닌 것은?

① 엘리베이터는 절대 이용하지 않는다.
② 아래층으로 대피보다는 우선 옥상으로 대피한다.
③ 아파트의 경우 세대 내 대피공간으로 대피한다.
④ 연기발생 시 최대한 낮은 자세로 이동한다.

48 다음 중 응급처치의 일반원칙으로 볼 수 없는 것은?

① 긴박한 상황에서도 구조자는 자신보다 환자의 안전을 최우선한다.
② 응급처치 시 사전에 보호자 또는 당사자의 이해와 동의를 얻어 실시하는 것을 원칙으로 한다.
③ 응급처치와 동시에 119구조 · 구급대, 경찰, 병원 등에 응급구조를 요청한다.
④ 환자상태를 관찰하며 모든 손상을 발견하여 처치하되 불확실한 처치는 하지 않는다.

🔍 응급처치의 일반원칙
- 긴박한 상황에서도 구조자는 자신의 안전을 최우선한다.
- 응급처치 시 사전에 보호자 또는 당사자의 이해와 동의를 얻어 실시하는 것을 원칙으로 한다.
- 당황하거나 흥분하지 말고 침착하게 사고의 정도와 환자의 모든 상태를 확인한다.
- 응급처치와 동시에 119구조·구급대, 경찰, 병원 등에 응급구조를 요청한다.
- 환자상태를 관찰하며 모든 손상을 발견하여 처치하되 불확실한 처치는 하지 않는다.
- 119구급차 이용 시 전국 어느 곳에서나 이송거리, 환자 수 등과 관계없이 어떠한 경우에도 무료이다.

49 화재로 인한 화상으로 약간의 부종과 홍반이 나타나는 피부 바깥층의 화상은 몇 도 화상인가?

① 1도 화상
② 2도 화상
③ 3도 화상
④ 4도 화상

🔍 1도 화상(표피화상) : 피부 바깥층의 화상
- 약간의 부종과 홍반이 나타난다.
- 피부가 부어오르면서 통증을 느낀다.
- 치료 시 흉터 없이 치료된다.

50 다음 중 '합동소방훈련의 실시'에 해당되지 않는 것은?

① 합동소방훈련은 소방안전관리대상물과 소방관서에서 함께 실시하는 훈련이다.
② 특급 소방안전관리대상물
③ 1급 소방안전관리대상물
④ 2급 소방안전관리대상물

🔍 합동소방훈련의 실시
- 합동소방훈련은 소방안전관리대상물과 소방관서에서 함께 실시하는 훈련이다.
- 소방서장은 특급 및 1급 소방안전관리대상물의 관계인으로 하여금 합동소방훈련을 실시하게 할 수 있다.
- 2급 및 3급 소방안전관리대상물은 합동소방훈련 대상물이 아니다.

정답 실전모의고사 6회

01 ③	02 ①	03 ③	04 ③	05 ①
06 ③	07 ④	08 ④	09 ②	10 ②
11 ③	12 ①	13 ④	14 ②	15 ②
16 ③	17 ③	18 ②	19 ④	20 ②
21 ①	22 ④	23 ③	24 ②	25 ③
26 ②	27 ③	28 ③	29 ②	30 ①
31 ①	32 ④	33 ①	34 ③	35 ④
36 ①	37 ②	38 ④	39 ②	40 ①
41 ③	42 ③	43 ①	44 ④	45 ①
46 ②	47 ②	48 ①	49 ①	50 ④

실전모의고사

01 다음 중 '소방기본법의 목적'으로 볼 수 없는 것은?

① 화재예방 · 경계 및 진압
② 소방시설등의 설치 및 유지
③ 화재, 재난 · 재해 등 위급한 상황에서의 구조 · 구급
④ 공공의 안녕질서 유지 및 복리증진에 이바지

🔍 소방기본법은 화재예방 · 경계하거나 진압하고, 화재, 재난 · 재해, 그 밖의 위급한 상황에서의 구조 · 구급 활동 등을 통하여 국민의 생명 · 신체 및 재산을 보호함으로써 공공의 안녕 및 질서 유지 및 복리증진에 이바지함을 목적으로 한다.

02 소방활동을 위하여 긴급하게 출동할 때에는 소방자동차의 통행과 소방활동에 방해되는 주차 또는 정차된 차량 및 물건 등을 제거하거나 이동시킬 수 있는 명령권자가 아닌 사람은?

① 소방청장   ② 소방본부장
③ 소방서장   ④ 소방대장

🔍 소방기본법상 소방본부장, 소방서장 또는 소방대장은 소방활동을 위하여 긴급하게 출동할 때에는 소방자동차의 통행과 소방활동에 방해되는 주차 또는 정차된 차량 및 물건 등을 제거하거나 이동시킬 수 있다.

03 소방자동차전용구역에 차를 주차하거나 전용구역에의 진입을 가로막는 등의 방해행위를 한 자에 대한 과태료는?

① 500만원 이하   ② 200만원 이하
③ 100만원 이하   ④ 20만원 이하

🔍 • 500만원 이하의 과태료 : 화재 또는 구조 · 구급이 필요한 상황을 거짓으로 알린 사람
• 200만원 이하의 과태료 : 소방자동차의 출동에 지장을 준 자, 소방활동구역을 출입한 사람, 한국소방안전원 또는 이와 유사한 명칭을 사용한 자
• 100만원 이하의 과태료 : 소방자동차전용구역에 차를 주차하거나 전용구역에의 진입을 가로막는 등의 방해행위를 한 자

04 다음 중 '특정소방대상물 관계인의 업무'로 볼 수 없는 것은?

① 피난시설, 방화구획 및 방화시설의 유지 · 관리
② 화재발생 시 초기대응
③ 화기(火氣)취급의 감독
④ 소방시설 개발과 설치

🔍 특정소방대상물(소방안전관리대상물 제외)의 관계인 업무
• 피난시설, 방화구획 및 방화시설의 유지 · 관리
• 소방시설이나 그 밖의 소방관련 시설의 관리
• 화기(火氣)취급의 감독
• 화재발생 시 초기대응
• 그 밖에 소방안전관리에 필요한 업무

05 소방관계법령상 방염대상물품이 아닌 것은?

① 창문에 설치하는 커튼류(블라인드 포함)
② 두께가 2mm 미만인 종이벽지
③ 전시용 합판
④ 암막, 무대막

🔍 방염대상물품
• 창문에 설치하는 커튼류(블라인드 포함)
• 카펫
• 벽지류(두께가 2mm 미만인 종이벽지는 제외)
• 전시용 합판 · 목재 또는 섬유판, 무대용 합판 · 목재 또는 섬유판
• 암막, 무대막(영화상영관 · 가상체험 체육시설업의 스크린 포함)
• 섬유류 또는 합성수지류 등을 원료로 하여 제작된 소파 · 의자(단란주점 · 유흥주점 및 노래연습장에 한함)
• 건축물 내부의 천장 또는 벽에 부착하는 종이류(두께 2mm 이상), 합성수지류, 합판이나 목재 등

06 소방관련법령상 '소방시설을 화재안전기준에 따라 설치 · 관리하지 아니한 자'에게 부과되는 벌칙은?

① 3년 이하의 징역 또는 3천만원 이하의 벌금
② 1년 이하의 징역 또는 1천만원 이하의 벌금
③ 300만원 이하의 벌금
④ 300만원 이하의 과태료

🔍 300만원 이하의 과태료 부과대상
- 소방시설을 화재안전기준에 따라 설치·관리하지 아니한 자
- 공사현장에 임시소방시설을 설치·관리하지 아니한 자
- 피난시설, 방화구획 또는 방화시설의 폐쇄·훼손·변경 등의 행위를 한 자
- 방염대상물품을 방염성능기준 이상으로 설치하지 아니한 자
- 관계인에게 점검 결과를 제출하지 아니한 관리업자 등
- 점검결과를 보고하지 아니하거나 거짓으로 보고한 자
- 자체점검 이행계획을 기간 내에 완료하지 아니한 자 또는 이행계획 완료 결과를 보고하지 않거나 거짓으로 보고한 자
- 자체점검기록표를 기록하지 아니하거나 특정소방대상물의 출입자가 쉽게 볼 수 있는 장소에 게시하지 아니한 관계인

🔍 재난 및 안전관리 기본법상 재난선포지역에 관한 조치
- 재난경보의 발령, 재난관리자원의 동원, 위험구역 설정, 대피명령, 응급지원 등 이 법에 따른 응급조치
- 해당지역에 소재하는 행정기관 소속 공무원의 비상소집
- 해당지역에 여행 등 이동자제 권고
- 휴업명령 및 휴원·휴교 처분의 요청
- 그 밖에 재난예방에 필요한 조치

07 다음 중 '초고층 건축물등의 재난 및 안전관리 업무를 총괄하는 자'를 무엇이라 하는가?

① 관리주체
② 관계인
③ 소방안전관리자
④ 총괄재난관리자

🔍 용어의 정의
- 관계지역 : 건축물 및 시설물(이하 '초고층 건축물')과 그 주변지역을 포함하여 예방·대비·대응 및 수습 등의 활동에 필요한 지역
- 일반건축물등 : 관계지역 안에서 초고층 건축물등을 제외한 건축물 또는 시설물
- 관리주체 : 초고층 건축물등 또는 일반건축물등의 소유자 또는 관리자(그 건축물등의 소유자와 관리계약 등에 따라 관리 책임을 진 자를 포함)을 말한다.
- 관계인 : 초고층 건축물등 또는 일반건축물등의 소유자·관리자 또는 점유자를 말한다.
- 총괄재난관리자 : 초고층 건축물등의 재난 및 안전관리 업무를 총괄하는 자를 말한다.

09 위험물안전관리법상 '위험물의 저장 또는 취급에 관한 중요기준을 따르지 않은 자'에게 부과되는 벌칙은?

① 3년 이하의 징역 또는 3천만원 이하의 벌금
④ 1년 이하의 징역 또는 1천만원 이하의 벌금
③ 1천5백만원 이하의 벌금
④ 1천만원 이하의 벌금

🔍 1천5백만원 이하의 벌금(법 제36조)
- 위험물의 저장 또는 취급에 관한 중요기준을 따르지 않은 자
- 변경허가를 받지 않고 제조소등을 변경한 자
- 제조소등의 완공검사를 받지 않고 위험물을 저장·취급한 자
- 제조소등의 사용정지명령을 위반한 자
- 수리·개조 또는 이전의 명령을 따르지 않은 자
- 안전관리자를 선임하지 않은 관계인으로서 규정에 따른 허가를 받은 자
- 대리자를 지정하지 않은 관계인으로서 규정에 따른 허가를 받은 자
- 업무정지명령을 위반한 자
- 탱크안전성능시험 또는 점검에 관한 업무를 허위로 하거나 그 결과를 증명하는 서류를 허위로 교부한 자
- 예방규정을 제출하지 않거나 변경명령을 위반한 관계인으로서 규정에 따른 허가를 받은 자
- 정지지시를 거부하거나 국가기술자격증 또는 교육수료증·신원확인을 위한 증명서의 제시 요구 또는 신원확인을 위한 질문에 응하지 않은 자
- 명령을 위반하여 보고 또는 자료제출을 하지 않거나 허위로 보고 또는 자료제출을 한 자 및 관계공무원의 출입 또는 조사·검사를 거부·방해 또는 기피한 자
- 탱크시험자에 대한 감독상 명령을 따르지 않은 자
- 무허가장소의 위험물에 대한 조치명령을 따르지 않은 자
- 저장·취급기준 준수명령 또는 응급조치명령을 위반한 자

08 재난 및 안전관리 기본법상 '재난선포지역에 관한 조치'로 틀린 것은?

① 재난경보의 발령, 위험구역 설정, 대피명령, 응급지원 등 이 법에 따른 응급조치
② 해당지역에 소재하는 행정기관 소속 공무원의 비상소집
③ 해당지역에 대한 특산물 판매 제한
④ 휴업명령 처분의 요청

10 다음은 건축 행위에 관한 내용이다. '개축'과 '재축'에 해당되는 것을 올바르게 연결한 것은?

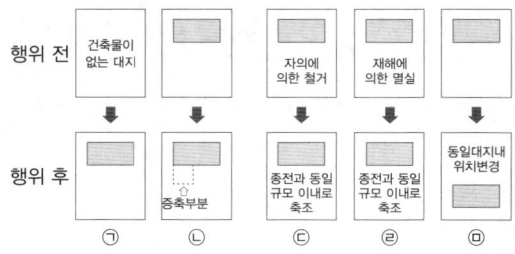

① 개축 – ㉡, 재축 – ㉣
② 개축 – ㉡, 재축 – ㉢
③ 개축 – ㉢, 재축 – ㉣
④ 개축 – ㉣, 재축 – ㉢

> 🔍 건축 행위
> • 신축(㉠) : 건축물이 없는 대지에 새로이 건축물을 축조하는 것을 말한다.
> • 증축(㉡) : 기존 건축물이 있는 대지 안에서 건축물의 건축면적·연면적·층수 또는 높이를 증가시키는 것을 말한다.
> • 개축(㉢) : 기존 건축물의 전부 또는 일부를 철거하고, 그 대지 안에 종전과 동일한 규모의 범위 안에서 건축물을 다시 축조하는 것을 말한다.
> • 재축(㉣) : 건축물이 천재·지변 기타 재해에 의하여 멸실된 경우에 그 대지 안에 종전과 동일한 규모의 범위 안에서 다시 축조하는 것을 말한다.
> • 이전(㉤) : 건축물의 주요구조부를 해체하지 않고 동일한 대지 안의 다른 위치를 옮기는 것을 말한다.

11 건축관계법령상 건축물의 방화안전 개념인 '방화구획'의 설명으로 틀린 것은?

① 화재의 확산을 일정구역으로 제한한다.
② 건축물 내부를 내화구조 등의 벽, 바닥 등으로 구획한다.
③ 연기의 확산은 제연을 시행하도록 건축법에 위임한다.
④ 소화 작업 및 피난시간을 일정시간 확보하게 해준다.

> 🔍 방화구획 : 건축물 내부를 내화구조 등의 벽, 바닥 등으로 구획하여
> • 화재의 확산을 일정구역으로 제한
> • 연기의 확산은 제연을 시행하도록 소방법에 위임
> • 소화 작업 및 피난시간을 일정시간 확보

12 다음 중 '가연물이 될 수 없는 것'으로 볼 수 없는 것은?

① 대부분의 유기화합물
② 불활성기체 : 산소와 결합하지 못하는 기체(헬륨, 네온, 아르곤 등)
③ 산소와 화학반응을 일으킬 수 없는 물질(물, 이산화탄소 등)
④ 산소와 화합하여 흡열반응하는 물질(질소 또는 질소화합물 등)

> 🔍 가연물이 될 수 없는 조건
> • 불활성기체 : 산소와 결합하지 못하는 기체(헬륨, 네온, 아르곤 등)
> • 산소와 화학반응을 일으킬 수 없는 물질 : 물(H_2O), 이산화탄소(CO_2) 등
> • 산소와 화합하여 흡열반응하는 물질 : 질소 또는 질소 산화물 등
> • 자체가 연소하지 아니하는 물질 : 돌, 흙 등

13 액체 가연물질의 인화점이 낮은 것부터 높은 순서로 옳은 것은?

① 휘발유 〈 에틸알코올 〈 중유
② 에틸알코올 〈 메틸알코올 〈 아세톤
③ 중유 〈 등유 〈 휘발유
④ 아세톤 〈 중유 〈 에틸알코올

> 🔍 주요 액체 가연물질의 인화점
>
> | 액체가연물질 | 인화점(℃) | 액체가연물질 | 인화점(℃) |
> | --- | --- | --- | --- |
> | 휘발유 | -43℃ | 에틸알코올 | 13℃ |
> | 아세톤 | -18.5℃ | 등유 | 39℃ 이상 |
> | 메틸알코올 | 11.11℃ | 중유 | 70℃ 이상 |

14 화재발생 시 연기의 확산속도에 대한 설명으로 틀린 것은?

① 건물 내 연기의 확산속도는 수평방향 약 0.5~1m/sec이다.
② 계단실 등 수직방향으로 화재 초기의 속도는 약 2~3m/sec이다.
③ 복도에서 연기의 수평유속은 평균 1.5m/sec이다.
④ 지하터널, 지하가 등에서 연기의 이동속도는 약 1.0m/sec이다.

15 다음 중 '화재의 종류와 내용'이 잘못 연결된 것은?

① 일반화재는 일반적으로 재가 남는 화재이다.
② 유류화재는 유류가 가연성이 되는 화재이다.
③ 주방화재는 가스를 잘못 취급하여 일어나는 화재이다.
④ 금속화재는 가연성 금속류가 가연물이 되는 화재이다.

화재의 분류

종류	급수	색상	내용
일반화재	A급 화재	백색	나무, 섬유, 고무, 천, 면화류 등과 같은 보통 가연물이 타고 나면 재가 남는 화재
유류화재	B급 화재	황색	유류가 가연성이 되는 화재
전기화재	C급 화재	청색	전기를 취급하는 장소에서 일어나는 화재
금속화재	D급 화재	무색	가연성 금속류가 가연물이 되는 화재

※주방화재(K급 화재)는 주방에서 동식물유를 취급하는 조리기구에서 일어나는 화재를 말한다.

16 열전달방식 중 '솥이나 냄비를 가열하였을 때 전체가 뜨거워지는 현상'은?

① 전도(Conduction)
② 대류(Convection)
③ 복사(Radiation)
④ 방사(Emanation)

전도(Conduction)
- 하나의 물체가 다른 물체와 직접 접촉하여 열이 전달되는 과정으로 온도가 높은 물체의 분자운동이 충돌이라는 과정을 통해 분자운동이 느린 분자를 빠르게 운동시키는 열의 전달이다.
- 전도라는 열 전달방식에 의해 화염이 확산되는 경우는 드물다.

17 건물화재 성상단계 중 '최성기'의 설명으로 옳지 않은 것은?

① 내화구조의 건축물의 경우 20~30분이 되면 최성기에 이른다.
② 내화구조의 건축물인 경우 최성기에 이르면 실내온도는 800~1,050℃ 이다.
③ 목조건물인 경우 최성기까지 약 10분 소요된다.
④ 목조건물인 경우 최성기에 이르면 실내온도는 500~800℃ 이다.

- 내화구조 건축물의 최성기 : 20~30분, 실내온도는 통상 800~1,050℃
- 목조 건축물의 최성기 : 약 10분, 실내온도는 통상 1,100~1,350℃

18 다음 중 '제4류 위험물(유류)의 공통적인 성질'로 볼 수 없는 것은?

① 인화하기 쉽다.
② 증기비중은 공기보다 무거워 낮은 곳에 체류한다.
③ 증기는 공기와 혼합되어 연소 · 폭발한다.
④ 물보다 무겁고 물에 잘 녹는다.

제4류 위험물의 특성
- 인화가 쉬운 인화성액체이다.
- 물에 녹지 않고 물보다 가볍다.
- 증기비중은 공기보다 무거워 낮은 곳에 체류한다.
- 주수소화가 불가능한 것이 대부분이다.

19 '물과 반응하거나 자연발화에 의해 발열 또는 가연성 가스 발생하는 위험물'은 몇 류 위험물인가?

① 제1류 위험물
② 제2류 위험물
③ 제3류 위험물
④ 제4류 위험물

제3류 위험물의 성질과 특성
- 자연발화성물질 및 금수성물질이다.
- 물과 반응하거나 자연발화에 의해 발열 또는 가연성가스를 발생한다.
- 저장용기 또는 공기와 수분과의 접촉을 파하여, 용기 파손 또는 누출에 주의한다.
- 소화방법은 마른 모래 등에 의한 질식소화방법이 적응성이 있다.

20 다음 중 '유류(油類)취급 시 주의사항'으로 볼 수 없는 것은?

① 기름을 주입할 때에는 난로 불을 조심하여 연료를 주입한다.
② 이동식 석유난로는 넘어지기 쉽고 화재위험이 많으므로 이용 시 고정하여 사용한다.
③ 불이 붙은 상태에서 석유난로를 이동하지 않는다.
④ 불을 켜둔 상태에서 장시간 자리를 비우지 않는다.

🔍 유류(油類)취급 시 주의사항
• 기름을 주입할 때에는 반드시 난로 불을 끈 후 연료를 주입하고 기름이 넘치지 않도록 한다.
• 이동식 석유난로는 넘어지기 쉽고 화재위험이 많으므로 이용 시 고정하여 사용한다.
• 난로는 가연물로부터 충분히 거리를 띄우고 불씨가 있는 부근에는 가연물질을 방치하지 않는다.
• 불이 붙은 상태에서 석유난로를 이동하지 않는다.
• 불을 켜둔 상태에서 장시간 자리를 비우지 않는다.
• 음식물 조리 중에는 전화를 받는 등 자리를 떠나지 않는다.
• 유류가 들어있던 빈 드럼통을 사용하기 위해 절단할 때에는 빈 드럼통 속에 남아있던 유증기는 완전히 배출 후 작업한다.
• 유류통의 연료량을 확인하기 위해 라이터나 성냥을 사용하지 말고 반드시 손전등을 사용하며, 실내에서 페인트, 시너 등의 도색작업 시 충분한 환기를 시킨다.

21 전기안전관리 중 '감전사고 방지책'으로 볼 수 없는 것은?

① 보호절연
② 보호접지
③ 누전차단기 설치
④ 과전압 차단장치 설치

🔍 감전사고 방지책
• 노출 충전부의 방호
• 보호절연 : 모든 도전성 금속을 절연물로 덮고 바닥 또한 절연처리하는 것
• 보호접지
• 누전차단기(감도전류 30mA 이하, 동작시간 0.03초 이하) 설치
• 이중절연구조의 전동기계 · 기구 사용 등

22 다음 중 종합방재실의 설치기준과 틀린 것은?

① 종합방재실의 개수는 원칙적으로 1개이다.
② 종합방재실은 1층 또는 피난층에 설치한다.
③ 종합방재실의 면적은 20m² 이상으로 하여야 한다.
④ 종합방재실의 상주인력은 1명이상 이어야 한다.

🔍 종합방재실의 설치기준
• 종합방재실의 개수 : 1개. 다만, 100층 이상인 초고층건축물에는 추가로 설치할 수 있다.
• 종합방재실의 설치위치 : 1층 또는 피난층 외
• 종합방재실의 구조 및 면적 : 다른 부분과 방화구획으로 설치하고, 면적은 20m² 이상으로 할 것
• 종합방재실의 상주인력은 3명 이상일 것

23 가연성물질이 있는 장소에서 '화재위험작업 시 준수사항'으로 틀린 것은?

① 작업준비 및 작업절차 수립
② 작업장 내 위험물의 폐기
③ 화기작업 인근 가연성물질에 대한 방호조치
④ 불꽃, 불티 등 비산방지 조치

🔍 가연성물질이 있는 장소에서 화재위험작업 시 준수사항
• 작업준비 및 작업절차 수립
• 작업장 내 위험물의 사용보관 현황 파악
• 화기작업에 따른 인근 가연성물질에 대한 방호조치 및 소화기구 비치
• 용접불티 비산방지덮개, 용접방화포 등 불꽃, 불티 등 비산방지 조치
• 인화성 액체의 증기 및 인화성 가스가 남아 있지 않도록 환기 등의 조치
• 작업근로자에 대한 화재예방 및 피난교육 등 비상조치

24 다음 중 화재를 진압하는데 필요한 물을 공급하거나 저장하는 설비는?

① 소화활동설비 ② 연결송수관설비
③ 물분무등소화설비 ④ 옥내소화전설비

🔍 소화활동설비 : 화재를 진압하는데 필요한 물을 공급하거나 저장하는 설비
• 상수도소화용설비
• 소화수조 · 저수조, 그 밖의 소화용수설비

25 다음 소화설비 중 '물분무등소화설비'로 볼 수 없는 것은?

① 미분무소화설비
② 고체에어졸자동소화설비
③ 이산화탄소소화설비
④ 할로겐화합물소화설비

26 다음 중 '대형소화기의 소화능력단위 기준'으로 맞는 것은?

① A급화재 – 5단위 이상, B급화재 – 5단위 이상
② A급화재 – 10단위 이상, B급화재 – 10단위 이상
③ A급화재 – 10단위 이상, B급화재 – 20단위 이상
④ A급화재 – 20단위 이상, B급화재 – 30단위 이상

27 다음의 조건에 따라 설치해야 하는 소화기의 능력단위와 적정 소화기 개수를 산정하면?

• 바닥면적은 $1,000m^2$ 이다.
• 용도는 근린생활시설이다.
• 건축물은 내화구조이고 내장재는 불연재이다.
• 소화기는 ABC 분말소화기(3단위)를 설치한다.
• 상기 외의 기준은 산정에서 제외한다.

① 20단위, 7개
② 10단위, 4개
③ 10단위, 3개
④ 5단위, 2개

28 소화기 중 할론소화기에 대한 설명으로 옳지 않은 것은?

① 소화약제는 할론1211, 할론2402, 할론1301 등이 있다.
② 소화약제 중 할론1211이 가장 소화능력이 좋고, 독성이 적고 냄새가 없다.
③ 적응화재는 ABC급과 BC급이 있다.
④ 소화효과는 부촉매 및 질식소화이다.

29 '주거용 주방자동소화장치의 점검사항'으로 틀린 것은?

① 가스누설탐지부 점검
② 가스누설차단밸브 설치여부 확인
③ 예비전원 시험
④ 감지부 시험

30 방수압력이 0.49MPa인 옥내소화전의 분당 방수량은 얼마인가?(단, 옥내소화전인 경우 노즐의 구경은 13mm이다)

① 145L/min

② 200L/min

③ 245L/min

④ 300L/min

🔍 분당 방수량(Q) = $2,065 \times D^2 \times \sqrt{P}$
[D : 관경 또는 노즐의 구경(mm), P : 방수압력(MPa)]
∴ $Q = 2,065 \times 13^2 \times \sqrt{0.49} = 2,065 \times 169 \times 0.7$
$= 244.29 ≒ 245[L/min]$

31 스프링클러설비의 설치장소에 따라 적용하는 헤드의 기준개수로 맞는 것은?

① 지하층을 제외한 10층 이하인 판매시설 또는 복합건축물 : 10개

② 지하층을 제외한 10층 이하인 특수가연물을 취급하는 공장 또는 창고 : 10개

③ 아파트 : 10개

④ 지하가 또는 지하역사 : 10개

🔍 스프링클러설비의 설치장소에 따라 적용하는 헤드의 기준개수
• 아파트 : (최대)10개
• 지하층을 제외한 10층 이하인 소방대상물
 – 특수가연물을 취급, 저장하는 공장 또는 창고 : 30개
 – 판매시설 또는 복합건축물 : 30개
• 지하층을 제외한 11층 이상인 소방대상물(아파트 제외) : 30개
 – 지하가 또는 지하역사 : 30개

32 스프링클러설비의 배관 내의 유수현상을 자동적으로 검지하여 신호 또는 경보를 발하는 유수검지장치의 방식이 아닌 것은?

① 습식 유수검지장치(알람밸브)

② 건식 유수검지장치(드라이밸브)

③ 준비작동식 유수검지장치(프리액션밸브)

④ 일제살수식(일제개방밸브)

🔍 유수검지장치 : 스프링클러 배관 내의 유수현상을 자동적으로 검지하여 신호 또는 경보를 발하는 장치로서, 방식에 따라 구분
• 습식 유수검지장치(알람밸브) : 1차측 및 2차측에 가압수를 가득 채운 상태에서 폐쇄형 스프링클러헤드 또는 일제개방밸브, 그 밖의 밸브가 열린 경우 2차측의 압력저하로 시트가 열리어 가압수 등이 2차측으로 유출되도록 하는 장치
• 건식 유수검지장치(드라이밸브) : 1차측에 가압수를 채우고 2차측에 공기 혹은 저압의 공기를 가득 채운 상태에서 폐쇄형 스프링클러헤드 등이 열린 경우 2차측의 압력저하에 의하여 시트가 열리어 가압수를 2차측으로 유출하는 장치
• 준비작동식 유수검지장치(프리액션밸브) : 1차측에 가압수를 채우고 2차측에 공기를 가득 채운 상태에서 화재감지설비의 감지기 · 화재감지용 헤드, 그 밖의 감지를 위한 기기의 작동에 의하여 시트가 열리어 가압수를 2차측으로 유출하는 장치

33 다음 [보기]를 참고하여 습식 스프링클러설비의 작동순서를 올바르게 나열한 것은?

⑦ 화재발생
④ 1차측 압력에 의해 습식 유수검지장치의 클래퍼 개방
⑤ 2차측 배관 압력 저하
⑥ 습식 유수검지장치의 압력스위치 ⇒ 사이렌 경보
⑦ 헤드 개방 및 방수
⑧ 배관 내 압력저하로 기동용수압개폐장치의 압력 스위치 작동 ⇒ 펌프 기동

① ⑦ → ⑦ → ⑤ → ④ → ⑥ → ⑧

② ⑦ → ⑦ → ⑤ → ⑥ → ⑦ → ⑧

③ ⑦ → ④ → ⑤ → ⑦ → ⑥ → ⑧

④ ⑦ → ⑦ → ④ → ⑥ → ⑦ → ⑧

🔍 습식 스프링클러설비의 작동순서
화재발생 → 헤드 개방 및 방수 → 2차측 배관 압력 저하 → 1차측 압력에 의해 습식 유수검지장치의 클래퍼 개방 → 습식 유수검지장치의 압력스위치 ⇒ 사이렌 경보 → 배관 내 압력저하로 기동용수압개폐장치의 압력 스위치 작동 ⇒ 펌프 기동

34 자동식 소화전설비인 '스프링클러설비의 장점'이 아닌 것은?

① 화재발생 시 초기 진화에 절대적인 효과가 있다.

② 초기 시설비는 비교적 저렴하다.

③ 소화약제가 물이며 경제적이고, 소화 후 복구가 용이하다.

④ 자동적으로 화재를 감지하여 화재경보 및 소화를 할 수 있다.

장점	단점
• 초기 진화에 절대적인 효과가 있다. • 소화약제가 물이며 경제적이고 소화 후 복구가 용이하다. • 기계적이므로 오동작이 거의 없다. • 자동적으로 화재를 감지하여 화재경보 및 소화를 할 수 있다.	• 초기 시설비가 많이 든다. • 시공 시 다른 시설보다 복잡하다. • 물로 인한 피해가 심하다.

🔍 물분무등소화설비
• 일반화재, 유류화재, 전기화재에 적응성 있음
• 물 사용 : 물분무소화설비, 미분무소화설비, 포소화설비 등
• 소화약제 사용 : 이산화탄소소화설비, 할론소화설비, 할로겐화합물 및 불활성기체 소화설비, 분말소화설비 등

35 다음 [그림] 중 펌프 내의 체절운전 시 공회전에 의한 수온 상승을 방지하기 위한 릴리프밸브는?

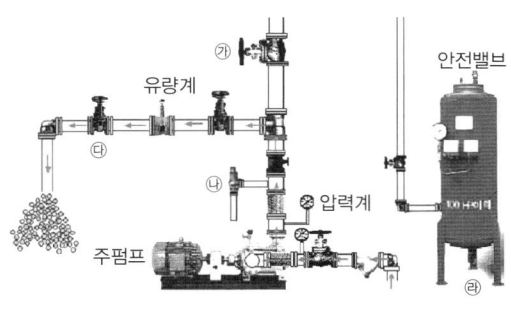

① ㉑
② ㉕
③ ㉓
④ ㉖

🔍 옥내소화전설비 중 펌프성능시험
• ㉑ : 개폐표시형 개폐밸브
• ㉕ : 릴리프밸브
• ㉓ : 유량조절밸브
• ㉖ : 배수밸브

36 물분무등소화설비에 대한 설명으로 틀린 것은?

① 물분무등소화설비는 일반화재, 유류화재, 전기화재에도 적응성이 있다.
② 물을 사용하는 것은 물분무소화설비, 미분무소화설비, 포소화설비 등이 있다.
③ 소화약제를 사용하는 것은 이산화탄소소화설비, 할론소화설비, 할로겐화합물 및 불활성기체 소화설비, 분말소화설비 등이 있다.
④ 분무방식에 따라 습식과 건식 소화설비가 있다.

37 다음 중 '가스계소화설비의 구성요소'가 아닌 것은?

① 관창(노즐)
② 저장용기
③ 기동용 가스용기
④ 솔레노이드밸브

🔍 가스계소화설비의 구성요소 : 저장용기, 기동용 가스용기, 솔레노이드밸브 등

38 다음 보기의 건물 A와 건물 B의 경계구역 개수는 총 몇 개로 할 수 있는가?(단, 건물 A는 1층 건물로 주된 출입구에서 그 내부 전체가 보이며, 건물 B의 1층은 주된 출입구에서 그 내부 전체가 보이지 않는다고 가정한다.)

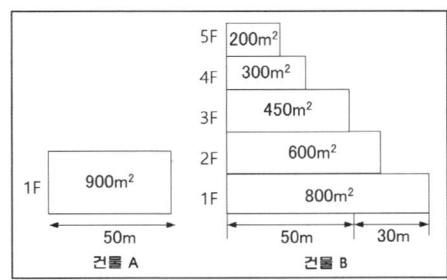

① 2개
② 6개
③ 7개
④ 8개

🔍 • 건물 A의 경우 주된 출입구에서 그 내부 전체가 보이는 것에 있어서는 한 변의 길이가 50m의 범위 내에서 1,000m² 이하로 할 수 있으므로 경계구역 수 1개이다.
• 건물 B의 경우 1층은 경계구역 수가 2개, 2층은 600m²이지만 한 변의 길이가 50m를 초과하므로 경계구역 수는 2개여야 한다. 3층은 1개, 4층과 5층은 500m² 이하의 범위 안에서는 2개의 층을 하나의 경계구역으로 할 수 있으므로 경계구역은 1개이다.
• 따라서, 건물 A는 1개, 건물 B는 6개이므로 총 7개의 경계구역으로 하여야 한다.

39 P형 수신기의 회로 도통시험에서 전압계가 있는 경우 정상범위의 전압은?

① 1~3V 　② 3~5V

③ 4~8V 　④ 10~15V

🔍 회로 도통시험에서 P형 수신기의 적부 판정방법
- 전압계가 있는 경우
  - 정상 : 4~8[V]
  - 단선 : 0[V]
- 도통시험 확인등이 있는 경우
  - 정상 : 확인등 점등(녹색)
  - 단선 : 단선 확인등 점등(적색)

40 경보설비인 감지기 중 '열감지기'가 아닌 것은?

① 이온화식 감지기 　② 차동식 감지기

③ 정온식 감지기 　④ 보상식 감지기

🔍 감지기의 종류
- 열감지기 : 차동식 감지기, 정온식 감지기, 보상식 감지기
- 연기감지기 : 이온화식 감지기, 광전식 감지기

41 수신기와 감지기 사이 선로의 정상연결 유무를 확인하기 위한 시험은?

① 비상전원시험 　② 예비전원시험

③ 동시작동시험 　④ 회로도통시험

🔍 감지기 사이의 회로 배선은 도통시험(선로의 정상연결 유무를 확인하기 위한 시험)을 원활히 하기 위한 배선방식인 송배전식으로 한다.

42 자동화재탐지설비인 '음향장치의 음량 크기'는?

① 음량 크기는 1m 떨어진 곳에서 70dB 이상

② 음량 크기는 1m 떨어진 곳에서 90dB 이상

③ 음량 크기는 2m 떨어진 곳에서 70dB 이상

④ 음량 크기는 2m 떨어진 곳에서 90dB 이상

🔍 음향장치 설치기준
- 층마다 설치하되 수평거리 25m 이하가 되도록 설치한다.
- 음량 크기는 1m 떨어진 곳에서 90dB 이상이어야 한다.

43 다음 중 피난기구와 적응성이 서로 다른 것은?

① 간이완강기 : 숙박시설의 3층 이상에 있는 객실

② 공기안전매트 : 공동주택에 한함

③ 구조대 : 노유자시설의 지하층

④ 피난용트랩 : 입원실이 있는 의원

🔍 피난기구와 적응성
- 피난용트랩 : 의원실이 있는 의원 · 접골원 · 조산원의 3층 이상
- 간이완강기 : 숙박시설의 3층 이상에 있는 객실
- 공기안전매트 : 공동주택에 한함
- 구조대 : 장애인 관련 시설로서 주된 사용자 중 스스로 피난이 불가한 자가 있는 경우 추가로 설치한 경우에 한함

44 다음 중 연결살수설비의 구성요소가 아닌 것은?

① 송수구

② 방수구

③ 배관

④ 살수헤드

🔍 연결살수설비의 구성요소
- 송수구 : 소화설비에 소화용수를 공급하기 위하여 건물의 벽 또는 구조물에 설치하는 관
- 배관 : 가지배관의 배열은 토너먼트 방식이 아니어야 하며, 한쪽 가지배관에 설치되는 헤드의 개수는 8개 이하로 하여야 함
- 살수헤드 : 연결살수설비 전용헤드 또는 스프링클러헤드로 설치

45 부속실만 단독으로 제연하는 것으로 부속실이 면하는 옥내가 거실인 경우 방연풍속은?

① 0.3m/s 이상 　② 0.5m/s 이상

③ 0.7m/s 이상 　④ 1.0m/s 이상

🔍 방연풍속 : 옥내로부터 제연구역 내로 연기의 유효하게 방지할 수 있는 풍속
- 계단실 및 그 부속실을 동시에 제연하는 것 또는 계단실만 단독으로 제연하는 것 : 방연풍속 0.5m/s 이상
- 부속실만 단독으로 제연하는 것 또는 비상용승강기의 승강장만 단독으로 제연하는 것
  - 부속실 또는 승강장이 면하는 옥내가 거실인 경우 : 방연풍속 0.7m/s 이상
  - 부속실 또는 승강장이 면하는 옥내가 복도로서 그 구조가 방화구조(내화시간이 30분 이상인 구조를 포함)인 것 : 방연풍속 0.5m/s 이상

46 다음 중 '소방안전관리자를 두어야 하는 특정소방대상물이 둘 이상 있고, 그 관리에 권원(權原)을 가진 자가 동일인 경우'에 대한 설명으로 맞는 것은?

① 하나의 특정소방대상물로 볼 수 있다.
② 각각의 특정소방대상물로 본다.
③ 둘 이상 특정소방대상물 중 등급이 낮은 특정소방대상물로 본다.
④ 소방안전관리자 1명만 둘 수 있다.

🔍 **다수 소방대상물 적용기준**
소방관련법상 건축물대장의 건축물현황도에 표시된 대지경계선 안의 지역 또는 인접한 2개 이상의 대지에 소방안전관리자를 두어야 하는 특정소방대상물이 둘 이상 있고, 그 관리에 권원(權原)을 가진 자가 동일인 경우에는 이를 하나의 특정소방대상물로 본다. 이 경우 해당 특정소방대상물 둘 이상이면 그 중에서 등급이 높은 특정소방대상물로 본다.

47 화재발생 시 '자위소방대장의 화재대응 순서'로 옳은 것은?

① 화재전파 및 접수 → 비상방송 → 화재신고 → 대원소집 및 임무부여 → 관계기관 통보 · 연락 → 초기소화
② 화재전파 및 접수 → 화재신고 → 비상방송 → 대원소집 및 임무부여 → 관계기관 통보 · 연락 → 초기소화
③ 화재신고 → 비상방송 → 화재전파 및 접수 → 대원소집 및 임무부여 → 관계기관 통보 · 연락 → 초기소화
④ 화재신고 → 화재전파 및 접수 → 비상방송 → 대원소집 및 임무부여 → 관계기관 통보 · 연락 → 초기소화

🔍 화재발생 시 자위소방대장의 화재대응 순서 : 화재전파 및 접수 → 화재신고 → 비상방송 → 대원소집 및 임무부여 → 관계기관 통보 · 연락 → 초기소화

48 다음 [보기]를 참고하여 자동심장충격기(AED) 사용방법을 순서대로 올바르게 나열한 것은?

㉮ 전원켜기
㉯ 심장리듬분석
㉰ 즉시 심폐소생술 다시 시행
㉱ 2개의 패드 부착
㉲ 심장충격(제세동) 실시
㉳ 2분 마다 심장리듬 분석 후 반복 시행

① ㉮ → ㉱ → ㉯ → ㉲ → ㉰ → ㉳
② ㉮ → ㉱ → ㉲ → ㉰ → ㉯ → ㉳
③ ㉮ → ㉯ → ㉰ → ㉱ → ㉲ → ㉳
④ ㉮ → ㉯ → ㉲ → ㉰ → ㉱ → ㉳

🔍 **자동심장충격기(AED) 사용방법**
전원켜기 → 2개의 패드 부착 → 심장리듬분석 → 심장충격(제세동) 실시 → 즉시 심폐소생술 시행 → 2분 마다 심장리듬 분석 후 반복 시행

49 화재로 인한 화상으로 피부전층이 손상되어 피하지방과 근육층까지 손상되어 피부는 회색이나 검은색이 되는 화상의 분류는?

① 표피 화상
② 부분층 화상
③ 전층 화상
④ 열 화상

🔍 **3도 화상(전층화상) : 피부가 손상된 화상**
• 피하지방과 근육층까지 손상된 상태
• 피부는 가죽처럼 매끈하고 회색 또는 검은색으로 변한다.
• 피부에 체액이 통하지 않아 화상 부위는 건조하며 통증이 없다.

50 소방교육 및 훈련의 실시원칙 중 '동기부여의 원칙'으로 볼 수 없는 것은?

① 교육의 중요성을 전달해야 한다.

② 핵심사항에 교육의 포커스를 맞추어야 한다.

③ 학습에 대한 보상을 제공해야 한다.

④ 학습자에게 감동이 있는 교육이 되어야 한다.

🔍 동기부여의 원칙
- 교육의 중요성을 전달해야 한다.
- 학습을 위해 적절한 스케줄을 적절히 배정해야 한다.
- 교육은 시기적적하게(Just-in-time) 이루어져야 한다.
- 핵심사항에 교육의 포커스를 맞추어야 한다.
- 학습에 대한 보상을 제공해야 한다.
- 교육에 재미를 부여해야 한다.
- 교육에 있어 다양성을 활용해야 한다.
- 사회적 상호작용(social interaction)을 제공해야 한다.
- 전문성을 공유해야 한다.
- 초기성공에 대해 격려해야 한다.

정답 실전모의고사 7회

01 ②	02 ①	03 ③	04 ④	05 ②
06 ④	07 ④	08 ③	09 ③	10 ③
11 ③	12 ①	13 ①	14 ③	15 ③
16 ①	17 ④	18 ④	19 ③	20 ①
21 ④	22 ④	23 ②	24 ①	25 ②
26 ③	27 ④	28 ②	29 ②	30 ③
31 ③	32 ④	33 ①	34 ②	35 ②
36 ④	37 ①	38 ③	39 ③	40 ①
41 ④	42 ②	43 ③	44 ②	45 ③
46 ①	47 ②	48 ①	49 ③	50 ④

소방안전관리자 1급
기출+적중예상문제

2026년 01월 05일 인쇄
2026년 01월 20일 발행

저   자 소방안전연구회
발 행 처 ㈜도서출판 책과상상
등록번호 제2020–000205호
발 행 인 이강복
주   소 경기도 고양시 일산동구 장항로 203–191
대표전화 02)3272–1703~4
팩   스 02)3272–1705

홈페이지 www.sangsangbooks.co.kr
I S B N 979–11–6967–332–7
정   가 18,000원

도서
출판 책과 상상
www.SangSangbooks.co.kr